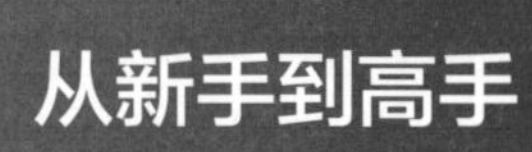

刘琳 张雪玲 / 编著

Dreamweaver+ jQuery 移动网页设计

从新手到高手

清华大学出版社

北京

内 容 简 介

本书共分 13 章，主要内容包括网页制作基础知识入门，Dreamweaver CC 2018 工作区，创建基本文本网页，使用图像丰富网页内容，创建精彩的多媒体网页，创建超链接，使用表格排版网页数据，使用模板和库提高网页制作效率，Web 标准 Div+CSS 布局网页，利用表单对象创建表单文件，使用行为添加网页特效，使用 jQuery UI 和 jQuery 特效，使用 jQuery Mobile 设计网页，设计制作企业网站。

本书知识全面、实用、易懂，让读者轻松实现创建网站的梦想。本书可作为大专院校、高职高专、中等职业学校计算机专业的教材，也可作为相关计算机培训班的培训教材，还可作为想学习网页制作与网站建设的自学者的参考书。

图书在版编目（CIP）数据

Dreamweaver+jQuery 移动网页设计从新手到高手 / 刘琳，张雪玲编著 . -- 北京：清华大学出版社，2020.3

（从新手到高手）

ISBN 978-7-302-54440-1

Ⅰ. ① D… Ⅱ. ①刘… ②张… Ⅲ. ①网页制作工具② JAVA 语言—程序设计 Ⅳ. ① TP393.092.2 ② TP312.8

中国版本图书馆 CIP 数据核字（2019）第 264293 号

责任编辑：陈绿春
封面设计：潘国文
责任校对：徐俊伟
责任印制：丛怀宇

出版发行：清华大学出版社
网　　址：http://www.tup.com.cn，http://www.wqbook.com
地　　址：北京清华大学学研大厦 A 座　　**邮　　编：**100084
社 总 机：010-62770175　　**邮　　购：**010-62786544
投稿与读者服务：010-62776969, c-service@tup.tsinghua.edu.cn
质量反馈：010-62772015, zhiliang@tup.tsinghua.edu.cn
印 装 者：三河市君旺印务有限公司
经　　销：全国新华书店
开　　本：188mm×260mm　　**印　　张：**24　　**字　　数：**644 千字
版　　次：2020 年 5 月第 1 版　　**印　　次：**2020 年 5 月第 1 次印刷
定　　价：69.00 元

产品编号：081018-01

前言

如今，随着网络信息技术的广泛应用，互联网正逐步改变着人们的生活和工作方式，越来越多的个人和企业都已经或正在建立自己的网站，利用网站来宣传和推广自己。在这一浪潮中，网络技术，特别是网页制作技术得到了很多人的青睐，而在一些流行的“所见即所得”的网页制作软件中，Adobe 公司的 Dreamweaver 无疑是使用最广泛，也是最优秀的一个，它以强大的功能和友好的操作界面备受广大网页设计工作者的欢迎，成为网页制作的首选软件。

本书内容

Dreamweaver 是网页设计与制作领域中用户最多、应用最广、功能最强的软件之一，无论在国内还是国外，它都是备受专业网页开发人员喜爱的软件。本书讲述了通过 Dreamweaver 制作网页与建设网站的方方面面。本书分为 13 章，从基础知识开始，以实例操作的形式深入浅出地讲解网页制作、jQuery 移动网页、网站建设的各种知识和操作技巧，并结合具体实例介绍商业网站的制作方法。

本书的主要内容包括网页制作基础知识入门，Dreamweaver CC 2018 工作区，创建基本文本网页，使用图像丰富网页内容，创建精彩的多媒体网页，创建超链接，使用表格排版网页数据，使用模板和库提高网页制作效率，Web 标准 Div+CSS 布局网页，利用表单对象创建表单文件，使用行为添加网页特效，使用 jQuery UI 和 jQuery 特效设计页视图，使用 jQuery Mobile 设计网页，设计制作企业网站。

本书特色

※ 实例讲解，轻松上手：本书通过典型实例将初学者难以理解的专业知识融入操作步骤中，让读者在实际操作的同时，不知不觉地掌握专业知识。实例中的每一个操作步骤都通俗易懂，操作一目了然。读者在学习过程中可以更加直观、清晰地看到操作的效果，使各个知识点更易于理解和掌握。

※ 结构完整：本书以实用功能讲解为核心，每一节分为“基本知识学习”和“综合实战”两部分。“基本知识学习”部分以基本知识为主，讲解每个知识点的操作和用法，操作步骤详细、目标明确；“综合实战”部分则相当于一个学习任务或案例的制作过程。

※ 内容翔实，图解清晰：作者力求以最直观、最简明易学的方式，把必备的 Dreamweaver 网页制作知识和操作要领悉数讲述给读者，以便读者在短暂的时间内完成系统学习，从而得到事半功倍的效果。

作者信息

本书既适合于Dreamweaver初中级读者、网站设计与制作人员、网站开发与程序设计人员及个人网站爱好者阅读，又可以作为大中专院校或者社会相关培训班的培训教材，同时对Dreamweaver高级用户也有很高的参考价值。

这本书能够在较短的时间内出版，与很多人的努力分不开。在此，我要感谢很多在我写作的过程中给予帮助的朋友们，他们为此书的编写和出版做了大量的工作，在此向他们致以深深的谢意。

本书由菏泽学院的刘琳和张雪玲编著，张雪玲编写了第1~5章，刘琳编写了6~13章，另外参加编写的还有孙良军、孙素华、何琛、孙东云、河海霞、孙良营等。

由于作者水平有限，加之创作时间仓促，本书不足之处在所难免，欢迎广大读者批评指正。

配套素材

本书的配套素材请用微信扫描右侧的二维码，在文泉云盘进行下载，如果在下载过程中碰到问题，请联系陈老师，联系邮箱Chenlch@tup.tsinghua.edu.cn。

作者

2020年

目录

第 1 章　网页制作基础知识

为了能够使网页制作初学者对网页制作有一个宏观的认识，在讲解设计制作网页前，首先介绍网页设计制作的基础知识。本章主要介绍网页制作与网站建设基础、网页的基本构成元素及网页版式与色彩，使读者对网页制作有一个初步的了解和认识。

知识要点

- 网页概述
- 网页的基本构成元素
- 网站制作的流程
- 网页的版式与色彩

实例展示

当当购物网站　　　　游戏网站

新闻资讯类网站

门户网站

1.1 网页概述

为了能够使网页制作初学者对网页设计有一个宏观的认识，在讲解设计制作网页前，首先介绍网页设计的基础知识。

1.1.1 网页的类型

静态网页是指，采用传统的 HTML 编写的网页，其文件扩展名一般为 .htm、.html、.shtml、.xml 等。静态网页并不是指网页中的元素都是静止不动的，而是指浏览器与服务器端不发生交互的网页，但是网页中可能会包含 GIF 动画、鼠标经过图像、Flash 动画等。如图 1-1 所示为静态的内容展示网页。

静态网页特点如下。

- 网页内容不会发生变化，除非网页设计者修改了网页的内容。
- 不能实现与浏览者之间的交互。信息流向是单向的，即从服务器到浏览器。服务器不能根据浏览者的选择，调整返回给浏览者的内容。

图 1-1

动态网页是指，网页中包含程序代码，通过后台数据库与 Web 服务器的信息交互，由后台数据库提供实时数据更新和数据查询服务。这种网页文件的后缀一般根据不同的设计语言而不同，如 .asp、.jsp、.php、.perl、.cgi 等形式为扩展名。如图 1-2 所示为动态留言网页。

图 1-2

动态网页的制作比较复杂，需要用到 ASP、PHP、JSP 和 ASP.NET 等专门的动态网页设计语言。动态网页的一般特点如下。

- 动态网页以数据库技术为基础，可以大幅降低网站维护的工作量。
- 采用动态网页技术的网站可以实现更多的功能，如用户注册、用户登录、搜索查询、用户管理、订单管理等。
- 动态网页并不是独立存在于服务器上的网页文件，只有当用户请求时，服务器才返回一个完整的网页。
- 采用动态网页的网站在进行搜索引擎推广时，需要做一定的技术处理才能适应搜索引擎的要求。

1.1.2　常见网站类型

网站是多个网页的集合，目前没有一个严格的网站分类方法。将网站按照主体性质不同，可分为门户网站、电子商务网站、娱乐网站、游戏网站、时尚网站和个人网站等。

1. 个人网站

个人网站包括博客、个人论坛、个人主页等。个人网站就是“站长”的心情驿站，有的是为了拥有共同爱好的朋友进行交流而创建的网站，也有的只是为了自我宣传的简历型网站，如图 1-3 所示。

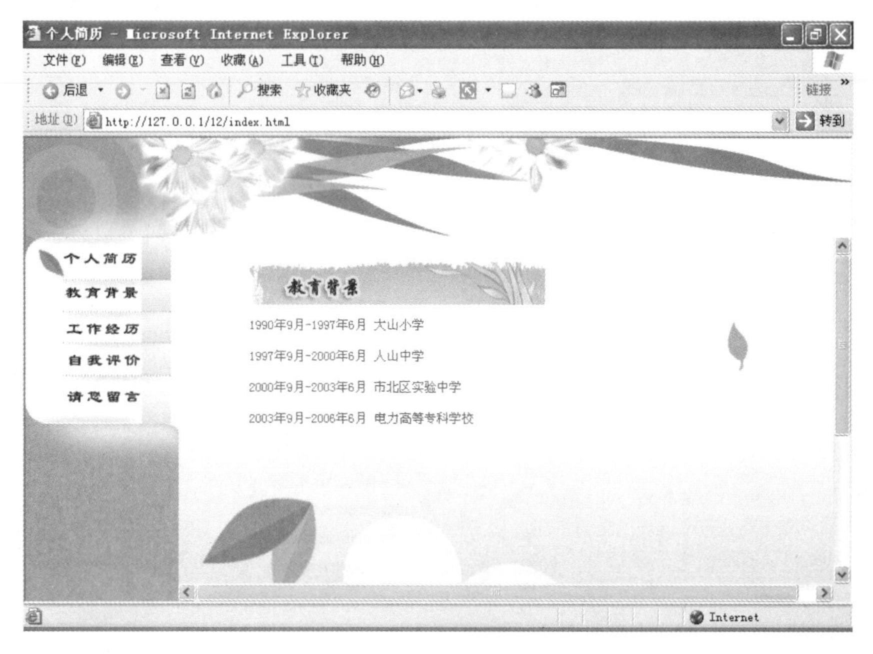

图 1-3

2．电子商务网站

电子商务网站为浏览者搭建起一个网络平台，浏览者和潜在客户在这个平台上可以进行整个交易 / 交流流程，电子商务型网站业务更依赖于互联网，是公开的信息仓库。

所谓“电子商务”是指，利用当代计算机、网络通信等技术实现各种商务活动的信息化、数字化、无纸化和国际化。狭义上讲，电子商务就是电子贸易，主要指利用网络进行电子交易、买卖产品和提供服务，如图 1-4 所示为当当购物网站；广义上讲，电子商务还包括企业内部的商务活动，如生产、管理、财务以及企业之间的商务活动等。

通过电子商务可实现如下目标。

- 能够使商家通过网络销售“卖”向全世界，能够使消费者足不出户“买”遍全世界。
- 可以实现在线销售、在线购物、在线支付，使商家和企业及时跟踪顾客的购物趋势。
- 商家和企业可以利用电子商务，在网上广泛传播自己的独特形象。
- 商家和企业可以利用电子商务，同合作伙伴保持密切的联系，改善合作关系。
- 可以为顾客提供及时的技术支持和技术服务，降低服务成本。
- 可以促使商家和企业之间的信息交流，及时得到各种信息，保证决策的科学性和及时性。

3．娱乐游戏类网站

网络游戏是当今比较热门的行业，许多门户网站也专门增加了游戏频道。网络游戏的网站与传统游戏的网站设计略有不同，一般情况下以矢量风格的卡通插图为主体，色彩对比比较鲜明。渐变的背景色彩使页面看起来十分明亮，少许立体感的游戏风格使页面看起来十分可爱，带有西方童话色彩的框架设计使网站看起来十分特别，如图 1-5 所示。

图 1-4

图 1-5

4. 新闻资讯类网站

随着网络的发展，作为一种全新的媒体，新闻资讯类网站受到越来越多人的关注。它具有传播速度快、传播范围广、不受时间和空间限制等特点，因此，新闻资讯类网站得到了飞速的发展。新闻资讯类网站以其新闻传播领域的丰富资源，逐渐成为继传统媒体之后的第四新闻媒体，如图 1-6 所示。

图 1-6

5. 门户类网站

门户类网站是互联网的“巨人”，它们拥有庞大的信息量和用户资源，这是这类网站的优势。门户类网站将无数信息整合、分类，为浏览者打开方便之门，绝大多数网民通过门户网站来寻找感兴趣的信息资源，巨大的访问量给这类网站带来了无限的商机，如图 1-7 所示。

图 1-7

1.2 网页的基本构成元素

网页是构成网站的基本元素，不同性质的网站，其页面元素是不同的。一般网页的基本元素包括 Logo、Banner、导航栏目、文本、图像、Flash 动画和多媒体等。

1. 网站 Logo

网站 Logo，也称“网站标志”，它是一个网站的象征，也是一个网站是否正规的标志之一。一个好的标志可以很好地树立网站形象。网站标志一般放在网页的左上角，浏览者一眼就能看到它。成功的网站标志有着独特的形象，在网站的推广和宣传中起到重要的作用。网站标志应体现该网站的特色、内容及其内在的文化和理念，如图 1-8 所示。

图 1-8

Logo 的设计创意来自网站的名称和内容，大致分以下 3 个方面。

- 网站有代表性的人物、动物、植物，可以用它们作为设计的蓝本，并加以卡通化和艺术化。
- 网站有专业性的，可以用本专业且代表性的物品作为标志，如中国银行的铜板标志、奔驰汽车的方向盘标志等。
- 最常用和最简单的方式是用自己网站的英文名称作为标志。采用不同的字体、字符的变形、字符的组合都可以很容易地制作好网站的标志。

2. 网站 Banner

网站 Banner 就是横幅广告，也是互联网广告中最基本的广告形式。Banner 可以位于网页顶部、中部或底部，一般为横向贯穿整个或者大半个页面的广告条。常见的尺寸是 480 像素 ×60 像素或 233 像素 ×30 像素，使用 GIF 格式的图像文件，可以使用静态图形，也可以使用动态图像。除普通 GIF 格式外，采用 Flash 形式能赋予 Banner 更强的表现力和交互性。

网站 Banner 首先要美观，这个小区域设计得非常漂亮，让人看上去会很舒服，即使不是网民所要看的内容，或者是一些可看不可看的内容，网民也会很有兴趣去看看，此时点击就是顺理成章的事情了。Banner 还要与整个网页相协调，同时又要突出、醒目，用色要与页面的主色相搭配，如主色是浅黄，广告条的用色就可以是一些浅色，切忌用对比色，如图 1-9 所示。

图 1-9

3. 网站导航栏

导航栏既是网页设计中的重要组成部分，又是整个网页设计中较独立的部分。一般来说，网站中的导航栏在各个页面中出现的位置是比较固定的，而且风格也较为统一。而且导航栏的位置对网站的结构与各个页面的整体布局起着举足轻重的作用。

导航栏的位置一般有 4 种：在页面的左侧、右侧、顶部和底部。有的在同一个页面中还会运用了多种导航方式，如在顶部设置了主菜单，而在页面的左侧又设置了折叠式菜单，同时在页面的底部设置了多种链接，这样就会增强网站的可访问性。当然，并不是在页面中导航栏出现的次数越多越好，而是要合理地运用页面，达到总体的协调一致，如图 1-10 所示。

网站首页 公司简介 精品楼盘 公司动态 发展历程 客户留言 联系我们

图 1-10

4. 网站文本

文本一直是人类最重要的信息载体与交流工具，网页中展示的信息也以文本为主。与图像相比，文字虽然不如图像那样易于吸引浏览者的注意了，但能准确地表达信息的内容和含义。

为了克服文字固有的缺点，人们赋予了网页中文本更多的属性，如字体、字号和颜色等，通过不同格式的区别，突出显示重要的内容，如图 1-11 所示。

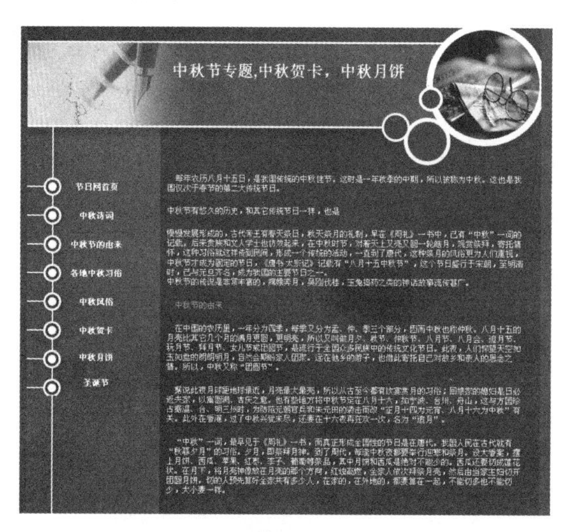

图 1-11

5. 网站图像

图像在网页中具有提供信息、展示形象、美化网页、表达个人情趣和风格的作用。可以在网页中使用 GIF、JPEG 和 PNG 等多种图像格式，其中使用最广泛的有 GIF 和 JPEG 两种格式，如图 1-12 所示。

6. Flash 动画

随着网络技术的发展，网页上出现了越来越多的 Flash 动画。Flash 动画已经成为当今网页中必不可缺少的部分，美观的动画能够为网页增色不少，从而吸引更多的浏览者。Flash 动画不仅需要对动画制作软件非常熟悉，更重要的是设计者独特的创意，如图 1-13 所示。

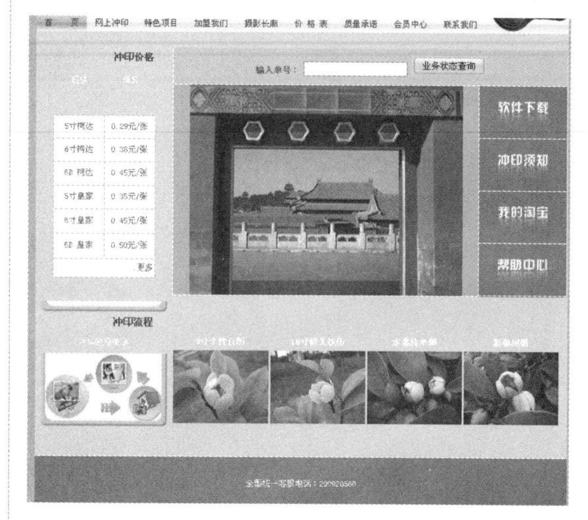

图 1-12

图 1-13

7. 页脚

网页的底端称为“页脚”，页脚部分通常被用来介绍网站所有者的具体信息和联系方式，如名称、地址、联系方式、版权信息等。其中一些内容被做成标题式的超链接，引导浏览者进一步了解详细的内容，如图 1-14 所示。

图 1-14

8. 广告区

广告区是网站实现盈利或自我展示的区域。一般位于网页的顶部或右侧。广告区的内容以文字、图像、Flash 动画为主，通过吸引浏览者点击链接的方式达成广告效果。广告区要做到明显、合理、引人注目，这对整个网站的布局很重要，如图 1-15 所示。

图 1-15

1.3 网页制作软件

如果用户对网页设计已经有了一定的基础，对 HTML 语言又有一定的了解，那么，你可以选择下面的几种软件来设计你的网页，它们一定会为你的网页添色不少。

1.3.1 图像制作软件

Photoshop 是业界公认的图形图像处理专家，也是全球性的专业图像编辑行业标准。Photoshop 提供了高效的图像编辑和处理功能、更人性化的操作界面，深受图像编辑、设计人员的青睐。Photoshop 集图像设计、合成以及高品质输出等功能于一身，广泛应用于平面设计和网页美工、数码照片后期处理、建筑效果后期处理等诸多领域。该软件在网页前期设计中，无论是色彩的应用、版面的设计、文字特效、按钮的制作以及网页动画，如导航条和网络广告，均占有重要地位。如图 1-16 所示为网页图像设计软件——Photoshop 的工作界面。

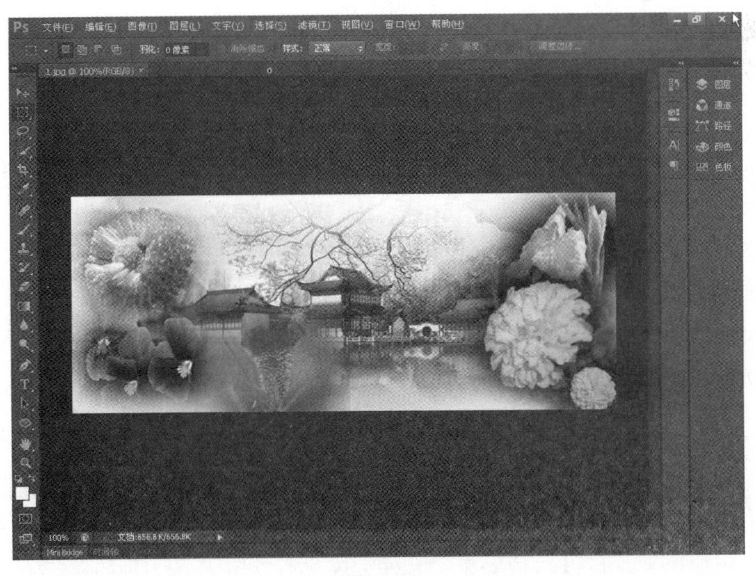

图 1-16

1.3.2 动画制作软件

Flash 是一款非常流行的平面动画制作软件，被广泛应用于网站制作、游戏制作、影视广告、电子贺卡、电子杂志、MTV 制作等领域。它的优点是体积小，可以边下载边播放，这样就避免了浏览者长时间的等待。它可以生成动画，还可以在网页中加入声音，这样就能生成多媒体的图形和界面，而其文件的体积却很小。如图 1-17 所示为网页动画制作软件 Flash 的工作界面。

图 1-17

1.3.3 网页编辑软件

如今，随着网络信息技术的广泛应用，互联网正逐步改变着人们的生活和工作方式。越来越多的个人、企业纷纷建立自己的网站，利用网站来宣传和推广自己。此时，市场上出现了很多的网页制作软件，Adobe 公司的 Dreamweaver 无疑是其中使用最为广泛的一个，它以强大的功能和友好的操作界面受到了广大网页设计制作者的欢迎，成为制作网页的首选。特别是最新版本的 Dreamweaver CC 2018，它新增了许多功能，可以帮助用户在更短的时间内完成更复杂的工作。如图 1-18 所示为网页制作软件 Dreamweaver 的工作界面。

1.3.4 网页开发语言

ASP 是 Active Server Page 的缩写，意为“活动服务器网页”。ASP 是微软公司开发的代替 CGI 脚本程序的一种语言，可以与数据库和其他程序进行交互，是一种简单、方便的编程工具。ASP 网页文件的扩展名是 .asp，现在常用于各种动态网站中。ASP 是一种服务器端脚本编写环境，可以用来创建和运行动态网页或 Web 应用程序。ASP 网页可以包含 HTML 标记、普通文本、脚本命令以及 COM 组件等。利用 ASP 可以向网页中添加交互式内容，也可以创建使用 HTML 网页作为用户界面的 Web 应用程序。如图 1-19 所示为动态 ASP 网页的工作原理图。

图 1-18

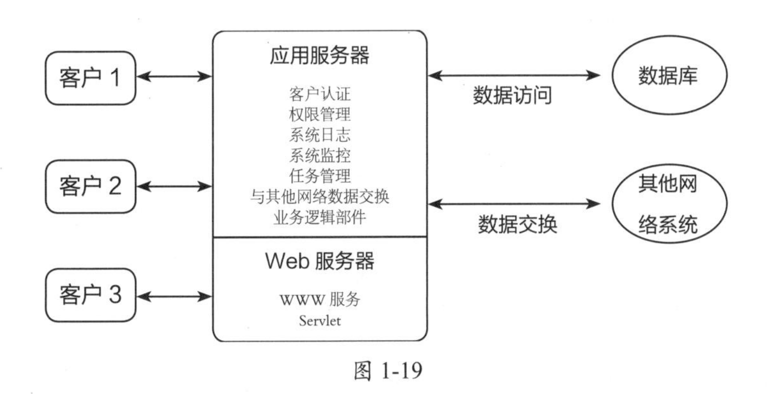

图 1-19

与 HTML 相比，ASP 网页具有以下特点。

（1）利用 ASP 可以突破静态网页的一些功能限制，实现动态网页技术。

（2）ASP 文件是包含在 HTML 代码所组成的文件中的，易于修改和测试。

（3）服务器上的 ASP 解释程序会在服务器端制定 ASP 程序，并将结果以 HTML 格式传送到客户端浏览器上，因此，使用各种浏览器都可以正常浏览 ASP 所生成的网页。

（4）ASP 提供了一些内置对象，使用这些对象可以使服务器端脚本功能更强大。例如，可以从 Web 浏览器中获取用户通过 HTML 表单提交的信息，并在脚本中对这些信息进行处理，然后向 Web 浏览器发送信息。

（5）ASP 可以使用服务器端 ActiveX 组件来执行各种任务，例如，存取数据库、收发 E-mail 或访问文件系统等。

（6）由于服务器是将 ASP 程序执行的结果以 HTML 格式传回客户端浏览器的，因此浏览者不会看到 ASP 所编写的原始程序代码，可以防止 ASP 程序代码被窃取。

1.3.5 网站推广软件

网站推广的最终目的是指让更多的客户知道你的网站在什么位置。其定义，顾名思义就是通过网络手段，把信息推广为受众目标。换句话说，凡是通过网络手段进行优化推广的，都属于网络推广。

如图 1-20 所示的网站推广软件“商务先锋”，通过一定时间的发布，可以使企业的信息在互联网上高速传播和大面积的覆盖，潜在客户可以在各种网站上看到你的信息，也可以从搜索引擎中找到大量的信息。

图 1-20

1.4 常见的版面布局形式

常见的网页布局形式大致有“国”字形、“厂”字形、“框架”式、“封面”式和 Flash 式布局。

1.4.1 “国”字形布局

“国”字形布局如图 1-21 所示。最上面是网站的标志、广告以及导航栏，接下来是网站的主要内容，左、右分别列出一些栏目，中间是主要部分，底部是网站的一些基本信息。这种结构是国内一些大中型网站常见的布局方式。优点是充分利用版面、信息量大；缺点是页面显得拥挤、不够灵活。

图 1-21

1.4.2　“厂”字形布局

“厂”字形结构布局，是指页面顶部为标志＋广告条，下方左侧为主菜单，右侧显示正文信息，如图 1-22 所示。这是网页设计中使用比较广泛的一种布局方式，一般应用于企业网站中的二级页面。这种布局的优点是页面结构清晰、主次分明，是初学者最容易上手的布局方法。在这种类型中，一种很常见的类型是顶部为标题及广告，左侧为导航链接。

图 1-22

1.4.3　“框架”式布局

“框架”式布局一般分成上下或左右布局，一栏是导航栏目，另一栏是正文信息。复杂的框架结构可以将页面分成许多部分，常见的是三栏布局，如图 1-23 所示。上边一栏放置图像广告，左侧一栏显示导航栏，右侧一栏显示正文信息。

图 1-23

1.4.4　“封面”式布局

“封面”式布局一般应用于网站的主页或广告宣传页上，为精美的图像加上简单的文字链接，指向网页中的主要栏目，或通过“进入”文字链接到下一个页面，如图 1-24 所示为“封面”式布局的网页。

1.4.5　Flash 式布局

这种布局方式与“封面”式布局结构类似，不同的是页面采用了 Flash 技术，动感十足，可以大幅增强页面的视觉效果，如图 1-25 所示为 Flash 式布局的网页。

图 1-24

图 1-25

1.5 网站制作流程

创建网站是一个系统工程，需要一定的工作流程，按部就班地进行，才能设计出让人满意的网站。因此，在制作网站前，要先了解网站建设的基本流程，这样才能制作出更好、更合理的网站。

1.5.1 网站的需求分析

网站是展现企业形象、介绍产品和服务、体现企业发展战略的重要途径，因此，必须明确设计网站的目的和用户需求，从而做出切实可行的设计计划。要根据消费者的需求、市场的状况、企业自身的情况等进行综合分析，牢记以“消费者”为中心，而不是以“美术”为中心进行设计规划。在设计规划之初要考虑以下内容：建设网站的目的是什么？为谁提供服务和产品？企业能提供什么样的产品和服务？企业产品和服务适合什么样的表现方式？

首先，一个成功的网站一定要注重外观布局。外观是给用户的第一印象，给浏览者留下一个好的印象，他看下去或再次光顾的可能性才更大。但是一个网站要想留住更多的用户，最重要的还是网站的内容。网站内容是一个网站的灵魂，内容做得好，做到有自己的特色才会脱颖而出。做内容，一定要做出自己的特色。当然，有一点需要注意的是，不要为了差异化而差异化，只有满足用户核心需求的差异化才是有效的，否则，跟模仿其他网站的功能没有本质的区别。

1.5.2　制作网站页面

网页设计是一个复杂而细致的过程，一定要按照先大后小、先简单后复杂的顺序完成。所谓“先大后小”，就是在制作网页时，先把大的结构设计好，然后再逐步完善小的结构设计。所谓“先简单后复杂”，就是先设计出简单的内容，然后再设计复杂的内容，以便出问题时便于修改。根据站点目标和用户去设计网页的版式以及网页内容的安排。一般来说，至少应该对一些主要的页面设计好布局，确定网页的风格。

在制作网页时要灵活运用模板和库，这样可以大幅提高制作效率。如果很多网页都使用相同的版面设计，就应为这个版面设计一个模板，然后即可以此模板为基础创建网页。以后如果想要改变所有网页的版面设计，只需简单地改变模板即可。如图 1-26 所示为使用模板制作的网页。

图 1-26

1.5.3　切图和优化页面

“切图”是网页设计中非常重要的一环，它可以很方便地为用户标明哪些是图片区域，哪些是文本区域。另外，合理地切图还有利于加快网页的下载速度、设计复杂造型的网页，以及对不同特点的图片进行压缩等优点，切图网站首页的效果如图 1-27 所示。

图 1-27

1.5.4 开发动态模块

页面设计制作完成后，如果还需要动态功能，就需要开发动态功能模块，网站中常用的功能模块有搜索功能、留言板、新闻信息发布、在线购物、技术统计、论坛及聊天室等。如图1-28 所示为在线购物页面。

图 1-28

1.5.5 申请域名和服务器空间

域名是企业或个人在互联网上进行相互联络的网络地址。在网络时代，域名是进入互联网必不可少的身份证明。

国际域名资源是十分有限的，为了满足更多企业、个人的申请要求，各个国家和地区在域名末尾会加上国家或地区标记段，由此形成了各个国家或地区的域名，如中国是 cn、日本是 jp 等，这样就扩大了域名的数量，满足了用户的需求。

注册域名前应该在域名查询系统中查询所希望注册的域名是否已经被注册。几乎每一个域名注册服务商在自己的网站上都提供查询服务，如图 1-29 所示为在万网申请注册域名的页面。

图 1-29

网站是建立在网络服务器上的一组计算机文件，它需要占据一定的硬盘空间，这就是一个网站所需的网站空间。

1.5.6　测试网站

在完成了对站点中页面的制作后，就应该将其发布到互联网上供大家浏览和使用了。但是在此之前，应该对所创建的站点进行测试，对站点中的文件进行逐一检查，在本地计算机中调试网页，以发现包含在网页中的错误，以便尽早发现问题并解决问题。

在测试站点的过程中应该注意以下几个方面。

- 在测试站点的过程中，应确保在目标浏览器中，网页如预期地显示和工作，没有损坏的链接，并且下载时间不宜过长。
- 了解各种浏览器对网页的支持程度，不同的浏览器观看同一个网页会有不同的效果。很多制作的特殊效果，在有些浏览器中可能看不到，为此需要进行浏览器兼容性检测，以找出不被其他浏览器支持的部分。
- 检查链接的正确性，可以通过 Dreamweaver 提供的检查链接功能检查文件或站点中的内部链接及孤立文件。

网站的域名和空间申请完毕后，就可以上传网站了，可以采用 Dreamweaver 自带的站点管理功能上传文件。

1.5.7　网站的维护与推广

互联网的应用和繁荣提供了广阔的电子商务市场和商机，但是互联网上大幅小小的网站数以千万计，如何让更多的人迅速访问到你的网站是一个十分重要的问题。企业网站建好以后，如果不进行推广，那么企业的产品与服务在网上仍然不为人所知，起不到建立站点的作用，所以，企业在建立网站后就应该利用各种手段推广自己的网站。

网站的宣传有很多种方式，下面讲述一些主要的方法。

1. 注册到搜索引擎

经权威机构调查，全世界 85%以上的互联网用户采用搜索引擎来查找信息，而通过其他推广形式访问网站的，只占不到 15%。这就意味着，当今互联网上最为经济、实用和高效的网站推广形式就是注册到搜索引擎。目前国内比较有名的搜索引擎有：百度（http://www.baidu.com）、搜狐（http://www.sohu.com）、新浪网（http://www.sina.com.cn）、网易（http://www.163.com）、3721（http://www.3721.com）等。

注册时尽量详尽地填写企业网站中的信息，特别是关键词，尽量写得普遍化、大众化，如“公司资料”最好写成“公司简介”。

2. 交换广告条

广告交换是宣传网站的一种较为有效的方法。登录到广告交换网，填写一些主要的信息，如广告图像、网站网址等，之后它会要求将一段 HTML 代码加入到网页中，这样，广告条就可以在其他网站上出现了。当然，你的网站上也会出现别的网站的广告条。

另外，也可以跟一些合作伙伴或者朋友公司交换友情链接。当然，合作伙伴网站最好是点击率比较高的。友情链接包括文字链接和图像链接。文字链接一般就是公司的名称。图像链接包括 Logo 链接和 Banner 链接。Logo 和 Banner 的制作跟上面的广告条一样，也需要仔细考虑怎么样去吸引点击。如果允许，尽量使用图像链接，将图像设计成 GIF 或者 Flash 动画，将公司的 CI 体现其中，让客户印象深刻。

3. 专业论坛宣传

互联网上有各种各样的论坛，如果有时间，可以找一些与公司产品相关并且访问人数比较多的论坛。注册登录并在论坛中输入一些公司的基本信息，如网址、产品等。

4. 直接向客户宣传

一个稍具规模的公司一般都有业务部、市场部或者客户服务部，可以通过业务员与客户打交道的机会，直接将公司网站的网址告诉给他们，或者直接给客户发 E-mail 告知等。

5. 不断维护、更新网站

网站的维护包括网站的更新与改版。更新主要是网站文本内容和一些小图像的增加、删除或修改，总体版面的风格保持不变。网站的改版是对网站总体风格进行调整，包括版面、配色等方面。改版后的网站让客户感觉改头换面、焕然一新，一般改版的周期会长一些。

6. 网络广告

网络广告最常见的表现方式是图像广告，如各门户站点主页上部的横幅广告。

7. 公司印刷品

公司信笺、名片、礼品包装等都要印上网址，让客户在记住公司名称和你的职位的同时，也可以看到并记住公司的网址。

8. 报纸

报纸是使用传统方式宣传网站的最佳途径。

1.5.8　网站优化

网站优化是通过对网站功能、结构、布局、内容等关键要素的合理设计，使网站的功能和表现形式达到最优效果，可以充分表现网站的网络营销功能。网站优化包括三个层面的含义：对用户体验的优化、对搜索引擎的优化，以及对网站运营维护的优化。

1. 用户体验的优化

经过网站的优化设计，用户可以方便地浏览网站的信息、使用网站的服务。具体表现是：以用户需求为导向，网站导航方便，网页下载速度尽可能快，网页布局合理并且适合保存、打印和转发。

2. 搜索引擎的优化

以通过搜索引擎推广网站的角度来看，经过优化设计的网站可以使搜索引擎顺利抓取网站的基本信息，当用户通过搜索引擎检索时，企业期望的网站摘要信息出现在理想的位置，用户能够发现有关信息并引起兴趣，从而点击搜索结果并达到网站获取进一步信息，直到成为真正的顾客。

3. 网站运营维护的优化

网站运营人员方便进行网站管理维护，有利于各种网络营销方法的应用，并且可以积累有价值的网络营销资源。

1.5.9　网站维护

一个好的网站，仅仅一次是不可能制作完美的，由于市场环境在不断变化，网站的内容也需要随之调整，给人常新的感觉，网站才会更加吸引浏览者，而且给浏览者留下很好的印象，这就要求对网站进行长期、不间断的维护和更新。

网站维护一般包含以下内容。

- 内容的更新：包括产品信息的更新、企业新闻动态的更新以及其他动态内容的更新。采用动态数据库可以随时更新、发布新内容，不必进行制作网页和上传服务器等的麻烦工作。静态页面不便于维护，必须手动重复制作网页文档，制作完成后还需要上传到远程服务器。一般对于数量比较多的静态页面建议采用模板制作。
- 网站风格的更新：包括版面、配色等各个方面。改版后的网站让浏览者感觉改头换面、焕然一新。一般改版的周期要长一些，如果浏览者对网站比较满意，改版可以延长到几个月甚至半年。一般一个网站建设完成后，代表了公司的形象、公司的风格。随着时间的推移，很多客户对这种形象已经形成了定势，如果经常改版会让客户感觉不适应，特别是那种风格彻底改变的“改版”。当然，如果对公司网站有更好的设计方案，可以考虑改版，毕竟长期沿用一种版面会让人感到陈旧和厌烦。
- 网站重要页面的设计制作：如重大事件、突发事件及相关周年庆祝等活动页面的设计制作。
- 网站系统维护服务：如 E-mail 账号维护服务、域名维护续费服务、网站空间维护、与 IDC 进行联系、DNS 设置、域名解析服务等。

第 2 章　利用 Dreamweaver 制作基本文本网页

Dreamweaver CC 2018 包含了一个崭新、高效的界面，性能也得到了改进。此外，还包含了众多新增功能，提高了软件的易用性，用户无论使用设计视图还是代码视图都可以方便地创建网页。本章主要讲述 Dreamweaver CC 2018 的工作环境、创建本地站点、管理站点中的文件、插入文本等，通过对本章的学习可以初步认识 Dreamweaver CC 2018。

知识要点

- Dreamweaver CC 2018工作区
- 创建本地站点
- 管理站点中的文件
- 插入文本
- 设置文本属性
- 创建项目列表和编号列表
- 插入网页头部内容
- 创建基本文本网页

实例展示

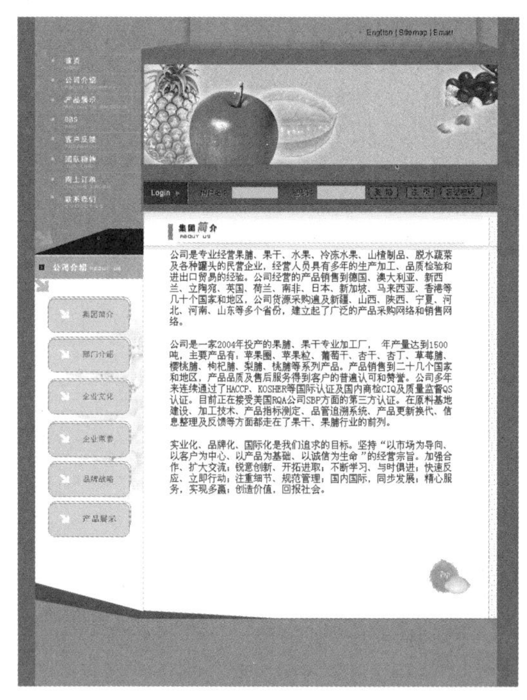

插入文本

创建基本文本网页

2.1 Dreamweaver CC 2018 工作区

Dreamweaver CC 2018 是集网页制作和网站管理于一身的“所见即所得”的网站制作软件，它以强大的功能和友好的操作界面备受广大网页设计者的欢迎，已经成为网页制作的首选软件，如图 2-1 所示为 Dreamweaver CC 2018 工作区。

图 2-1

2.2 创建本地站点

站点是放置网页文档的场所，Dreamweaver CC 2018 是一个网站创建和管理工具，使用它不仅可以创建单独的文档，还可以创建完整的网站。

建立本地站点就是在本地计算机硬盘上建立一个文件夹，并用这个文件夹作为站点的根目录，然后将网页及其他相关的文件，如图片、声音、HTML 文件存放在该文件夹中。当准备发布站点时，将文件夹中的文件上传到 Web 服务器上即可。制作网页之前，首先要建立一个本地站点，具体操作步骤如下。

01 执行“站点”|“管理站点”命令，弹出“管理站点”对话框，在该对话框中单击“新建站点”按钮，如图 2-2 所示。

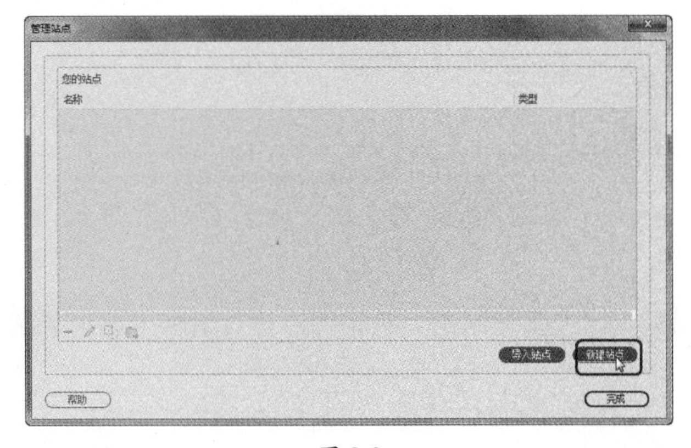

图 2-2

02 弹出“站点设置对象”对话框，在该对话框的“站点”选项卡的“站点名称”文本框中输入网站名称，如图 2-3 所示。

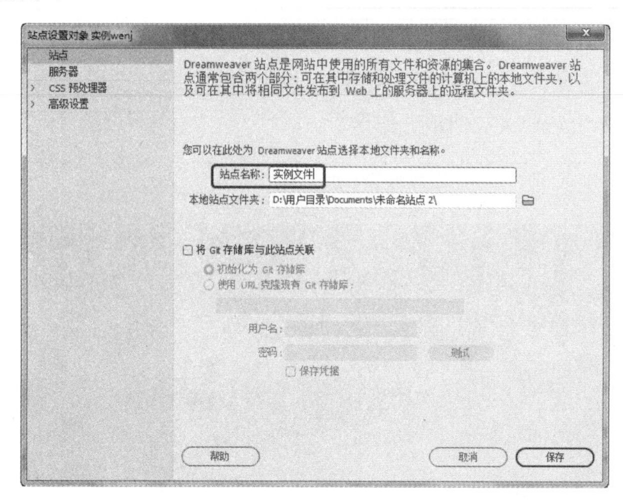

图 2-3

★ 高手支招 ★

制作网站的第一步操作都是一样的，就是创建一个“站点”，这样可以使整个网站的脉络结构清晰地展现在面前，避免了以后再进行复杂的管理工作。

03 单击“本地站点文件夹”文本框右侧的文件夹按钮，弹出“选择根文件夹”对话框，在该对话框中选择相应的路径，如图 2-4 所示。

04 单击“选择文件夹”按钮，确定文件位置，如图 2-5 所示。

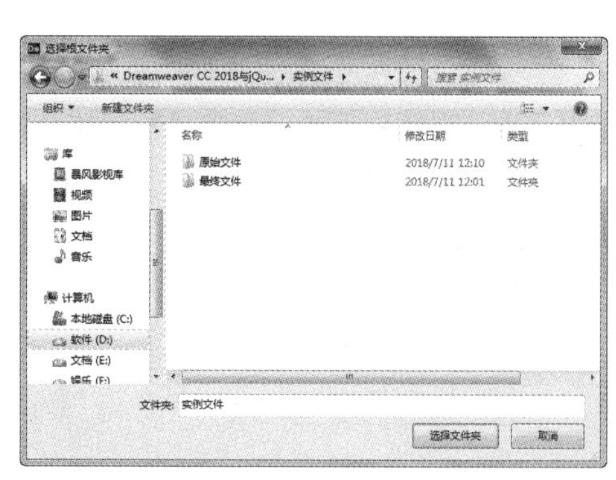

图 2-4

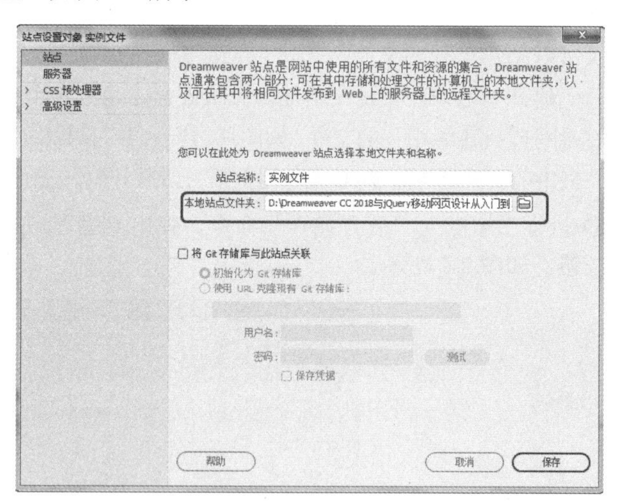

图 2-5

05 单击“保存”按钮，返回“管理站点”对话框，该对话框中出现了新建的站点，如图 2-6 所示。

06 单击“完成”按钮，此时在“文件”面板中可以看到创建的站点文件，如图 2-7 所示。

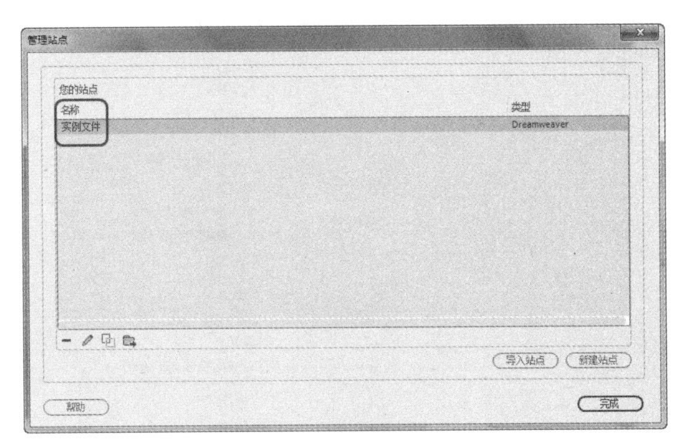

图 2-6

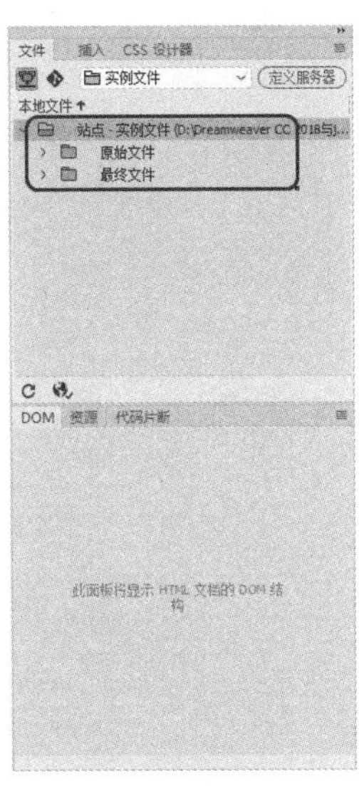

图 2-7

★ 高手支招 ★

站点定义不好，其结构将会变得杂乱不堪，给以后的维护工作造成很大的困难。大家千万不要小看这一步骤，这些工作在整个网站建设中是相当重要的。

2.3　管理站点中的文件

在 Dreamweaver CC 2018 的“文件”面板中，可以找到许多工具来管理站点，如向远程服务器传输文件、设置存回 / 取出文件，以及同步本地和远程站点上的文件等。管理站点文件包括多方面，如新建文件夹和文件、文件的复制和移动等。

2.3.1　创建文件夹和文件

网站每个栏目中的所有文件被统一存放在单独的文件夹中，根据包含的文件数量，还可以细分到子文件夹中。文件夹创建好后，即可在文件夹中创建相应的文件了。

创建文件夹的具体操作步骤如下。

01 在“文件”面板的站点文件列表中右击，在弹出的快捷菜单中执行“新建文件夹”命令，如图 2-8 所示。

02 此时创建一个新的文件夹，如图 2-9 所示。

图 2-8

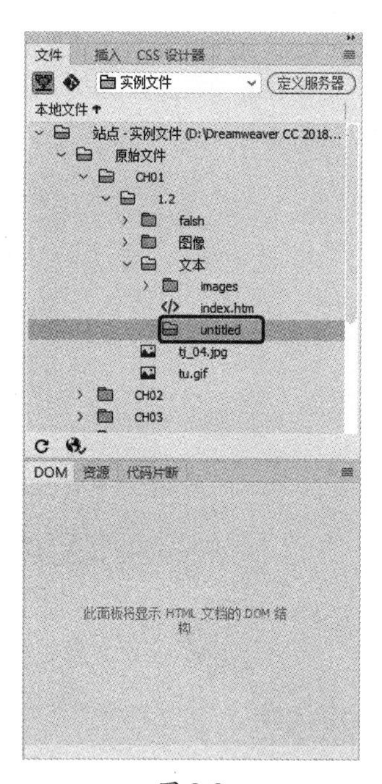

图 2-9

创建文件的具体操作步骤如下。

01 在“文件”面板的站点文件列表中右击，在弹出的快捷菜单中执行“新建文件”命令，如图 2-10 所示。

02 此时创建一个新文件，如图 2-11 所示。

图 2-10

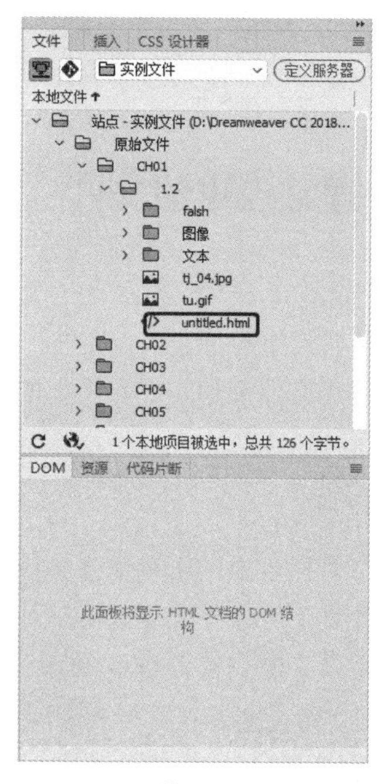

图 2-11

2.3.2 移动和复制文件

同大多数软件的文件管理功能一样，可以利用剪切、复制和粘贴功能来实现对文件的移动和复制，具体操作步骤如下。

01 选择一个本地站点的文件列表，在要移动和复制的文件上右击，在弹出的快捷菜单中选择“编辑”子菜单，出现“剪切”“拷贝”等命令，如图 2-12 所示。

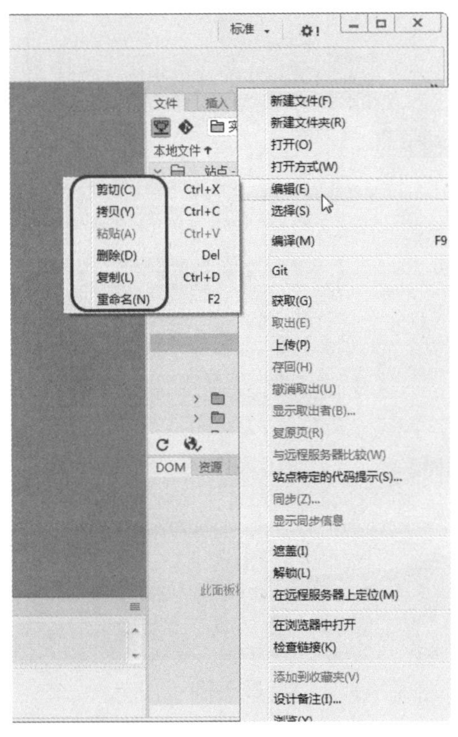

图 2-12

02 如果要进行移动操作，则在“编辑”的子菜单中执行“剪切”命令；如果要进行复制操作，则在“编辑”的子菜单中执行“拷贝”命令。

03 选择要移动和复制的文件，在“编辑”的子菜单中执行“粘贴”命令，即可完成对文件的移动或复制操作。

2.4 插入文本

文字是人类语言最基本的表达方式，文本是网页中最简单，也是最基本的部分，无论当前的网页多么绚丽多彩，其中占大多数的还是文本。一个网站成功与否，文本是最关键的因素。

2.4.1 普通文本

在网页中可直接输入文本，也可以将其他软件中的文本直接粘贴到网页中，此外，还可以导入已有的 Word 文档。在网页中添加文本的效果，如图 2-13 所示，具体操作步骤如下。

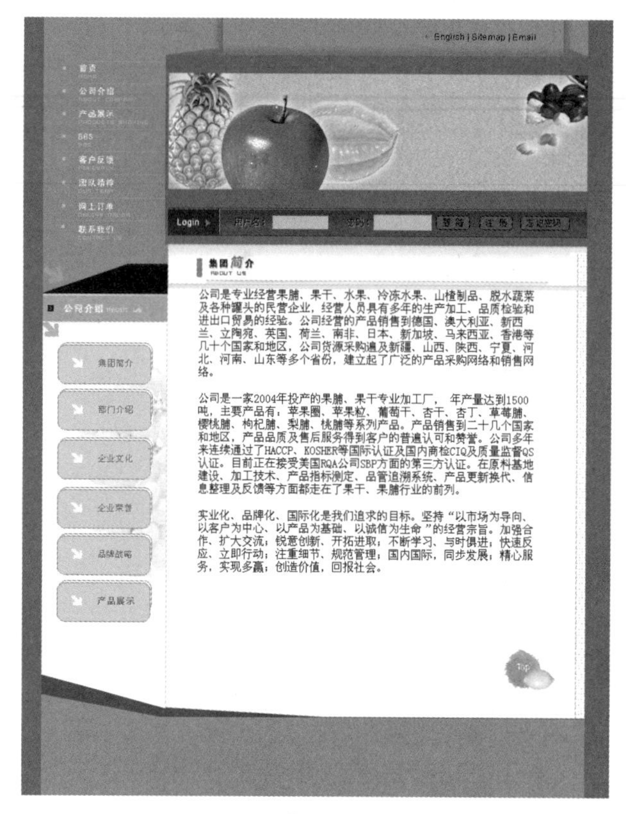

图 2-13

01 打开网页文档，如图 2-14 所示。

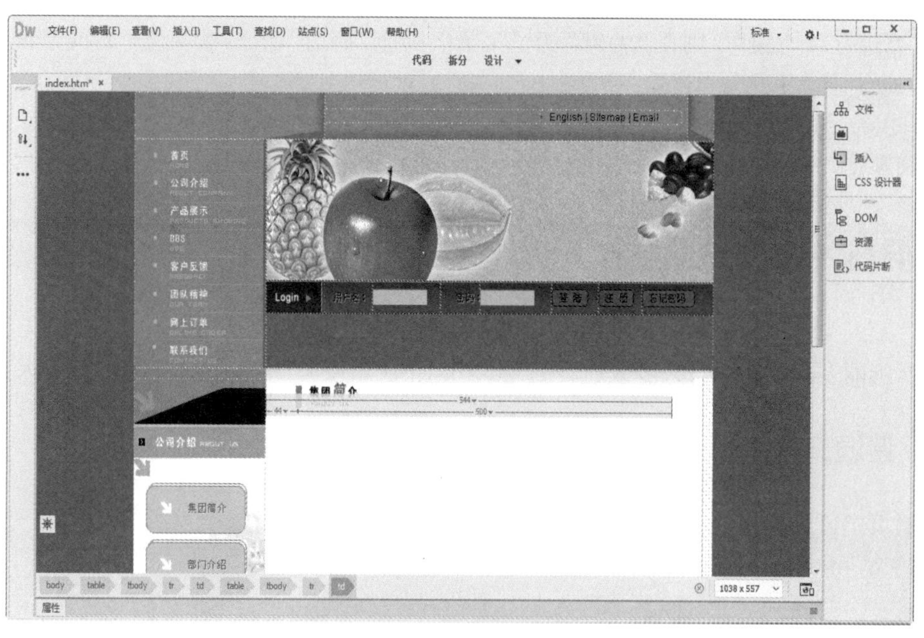

图 2-14

02 将光标放置在要输入文本的位置，并输入文本，如图 2-15 所示。

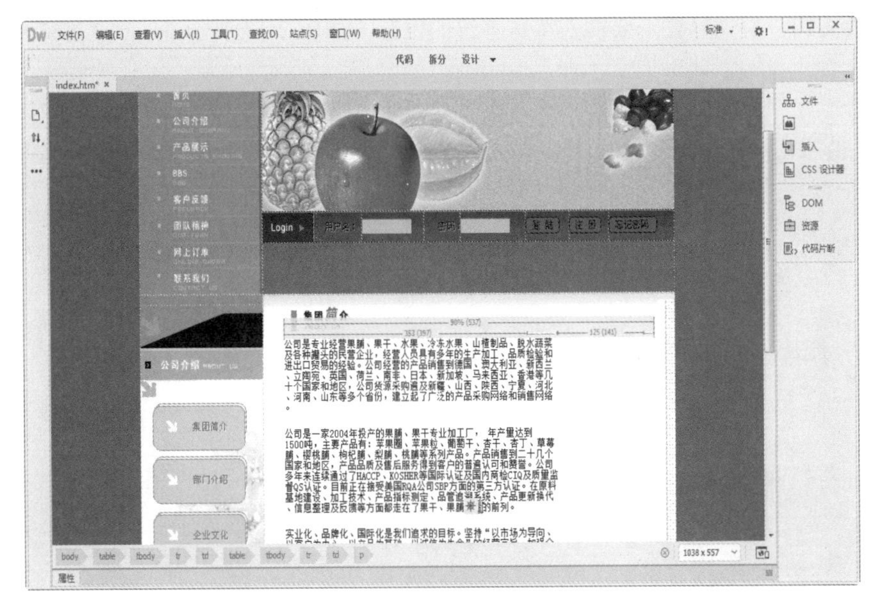

图 2-15

2.4.2　特殊字符

制作网页时，有时要输入一些键盘上没有的特殊字符，如日元符号、注册商标符号等，这就需要使用 Dreamweaver 的特殊字符功能。下面通过版权符号的插入，讲述特殊字符的添加方法，效果如图 2-16 所示，具体操作步骤如下。

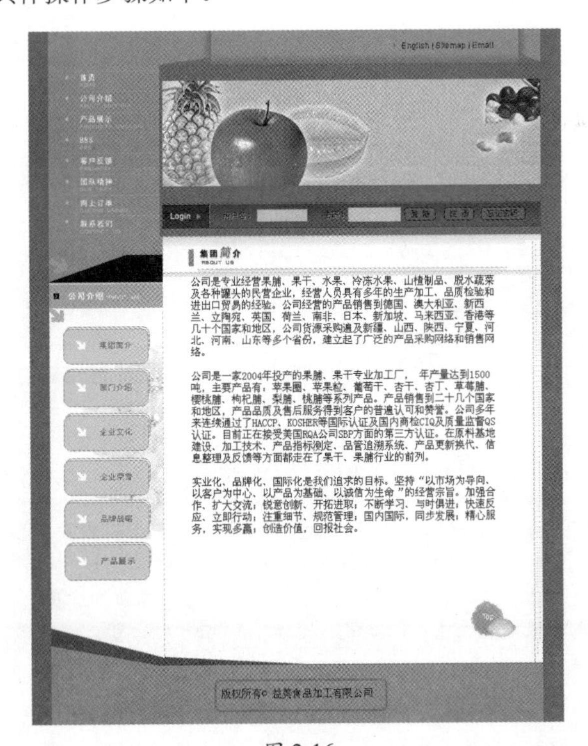

图 2-16

01 打开网页文档，将光标置于要插入特殊字符的位置，如图 2-17 所示。

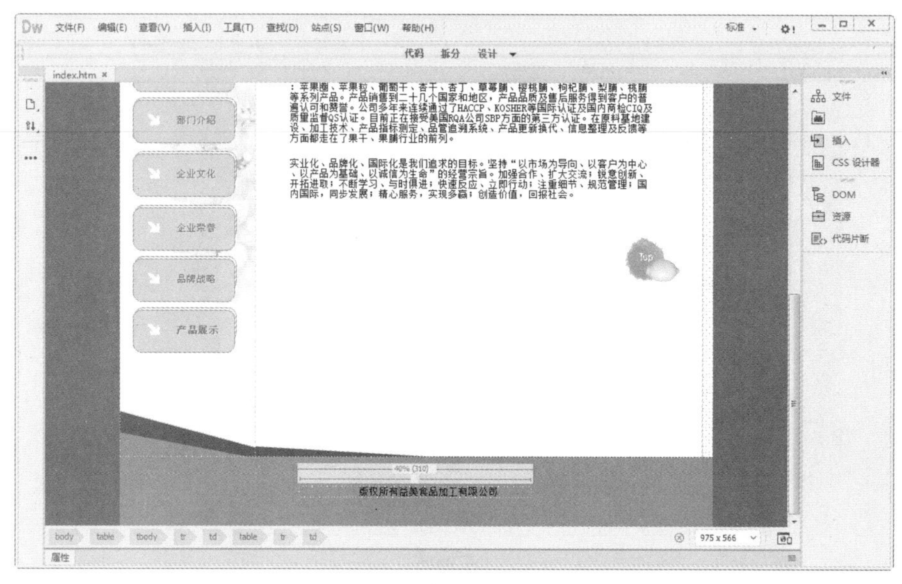

图 2-17

02 执行“插入”|HTML|“字符”|“版权”命令，如图 2-18 所示。

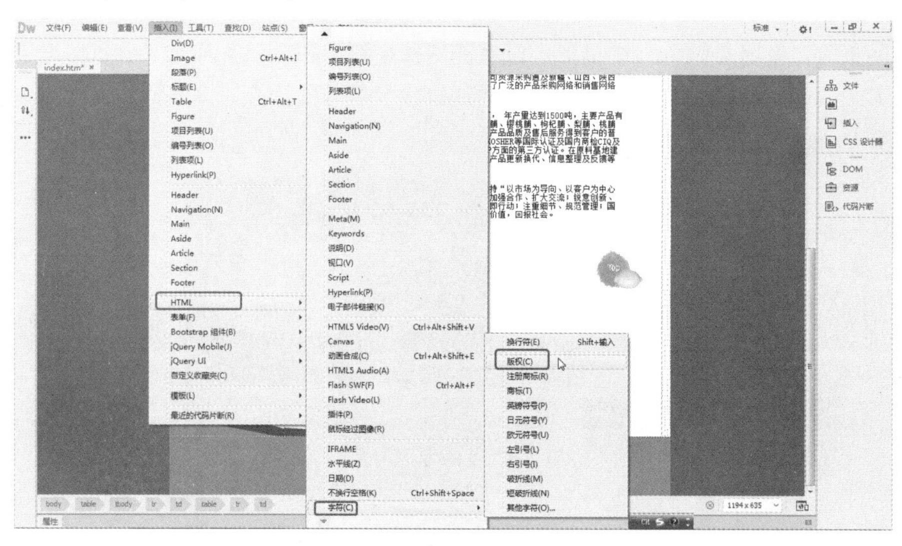

图 2-18

03 选择命令后即可插入相应的特殊字符，如图 2-19 所示。

★高手支招★

插入特殊字符还可以执行“插入”|HTML|“字符”|“其他字符”命令，弹出“插入其他字符”对话框，在该对话框中选择相应的特殊符号，单击“确定”按钮，即可插入相应的特殊字符。

04 保存文档，并按 F12 键在浏览器中预览，效果如图 2-16 所示。

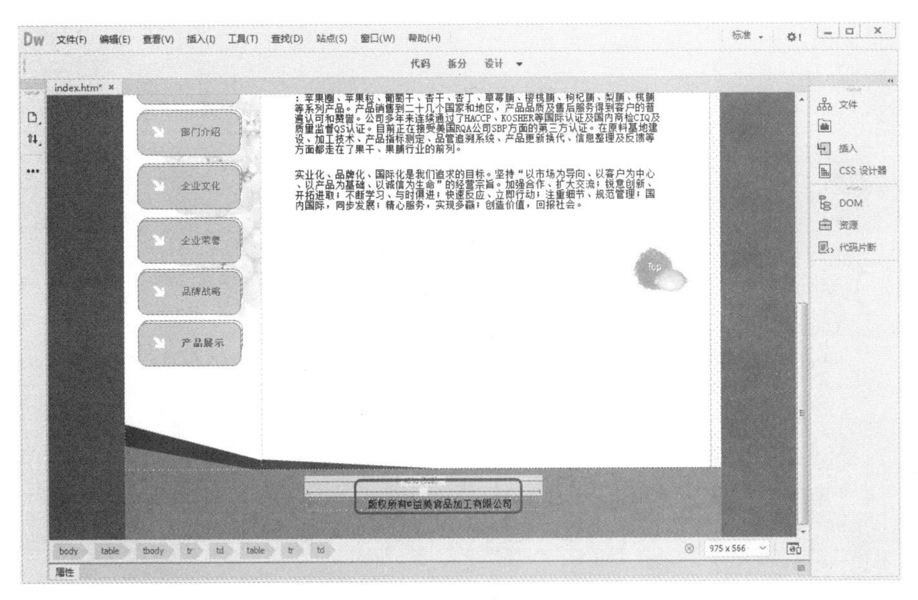

图 2-19

★指点迷津★

许多浏览器（尤其是旧版本的浏览器，以及除Netscape Netvigator和Internet Explorer外的其他浏览器）无法正常显示很多特殊字符，因此，应尽量少用特殊字符。

2.4.3　插入日期

在 Dreamweaver 中插入日期的操作非常方便，它提供了一个插入日期的快捷方式，可以在文档中插入当前时间，同时它还提供了日期更新选项，当保存文件时，日期也随之更新。插入日期的具体操作步骤如下，插入日期的效果如图 2-20 所示。

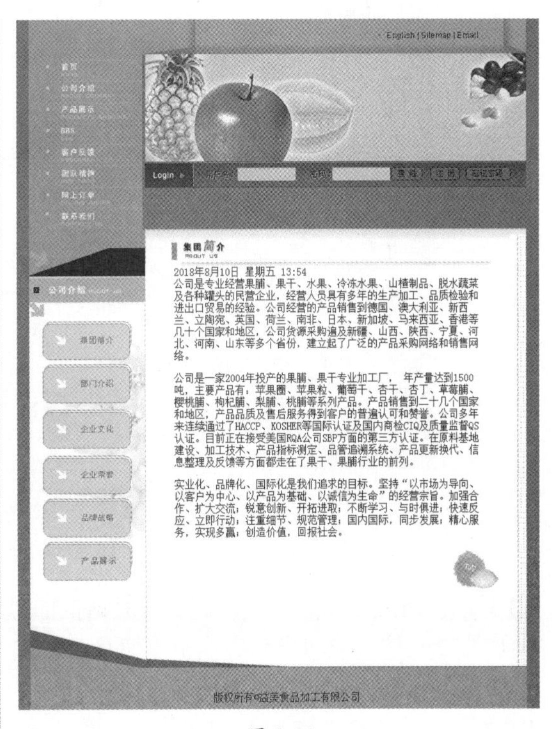

图 2-20

01 打开网页文档，如图 2-21 所示。

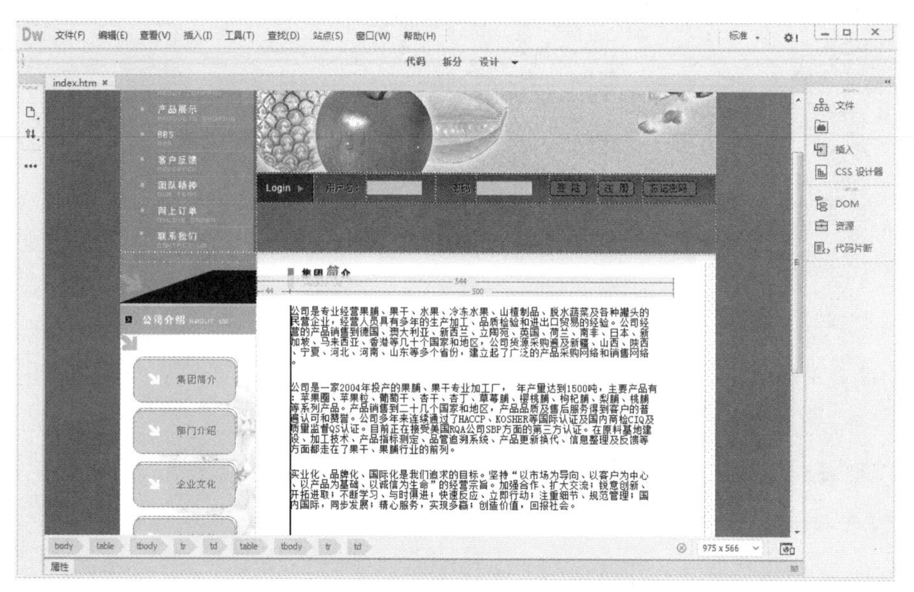

图 2-21

02 将光标置于要插入日期的位置，执行“插入”|HTML|“日期”命令，如图 2-22 所示。

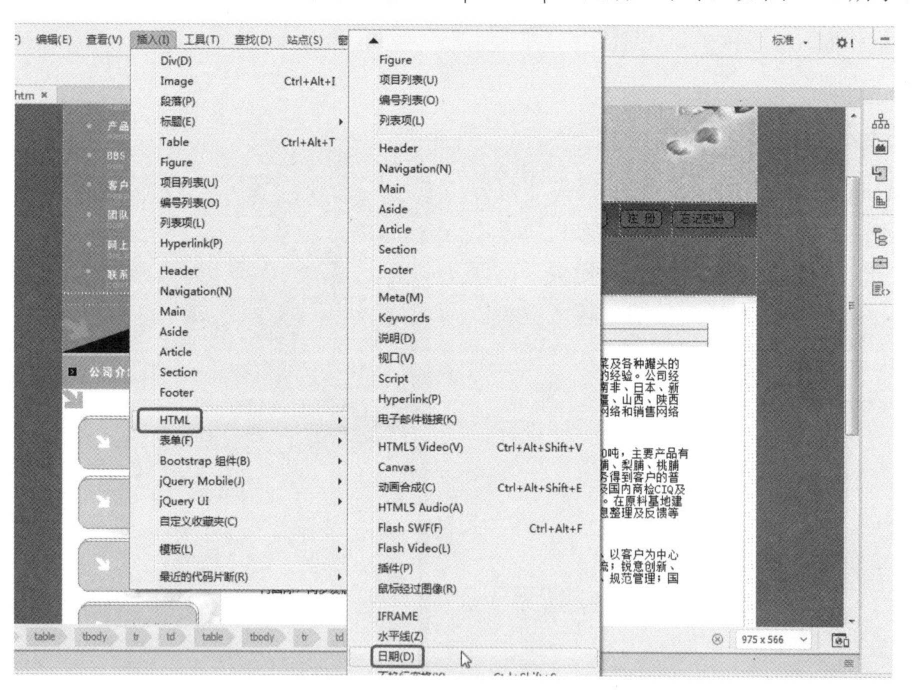

图 2-22

03 弹出“插入日期”对话框，在该对话框的“星期格式”“日期格式”和“时间格式”列表中分别选择一种合适的格式。选中“储存时自动更新”复选框，每次存储文档都会自动更新文档中插入的日期，如图 2-23 所示。

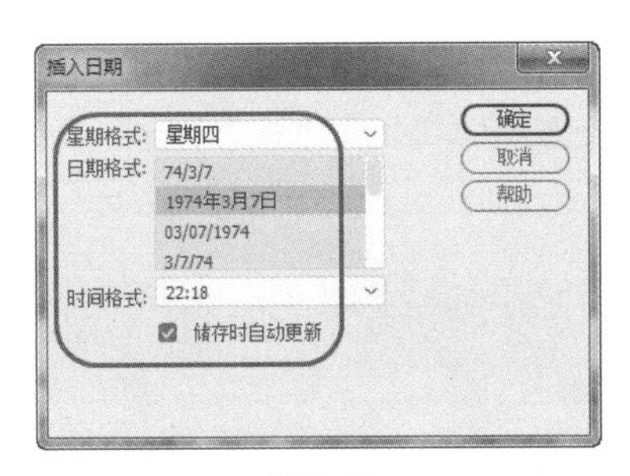

图 2-23

★提示★

显示在“插入日期”对话框中的时间和日期不是当前的日期，它们也不会反映浏览者查看网站的日期和时间。

04 单击“确定”按钮，即可插入日期，如图 2-24 所示。

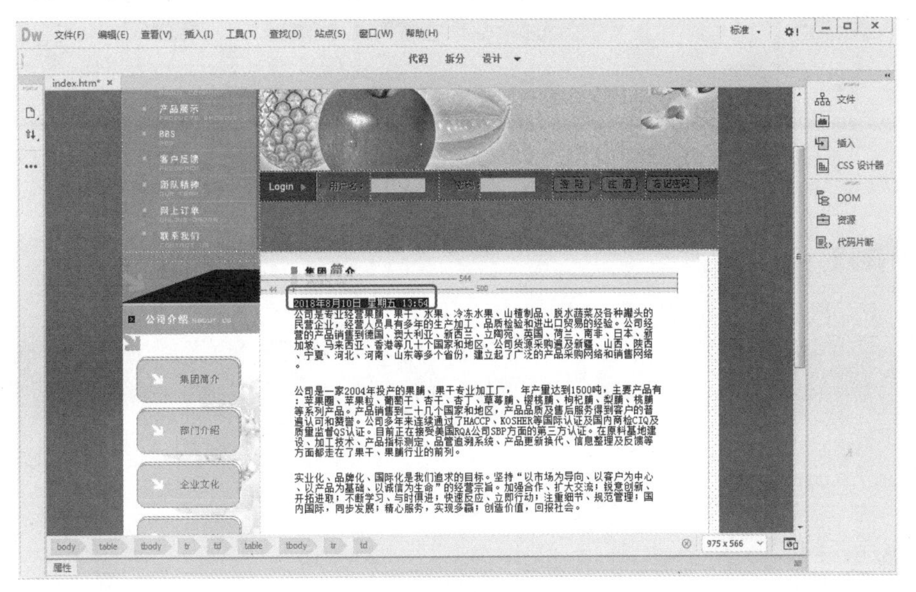

图 2-24

05 保存文档，按 F12 键在浏览器中预览，效果如图 2-20 所示。

2.5 设置文本属性

文本属性主要包括两类：文字格式和段落格式。文字格式又包括文字的字体、字号、颜色以及文本的对齐方式等。

2.5.1 设置标题段落格式

标题经常用来强调段落要表现的内容，在 HTML 中共定义了 6 级标题，从 1 级到 6 级，每级标题的字号依次递减。

选中设置标题段落的文本，执行“窗口”|“属性”命令，打开“属性”面板，在“属性”面板中单击HTML选项卡按钮，在该选项卡的“格式”下拉列表中选择标题样式，如图2-25所示。

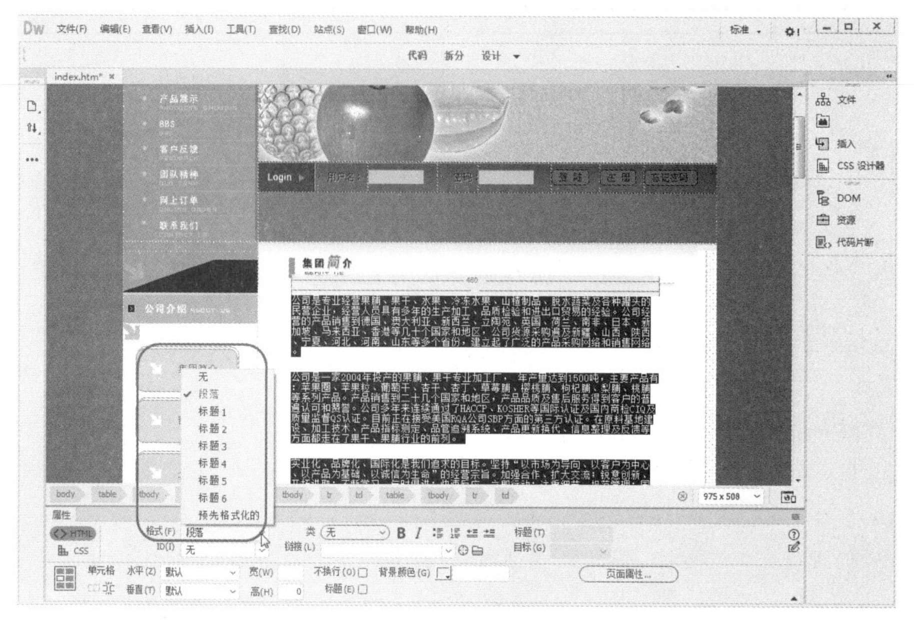

图 2-25

★ 知识要点 ★

在“格式”下拉列表中可以设置以下段落格式。

- 段落：选择该项，将插入点所在的文字块定义为普通段落，其两端分别被添加<p>和</p>标记。
- 预先格式化的：选择该项，则将插入点所在的段落设置为格式化文本，其两端分别被添加<pre>和</pre>标记。此时，在文字中间的所有空格和回车等格式全部被保留。
- 无：选择该项，则取消对段落的设置。

2.5.2 设置字体和字号

选择一种合适的字体和字号是决定网页美观、布局合理的关键。在设置网页时，应该对文本设置相应的字体和字号，具体操作步骤如下。

01 选中要设置字号的文本，在“属性”面板中选择CSS选项卡，单击“大小”右侧的文本框，在弹出的下拉列表中选择合适的字号，或者直接在文本框中输入相应的字号，如图2-26所示。

02 选中要设置字体的文本，在“属性”面板的CSS选项卡中，单击“字体”右侧的文本框，在弹出的下拉列表中选择合适的字体，如图2-27所示。

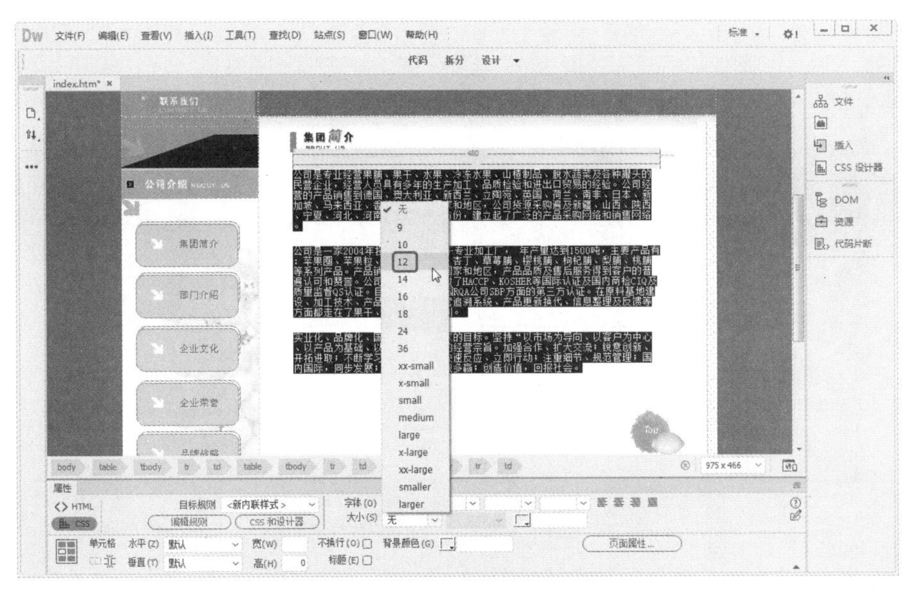

图 2-26

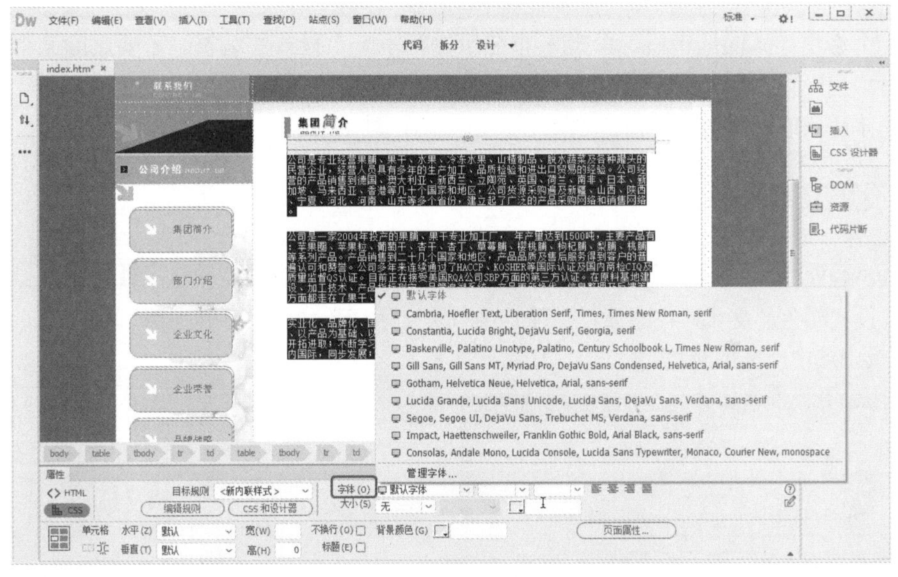

图 2-27

2.5.3　添加新字体

字体对网页中的文本来说是非常重要的，Dreamweaver 中自带的字体比较少，但可以在 Dreamweaver 的字体列表中添加更多的字体，添加新字体的具体操作步骤如下。

01 打开网页文档，在“属性”面板的“字体”下拉列表中执行“管理字体”命令，如图 2-28 所示。

02 在弹出的“管理字体”对话框的“可用字体”列表框中选择要添加的字体，单击«按钮添加到左侧的“选择的字体”列表框中，此时，在“字体”列表框中也会显示新添加的字体，如图 2-29 所示。重复以上操作即可添加更多的字体，若要删除已添加的字体，可以选中该字体并单击»按钮。

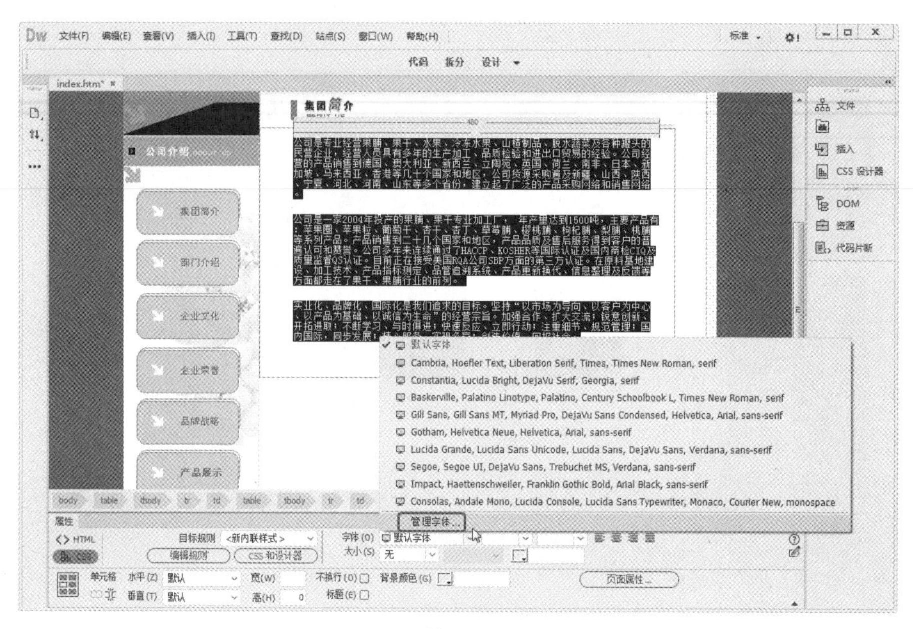

图 2-28

03 完成一个字体样式的编辑后，单击[+]按钮可进行下一个样式的编辑。若要删除某个已经编辑的字体样式，可选中该样式后单击[-]按钮。

04 完成字体样式的编辑后，单击“确定”按钮关闭该对话框。

2.5.4 设置文本颜色

Dreamweaver 还可以改变网页文本的颜色，设置文本颜色的具体操作步骤如下。

01 选中要设置颜色的文本，在“属性”面板中单击文本颜色按钮，打开如图 2-30 所示的调色板，在该调色板中选中所需的颜色。

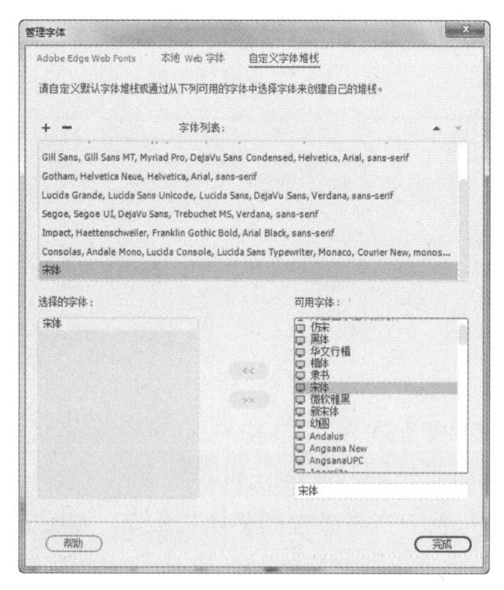

图 2-29

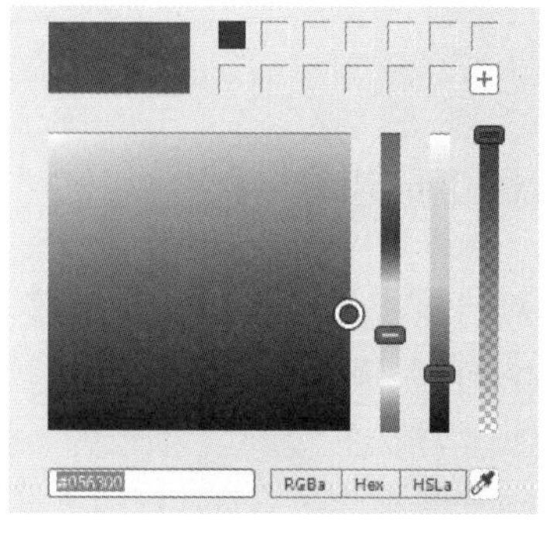

图 2-30

02 单击即可选取该颜色，并设置文本的颜色，如图 2-31 所示。

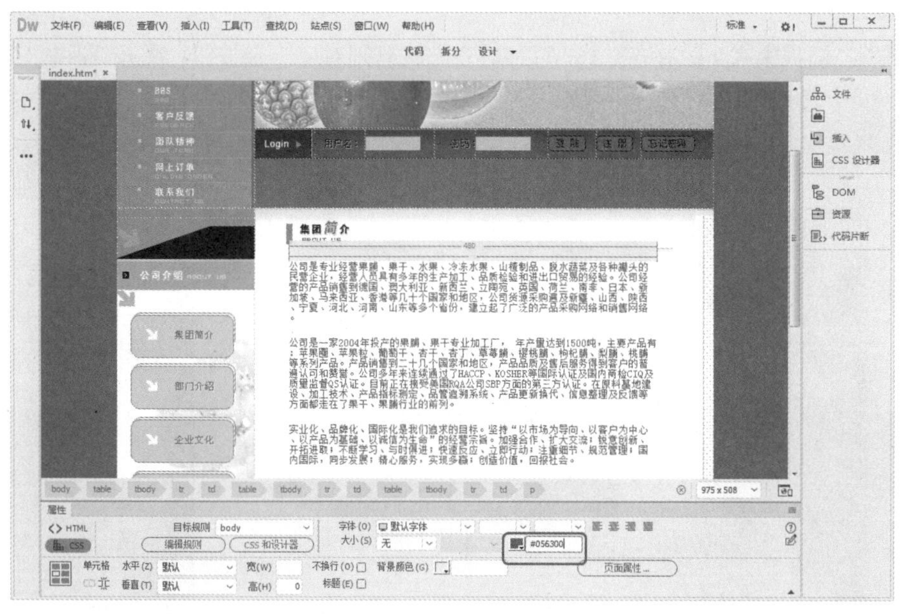

图 2-31

★ 知识要点 ★

此时，也可以在调色板的对话框中直接输入颜色代码。

2.5.5　设置文本样式

单击“属性”面板的“字体”文本框，在弹出的菜单中可以设置文字的粗体和斜体，如图 2-32 所示。

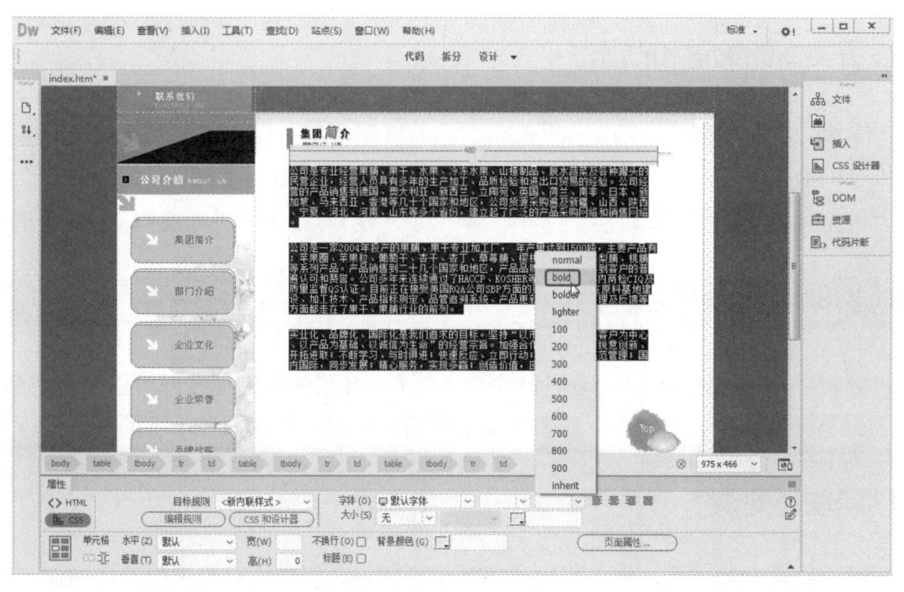

图 2-32

2.5.6 设置文本对齐方式

在“属性”面板中有4种对齐方式，每种对齐方式分别对应一个按钮，按钮：左对齐，按钮：居中对齐，按钮：右对齐，按钮：两端对齐，如图2-33所示。

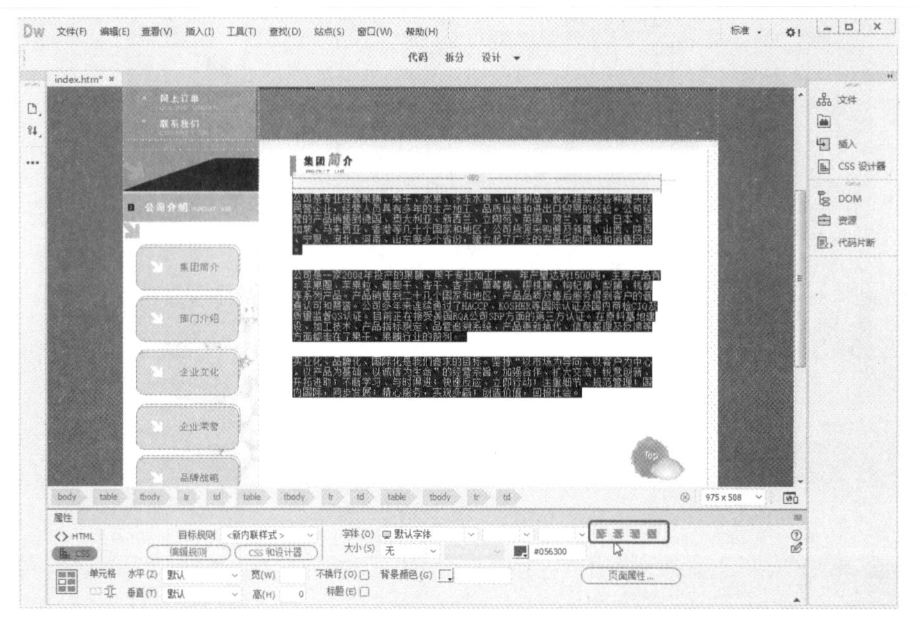

图2-33

★ 提示 ★

为什么使一行字居中，其他行也会自动居中？

在Dreamweaver中进行居中、居右操作时，默认的区域是P、H1~H6、div等格式标识符，如果语句没有用上述的标识符隔开，Dreamweaver会将整段文字都进行居中处理，解决方法就是将居中文本用P隔开。

2.5.7 设置文本的缩进和凸出

所谓“缩进”就是相对于文档窗口左端而言，将文字缩进，以表示与普通段落的区别。将光标置于要缩进的段落中，在“属性”面板中单击“内缩区块”按钮，即可将当前的段落缩进，如图2-34所示。在“属性”面板中单击“删除内缩区块”按钮，即可删除当前段落的缩进设置。

2.6 创建项目列表和编号列表

在网页编辑中，有时会使用到列表，包含层次关系、并列关系的标题都可以制作成列表形式，这样有利于浏览者理解网页的内容。列表包括项目列表和编号列表两种，下面分别进行介绍。

2.6.1 创建项目列表

如果项目之间是并列关系，则可以生成项目符号列表。创建项目列表的具体操作步骤如下。

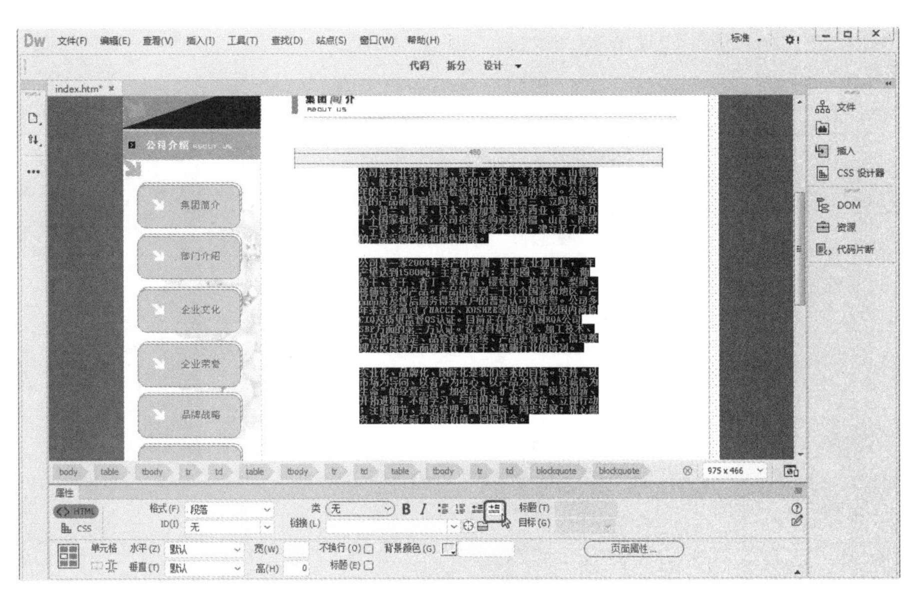

图 2-34

01 打开网页文档，将光标放置在要创建项目列表的位置，单击“属性”面板中的“项目列表”按钮，如图 2-35 所示。

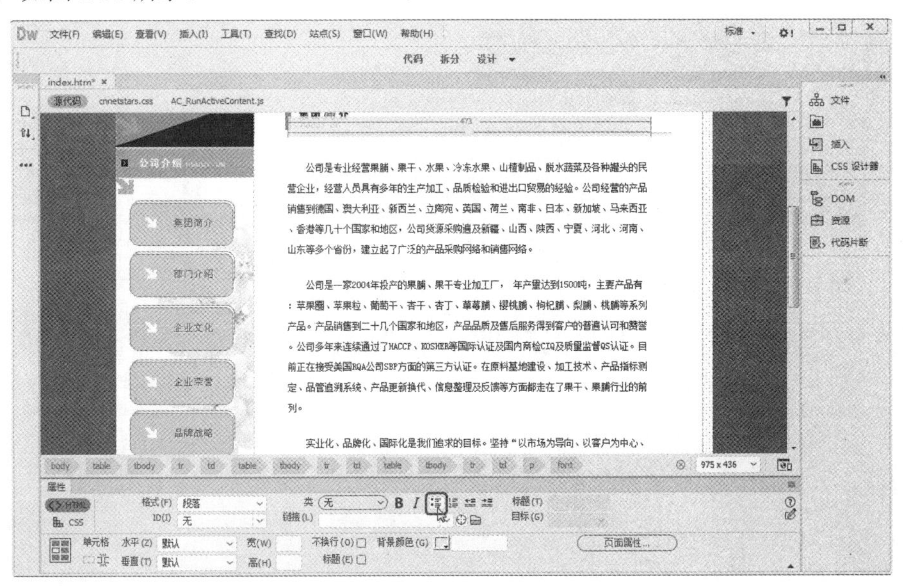

图 2-35

02 此时会创建项目列表，如图 2-36 所示。

2.6.2 创建编号列表

当网页内的文本需要按序排列时，就应该使用编号列表。编号列表的项目符号可以在阿拉伯数字、罗马数字和英文字母中选择。

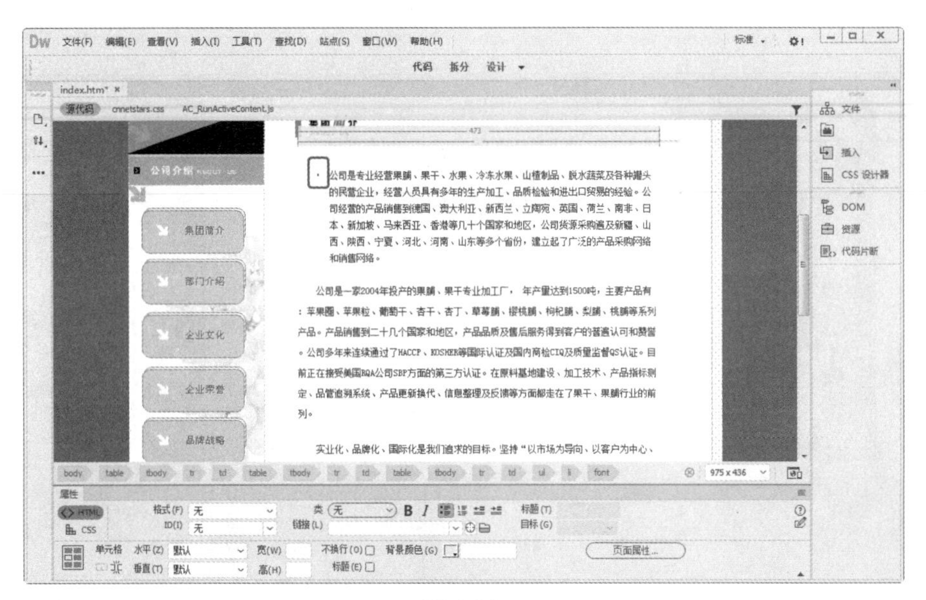

图 2-36

将光标放置在要创建编号列表的位置，单击“属性”面板中的“编号列表”按钮，即可创建编号列表，如图 2-37 所示。

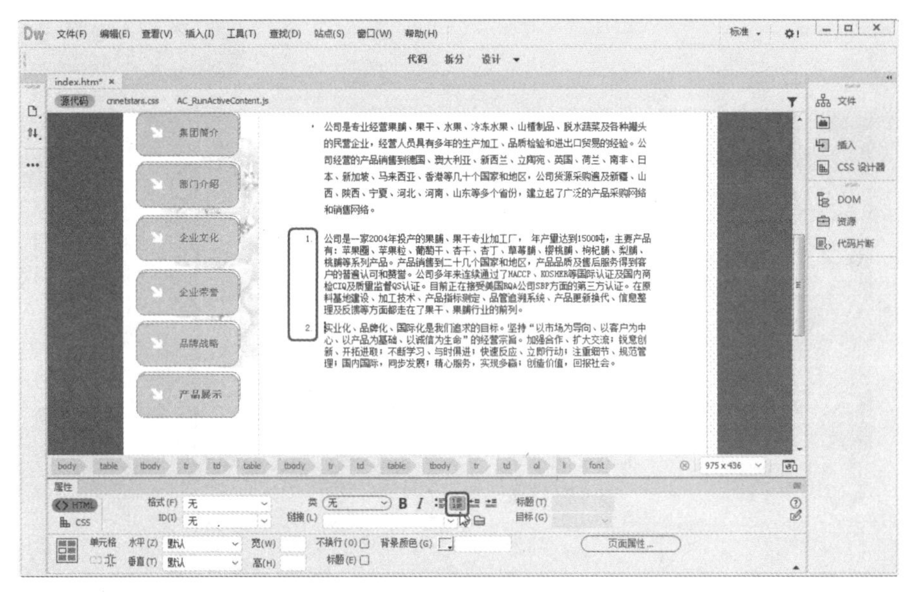

图 2-37

2.7 插入网页头部内容

网页头部内容也就是通常说的 META 标签，它在网页中是看不到的，包含在网页的 <head>...</head> 标签之间。所有包含在该标签之间的内容在网页中都是不可见的。

网页头部内容主要包括标题、META、关键字和说明，下面分别介绍常用的文件头标签的使用方法。

2.7.1　插入 META

META 对象常用于插入一些为 Web 服务器提供选项的标记符，方法是通过 http-equiv 属性和其他各种在 Web 页面中包括的、不会被浏览者看到的数据。设置 Meta 的具体操作步骤如下。

01 执行“插入”|HTML| META 命令，弹出 META 对话框，如图 2-38 所示。

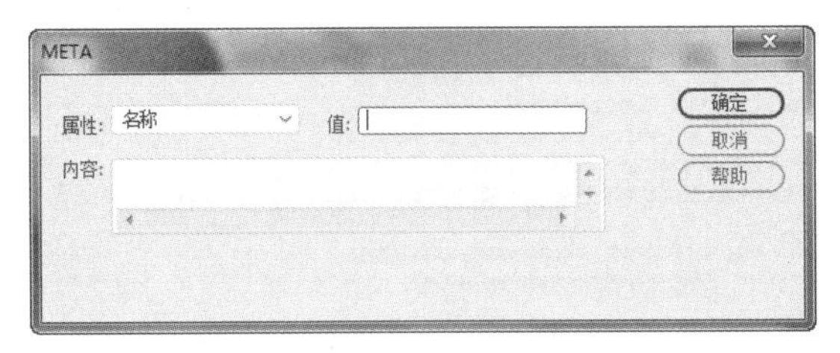

图 2-38

02 在“属性”下拉列表中选择“名称”或 http-equiv 选项，指定 META 标签是否包含有关页面的描述信息或 http 标题信息。

03 在“值”文本框中指定在该标签中提供的信息类型。

04 在“内容”文本框中输入实际的内容。

05 设置完毕后，单击“确定”按钮即可。

★ 高手支招 ★

单击HTML插入栏，在弹出的菜单中选择META选项按钮，弹出META对话框，插入META信息。

2.7.2　插入关键字

关键字也就是与网页的主题内容相关的简短而有代表性的词汇，这是给网络中的搜索引擎准备的。关键字一般要尽可能地概括网页内容，这样浏览者只要输入很少的关键字，就能最大限度地搜索到该网页。插入关键字的具体操作步骤如下。

01 执行“插入”|HTML| Keywords 命令，弹出 Keywords 对话框，如图 2-39 所示。

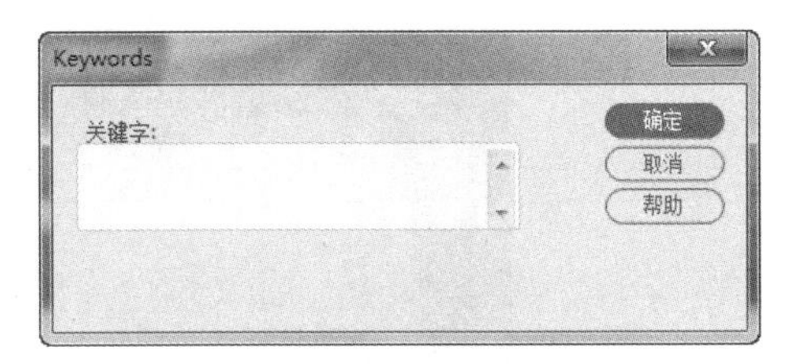

图 2-39

02 在 Keywords 文本框中输入一些关键字，单击“确定”按钮即可。

★ 高手支招 ★

单击HTML插入栏中，在弹出的菜单中选择Keywords选项，弹出Keywords对话框，输入关键字。

2.7.3　插入说明

插入说明的具体操作步骤如下。

01 执行“插入”|HTML|“说明”命令，弹出“说明”对话框，如图 2-40 所示。

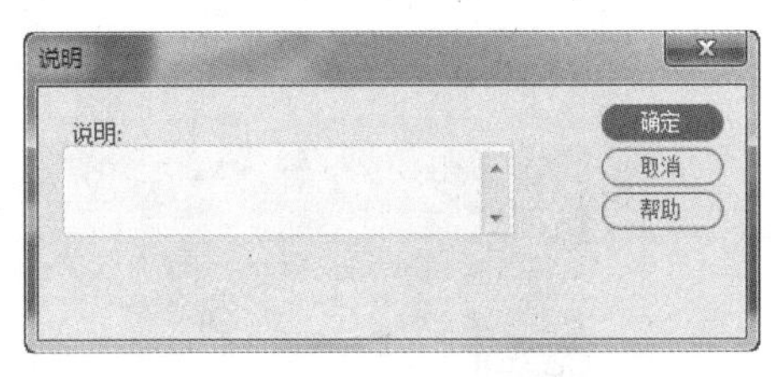

图 2-40

02 在“说明”文本框中输入一些说明文字，单击“确定”按钮即可。

★ 高手支招 ★

单击HTML插入栏，在弹出的菜单中选择“说明”选项，弹出“说明”对话框，输入说明文字。

综合实战——创建基本文本网页

前面讲述了 Dreamweaver CC 2018 的基本知识，以及在网页中插入文本和设置文本属性的方法。下面利用实例讲述创建基本文本网页的方法，如图 2-41 所示，具体操作步骤如下。

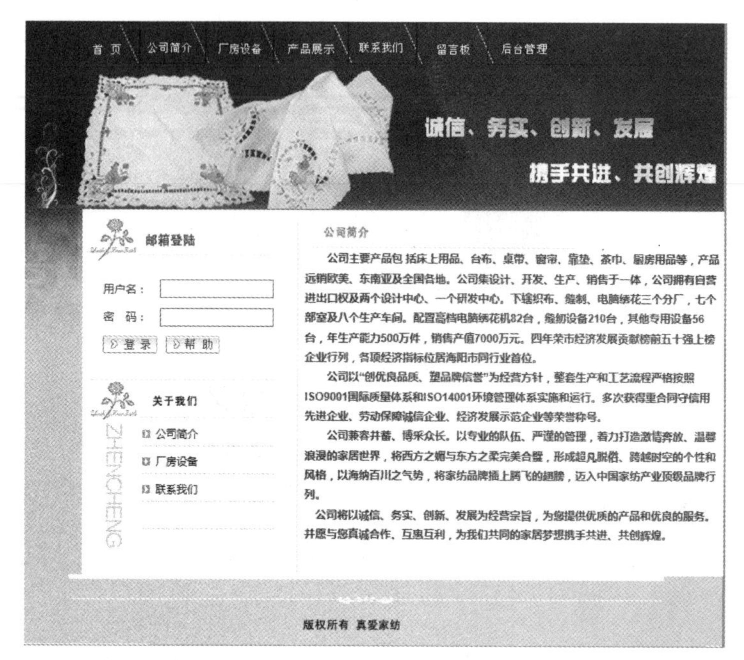

图 2-41

01 打开网页文档，如图 2-42 所示。

图 2-42

02 将光标放置在要输入文字的位置，并输入相应的文字，如图 2-43 所示。

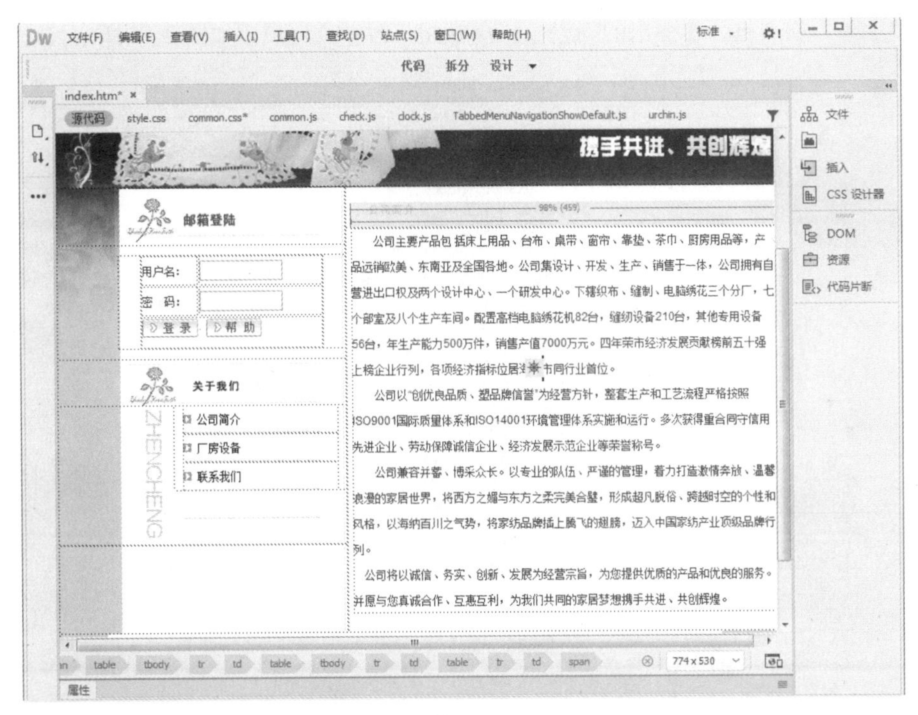

图 2-43

03 选中输入的文字，在“属性”面板中单击“大小”文本框右侧的按钮，在弹出的列表中选择 12 选项，如图 2-44 所示。

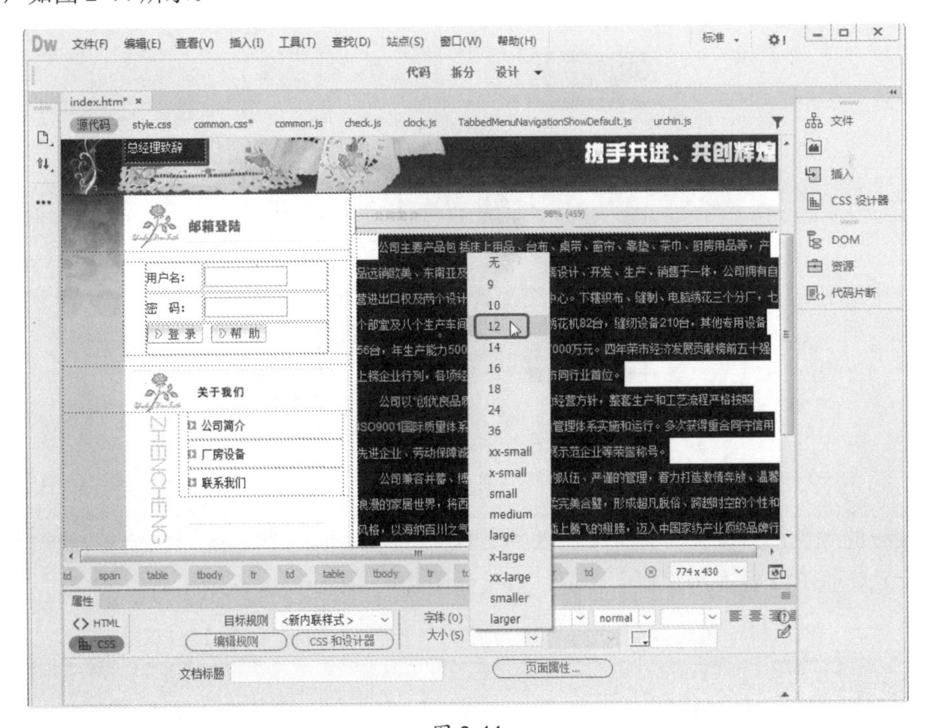

图 2-44

04 单击“字体”文本框，在弹出的列表中选择 bold（粗体）选项，如图 2-45 所示。

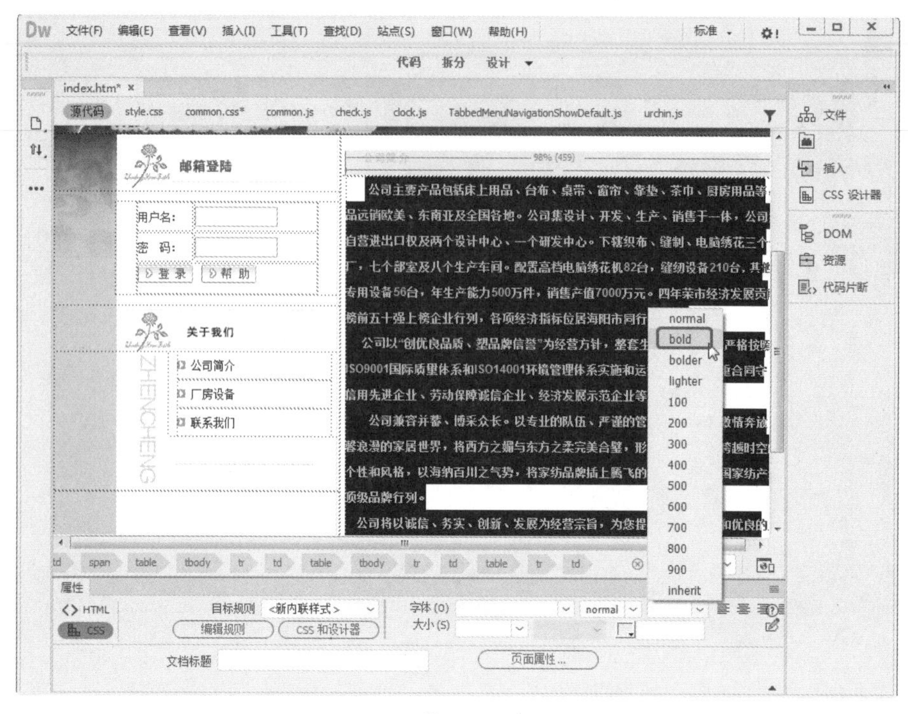

图 2-45

05 单击“颜色”按钮，打开调色板，并选择相应的颜色，如图 2-46 所示。

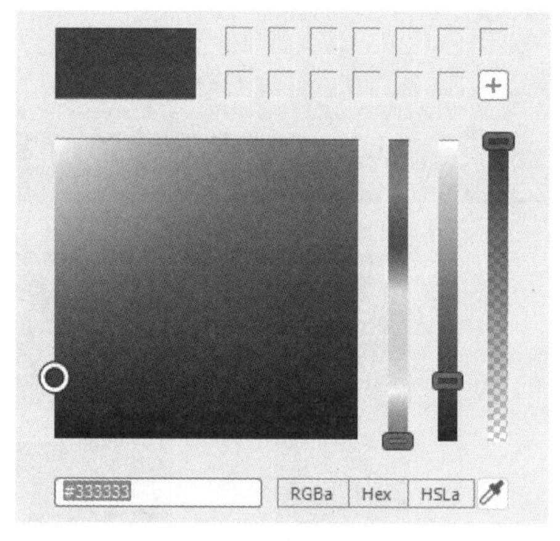

图 2-46

06 此时相应的颜色十六位代码会直接输入到文本框中，如图 2-47 所示。

07 保存文档，按 F12 键在浏览器中预览，效果如图 2-41 所示。

图 2-47

第 3 章　使用图像丰富网页内容

图像是网页中最常用的元素之一，添加精美的图像可以大幅增强网页的视觉效果，令网页更加生动、多彩。在网页中恰当地使用图像，能够极大地吸引浏览者的注意力。因此，利用好图像，也是网页设计的关键。本章主要介绍在网页中插入图像、设置属性和网页图像的编辑等方法，通过对本章的学习，可以创建出精美的图文混排网页效果。

知识要点

- 网页中常用的图像格式
- 在网页中插入图像
- 设置图像属性
- 在网页中编辑图像
- 图文混排网页
- 创建翻转图像导航

实例展示

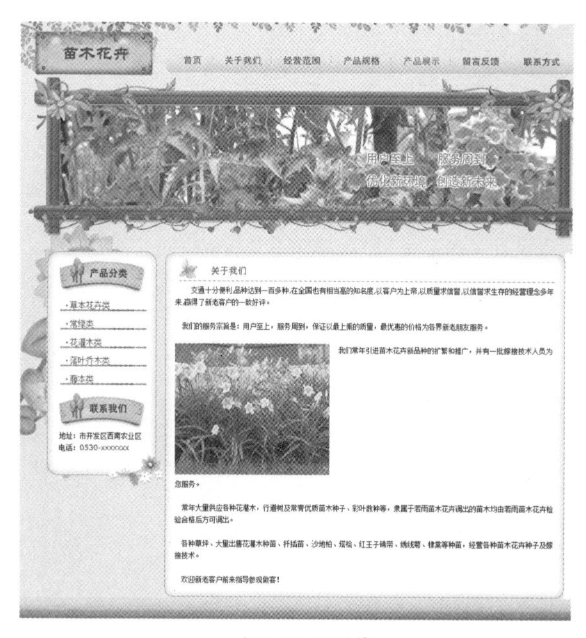

插入网页图像

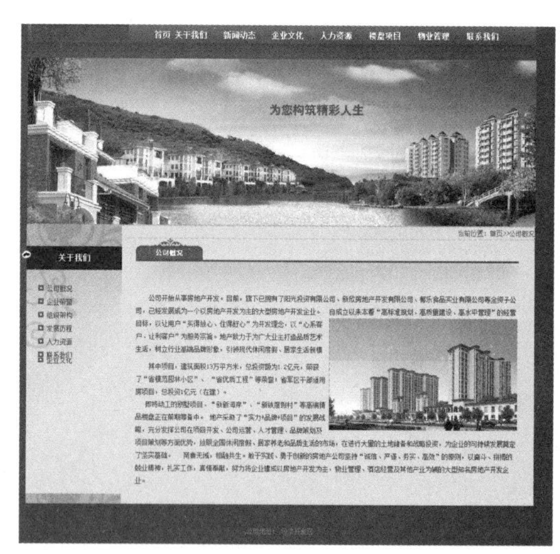

创建图文混排网页

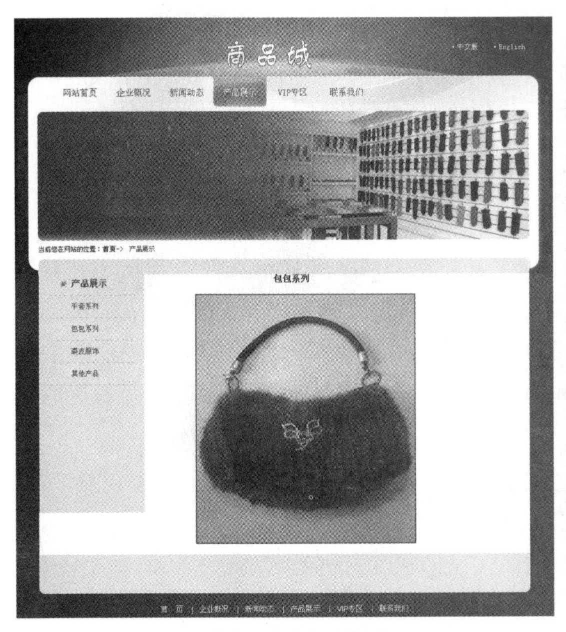

创建鼠标经过图像前

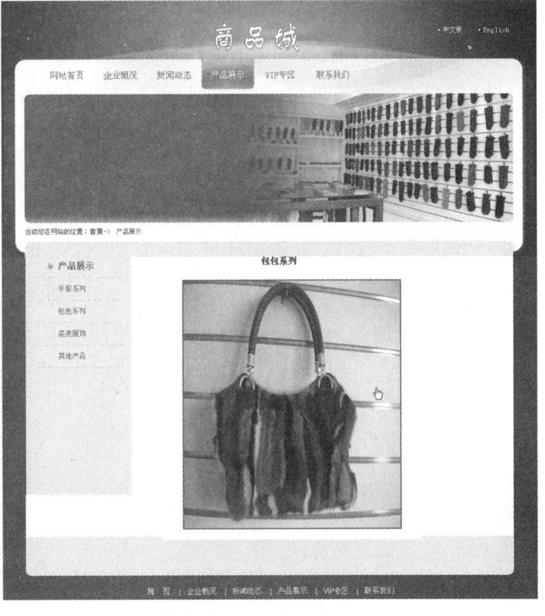

创建鼠标经过图像后

3.1 网页中常用的图像格式

网页中可以插入的图像格式通常有 3 种，即 GIF、JPEG 和 PNG。目前 GIF 和 JPEG 文件格式的支持情况最好，大多数浏览器都可以查看它们。由于 PNG 文件具有较大的灵活性，并且文件较小，所以它对于几乎任何类型的网页图像都是适合的。但是 Microsoft Internet Explorer 和 Netscape Navigator 只能部分支持 PNG 图像的显示，所以建议使用 GIF 或 JPEG 格式文件，以满足更多人的需求。

3.1.1 GIF 格式

GIF 是英文单词 Graphic Interchange Format 的缩写，即图像交换格式，文件最多可以使用 256 种颜色，最适合显示色调不连续或具有大面积单一颜色的图像，例如导航条、按钮、图标、徽标或其他具有统一色彩和色调的图像。

GIF 格式的最大优点就是可以制作动态图像，可以将数张静态文件作为动画帧串联起来，转换成一个动画片段。

GIF 格式的另一优点就是可以将图像以交错的方式在网页中呈现。所谓“交错显示”，就是当图像尚未下载完成时，浏览器会先已马赛克的形式将图像显示出来，让浏览者可以大致看出下载图像的内容。

3.1.2 JPEG 格式

JPEG 是英文单词 Joint Photographic Experts Group（联合图像专家组）的缩写，专门用来处理照片图像。JPEG 的图像为每个像素提供了 24 位可用的颜色信息，从而提供了上百万种颜色。为了使 JPEG 文件便于应用，需要通过删除那些运算法则认为是多余的信息来压缩文件。JPEG 格式通常被归类为有损压缩，图像的压缩是以降低图像的质量为代价的。

3.1.3 PNG 格式

PNG 是英文单词 Portable Network Graphic 的缩写，即便携网络图像，文件格式是一种替代 GIF 格式的无专利权限制的格式，它包括对索引色、灰度、真彩色图像以及 alpha 通道透明的支持。PNG 是 Macromedia Fireworks 固有的文件格式，可保留所有原始图层、矢量、颜色和效果信息，并且在任何时候所有元素都可以被重新编辑，但是文件必须具有 .png 文件扩展名才能被 Dreamweaver 识别为 PNG 文件。

3.2 在网页中插入图像

前面介绍了网页中常见的 3 种图像格式，下面就来学习如何在网页中插入图像。在插入图像前，一定要有目的地选择图像，最好运用图像处理软件对图像进行美化，否则插入的图像可能会不美观。

3.2.1 插入普通图像

图像是网页构成中最重要的元素之一，美观的图像会为网站增添生命力，同时也会加深人们对网站的印象。下面通过如图 3-1 所示的实例讲述在网页中插入图像方法，具体操作步骤如下。

图 3-1

01 打开网页文档，如图 3-2 所示。

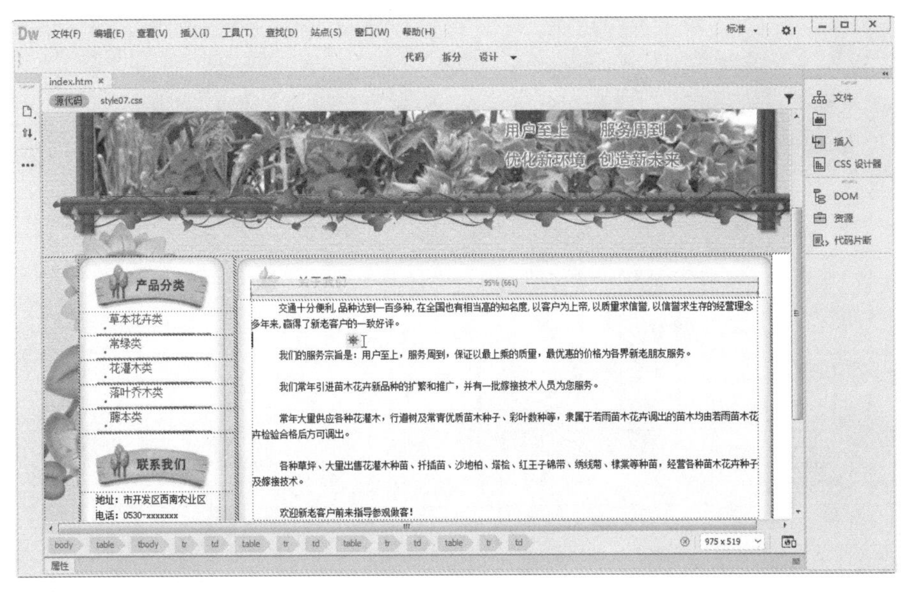

图 3-2

02 将光标置于要插入图像的位置，执行“插入”|images 命令，弹出“选择图像源文件”对话框，在该对话框中选择图像 tu.jpg，如图 3-3 所示。

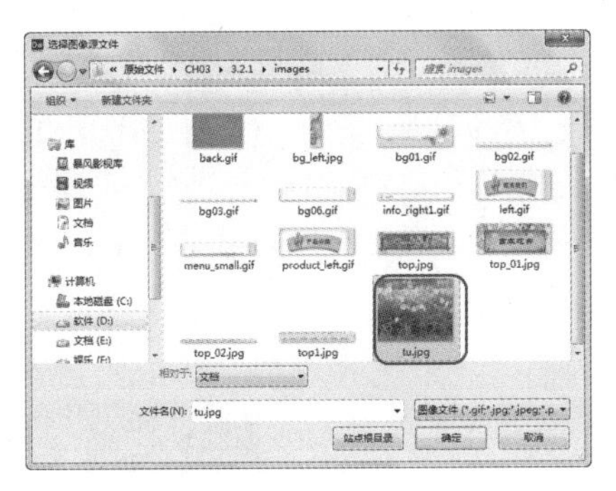

图 3-3

03 单击“确定”按钮，插入图像，如图 3-4 所示。

★ 提示 ★

如果选中的文件不在本地网站的根目录下，则弹出如下图所示的对话框，系统要求用户复制图像文件到本地网站的根目录，单击“是”按钮，此时会弹出“拷贝文件为”对话框，让用户选择文件的存放位置，可选择根目录或根目录下的任何文件夹，这里建议新建一个名称为images的文件夹，今后可以把网站中的所有图像都放入该文件夹中。

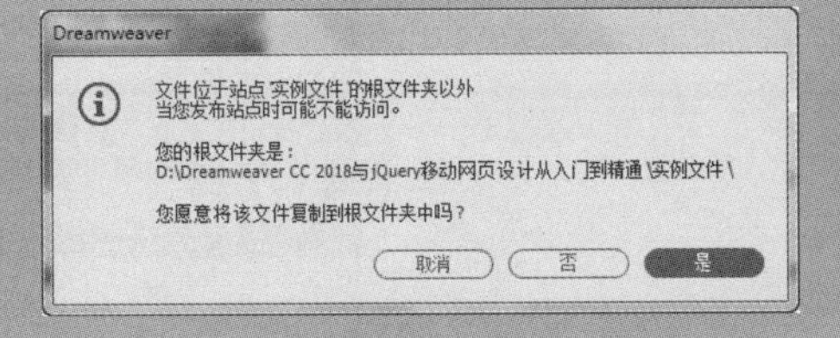

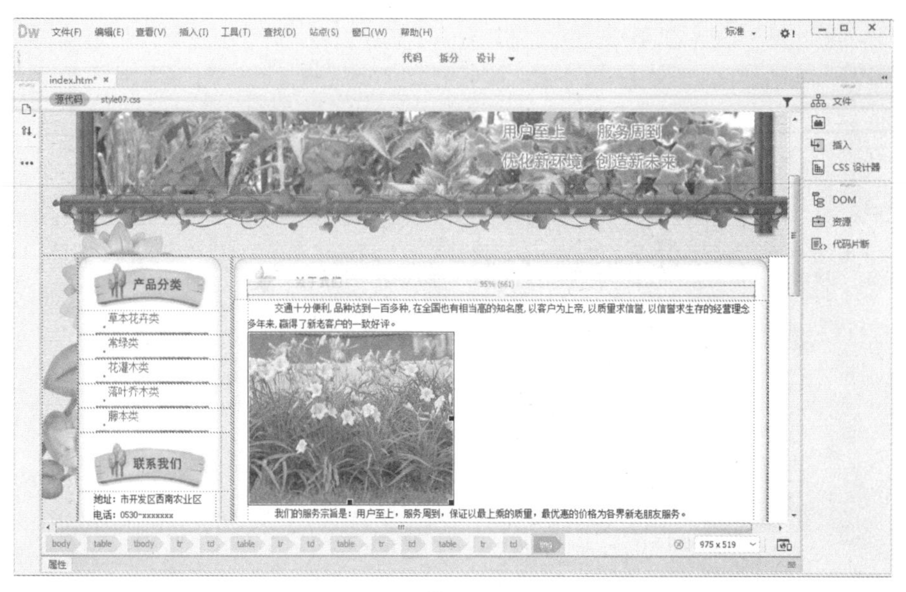

图 3-4

★ 高手支招 ★

使用以下方法也可以插入图像。

- 执行“窗口”|“资源”命令，打开“资源”面板，在该面板中单击按钮，展开图像文件夹，选定图像文件，然后拖至网页中合适的位置。
- 单击HTML插入栏中的按钮，弹出“选择图像源文件”对话框，在该对话框中选择需要的图像文件。

3.2.2 插入鼠标经过图像

“鼠标经过图像”就是，在浏览器中查看网页时，当鼠标指针经过图像时，该图像就会变成另外一幅图像；当鼠标移开时，该图像又会恢复原来的图像。这种效果在 Dreamweaver 中可以非常方便地做出来。

鼠标未经过图像时的效果如图 3-5 所示，当光标经过图像时的效果如图 3-6 所示，具体操作步骤如下。

01 打开网页文档，如图 3-7 所示。

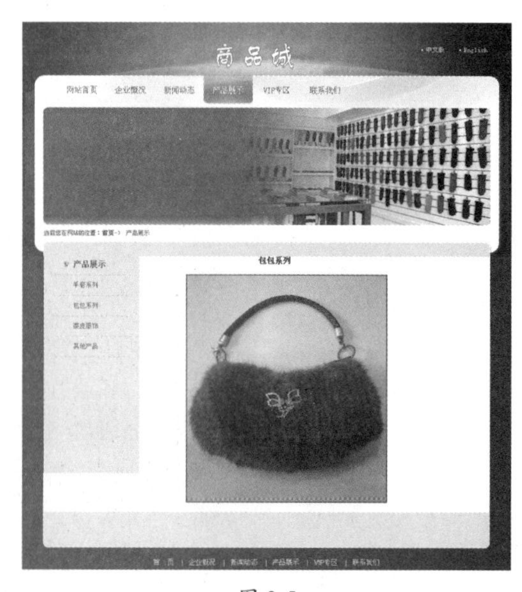

图 3-5

图 3-6

图 3-7

02 将光标置于插入鼠标经过图像的位置，执行“插入”|HTML|“鼠标经过图像”命令，弹出“插入鼠标经过图像”对话框，如图 3-8 所示。

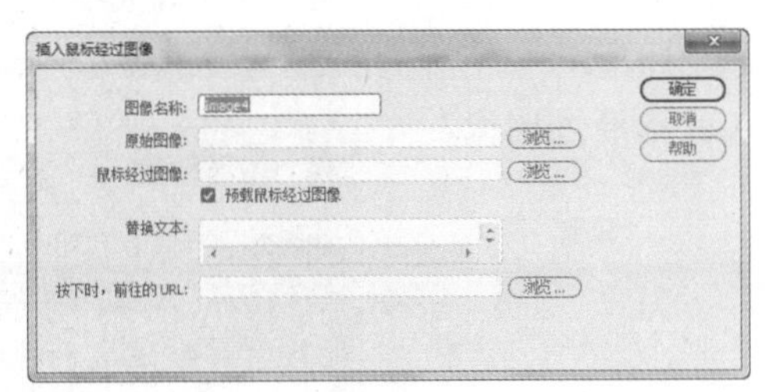

图 3-8

★ 知识要点 ★

“插入鼠标经过图像”对话框中可以进行如下设置。

- 图像名称：设置鼠标经过图像的名称。
- 原始图像：鼠标经过图像的原始图像，在其后的文本框中输入此原始图像的路径，或单击“浏览”按钮，打开“原始图像”对话框，在该对话框中选择图像。
- 鼠标经过图像：用来设置鼠标经过图像时，原始图像替换成的图像。
- 预载鼠标经过图像：选中该复选框，网页打开时就预下载替换图像到本地硬盘。当鼠标经过图像时，能迅速切换到替换图像；如果取消该选项，当鼠标经过该图像时才会下载替换图像，效果可能会出现不连贯的现象。
- 替换文本：用来设置图像的替换文本，当图像不显示时，显示这个替换文本。
- 按下时，前往的URL：用来设置鼠标经过图像应用的超链接。

★ 提示 ★

在HTML插入栏的菜单中执行“鼠标经过图像”命令，弹出“插入鼠标经过图像”对话框，也可以插入鼠标经过图像。

03 单击“原始图像”文本框右侧的“浏览”按钮，在弹出的“原始图像：”对话框中选择相应的图像，如图 3-9 所示，单击“确定”按钮。

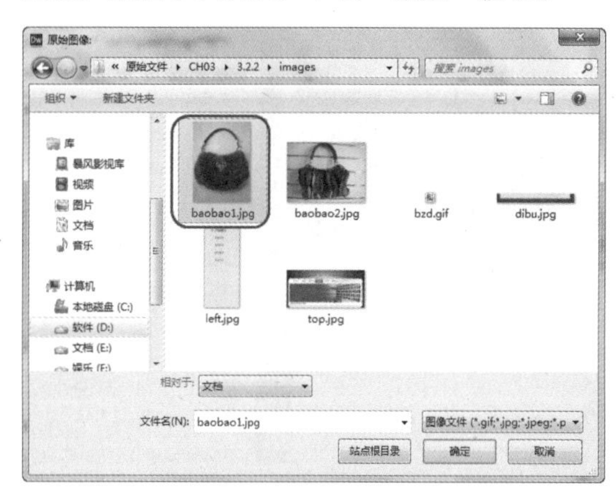

图 3-9

04 单击“鼠标经过图像”文本框右侧的“浏览”按钮，在弹出的“鼠标经过图像：”对话框中选择相应的图像，如图 3-10 所示。

05 单击“确定”按钮，如图 3-11 所示。

06 单击“确定”按钮，插入鼠标经过图像，如图 3-12 所示。

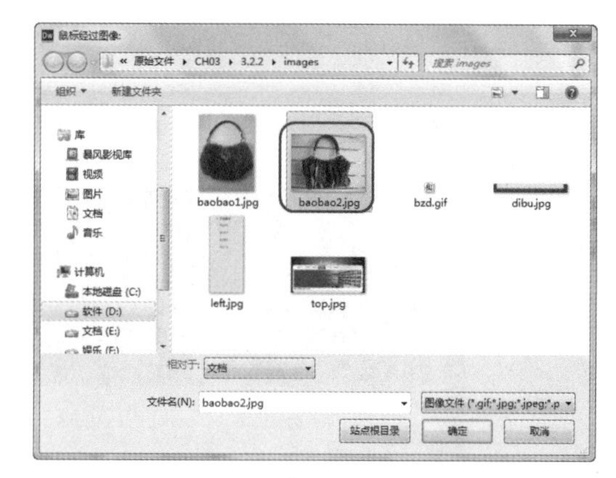

图 3-10

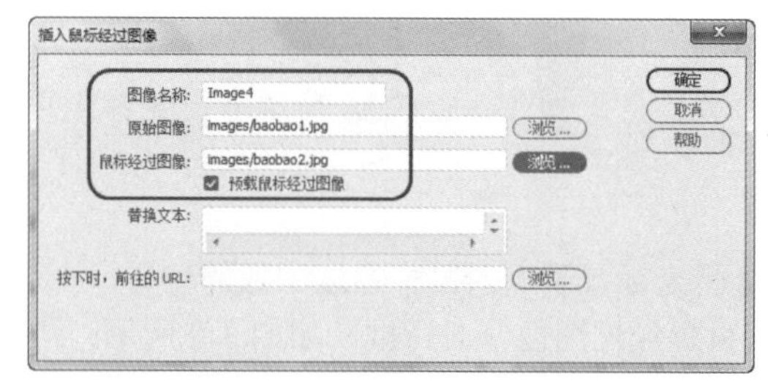

图 3-11

★ 提示 ★

在插入鼠标经过图像时，如果不为该图像设置链接，Dreamweaver将在HTML源代码中插入一个空链接 #，该链接上将附加鼠标经过的图像行为，如果将该链接删除，鼠标经过图像将不起作用。

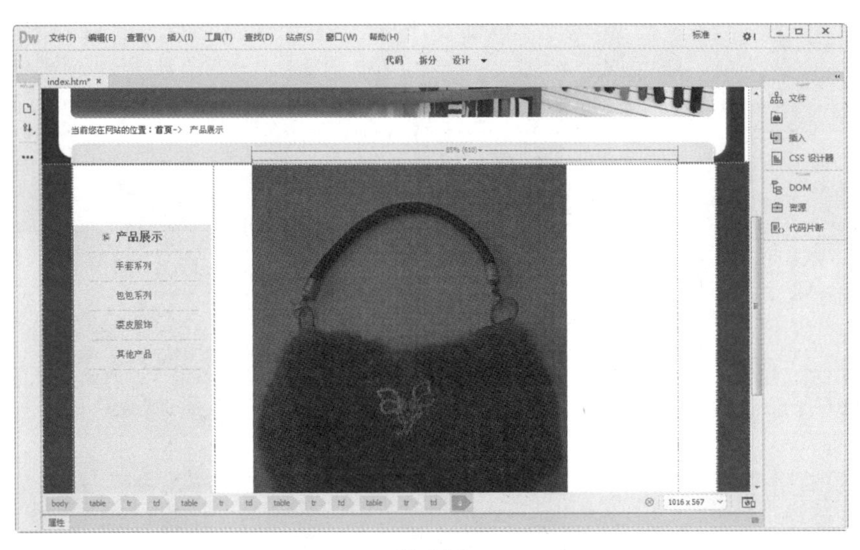

图 3-12

07 保存文档，按 F12 键在浏览器中预览，鼠标未经过图像时的效果如图 3-5 所示，鼠标经过图像时的效果如图 3-6 所示。

3.3 设置图像属性

插入图像后，如果图像的大小和位置不合适，还需要对图像的属性进行相应的调整，如大小、位置和对齐方式等。

3.3.1 调整图像大小

选择插入的图像，在“属性”面板中的“宽”和“高”文本框中输入具体的图像大小，如图 3-13 所示。

图 3-13

★ 知识要点 ★

图像“属性”面板中可以进行如下设置。

- 宽和高：以像素（PX）为单位设定图像的宽度和高度，当在网页中插入图像时，Dreamweaver会自动使用图像的原始尺寸，还可以使用以下单位指定图像大小的单位：点、英寸、毫米和厘米。在HTML源代码中，Dreamweaver将这些单位转换为像素。
- Src：指定图像的具体路径。
- 链接：为图像设置超链接。可以单击按钮选择要链接的文件，或直接输入URL路径。
- 目标：设置链接时的目标窗口或框架，在其下拉列表中包括4个选项。
  - » _blank：将链接的对象在一个未命名的新浏览器窗口中打开。
  - » _parent：将链接的对象在含有该链接的框架的父框架集或父窗口中打开。
  - » _self：将链接的对象在该链接所在的同一个框架或窗口中打开。_self是默认选项，通常不需要指定。
  - » _top：将链接的对象在整个浏览器窗口中打开，因而会替代所有框架。
- 编辑：启动“外部编辑器”首选参数中指定的图像编辑软件，并使用该图像编辑软件打开选定的图像。
  - » 编辑：启动外部图像编辑器编辑选中的图像。
  - » 编辑图像设置：弹出“图像预览”对话框，在该对话框中可以对图像进行设置。
  - » 重新取样：将“宽”和“高”的值重新设置为图像的原始大小，调整所选图像大小后，此按钮显示在“宽”和“高”文本框的右侧。如果没有调整过图像的大小，该按钮不会显示。
  - » 裁剪：修剪图像的大小，从所选图像中删除不需要的区域。
  - » 亮度和对比度：调整图像的亮度和对比度。
  - » 锐化：调整图像的清晰度。
- 地图名称和热点工具：标注和创建客户端图像地图。
- 替换：图片的注释。当浏览器不能正常显示图像时，便在图像的位置用这个注释代替图像。
- 原始：指定在载入主图像之前应该载入的图像。

3.3.2　设置图像对齐方式

选择图像并右击，在弹出的快捷菜单中选择图像的对齐方式，如图 3-14 所示。对齐后的效果，如图 3-15 所示。

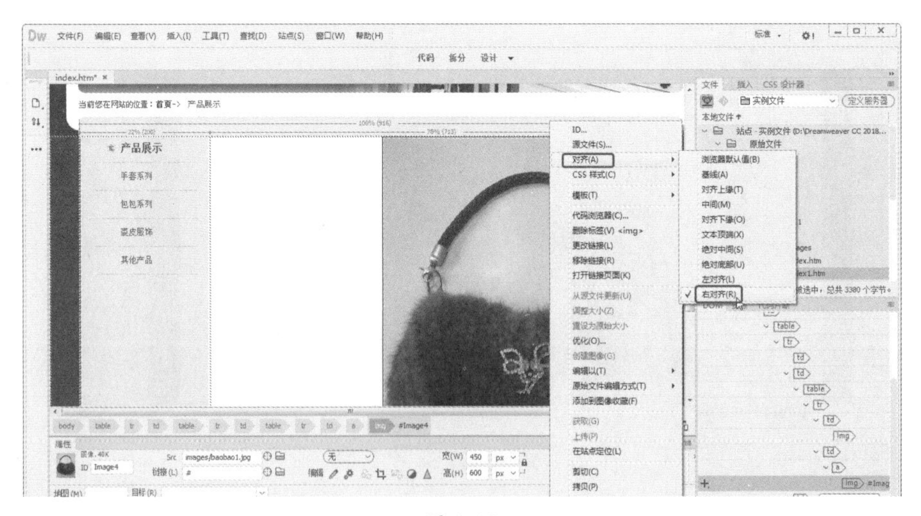

图 3-14

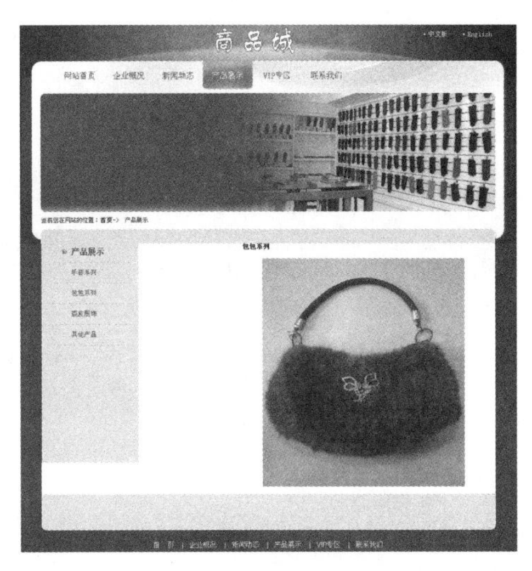

图 3-15

3.4 在网页中编辑图像

裁剪、调整亮度 / 对比度和锐化等一些辅助性的图像编辑功能不用离开 Dreamweaver 就能够完成。有了这些简单的图像处理工具，在编辑网页图像时就轻松多了，不需要打开其他图像编辑软件进行处理，从而大幅提高工作效率。

3.4.1 裁剪图像

裁剪图像的具体操作步骤如下。

01 选中图像，打开“属性”面板，在该面板中单击“编辑”右侧的“裁剪”按钮，如图 3-16 所示。

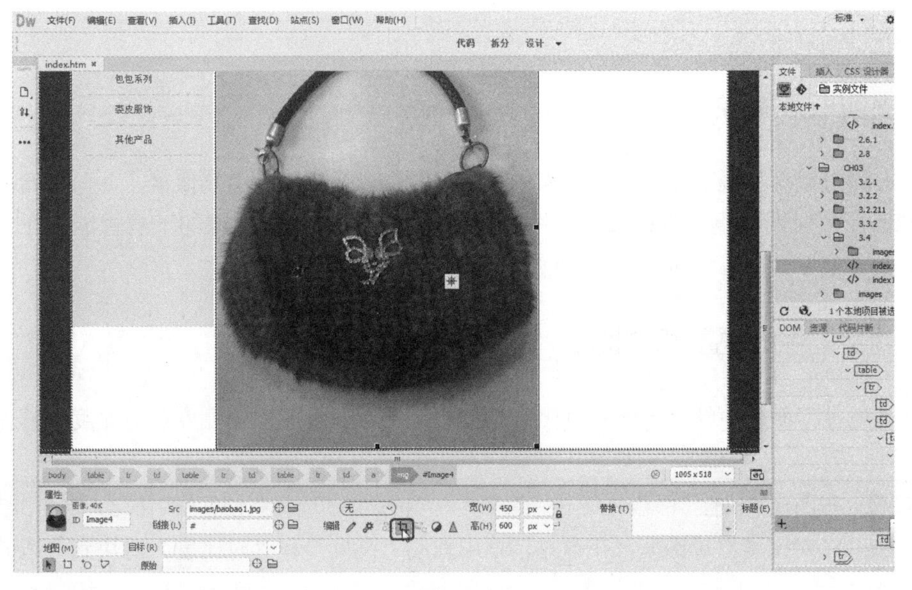

图 3-16

02 弹出 Dreamweaver 提示对话框，如图 3-17 所示。

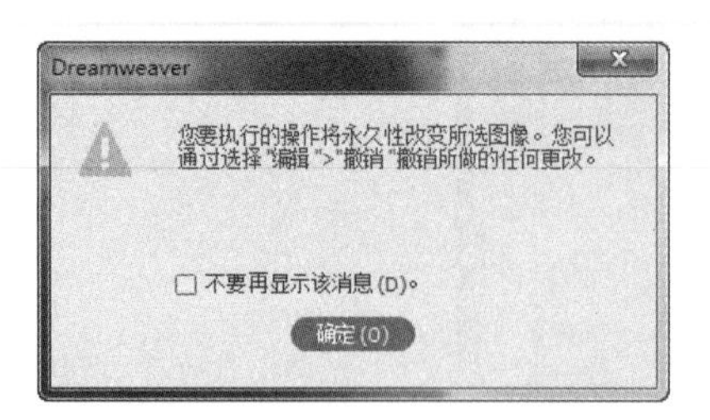

图 3-17

03 单击“确定”按钮，在图像上出现裁剪的控制点，如图 3-18 所示，调整大小后，双击图像，即可裁剪图像。

★ 提示 ★

使用Dreamweaver裁剪图像时，会直接更改磁盘上的源图像文件，因此，可能需要备份图像文件，以在需要恢复图像时使用。

在退出Dreamweaver或在外部图像编辑软件中编辑该文件之前，可以撤销“裁剪”命令的效果。

图 3-18

3.4.2 重新取样图像

重新取样可以添加或减少已调整大小的 JPEG 和 GIF 图像文件中的像素，并与原始图像的外观尽可能匹配，对图像重新取样会减小图像文件的大小，并提高图像的下载性能。在“属性”面板中单击“重新取样”按钮，如图 3-19 所示。

3.4.3 调整图像的亮度和对比度

图像“属性”面板中的“亮度和对比度”按钮用于调整图像的亮度和对比度，具体操作步骤如下。

01 选中图像，在图像“属性”面板中单击“编辑”右侧的“亮度和对比度”按钮，如图 3-20 所示。

02 弹出“亮度 / 对比度”对话框，在该对话框中拖动“亮度”和“对比度”滑块到合适的位置，如图 3-21 所示。

图 3-19

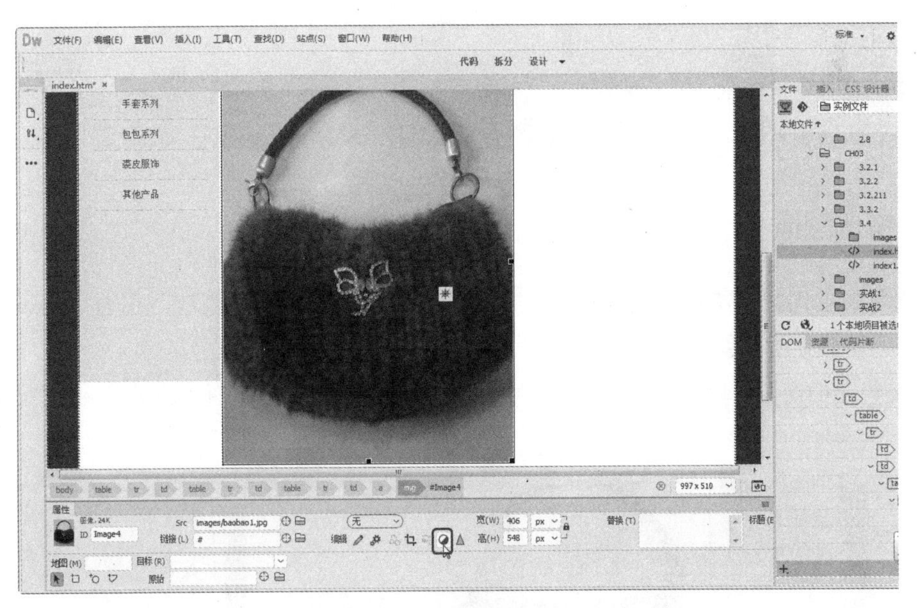

图 3-20

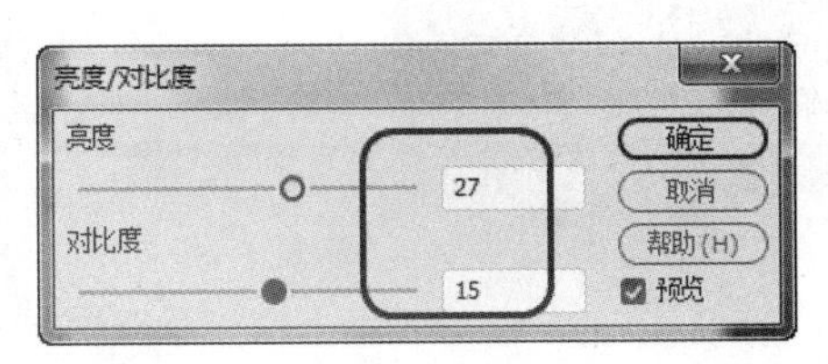

图 3-21

03 调整“亮度”和“对比度”后，单击“确定”按钮，效果如图 3-22 所示。

图 3-22

★ 提示 ★

在“亮度/对比度”对话框中向左拖动滑块可以降低亮度和对比度；向右拖动滑块可以增加亮度和对比度，其取值范围在-100～+100，常用的取值0为最佳。

3.4.4 锐化图像

锐化将增加图像边缘像素的对比度，从而增加图像的清晰度和锐度，在 Dreamweaver 中锐化图像的具体操作步骤如下。

01 选中要锐化的图像，单击“属性”面板中的“锐化”按钮△，如图 3-23 所示。

图 3-23

02 弹出“锐化”对话框，在该对话框中将“锐化”设置为 6，如图 3-24 所示。

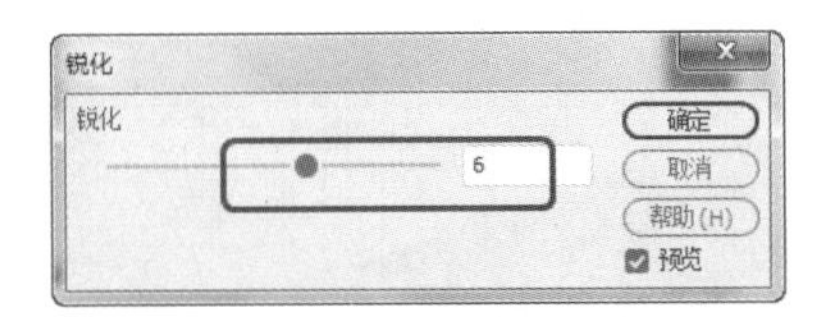

图 3-24

03 单击“确定”按钮，即可锐化图像，如图 3-25 所示。

图 3-25

★ 提示 ★

只能在保存页面之前撤销“锐化”命令的效果，并恢复到原始图像状态。页面一旦保存，对图像所做的更改将无法恢复。

3.5 综合实战

本章主要讲述了如何在网页中插入图像、设置图像属性、在网页中简单编辑图像和插入其他图像元素等的方法，下面通过实例重温以上所学到的知识。

实战 1——创建图文混排网页

文字和图像是网页中最基本的元素，在网页中插入图像会使网页更加生动、形象。创建如图 3-26 所示的图文混排效果的具体操作步骤如下。

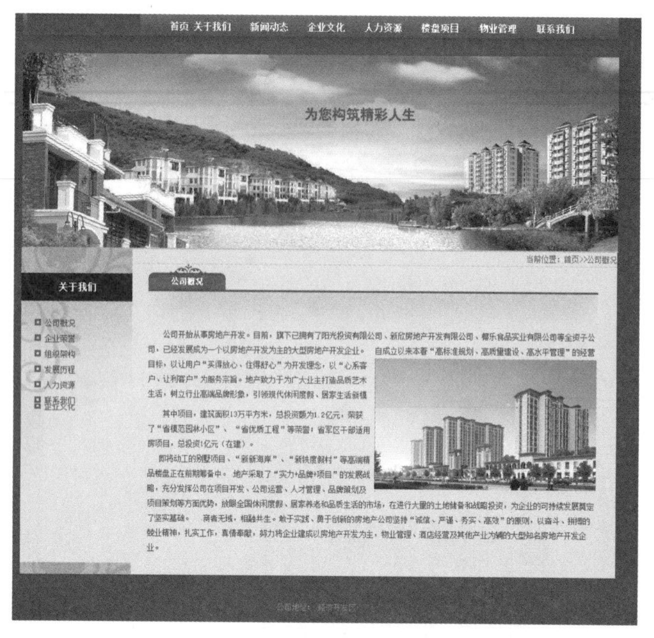

图 3- 26

★ 指点迷津 ★

如何使文字和图片内容共处？

在Dreamweaver中，图片对象需要独占一行，所以，文字内容只能在与其平行的一行位置上。那么，怎么样才可以让文字围绕着图片显示呢？此时需要选中图片并右击，在弹出的快捷菜单中执行“对齐”|“右对齐”命令，这时会发现文字已均匀地排列在图片的右侧了。

01 打开网页文档，如图 3-27 所示。

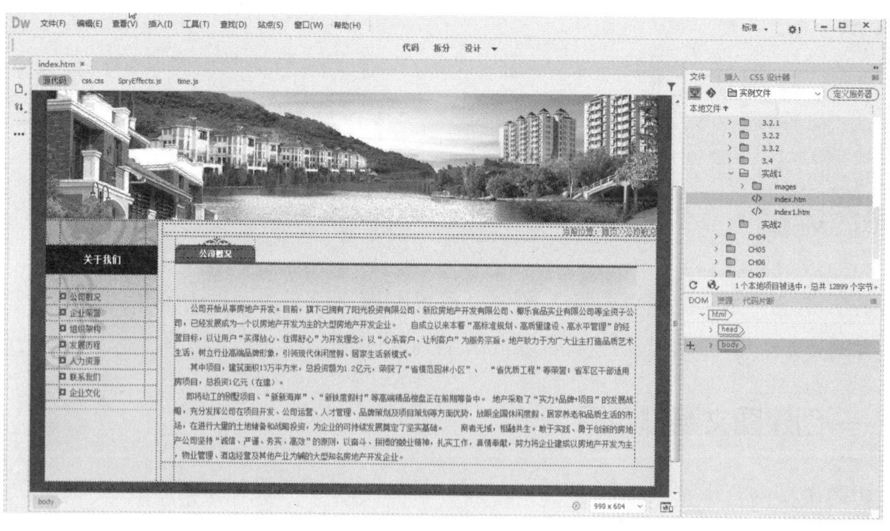

图 3-27

02 将光标置于要插入图像的位置，执行“插入”|Image 命令，弹出“选择图像源文件”对话框，在该对话框中选择图像 tu.jpg，如图 3-28 所示。

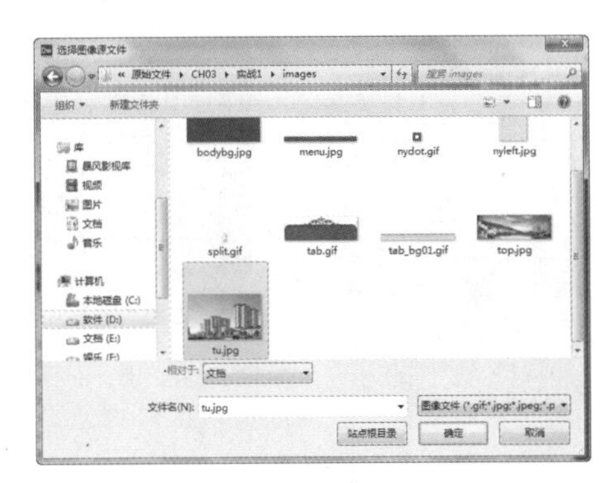

图 3-28

03 单击“确定”按钮，插入图像，如图 3-29 所示。

图 3-29

04 选中插入的图像并右击，在弹出的快捷菜单中执行“对齐”|“右对齐”命令，如图 3-30 所示。

图 3-30

★ 高手支招 ★

修改图像的高度和宽度的值可以改变图像的显示尺寸，但是这并不能改变图像下载所用的时间，因为浏览器是先将图像数据下载，然后再改变图像尺寸。要想缩短图像下载所需要的时间并使图像无论什么时候都显示相同的尺寸，建议在图像编辑软件中，重新处理该图像，这样得到的效果是最好的。

05 保存文档，按 F12 键在浏览器中预览，效果如图 3-26 所示。

实战 2——创建翻转图像导航

导航栏一般由一组图像组成，这些图像的显示内容随鼠标的操作而变化。导航栏可以为页面和文件之间移动提供一条简捷的途径。创建鼠标经过图像导航栏的方法非常简单，鼠标未经过导航栏时的效果如图 3-31 所示，鼠标经过导航栏时的效果如图 3-32 所示，具体操作步骤如下。

01 打开网页文档，如图 3-33 所示。

02 将光标置于要插入鼠标经过图像导航栏的位置，执行“插入”|HTML|“鼠标经过图像”命令，弹出“插入鼠标经过图像”对话框，如图 3-34 所示。

图 3-31

图 3-32

图 3-33

图 3-34

03 在该对话框中单击“原始图像”右侧的“浏览”按钮，弹出“原始图像：”对话框，在该对话框中选择 1.jpg 文件，如图 3-35 所示。

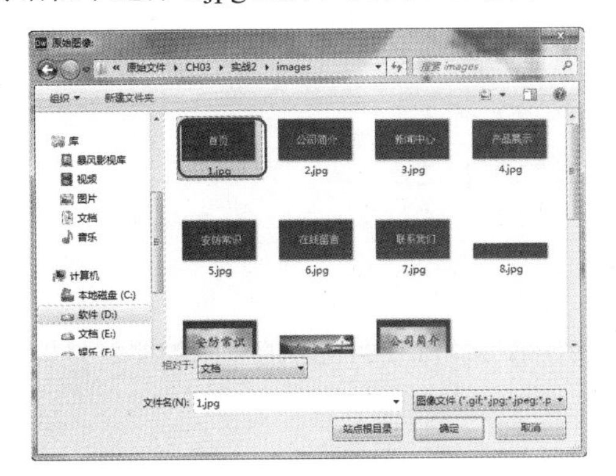

图 3-35

04 单击“确定”按钮，并在“插入鼠标经过图像”对话框中单击“鼠标经过图像”右侧的“浏览”按钮，在弹出的“鼠标经过图像：”对话框中选择 shouye.jpg 图像文件，如图 3-36 所示。

05 单击“确定”按钮，添加到“鼠标经过图像”文本框中，如图 3-37 所示。

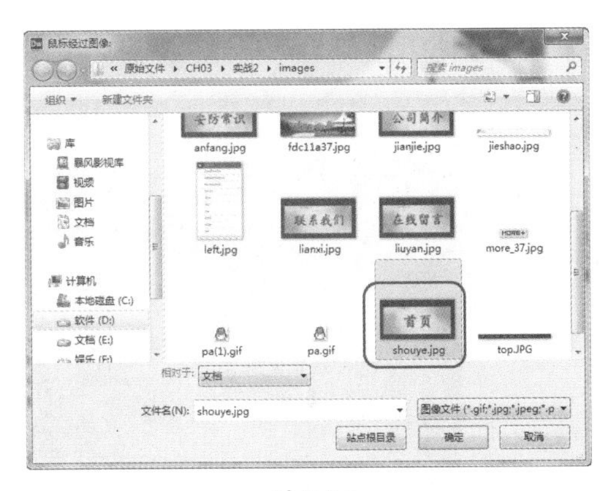

图 3-36

★ 提示 ★

组成鼠标经过图像的两幅图像必须具有相同的大小；如果两幅图像的大小不同，Dreamweaver会自动将第二幅图像的大小调整为与第一幅图像同样的大小。

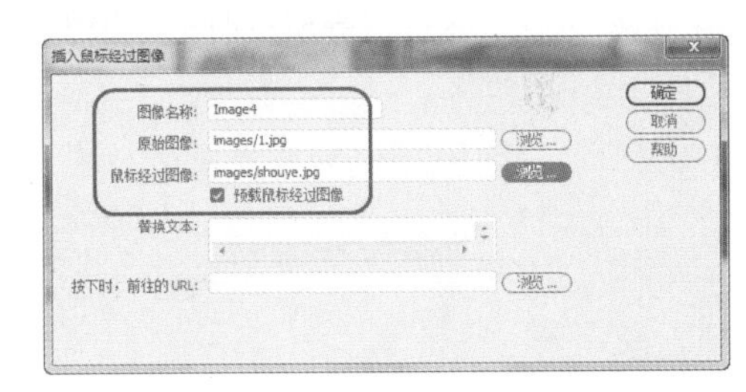

图 3-37

06 单击“确定”按钮，插入鼠标经过图像导航栏，如图 3-38 所示。

图 3-38

07 用同样的步骤在其他的单元格中插入导航栏图像，如图 3-39 所示。

图 3-39

08 保存文档，鼠标未经过导航栏时的效果如图3-32所示，鼠标经过导航栏时的效果如图3-33所示。

第 4 章　创建精彩的多媒体网页

利用 Dreamweaver 可以迅速、方便地为网页添加声音和影片，还可以插入和编辑多媒体对象，如 Java Applet 小程序、Flash 影片、音乐文件或视频片段等，它们作为重要的辅助元素，将会使页面的效果更加生动、网站的内容更加丰富。

知识要点

- 插入Flash视频
- 添加背景音乐
- 插入Java Applet
- 插入插件
- 插入透明Flash动画

实例展示

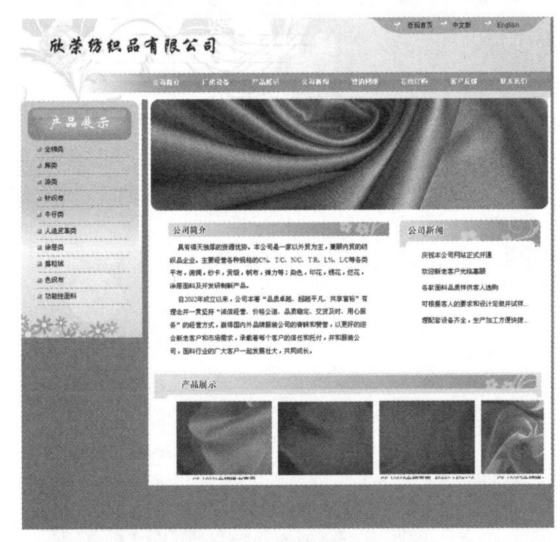

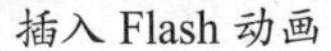
插入 Flash 动画

添加背景音乐效果

插入 Java Applet

插入透明 Flash 动画

4.1 插入 Flash

在网页中插入 Flash 影片可以为网页增加动感，使网页更具吸引力，因此多媒体元素在网页中的应用越来越广泛。

4.1.1 插入 Flash 动画

SWF 动画是在 Flash 软件中制作完成的，并且在 Dreamweaver 中能将 SWF 动画插入文档。在 Dreamweaver 中插入 SWF 影片的效果如图 4-1 所示，具体操作步骤如下。

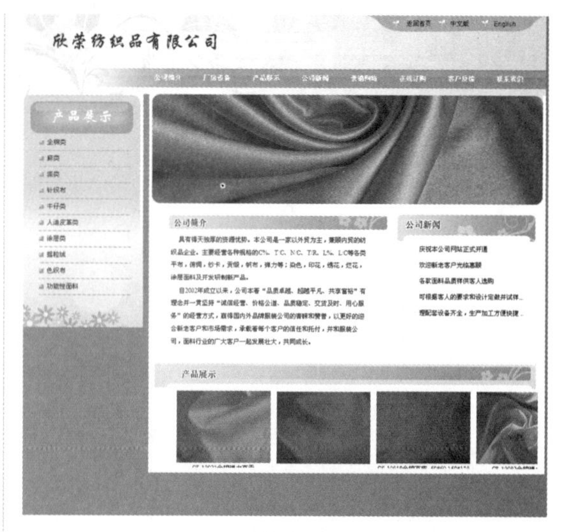

图 4-1

01 打开网页文档，将光标置于要插入 SWF 影片的位置，如图 4-2 所示。

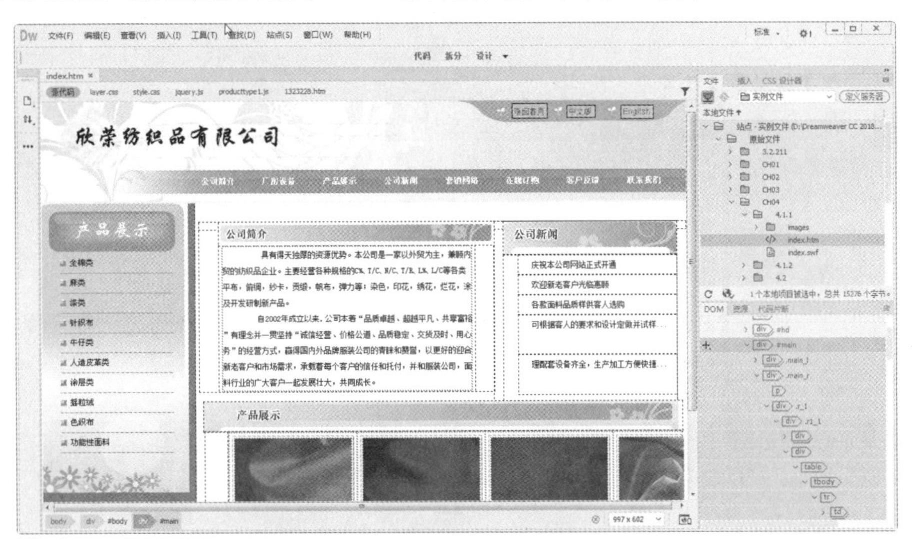

图 4-2

02 执行“插入”|HTML|Flash SWF 命令，弹出“选择 SWF”对话框，在该对话框中选择 index.swf 文件，如图 4-3 所示。

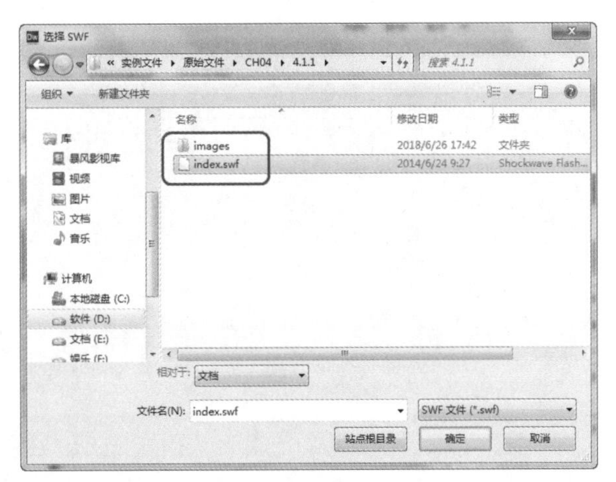

图 4-3

★ 指点迷津 ★

单击HTML插入栏，在弹出的菜单中选择“SWF媒体”选项，弹出“选择SWF”对话框，插入SWF影片。

03 单击“确定”按钮，插入 SWF 影片，如图 4-4 所示。

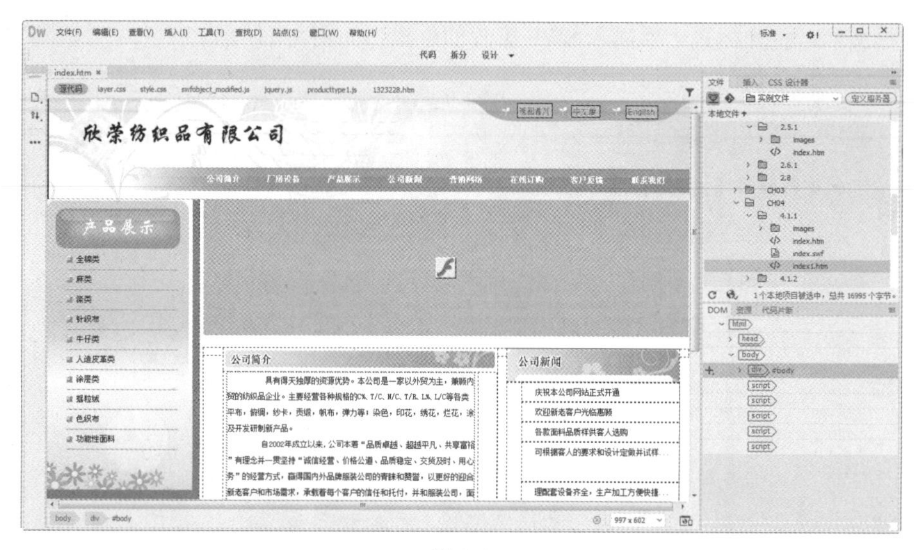

图 4-4

04 选中插入的 Flash，打开“属性”面板，在该面板中设置与 Flash 相关的属性，如图 4-5 所示。

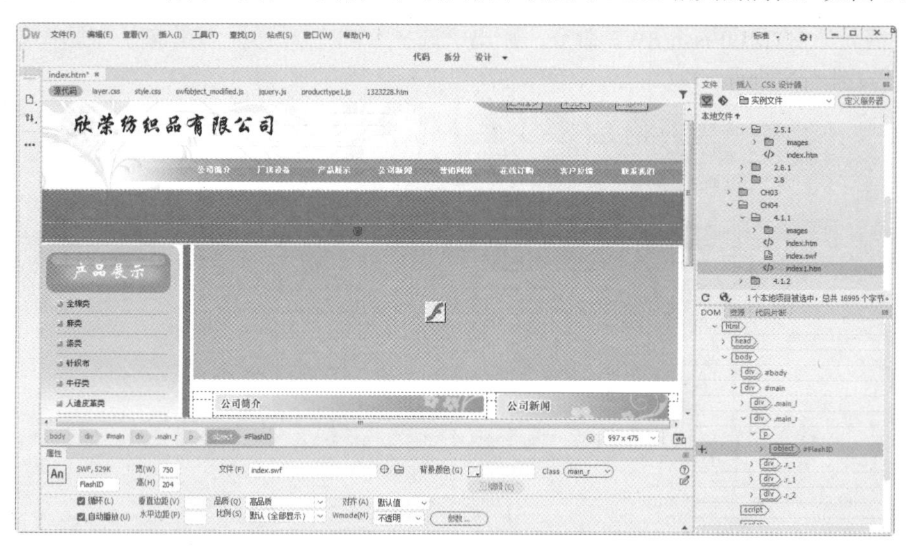

图 4-5

★ 指点迷津 ★

SWF“属性”面板的各项设置介绍如下。

- SWF：输入SWF动画的名称。
- 宽和高：设置文档中SWF动画的尺寸，可以输入数值改变其大小，也可以在文档中拖动缩放手柄来改变其大小。
- 文件：指定SWF文件的路径。
- 背景颜色：指定影片区域的背景颜色，在不播放影片时（在加载时和在播放后）也显示此颜色。
- Class：用于对影片应用CSS类。
- 循环：选中此复选框可以重复播放SWF动画。
- 自动播放：选中此复选框，当在浏览器中载入网页时，自动播放SWF动画。
- 垂直边距和水平边距：指定动画边框与网页上边界和左边界的距离。

- 品质：设置SWF动画在浏览器中的播放质量，包括“低品质”“自动低品质”“自动高品质”和“高品质”4个选项。
- 比例：设置显示比例，包括“全部显示”“无边框”和“严格匹配”3个选项。
- 对齐：设置SWF动画在页面中的对齐方式。
- Wmode：为SWF动画设置Wmode参数以避免与DHTML元素（例如Spry构件）冲突。默认值是“不透明”，这样在浏览器中，DHTML元素就可以显示在SWF文件的上面。如果SWF文件包括透明度，并且希望DHTML元素显示在它们的后面，则选择“透明”选项。
- 参数：打开一个对话框，可在其中输入传递给影片的附加参数。影片必须设计了可以接收这些附加参数的组件。

05 保存文档，按F12键在浏览器中预览，效果如图4-1所示。

4.1.2 插入Flash视频

随着宽带技术的发展，出现了许多视频网站。越来越多的人选择观看在线视频，同时也有很多的网站提供在线视频服务。

下面通过如图4-6所示的实例，讲述在网页中插入Flash视频的方法，具体操作步骤如下。

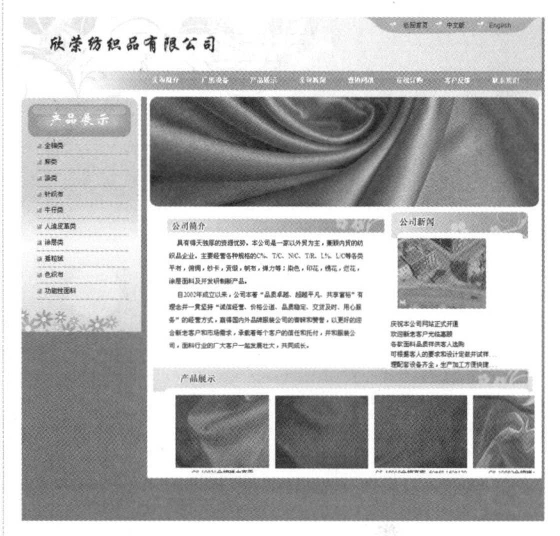

图4-6

01 打开网页文档，将光标置于插入视频的位置，如图4-7所示。

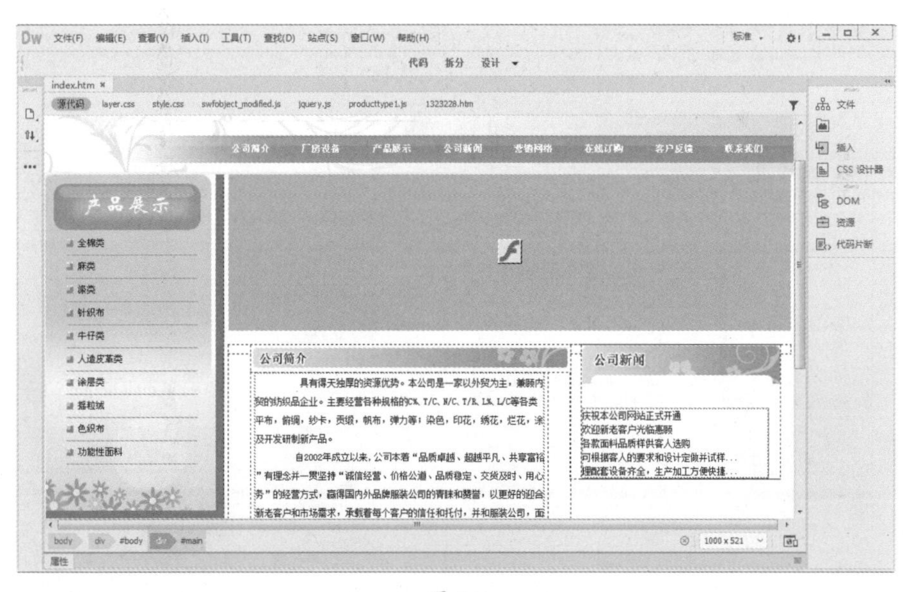

图4-7

02 执行“插入”|HTML|Flash Video命令，弹出“插入FLV”对话框，在该对话框中单击URL文本框的“浏览”按钮，如图4-8所示。

03 在弹出的“选择FLV”对话框中选择视频文件，如图4-9所示。

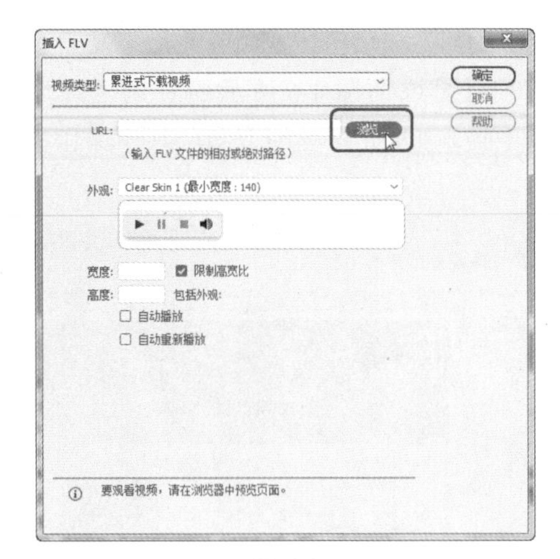

图 4-8

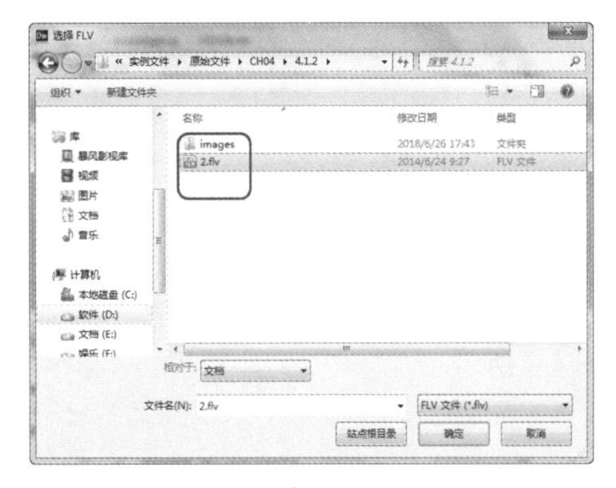

图 4-9

★ 指点迷津 ★

单击HTML插入栏，在弹出的菜单中选择FLV选项，弹出“插入FLV”对话框。

04 单击“确定”按钮，返回“插入 FLV”对话框，在该对话框中进行相应的设置，如图4-10所示。

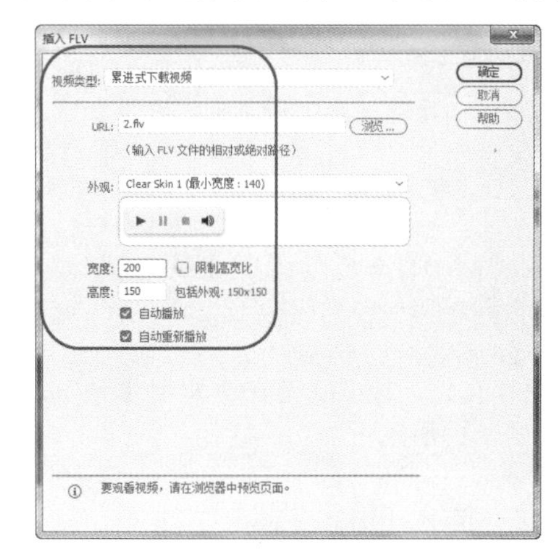

图 4-10

05 单击“确定”按钮，插入视频，如图4-11所示。

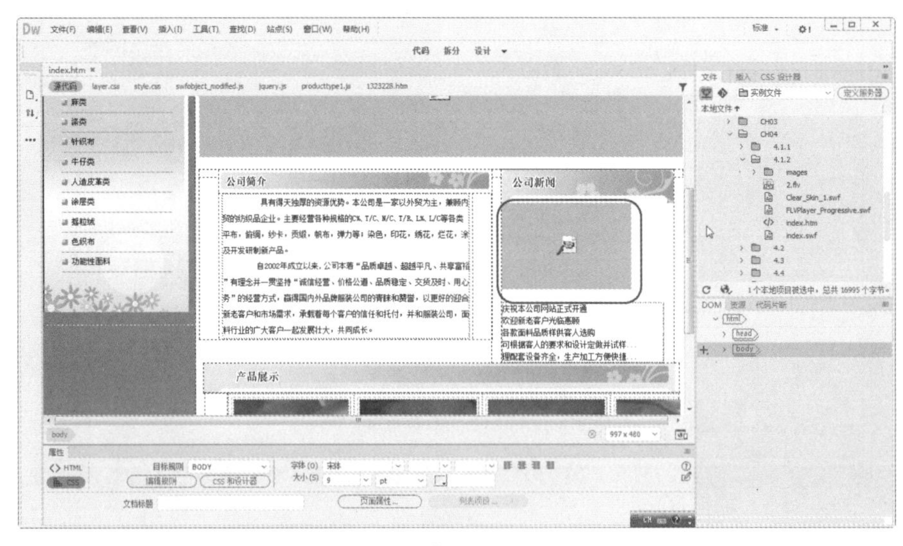

图 4-11

06 保存文档，按 F12 键在浏览器中预览，效果如图 4-6 所示。

★ 指点迷津 ★

使用Dreamweaver能够轻松地在网页中插入Flash视频，而无须使用Flash创作软件。在浏览器中查看Dreamweaver插入的Flash视频组件时，将显示Flash视频内容以及一组播放控件。

4.2 添加背景音乐

通过代码提示，可以在代码视图中插入代码。在输入某些字符时，将显示一个列表，列出完成条目所需要的选项。下面通过代码提示讲述插入背景音乐的方法，效果如图4-12所示，具体操作步骤如下。

图 4-12

01 打开网页文档，如图4-13所示。

图 4-13

02 切换到代码视图，在代码视图中找到 <body> 标签，并在其后面输入 <，以显示标签列表，输入 < 时会自动弹出一个列表，向下滚动该列表并选中 bgsound 标签，如图 4-14 所示。

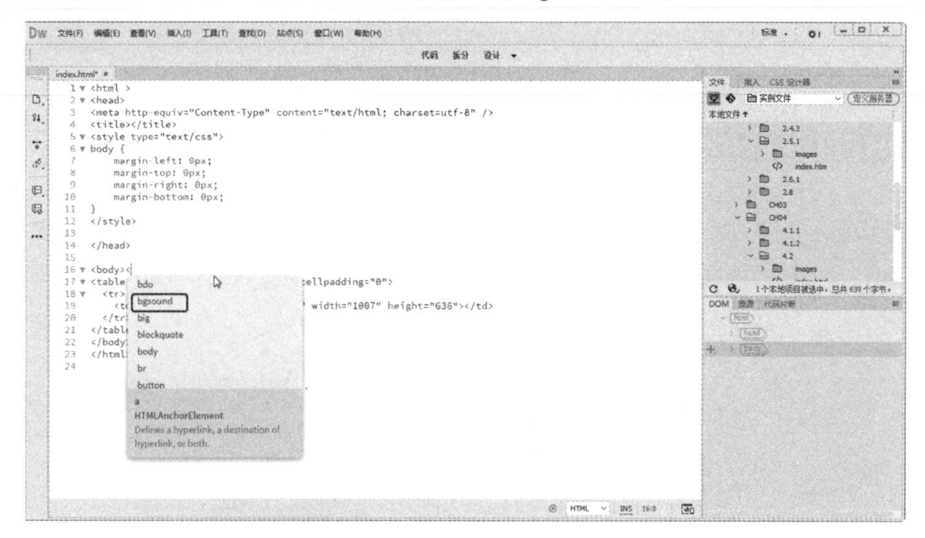

图 4-14

★ 指点迷津 ★

bgsound标签共有5个属性，其中balance用于设置音乐的左右均衡；delay用于设置播放过程中的延时；loop用于控制循环播放的次数；src用于指定音乐文件的路径；volume用于调节音量。

03 双击插入该标签，如果该标签支持属性，则按空格键以显示该标签允许的属性列表，并从中选择 src 属性，如图 4-15 所示。这个属性用来设置存放背景音乐文件的路径。

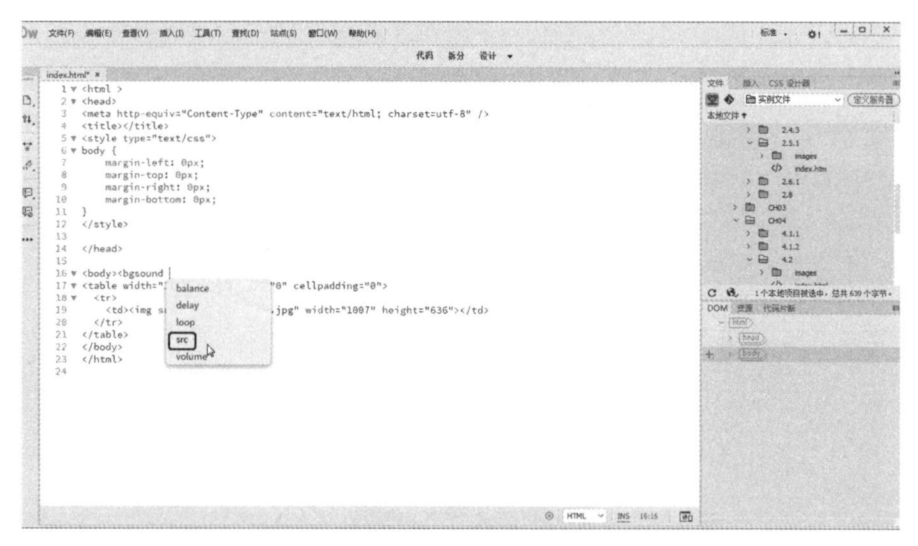

图 4-15

04 按 Enter 键出现“浏览”字样，单击以弹出“选择文件”对话框，在该对话框中选择相应的音乐文件，如图 4-16 所示。

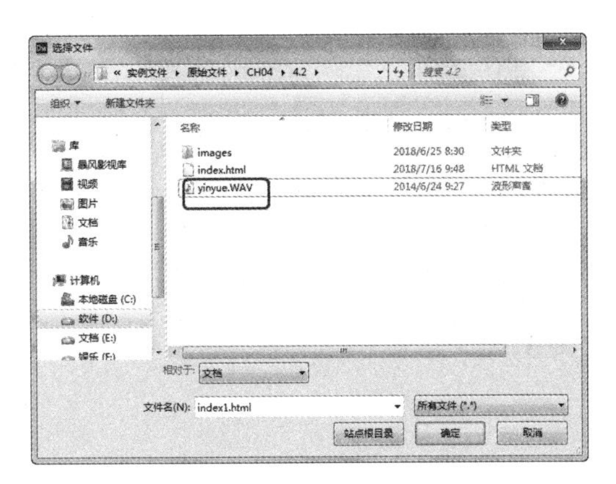

图 4-16

★ 指点迷津 ★

背景音乐的文件不要太大，否则很可能整个网页都浏览完了，音乐还没有下载完毕。在背景音乐格式方面，mid格式是最好的选择，它不仅拥有较好的音质，最关键的是它的容量非常小，一般只有几十千字节。

05 选择音乐文件后，单击“确定”按钮。在新插入的代码后按空格键，在属性列表中选择loop属性，如图 4-17 所示。

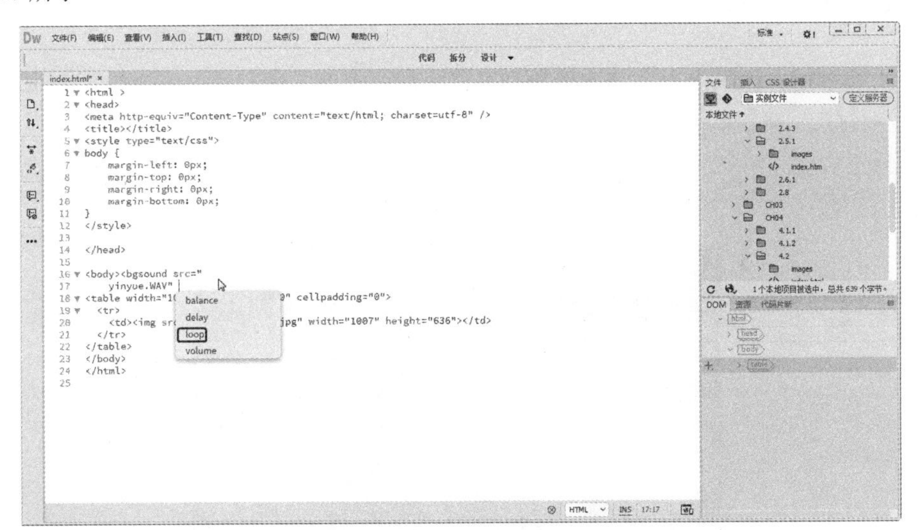

图 4-17

06 出现 -1 并选中。在最后的属性值后，为该标签输入 >，如图 4-18 所示。

★ 提示 ★

浏览器可能需要某种附加的音频支持插件来播放声音，因此，具有不同插件的浏览器所播放出声音的效果通常会有所不同。

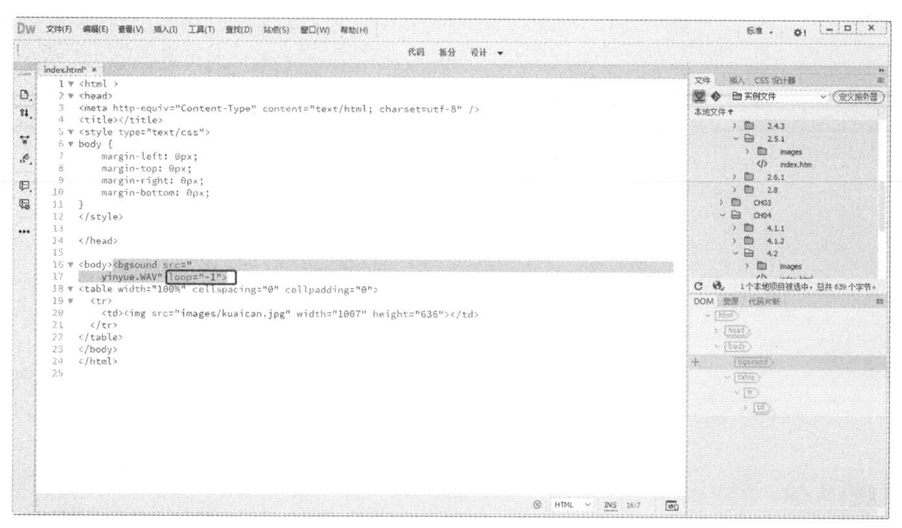

图 4-18

07 保存文档，按 F12 键在浏览器中预览，效果如图 4-12 所示。

4.3 插入 Java Applet

每个人都希望自己制作出来的网页绚丽多彩，能吸引别人的目光，其实使用 Java Applet 就能达到这一目的。网上有很多做好的 Java Applet，可以很方便地插入网页。

下面通过实例介绍如何利用 Java Applet 制作翻书的动画效果，如图 4-19 所示，具体操作步骤如下。

图 4-19

01 打开网页文档，如图 4-20 所示。

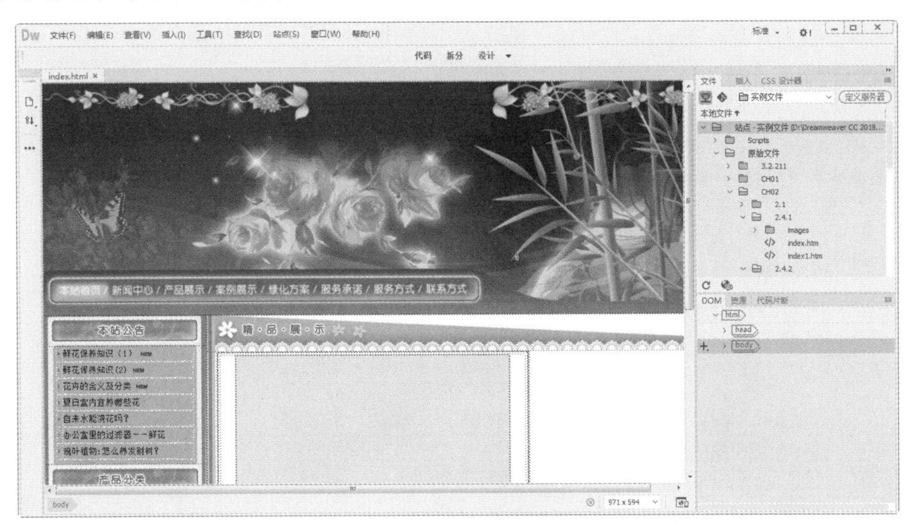

图 4-20

02 将 bookflip.class 和 bookflip.jar 文件复制到与当前网页文档相同的目录下，然后准备好 4 幅要制作翻书效果的图片，如图 4-21 所示。

图 4-21

03 将光标置于要插入 Java Applet 的位置，切换到代码视图，在相应的位置输入以下代码，如图 4-22 所示。

```
<applet code="bookflip.class" width="348" height="352" hspace="0" vspace="0"
 align="middle" archive="bookflip.jar">
<param name="credits" value="Applet by Fabio Ciucci (www.anfyteam.com)">
<param name="regcode" value="NO">
<param name="regnewframe" value="YES">; 注册码  如果你有
<param name="regframename" value="_blank">; 在新框架中启动注册连接？
<param name="res" value="1">; 注册连接的新框架名称
<param name="image1" value="images/1.jpg">; 载入图像 1
<param name="image2" value="images/2.jpg">; 载入图像 2
<param name="image3" value="images/3.jpg">; 载入图像 3
<param name="image4" value="images/4.jpg">; 载入图像 4
<param name="link1" value="http://www.1.com">; 连接 1
<param name="link2" value="http://www.2.com">; 连接 2
<param name="link3" value="http://www.3.com">; 连接 3
<param name="link3" value="http://www.4.com">; 连接 4
<param name="statusmsg1" value="www.1.com">; 图像 1 的状态条信息
<param name="statusmsg2" value="www.2.com">; 图像 2 的状态条信息
```

```
    <param name="statusmsg3" value="www.3.com">; 图像 3 的状态条信息
    <param name="statusmsg3" value="www.4.com">; 图像 4 的状态条信息
    <param name="flip1" value="4">; 图像 1 反转效果 (0 .. 7)
    <param name="flip2" value="2">; 图像 2 反转效果 (0 .. 7)
    <param name="flip3" value="7">; 图像 3 反转效果 (0 .. 7)
    <param name="flip3" value="7">; 图像 4 反转效果 (0 .. 7)
    <param name="speed" value="4">; 褪色速度 (1-255)
    <param name="pause" value="1000">; 暂停 ( 值 = 毫秒 )
    <param name="extrah" value="80">; 附加高度 (applet w. - 图像 w)
    <param name="flipcurve" value="2">; 反转曲线 (1 .. 10)
    <param name="shading" value="0">; 阴影 (0 .. 4)
    <param name="backr" value="255">; 背景色中的红色 (0 .. 255)
    <param name="backg" value="255">; 背景色中的绿色 (0 .. 255)
    <param name="backb" value="255">; 背景色中的蓝色 (0 .. 255)
    <param name="overimg" value="NO">; 遮盖 applet 的可选图像
    <param name="overimgX" value="0">; 遮盖图像的 X 轴偏移
    <param name="overimgY" value="0">; 遮盖图像的 Y 轴偏移
    <param name="memdelay" value="1000">; 释放延缓时间
    <param name="priority" value="3">; 任务优先权 (1..10)
    <param name="MinSYNC" value="10">; 最小毫秒 / 画面同步时间 对不起，您的浏览器不支持
Java ; 对不支持 Java(tm) 的浏览器的提示信息
    </applet>
```

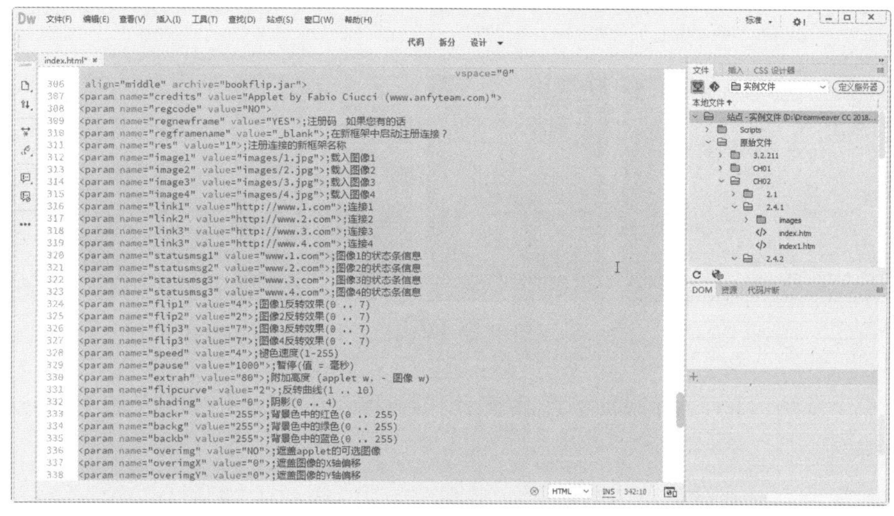

图 4-22

04 返回设计视图，可以看到插入的 Java Applet，如图 4-23 所示。

05 保存文档，按 F12 键在浏览器中预览，效果如图 4-19 所示。

★ 指点迷津 ★

当使用Windows XP操作系统时，经常会遇到利用Java Applet或Java制作的特效无法显示或提示JavaScript错误的提示信息。这是因为从Windows XP版本开始，不再内置显示Java的插件。所以，安装Windows XP的用户必须下载Java虚拟机的插件，并装在计算机上。

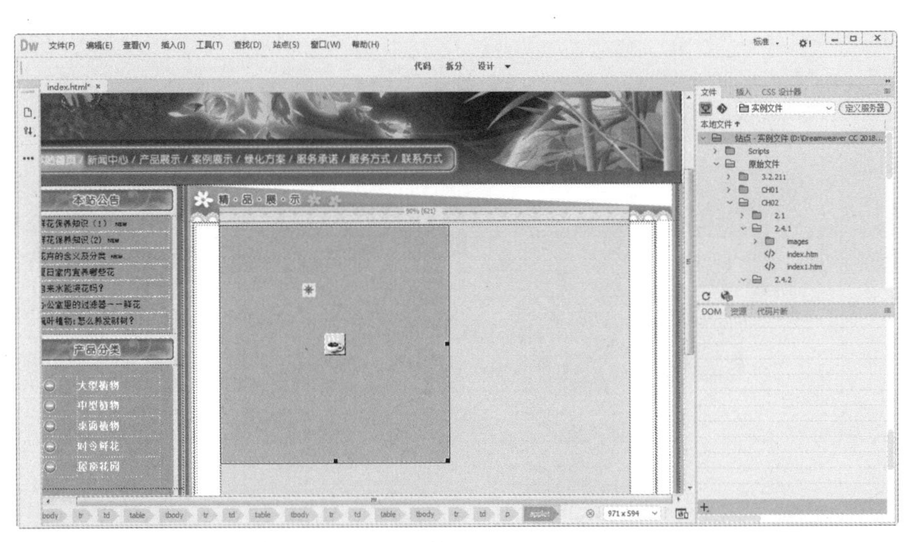

图 4-23

4.4 插入插件

若是一个以音乐为主题的网站，可为网页加入背景音乐，使浏览者进入网站便能听到背景音乐，增强网站的娱乐性。为网页添加背景音乐的方法很简单，通过网页的属性设置即可快速完成，效果如图 4-24 所示，具体操作步骤如下。

图 4-24

01 打开网页文档，将光标置于页面中，如图 4-25 所示。

02 执行“插入”|HTML|“插件”命令，弹出“选择文件”对话框，选择 yinyue.mid 音乐文件，如图 4-26 所示。

图 4-25

图 4-26

03 单击“确定”按钮，插入插件，如图 4-27 所示。

图 4-27

04 选中插入的插件，在“属性”面板中设置插件的相关属性，如图 4-28 所示。

图 4-28

05 保存文档，在浏览器中预览，此时即可听到背景音乐，如图 4-24 所示。

4.5 综合实战——插入透明 Flash 动画

网页中的 Flash 动画背景透明不是在制作 Flash 时完成的，而是在网页中插入 Flash 动画时设置的，在插入的时候默认为不透明。

使用 Dreamweaver 可以在网页中插入 Flash 动画，在 <embed> 标签内插入 wmode=transparent 可以设置为透明的 Flash 动画效果，效果如图 4-29 所示，具体操作步骤如下。

图 4-29

01 打开网页文档，如图 4-30 所示。

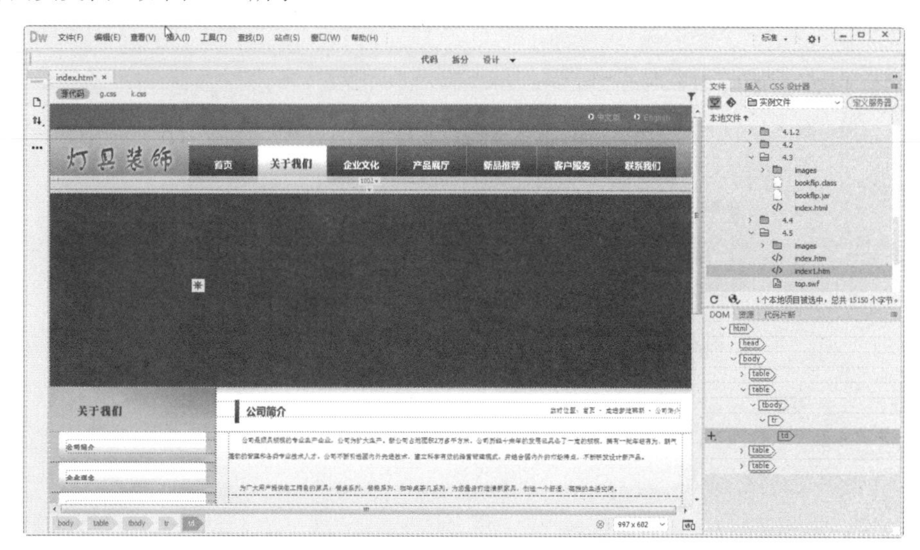

图 4-30

02 将光标放置在要插入透明 Flash 动画的位置，执行“插入”|HTML|Flash SWF 命令，弹出“选择 SWF”对话框，在该对话框中选择 Flash 文件，如图 4-31 所示。

03 单击“确定”按钮，插入 Flash 动画，如图 4-32 所示。

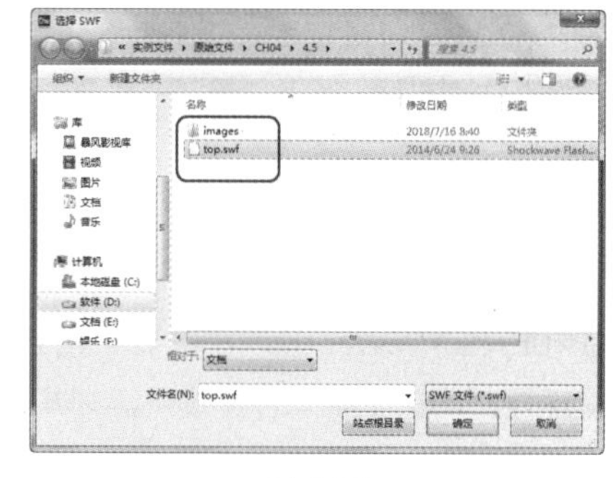

图 4-31

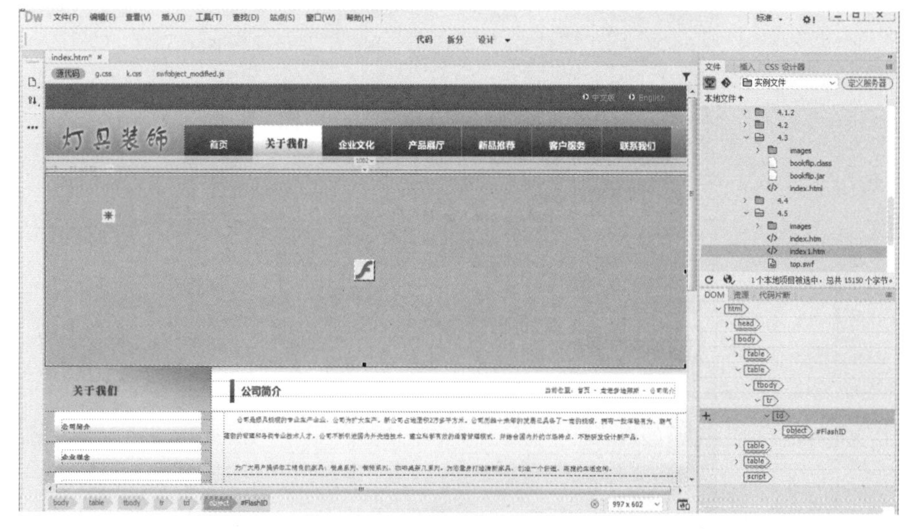

图 4-32

04 打开代码视图，在 <object> 标记中输入 <param name="wmode" value="transparent">，如图 4-33 所示。

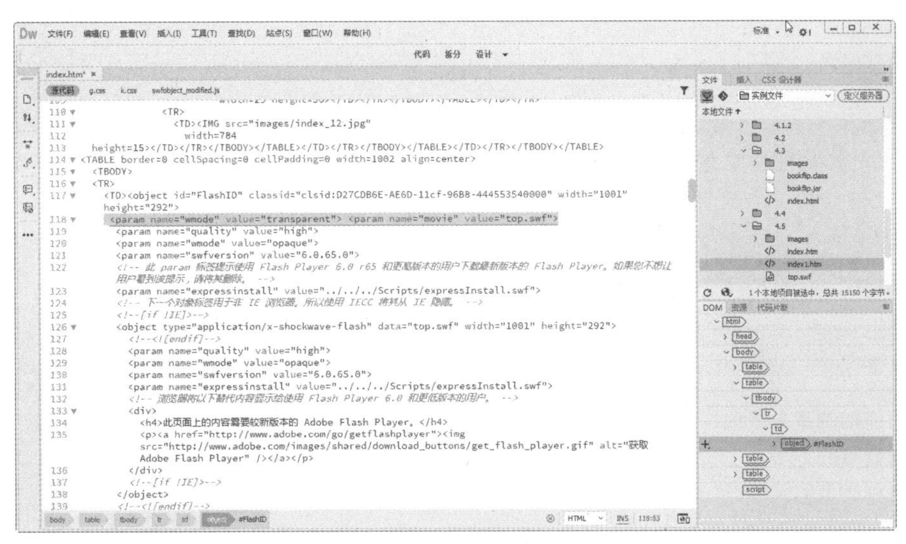

图 4-33

05 选中插入的 Flash 动画，打开“属性”面板，此处有一个 wmode 参数，在该下拉列表中设置参数的值为透明，如图 4-34 所示。

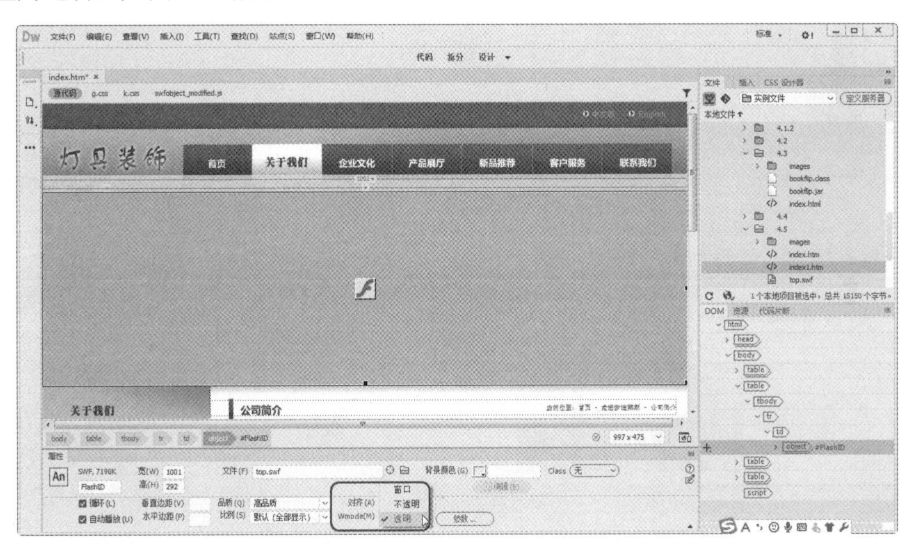

图 4-34

wmode 参数有“窗口”“不透明”和“透明”3 个参数值。“窗口”用来在网页上用影片自己的矩形窗口来播放，“窗口”表明 Flash 影片与 HTML 的层没有任何交互，并且始终位于顶层；“不透明”使 Flash 影片隐藏页面上位于它后面的所有内容；“透明”使 网页的背景可以透过 Flash 影片的所有透明部分进行显示。

第 5 章　创建超链接

超链接是构成网站最重要的元素之一，单击网页中的超链接，即可跳转到相应的网页，因此，可以非常方便地从一个网页到达另一个网页。在网页上创建超链接，即可把互联网上众多的网站和网页联系起来，构成一个有机的整体。本章主要讲述超链接的基本概念，以及各种类型的超链接的创建方法。

知识要点

- ◆ 关于超链接的基本概念
- ◆ 创建超链接的方法
- ◆ 创建各种类型的链接
- ◆ 管理超链接
- ◆ 创建图像热点链接

实例展示

创建文本链接

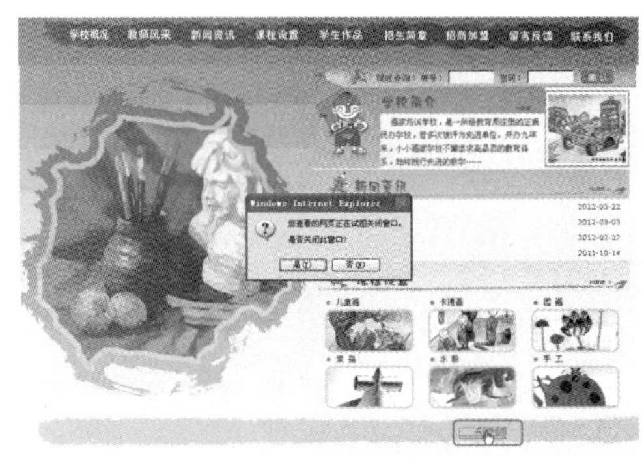

创建脚本链接

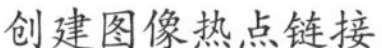
创建图像热点链接

创建下载文件链接

5.1 关于超链接的基本概念

链接是从一个网页或文件到另一个网页或文件的访问路径，不但可以指向图像或多媒体文件，还可以指向电子邮件地址或程序等。当网站浏览者单击链接时，将根据目标的类型执行相应的操作，即在浏览器中打开或运行。

要正确地创建链接，就必须了解链接与被链接文档之间的路径，每一个网页都有一个唯一的地址，称为统一资源定位符（URL）。网页中的超链接按照链接路径的不同，可以分为相对路径和绝对路径两种链接形式。

5.1.1 相对路径

相对路径对于大多数的本地链接来说，是最适用的路径。在当前文档与所链接的文档处于同一文件夹内时，文档相对路径特别有用。文档相对路径还可以用来链接其他文件夹中的文档，方法是利用文件夹的层次结构，指定从当前文档到所链接的文档的路径，文档相对路径省略了对于当前文档和所链接的文档都相同的绝对 URL 部分，而只提供不同的路径部分。

使用相对路径的好处在于，可以将整个网站移植到另一个地址的网站中，而不需要修改文档中的链接路径。

5.1.2 绝对路径

绝对路径是包括服务器规范在内的完全路径，他不管源文件在什么位置，都可以非常精确地找到，除非目标文档的位置发生变化，否则链接不会失效。

采用绝对路径的好处是，它同链接的源端点无关，只要网站的地址不变，则无论文档在站点中如何移动，都可以正常实现跳转而不会发生错误。另外，如果希望链接到其他站点上的文件，就必须采用绝对路径。

采用绝对路径的缺点在于，这种方式的链接不利于测试，如果在站点中使用绝对路径，要想测试链接是否有效，就必须在互联网服务器端对链接进行测试，它的另一个缺点是不利于站点的移植。

5.2 创建超链接的方法

Dreamweaver 可以使用多种方法创建超链接，而且 Dreamweaver 通常使用文档相对路径创建指向站点中其他网页的链接。

5.2.1 使用“属性”面板创建链接

利用“属性”面板创建链接的方法很简单。选择要创建链接的对象，执行“窗口”|“属性”命令，打开“属性”面板，在该面板中的“链接”文本框中的输入要链接的路径，即可创建链接，如图 5-1 所示。

图 5-1

5.2.2 使用指向文件图标创建链接

利用直接拖动的方法创建链接时，要先建立一个站点，执行“窗口”|“属性”命令，打开“属性”面板，选中要创建链接的对象，在该面板中单击“指向文件”按钮⊕，将该按钮拖至“文件”窗口中的目标文件上，释放鼠标即可创建链接，如图 5-2 所示。

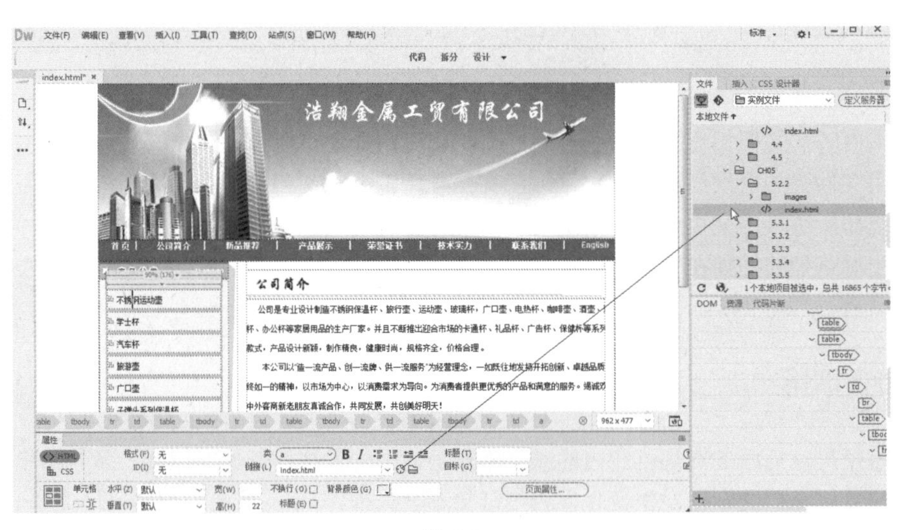

图 5-2

5.2.3 使用菜单创建链接

使用菜单命令创建链接也非常简单，选中要创建超链接的文本，执行“插入”|Hyerlink 命令，弹出 Hyerlink 对话框，如图 5-3 所示。在该对话框中的“链接”文本框中输入链接的目标，或单

击“链接”文本框右侧的浏览文件按钮，选择相应的链接目标，单击“确定”按钮，即可创建链接。

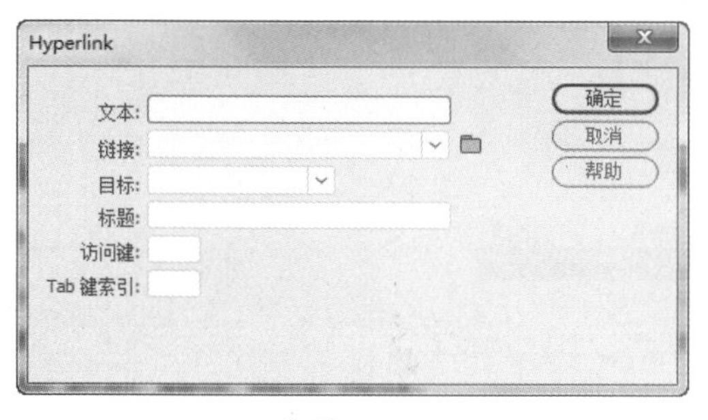

图 5-3

★ 知识要点★

在Hyperlink对话框中可以设置如下参数。

- 文本：设置超链接显示的文本。
- 链接：设置超链接链接到的路径，最好输入相对路径，而不是绝对路径。
- 目标：设置超链接的打开方式，包括4个选项。
- 标题：设置超链接的标题。
- 访问键：设置键盘快捷键，设置后，按相应的快捷键可以直接选中该超链接。
- Tab键索引：设置在网页中用Tab键选中这个超链接的顺序。

设置各个参数后，单击“确定”按钮，即可创建链接。

5.3 创建各种类型的链接

前面介绍了超链接的基本概念和创建链接的方法，下面将分别讲述各种类型超链接的创建方法。

5.3.1 创建文本链接

当浏览网页，光标经过某些文字时会出现手形图标，同时文本也会发生相应的变化，提示浏览者这是带链接的文本。此时单击鼠标会打开链接指向的网页，这就是文本超链接。

创建文本链接的效果如图 5-4 所示，具体操作步骤如下。

图 5-4

01 打开网页文档，选中要创建链接的文本，如图 5-5 所示。

图 5-5

02 打开“属性”面板，在该面板中单击“链接”文本框右侧的浏览文件按钮，弹出“选择文件”对话框，选择链接的文件 jianjie.html，如图 5-6 所示。

图 5-6

03 单击“确定”按钮，文件即可被添加到“链接”文本框中，如图 5-7 所示。

★ 知识要点★

在“属性”面板中的“链接”文本框中也可以直接输入要链接的文件。

04 保存文档，按 F12 键在浏览器中预览，效果如图 5-4 所示。

图 5-7

5.3.2　创建图像热点链接

创建图像热点链接的过程中，首先要选中图像，然后在“属性”面板中单击“热点工具”并在图像上绘制热区，创建图像热点链接后，当鼠标经过图像中的“关于我们”时会出现一个小手，如图 5-8 所示，具体操作步骤如下。

图 5-8

★ 高手支招 ★

当预览网页时，热点链接不会显示，当鼠标指针移至热点链接上时会变为手形图标，以提示浏览者该处有超链接。

01 打开网页文档，选中创建热点链接的图像，如图 5-9 所示。

图 5-9

02 执行“窗口”|“属性”命令，打开“属性”面板，在该面板中单击“矩形热点工具”按钮，选择“矩形热点工具”，如图 5-10 所示。

图 5-10

> **★ 高手支招 ★**
>
> 除了可以使用“矩形热点工具”，还可以使用“椭圆形热点工具”和“多边形热点工具”来绘制“椭圆形热点区域”和“多边形热点区域”，绘制的方法和“矩形热点”类似。

03 将光标置于图像上要创建热点的位置，绘制一个矩形热点，并在“属性”面板的“链接”文本框中输入链接地址，如图 5-11 所示。

04 采用相同步骤绘制其他的热点，并设置热点链接，如图 5-12 所示。

05 保存文档，按 F12 键在浏览器中预览，单击“关于我们”图像后的效果，如图 5-8 所示。

图 5-11

图 5-12

★ 高手支招 ★

图像热点链接和图像链接有很多相似之处，有些情况下在浏览器中甚至分辨不出它们。虽然它们的最终效果基本相同，但两者实现的原理还是有很大差异的。读者在为自己的网页加入链接之前，应根据具体的情况，选择和使用适合的链接方式。

5.3.3 创建 E-mail 链接

E-mail 链接也称电子邮件链接，电子邮件地址作为超链接的链接目标与其他链接目标不同，当浏览者在浏览器上单击指向电子邮件地址的超链接时，将会打开默认的邮件管理软件的新邮件窗口，其中会提示用户输入信息并将该信息传送给指定的 E-mail 地址。下面为“联系我们”文字创建电子邮件链接，当单击“联系我们”文字时的效果如图 5-13 所示，具体操作步骤如下。

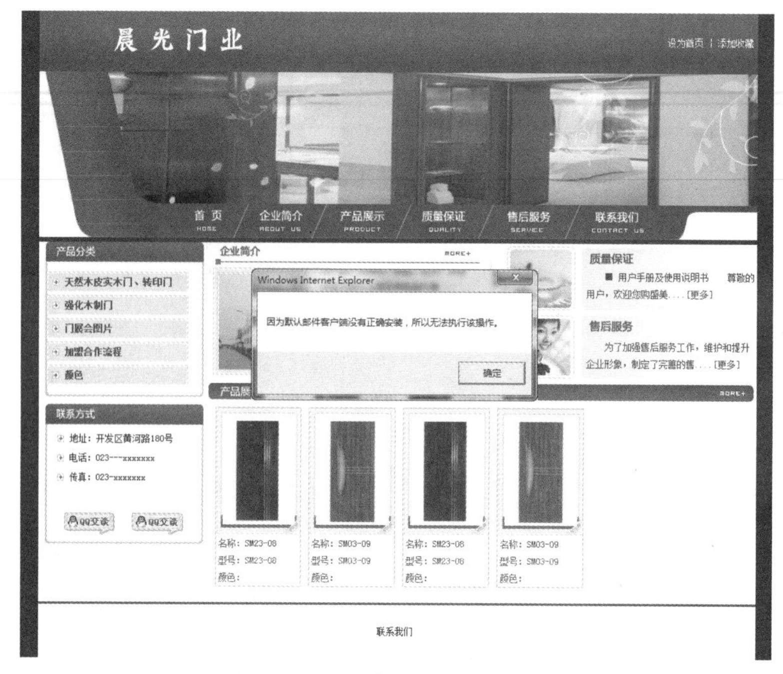

图 5-13

★ 提示 ★

单击电子邮件链接后，系统将自动启动电子邮件软件，并在收件人地址中自动填写上电子邮件链接所指定的邮箱。

01 打开网页文档，将光标置于要创建电子邮件链接的位置，如图 5-14 所示。

图 5-14

02 执行“插入” | HTML | “电子邮件链接”命令，如图 5-15 所示。

03 弹出“电子邮件链接”对话框，在该对话框的“文本”文本框中输入“联系我们”，在“电子邮件”文本框中输入 sdhzgw@163.com，如图 5-16 所示。

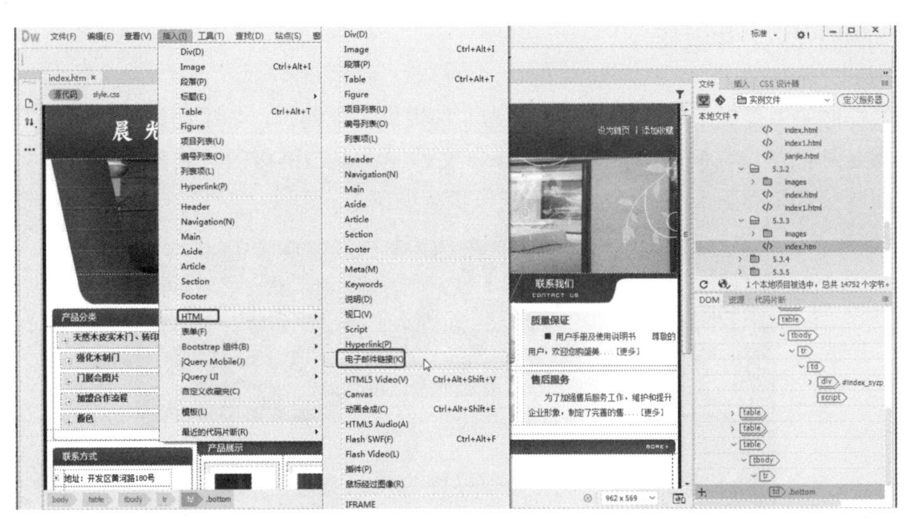

图 5-15

图 5-16

★ 高手支招 ★

单击HTML插入栏中的“电子邮件链接”按钮，也可以弹出“电子邮件链接”对话框。

04 单击“确定”按钮，创建电子邮件链接，如图 5-17 所示。

图 5-17

05 保存文档，按 F12 键在浏览器中预览，单击“联系我们”链接文字，效果如图 5-13 所示。

5.3.4 创建下载文件链接

如果要在网站中提供下载服务，就需要为文件提供下载链接，如果超链接指向的不是一个网页文件，而是其他文件，例如 .zip、.mp3、.exe 文件等，单击链接的时候就会下载该文件。创建下载文件的链接效果如图 5-18 所示，具体操作步骤如下。

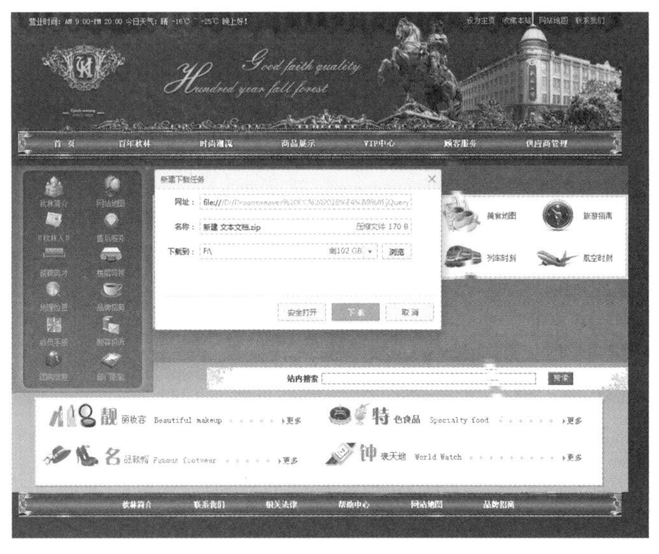

图 5-18

★ 提示 ★

网站中每个下载文件必须对应一个下载链接，而不能为多个文件或者一个文件夹建立下载链接，如果需要对多个文件或者文件夹提供下载，只能利用压缩软件将这些文件或者文件夹压缩为一个文件。

01 打开网页文档，选中要创建链接的文字，如图 5-19 所示。

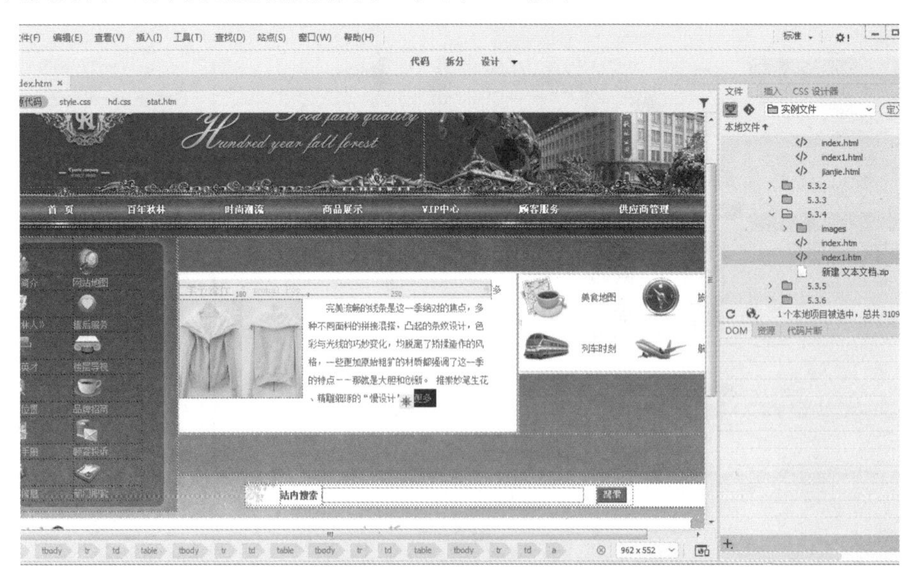

图 5-19

02 执行“窗口”|“属性”命令，打开“属性”面板，在该面板中单击“链接”文本框右侧的按钮，弹出“选择文件”对话框，在该对话框中选择要下载的文件“新建文本文档.zip”，如图5-20所示。

03 单击“确定”按钮，添加到“链接”文本框中，如图5-21所示。

04 保存文档，按F12键在浏览器中预览，单击“文件下载”文字，效果如图5-18所示。

图 5-20

图 5-21

5.3.5　创建脚本链接

脚本超链接执行JavaScript代码或调用JavaScript函数，它非常有用，能够在不离开当前网页文档的情况下，为浏览者提供相应的附加信息。脚本超链接还可以在浏览者单击特定项时执行计算、表单验证和其他处理任务。下面利用脚本超链接创建关闭网页的效果，如图5-22所示，具体操作步骤如下。

图 5-22

01 打开网页文档，选中“关闭网页”文本，如图 5-23 所示。

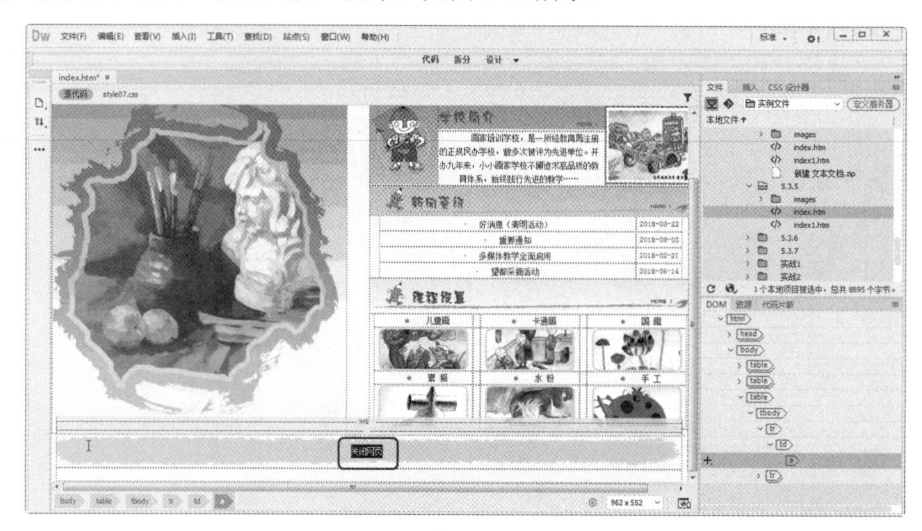

图 5-23

02 在“属性”面板的“链接”文本框中输入 javascript:window.close()，如图 5-24 所示。

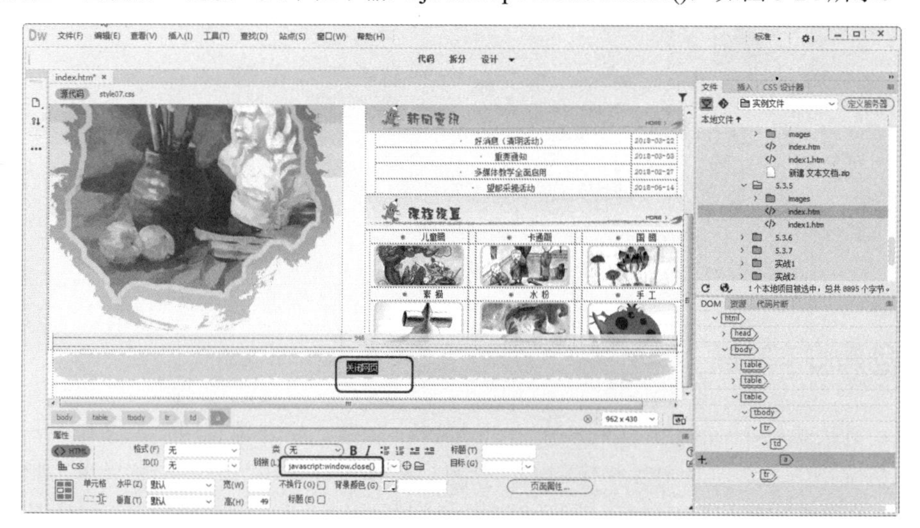

图 5-24

03 保存文档，按 F12 键在浏览器中预览，单击“关闭网页”超链接，会自动弹出一个提示对话框，询问是否关闭窗口，单击“是”按钮，即可关闭网页，如图 5-23 所示。

5.3.6 创建空链接

空链接用于向页面上的对象或文本附加行为，创建空链接的具体操作步骤如下。

01 打开要创建空链接的网页文档，并选中文字，如图 5-25 所示。

02 执行“窗口”|“属性”命令，打开“属性”面板，在“链接”文本框中输入 # 即可，如图 5-26 所示。

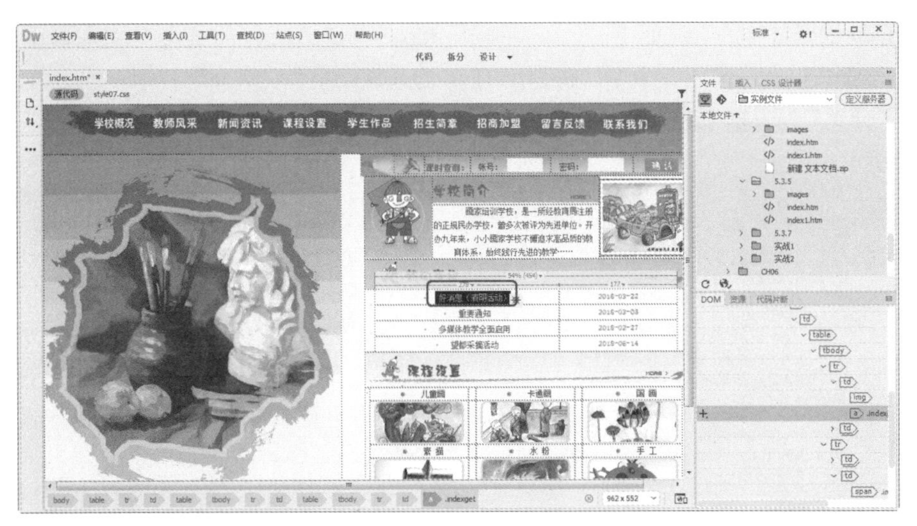

图 5-25

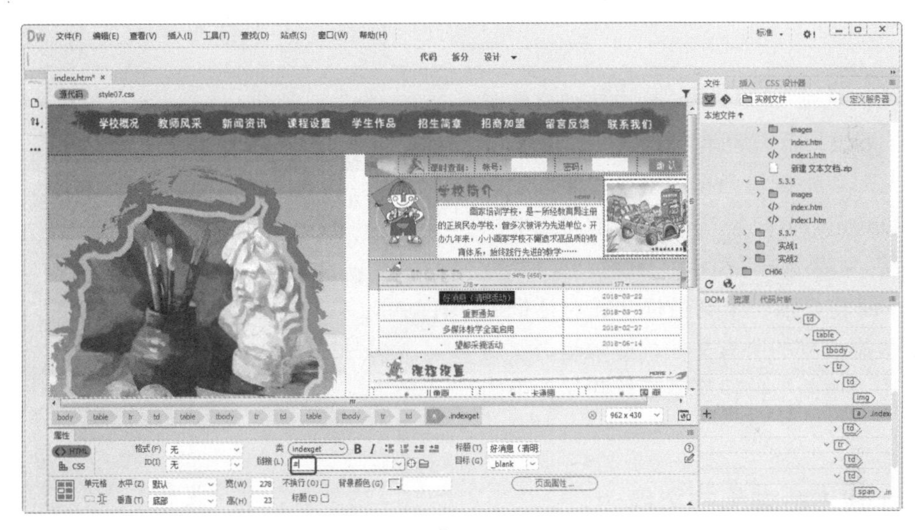

图 5-26

5.4 管理超链接

超链接是网页中不可缺少的一部分，通过超链接可以使各个网页链接在一起，使网站中众多的网页构成一个有机的整体，通过管理网页中的超链接，也可以对网页进行相应的控制。

5.4.1 自动更新链接

每当在站点内移动或重命名文档时，Dreamweaver 可更新来自和指向该文档的链接。当将整个站点（或其中完全独立的一个部分）存储在本地磁盘上时，此项功能最适用。为了加快更新过程，Dreamweaver 可创建一个缓存文件，用于存储有关本地文件夹所有链接的信息，在添加、更改或删除指向本地站点上文件的链接时，该缓存文件以可见的方式进行更新。

设置自动更新链接的方法如下。

执行“编辑”|“首选项”命令，在弹出的对话框的“分类”列表框中选择“常规”选项，如图 5-27 所示。

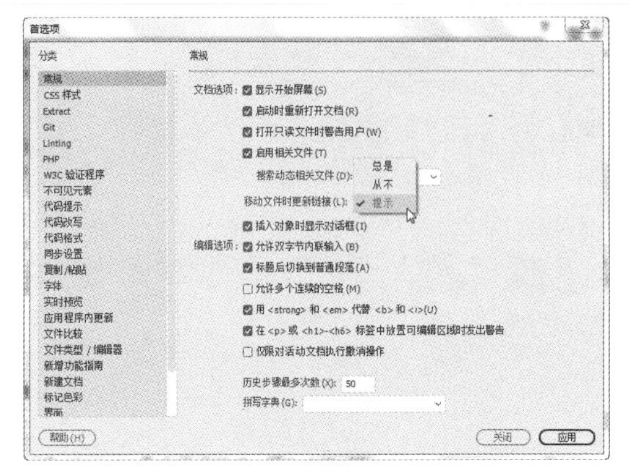

图 5-27

在“文档选项”区域中，从“移动文件时更新链接”下拉列表中选择“总是”或“提示”。若选择“总是”，则每当移动或重命名选定的文档时，Dreamweaver 将自动更新指向该文档的所有链接；如果选择“提示”，在移动文档时，Dreamweaver 将显示一个对话框，在对话框中列出此更改影响到的所有文件，提示是否更新文件，单击“更新”按钮将更新这些文件中的链接。

5.4.2 在站点范围内更改链接

除了移动或重命名文件时让 Dreamweaver 自动更新链接，还可以手动更改所有链接，以指向其他位置，具体操作步骤如下。

01 打开已创建的站点地图，选中一个文件，执行“站点”|“站点选项”|“改变站点链接范围的链接”命令，弹出“更改整个站点链接”对话框，如 5-28 所示。

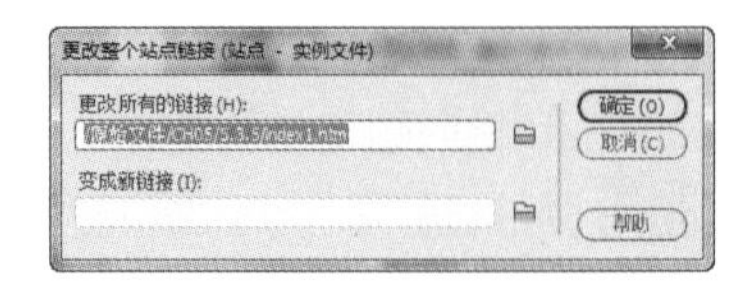

图 5-28

02 在“更改所有的链接”文本框中输入链接的文件，单击“确定”按钮，弹出“更新文件”对话框，如图 5-29 所示。

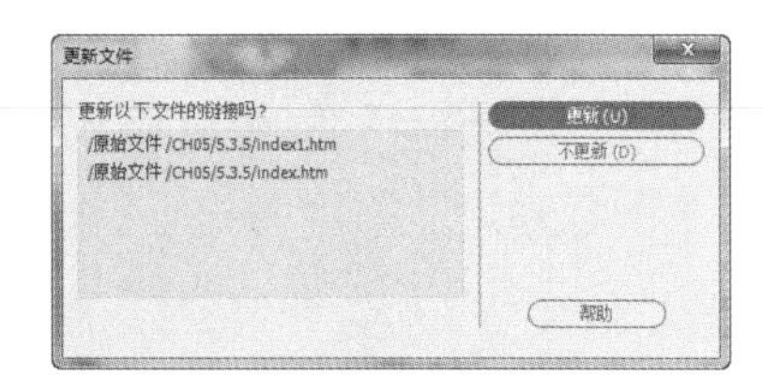

图 5-29

03 单击“更新”按钮，更新整个站点范围内的链接。

5.4.3 检查站点中的链接错误

检查站点中链接错误的具体操作步骤如下。

01 执行“站点”|“站点选项”|“检查站点范围的链接”命令，打开“链接检查器”面板，在“显示”选项中选择“断掉的链接”，如图 5-30 所示。单击最右侧的“浏览文件夹”图标，选择正确的文件，修改无效链接。

图 5-30

02 在“显示”下拉列表中选择“外部链接”，可以检查与外部网站链接的全部信息，如图 5-31 所示。

图 5-31

03 在“显示”下拉列表中选择“孤立的文件”，

检出的孤立文件按 Delete 键删除，如图 5-32 所示。

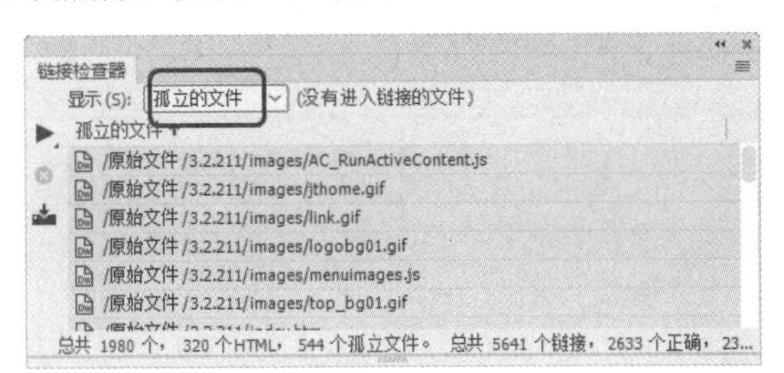

图 5-32

5.5 综合实战——创建图像热点链接

本章主要讲述了关于超链接的基本概念、创建超链接的方法、创建各种类型的链接以及如何管理超链接等。下面通过实例具体讲述本章所学知识的应用。

创建图像热点链接后，当单击“首页”图像时会出现一个手形图标，如图 5-33 所示，具体操作步骤如下。

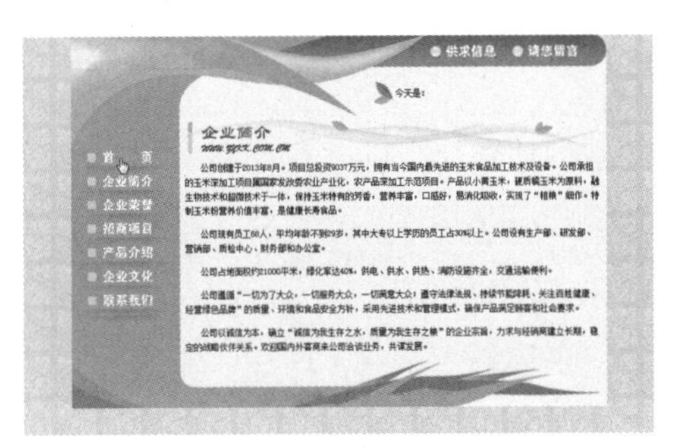

图 5-33

01 打开网页文档，选中创建热点链接的图像，如图 5-34 所示。

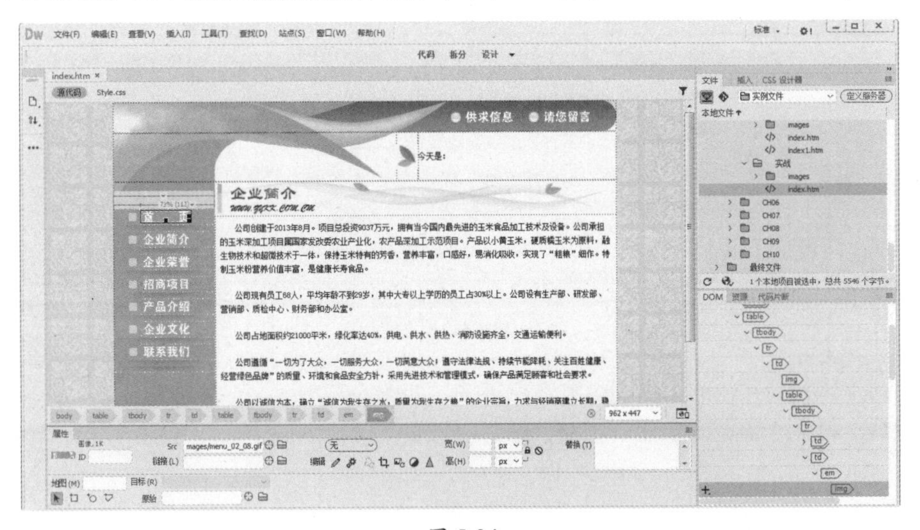

图 5-34

02 执行“窗口”|“属性”命令，打开“属性”面板，在“属性”面板中单击“矩形热点工具”按钮，选择“矩形热点工具”，如图 5-35 所示。

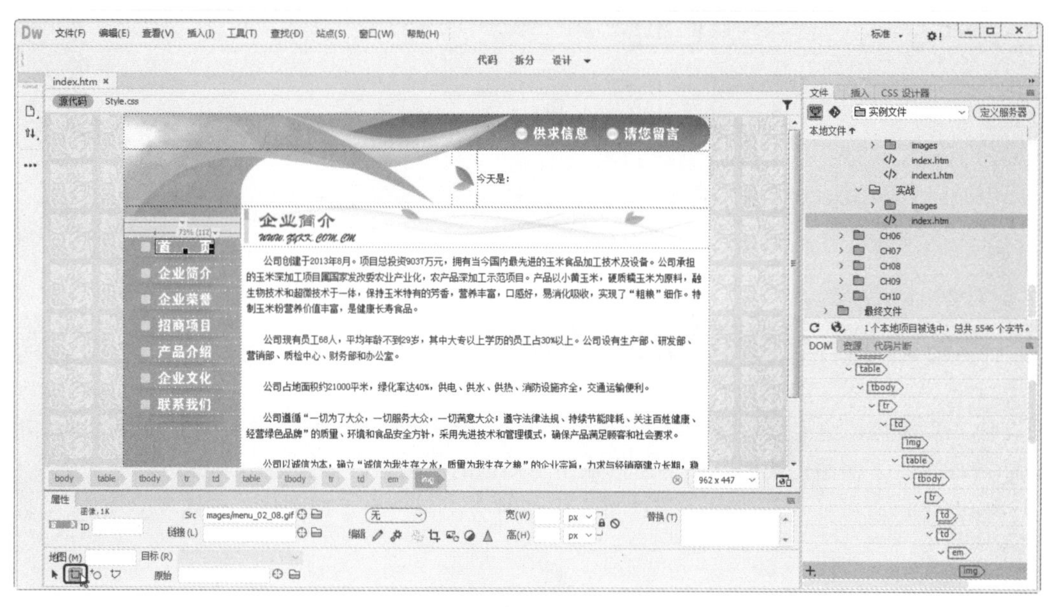

图 5-35

03 将光标置于图像上要创建热点的部分，绘制一个矩形热点，并输入链接，如图 5-36 所示。

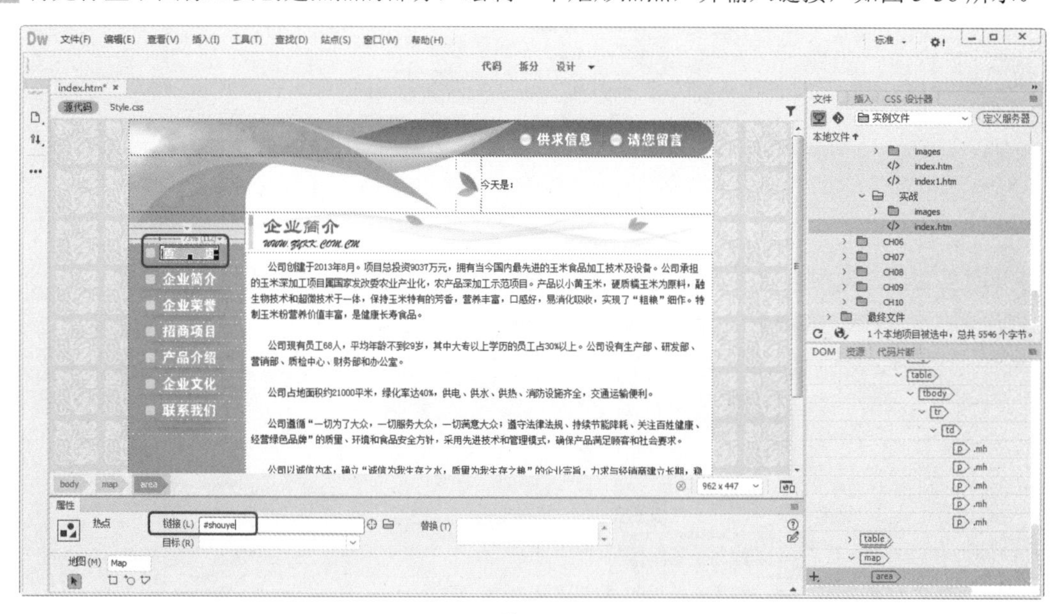

图 5-36

04 采用相同步骤绘制其他的热点并设置热点链接，如图 5-37 所示。

05 保存文档，按 F12 键在浏览器中预览，单击“首页”图像的效果如图 5-33 所示。

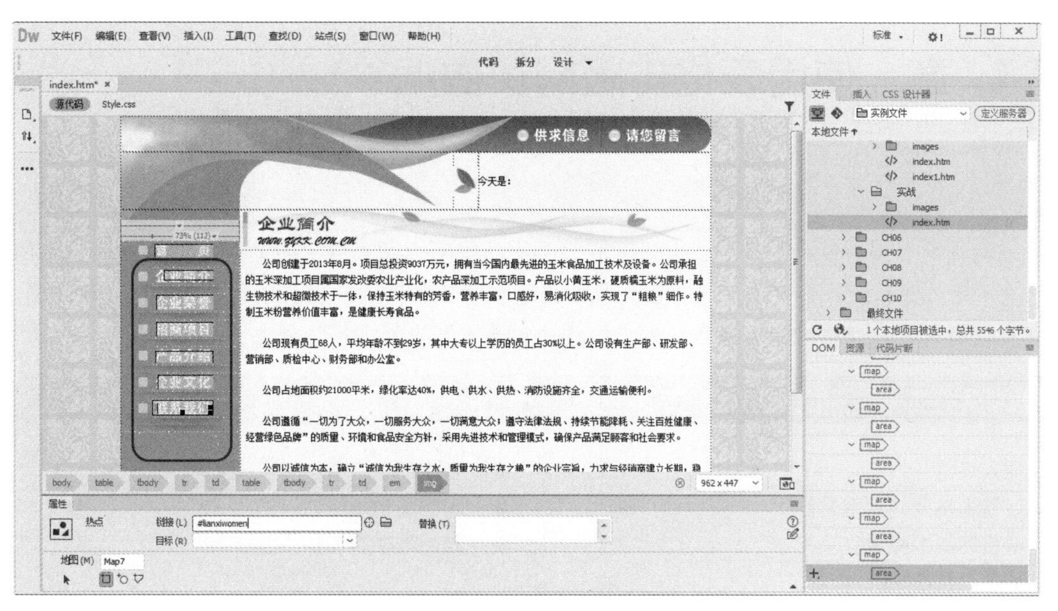
文件(F) 编辑(E) 查看(V) 插入(I) 工具(T) 查找(D) 站点(S) 窗口(W) 帮助(H)
标准
代码 拆分 设计
index.htm*
源代码 Style.css
供求信息 请您留言
今天是：
企业简介
公司创建于2013年8月。项目总投资9037万元，拥有当今国内最先进的玉米食品加工技术及设备。公司承担的玉米深加工项目属国家发改委农业产业化，农产品深加工示范项目。产品以小黄玉米，硬质糯玉米为原料，融生物技术和超微技术于一体，保持玉米特有的芳香，营养丰富，口感好，易消化吸收，实现了“粗粮”细作。特制玉米粉营养价值丰富，是健康长寿食品。
公司现有员工68人，平均年龄不到29岁，其中大专以上学历的员工占30%以上。公司设有生产部、研发部、营销部、质检中心、财务部和办公室。
公司占地面积约21000平米，绿化率达40%，供电、供水、供热、消防设施齐全，交通运输便利。
公司遵循“一切为了大众，一切服务大众，一切满意大众；遵守法律法规、持续节能降耗、关注百姓健康、经营绿色品牌”的质量、环境和食品安全方针，采用先进技术和管理模式，确保产品满足顾客和社会要求。
body table tbody tr td table tbody tr td em img
962 x 447
属性
热点
链接(L) #lianxiwomen
目标(R)
替换(T)
地图(M) Map7
文件 插入 CSS 设计器
实例文件
定义服务器
本地文件
images
index.htm
index1.htm
实战
images
index.htm
CH06
CH07
CH08
CH09
CH10
最终文件
1个本地项目被选中，总共 5546 个字节。
DOM 资源 代码片断
map
area

图 5-37

第6章　使用表格排版网页数据

表格是网页排版设计的常用工具，它在网页中不仅可以用来排列数据，还可以对页面中的图像、文本等元素进行准确定位，使页面在形式上既丰富多彩又有条理。本章主要讲述表格的创建、表格属性的设置、表格的基本操作、表格的排序和导入表格数据等的方法。

知识要点

- 插入表格
- 设置表格及其元素属性
- 表格的基本操作
- 表格的其他功能
- 制作细线表格
- 制作圆角表格
- 利用表格布局网页

实例展示

导入表格数据

细线表格

创建圆角表格

利用表格创建网页

6.1　创建表格

在 Dreamweaver CC 2018 中，表格可以用于制作简单的图表，还可以用于安排网页文档的整体布局，对网页制作非常重要。

6.1.1　表格的基本概念

在开始制作表格之前，先对表格的各部分名称进行介绍。

- 一张表格横向称为“行”，纵向称为“列”。行列交叉部分称为“单元格”。
- 单元格中的内容和边框之间的距离称为“边距”。
- 单元格和单元格之间的距离称为“间距”。
- 整张表格的边缘称为“边框”。

选中整个表格，就会出现表格的“属性”面板，可以在该面板中设置表格的相关参数，表格的各部分名称如图 6-1 所示。

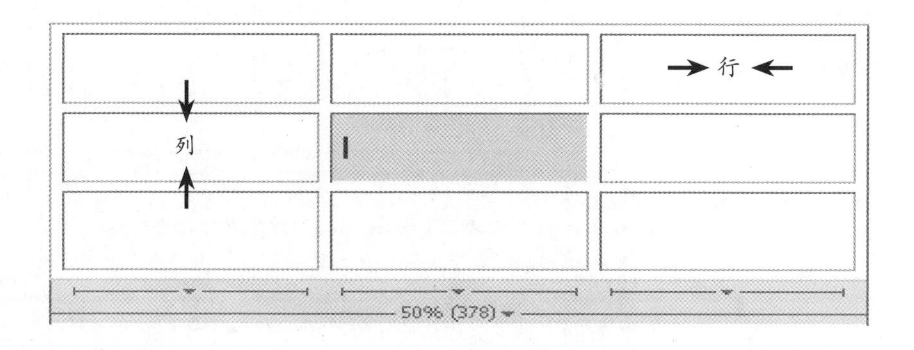

图 6-1

6.1.2 插入表格

在 Dreamweaver 中，表格可以用于制作简单的图表，还可以用于安排网页文档的整体布局，起着非常重要的作用。在网页中插入表格的方法非常简单，具体操作步骤如下。

01 打开网页文档，执行“插入”|Table 命令，如图 6-2 所示。

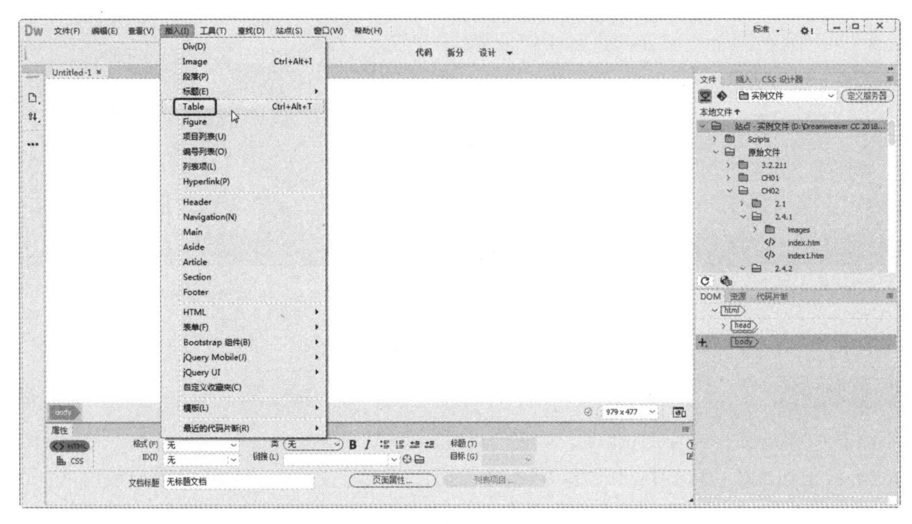

图 6-2

02 弹出 Table 对话框，在该对话框中将“行数”设置为 3，“列”设置为 4，“表格宽度”设置为 650 像素，如图 6-3 所示。

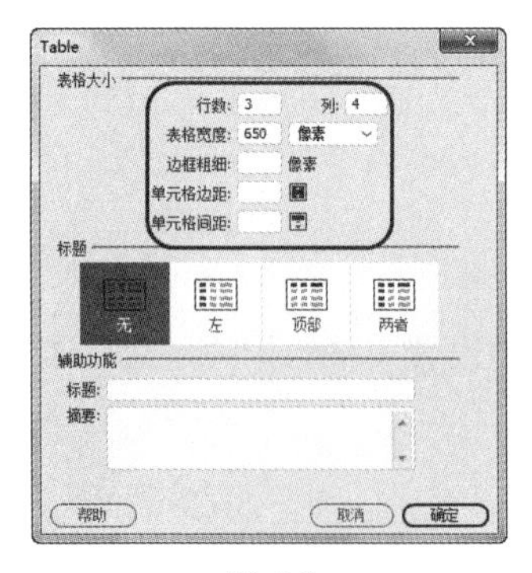

图 6-3

★ 提示 ★

在HTML插入栏中单击“表格”按钮，弹出Table对话框。

★ 知识要点 ★

在Table对话框中可以进行如下设置。

- 行数：在文本框中输入新建表格的行数。
- 列：在文本框中输入新建表格的列数。
- 表格宽度：用于设置表格的宽度，右侧的下拉列表中包含“百分比”和“像素”两个单位选项。
- 边框粗细：用于设置表格边框的宽度，如果设置为0，在浏览时则看不到表格的边框。
- 单元格边距：单元格内容和单元格边界之间的距离。
- 单元格间距：单元格之间的距离。
- 标题：可以定义表头样式，4种样式可以任选其一。
- 辅助功能：定义表格的标题。
- 标题：用来设置表格的标题。
- 摘要：用来对表格进行注释。

03 单击“确定”按钮，插入表格，如图 6-4 所示。

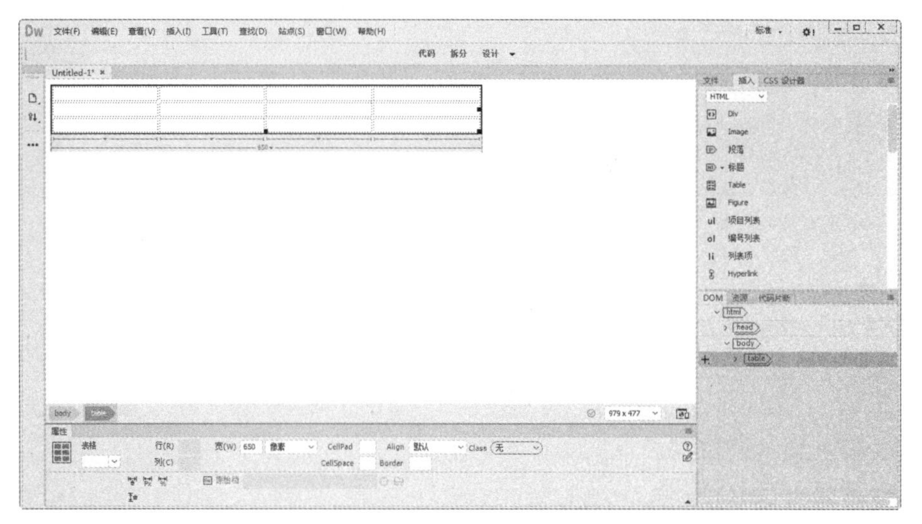

图 6-4

★ 提示 ★

如果没有明确指定单元格间距和单元格边距，大多数浏览器都将单元格边距设置为1，单元格间距设置为2来显示表格。若要确保浏览器不显示表格中的边距和间距，可以将单元格边距和间距设置为0，大多数浏览器按边框设置为1显示表格。

6.2　设置表格及其元素属性

直接插入的表格有时并不能令人满意，在 Dreamweaver 中，通过设置表格或单元格的属性，可以很方便地修改表格的外观。

6.2.1　设置表格属性

创建表格后，可以根据实际需要对表格的属性进行设置，如宽度、边框、对齐等，也可只对某些单元格进行设置。设置表格属性之前首先要选中表格，在“属性”面板中会自动显示表格的属性，并可以进行相应的设置，如图 6-5 所示。

图 6-5

★ 高手支招 ★

表格“属性”面板参数如下。

- 表格：输入表格的名称。
- 行和列：输入表格的行数和列数。

- 宽：输入表格的宽度，其单位可以是“像素”或“百分比”。
  - 像素：选择该项，表明该表格的宽度值是像素值，这时表格的宽度是绝对宽度，不随浏览器窗口的变化而变化。
  - 百分比：选择该项，表明该表格的宽度值是表格宽度与浏览器窗口宽度的百分比数值，这时表格的宽度是相对宽度，会随着浏览器窗口大小的变化而变化。
- CellPad：单元格内容和单元格边界之间的距离。
- Cellspace：相邻的表格单元格之间的距离。
- Align：设置表格的对齐方式，有“默认”“左对齐”“居中对齐”和“右对齐”4个选项。
- Border：用来设置表格边框的宽度。
- ：用于清除列宽。
- ：将表格宽由百分比转为像素。
- ：将表格宽由像素转换为百分比。
- ：用于清除行高。

6.2.2 设置单元格的属性

将光标置于单元格中，该单元格就处于选中状态了，此时“属性”面板中显示出所有允许设置的单元格属性选项，如图 6-6 所示。

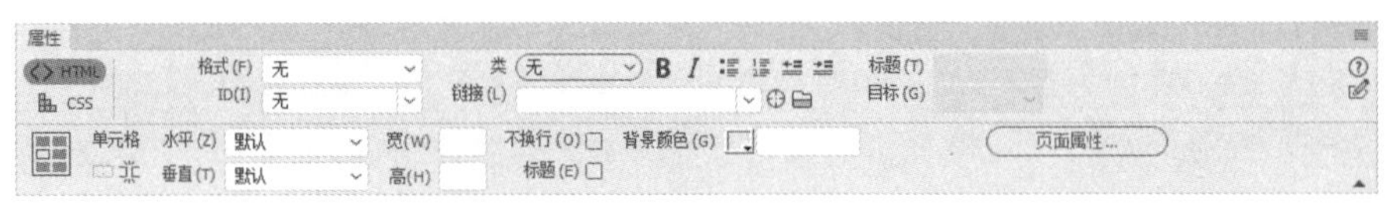

图 6-6

★ 知识要点 ★

在单元格“属性”面板中可以设置以下参数。

- 水平：设置单元格中对象的对齐方式，“水平”下拉列表中包含“默认”“左对齐”“居中对齐”和“右对齐”4个选项。
- 垂直：也是设置单元格中对象的对齐方式，“垂直”下拉列表中包含“默认”“顶端”“居中”“底部”和“基线”5个选项。
- 宽和高：用于设置单元格的宽度与高度。
- 不换行：表示单元格的宽度将随文字的长度不断增加。
- 标题：将当前单元格设置为标题行。
- 背景颜色：用于设置单元格的颜色。
- 页面属性：设置单元格的页面属性。

6.3 表格的基本操作

创建表格后，用户要根据网页设置需要对表格进行处理，例如，选择表格和单元格、调整表格和单元格的大小、添加或删除行或列、拆分单元格、剪切、复制和粘贴单元格等，熟练掌握表格的基本操作，可以提高网页制作效率。

6.3.1 选择表格

要想对表格进行编辑，首先需要选中它，主要有以下 5 种方法选取整个表格。

- 将光标置于表格的左上角，按住鼠标的左键不放，拖曳鼠标指针到表格的右下角，将整个表格中的单元格选中，右击，在弹出的快捷菜单中执行“表格”|“选择表格”命令，如图 6-7 所示。

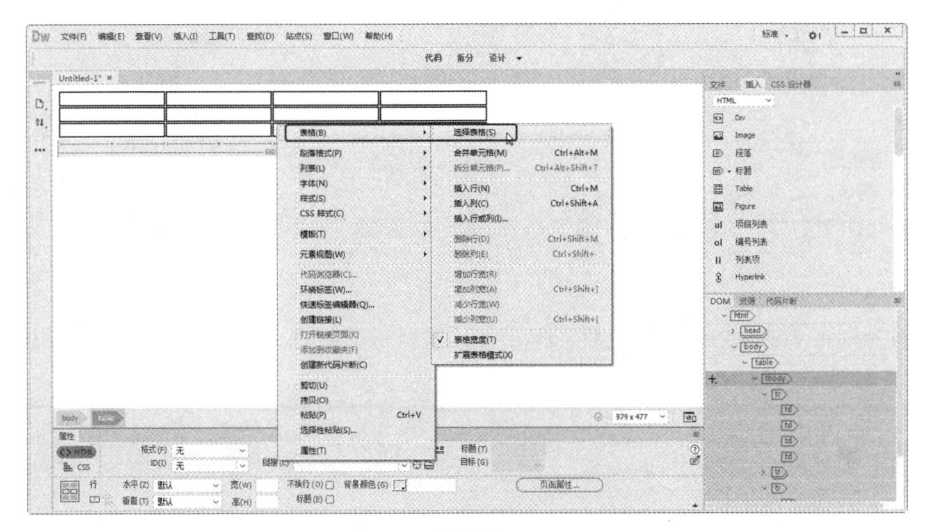

图 6-7

- 单击表格边框线的任意位置，即可选中表格，如图 6-8 所示。

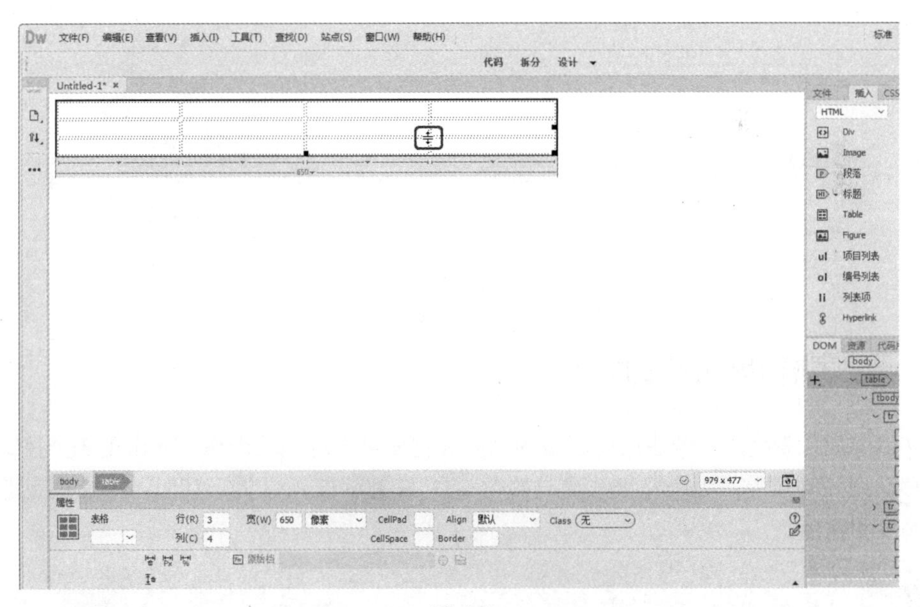

图 6-8

- 将光标置于表格内的任意位置，执行“编辑”|“表格”|“选择表格”命令，如图 6-9 所示。

图 6-9

- 将光标置于表格内的任意位置，单击文档窗口左下角的 <table> 标签，如图 6-10 所示。

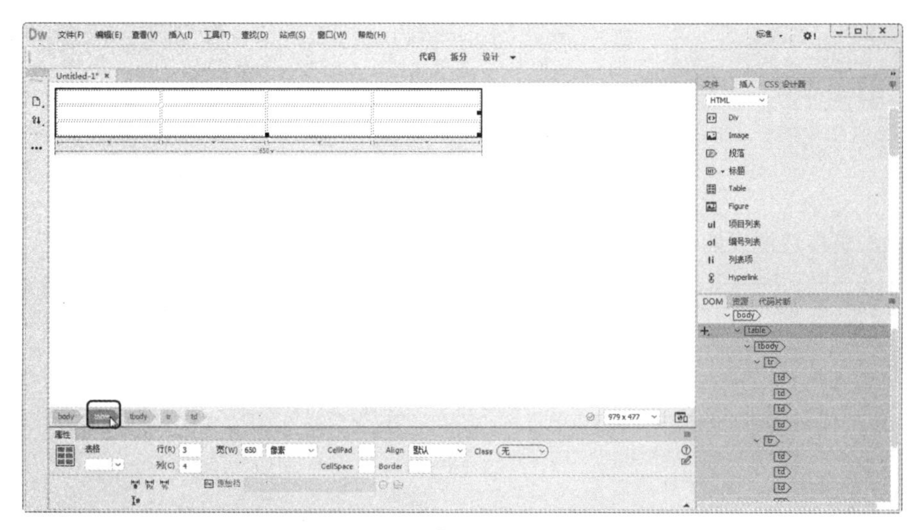

图 6-10

6.3.2 调整表格和单元格的大小

在文档中插入表格后，若想改变表格的高度和宽度可先选中该表格，在出现 3 个控制点后，将鼠标移动到控制点上，当鼠标指针变成如图 6-11 和图 6-12 所示的形状时，单击拖曳即可改变表格的高度和宽度。

★ 提示★

还可以在“属性”面板中改变表格的“宽”和“高”。

在文档中插入表格后，若想改变单元格的高度和宽度，可先选中该表格，单击要改变大小的单元格的边框线，当鼠标指针变成如图 6-13 和图 6-14 所示的形状时，单击拖曳即可改变单元格的高度和宽度。

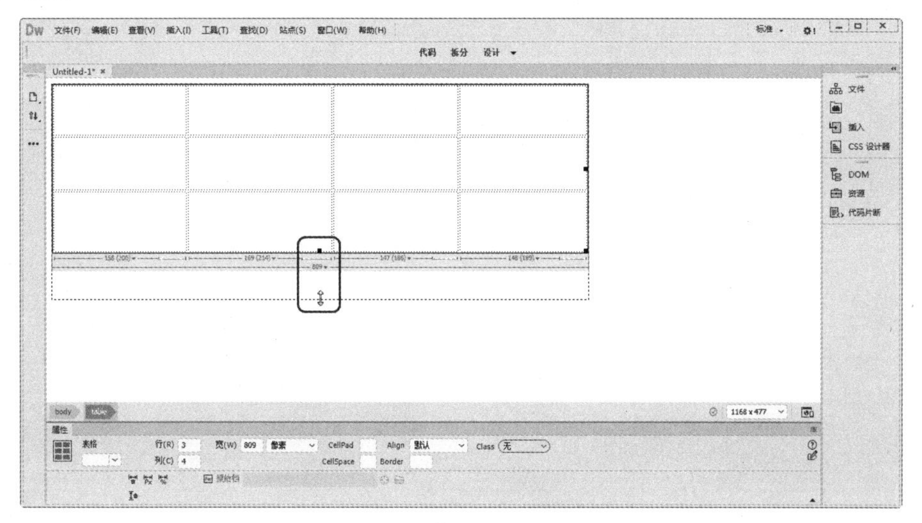

图 6-11

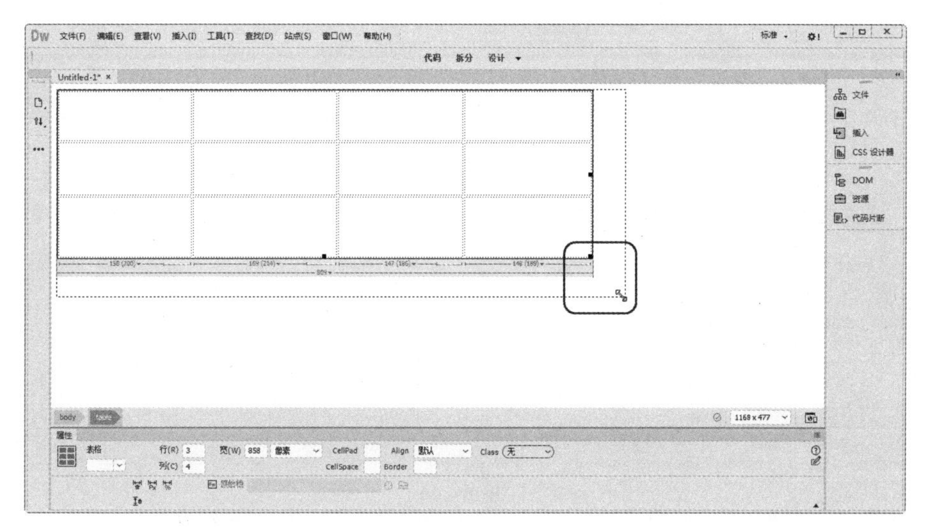

图 6-12

6.3.3　添加或删除行或列

执行“编辑”|“表格”子菜单中的命令，增加或减少行与列。增加行与列可以用以下方法。

- 将光标置于相应的单元格中，执行“编辑”|“表格”|“插入行”命令，即可插入一行。
- 将光标置于相应的位置，执行“编辑”|“表格”|“插入列”命令，即可在相应的位置插入一列。
- 将光标置于相应的位置，执行“编辑”|“表格”|“插入行或列”命令，弹出“插入行或列”对话框，在该对话框中进行相应的设置，如图 6-15 所示。单击“确定”按钮，即可在相应的位置插入行或列，如图 6-16 所示。

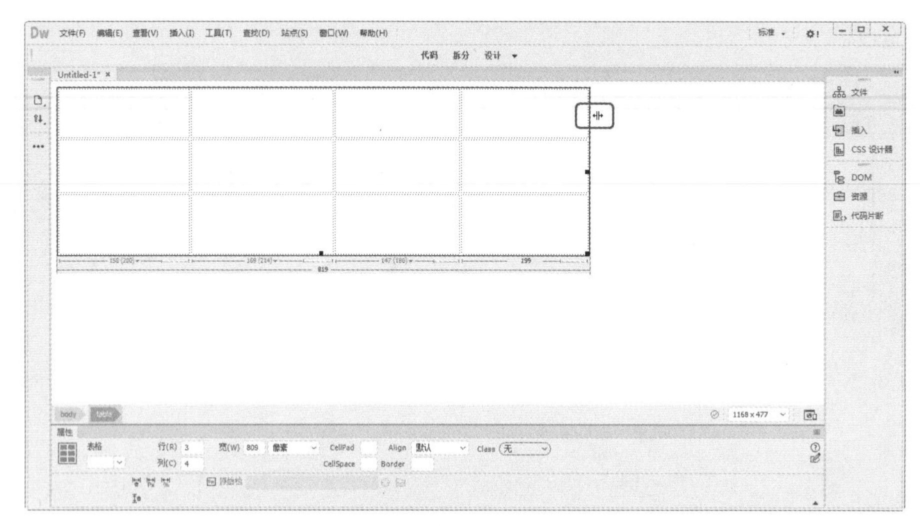

图 6-13

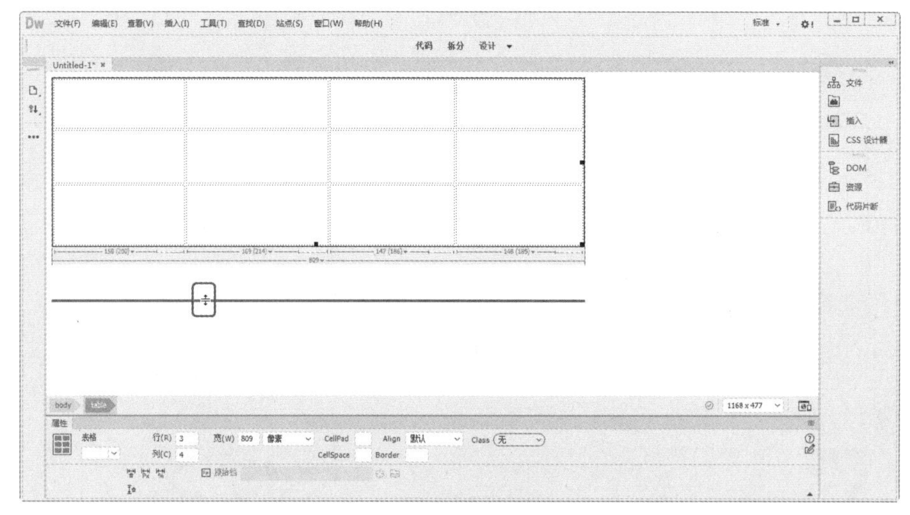

图 6-14

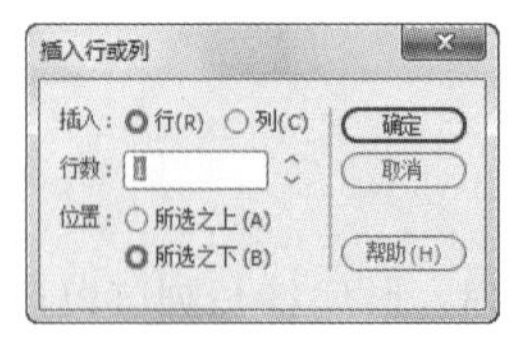

图 6-15

★ 高手支招 ★

在“插入行或列”对话框中可以进行如下设置。

- 插入：包含“行”和“列”两个单选按钮，一次只能选择其中一个来插入行或者列。该选项组的默认选项为“行”，所以下面的选项就是“行数”。如果选择的是“列”选项，那么下面的选项就变成“列数”，在“列数”文本框中可以直接输入要插入的列数。
- 位置：包含“所选之上”和“所选之下”两个单选按钮。如果“插入”选项选择的是“列”选项，那么“位置”选项后面的两个单选按钮就会变成“在当前列之前”和“在当前列之后”。

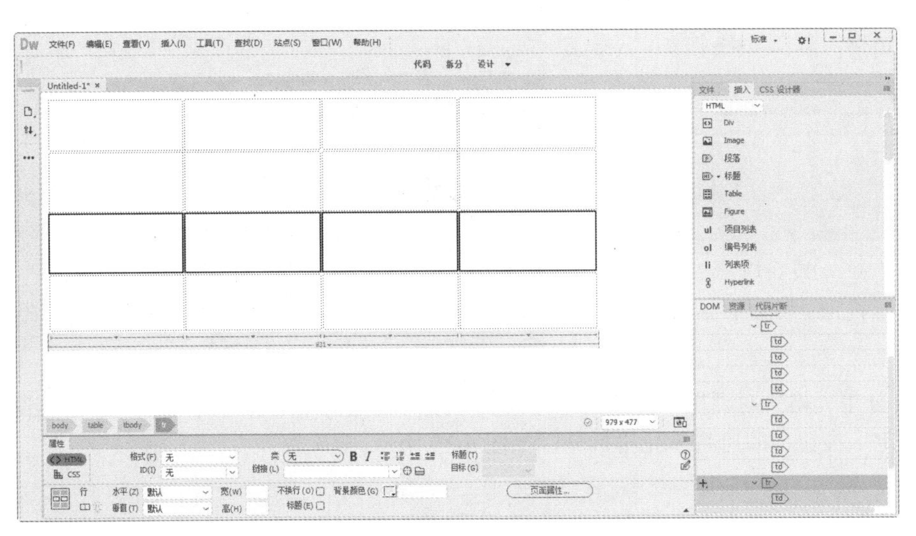

图 6-16

删除行或列有以下几种方法。

- 将光标置于要删除行或列的位置，执行“编辑”|“表格”|“删除行”命令，或执行“编辑”|“表格”|“删除列”命令，即可删除行或列，如图 6-17 所示。

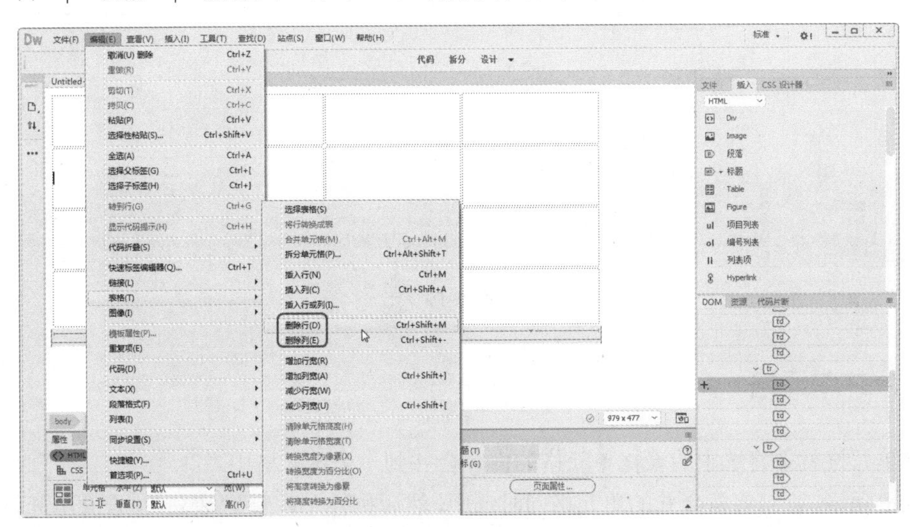

图 6-17

- 选中要删除的行或列，按 Delete 键或 BackSpace 键也可删除行或列。
- 将光标置于要删除的行或列的位置，右击，在弹出的快捷菜单中执行“表格”|“删除行”命令，或执行“表格”|“删除列”命令，即可删除行或列，

6.3.4　拆分单元格

在使用表格的过程中，有时需要拆分单元格以达到自己所需的效果。拆分单元格就是将选中的表格单元格拆分为多行或多列，具体操作步骤如下。

01 将光标置于要拆分的单元格中，执行“编辑”|“表格”|“拆分单元格”命令，弹出“拆分单

元格”对话框，如图 6-18 所示。

图 6-18

★ 高手支招 ★

拆分单元格还有以下两种方法：

- 将光标置于要拆分的单元格中，右击，在弹出的快捷菜单中执行“表格”|“拆分单元格”命令，弹出“拆分单元格”对话框，然后进行相应的设置。
- 单击“属性”面板中的“拆分单元格为行或列”按钮。

02 在“拆分单元格”对话框中的“把单元格拆分成”选项区中选择“行”，“行数”设置为 2，单击“确定”按钮，即可将单元格拆分，如图 6-19 所示。

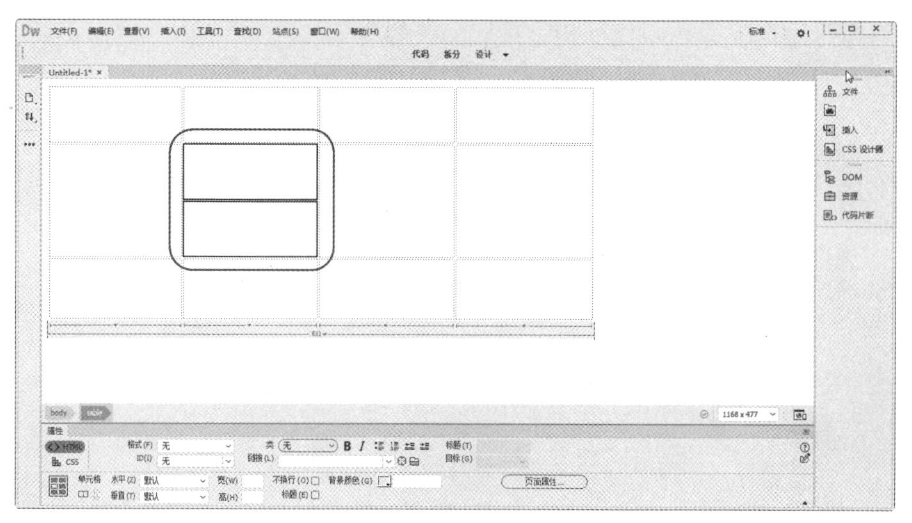

图 6-19

6.3.5 合并单元格

合并单元格就是将选中的表格单元格的内容合并到一个单元格中。

合并单元格，首先要将合并的单元格同时选中，然后执行“编辑”|“表格”|“合并单元格”命令，将多个单元格合并成一个单元格。或选中单元格并右击，在弹出的快捷菜单中执行“表格”|“合并单元格”选项，将多个单元格合并成一个单元格，如图 6-20 所示。

★ 高手支招 ★

也可以单击“属性”面板中的“合并所选单元格，使用跨度”按钮。

6.3.6 剪切、复制、粘贴表格

下面讲述剪切、复制和粘贴表格的具体操作步骤如下。

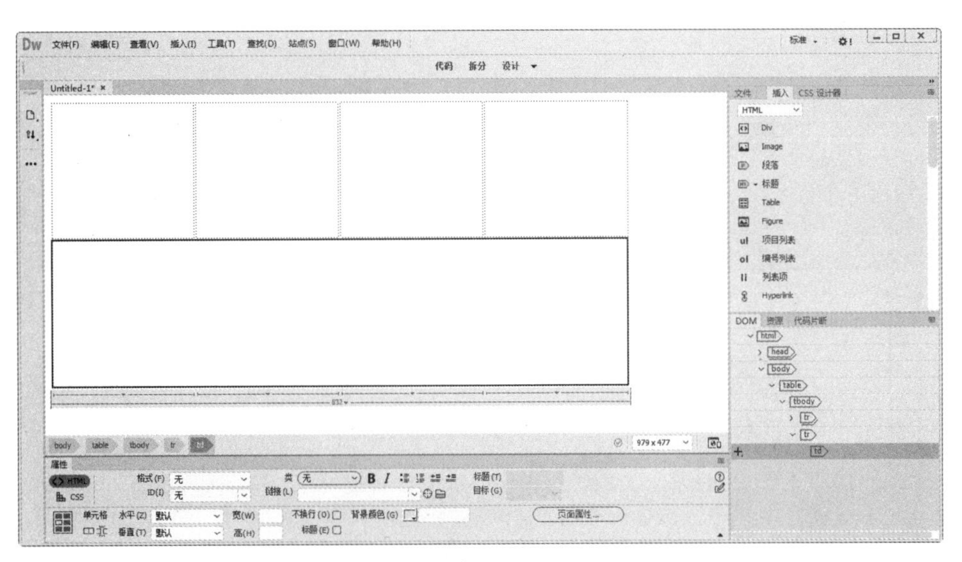

图 6-20

01 选择要剪切的表格，执行“编辑”|“剪切”命令，如果要保留原始的单元格执行“编辑”|“拷贝”命令，如图 6-21 所示。

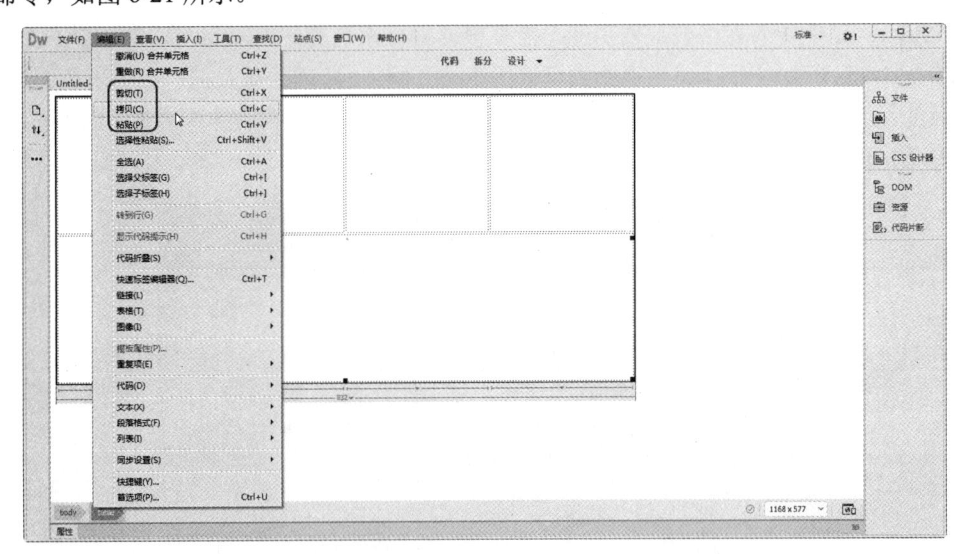

图 6-21

02 将光标置于表格中，执行“编辑”|“粘贴”命令，粘贴表格后的效果如图 6-22 所示。

6.4 表格的其他功能

为了更快而有效地处理网页中的表格和内容，Dreamweaver CC 2018 提供了多种自动处理功能，包括导入表格数据和排序表格等。本节将介绍表格自动化处理的技巧，以提高网页表格制作的效率。

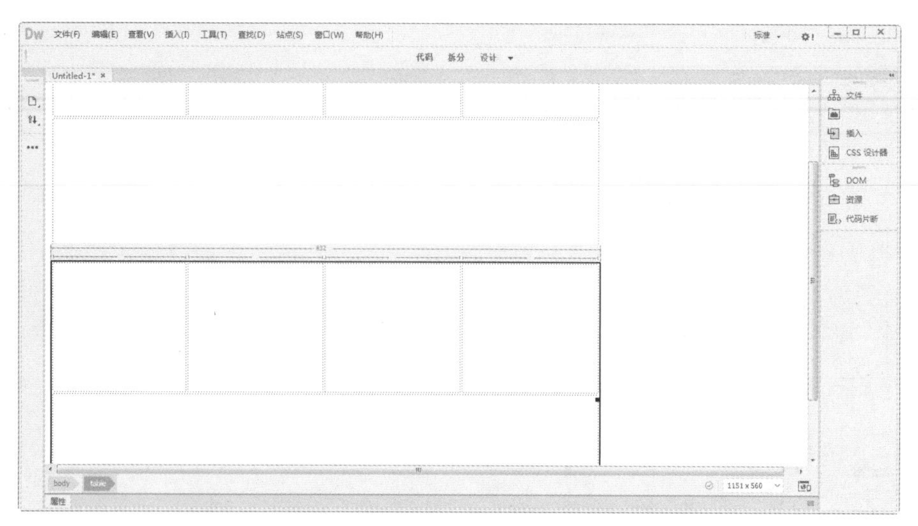

图 6-22

6.4.1　导入表格式数据

Dreamweaver 中导入表格式数据功能，能够根据素材来源的结构，为网页自动建立相应的表格，并自动生成表格数据。因此，当遇到大篇幅的表格要编排时，而手头又拥有相关表格的数据时，即可使网页编排使工作变得轻松。下面通过实例讲述导入表格数据的操作方法，效果如图 6-23 所示，具体操作步骤如下。

房型	门市价	早餐	日	预订
行政贵宾套房	¥2380	不含早餐	¥1580	¥1580
豪华双人/单人房	¥386	不含早餐	¥388	¥388
豪华套房	¥618	不含早餐	¥618	¥618
标准双人/单人房	¥348	不含早餐	¥348	¥348
标准三人房	¥478	不含早餐	¥388	¥388
行政套房	¥1980	不含早餐	¥1380	¥1380

图 6-23

01 打开网页文档，将光标置于要导入表格式数据的位置，如图 6-24 所示。

02 执行“文件”|“导入”|“表格式数据”命令，弹出“导入表格式数据”对话框，如图 6-25 所示。

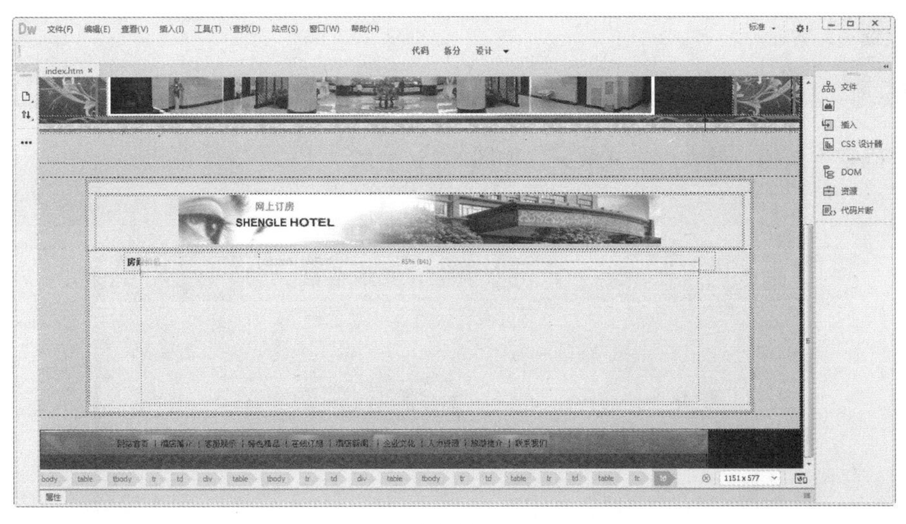

图 6-24

图 6-25

★ 高手支招 ★

在“导入表格式数据”对话框中可以进行如下设置。

- 数据文件：输入要导入的数据文件的保存路径和文件名，或单击右侧的“浏览”按钮进行选择。
- 定界符：选择定界符，使之与导入的数据文件格式匹配，包括Tab、“逗点”“分号”“引号”和“其他”5个选项。
- 表格宽度：设置导入表格的宽度。
  - » 匹配内容：选中此单选按钮，创建一个根据最长文件进行调整的表格。
  - » 设置为：选中此单选按钮，在后面的文本框中输入表格的宽度并设置其单位。
- 单元格边距：设置单元格内容和单元格边界之间的距离。
- 单元格间距：设置相邻的表格单元格之间的距离。
- 格式化首行：设置首行标题的格式。
- 边框：以像素为单位设置表格边框的宽度。

03 在“导入表格式数据”对话框中单击“数据文件”文本框右侧的“浏览”按钮，弹出“打开”对话框，在该对话框中选择数据文件，如图 6-26 所示。

图 6-26

04 单击“打开”按钮，添加到“数据文件”文本框中，在“导入表格式数据”对话框中的“定界符”下拉列表中选择“逗点”选项，“表格宽度”选中“匹配内容”单选按钮，如图 6-27 所示。

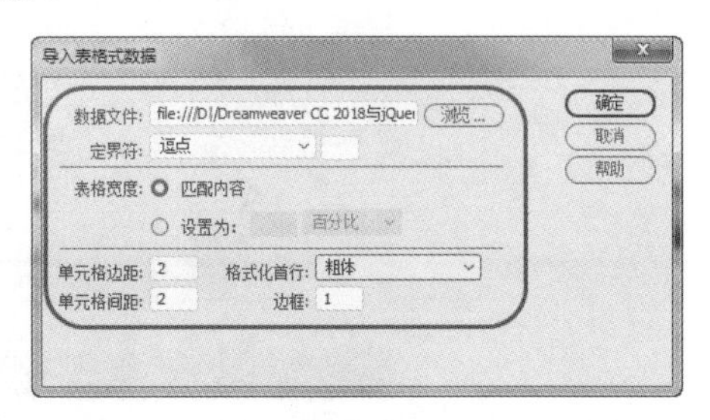

图 6 -27

★ 高手支招 ★

在导入数据表格时，注意定界符必须是逗号，否则可能会造成表格格式的混乱。

05 单击“确定”按钮，导入表格式数据，如图 6-28 所示。

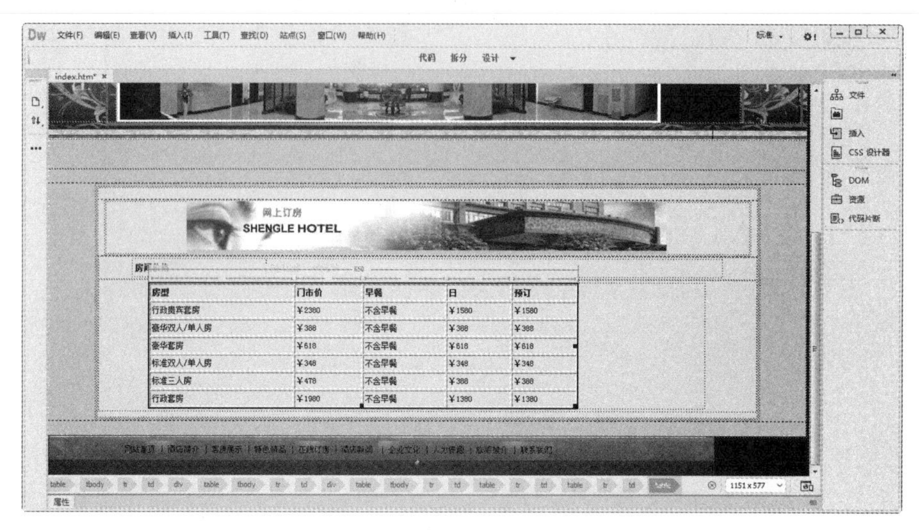

图 6-28

06 保存文档，按 F12 键在浏览器中预览，效果如图 6-23 所示。

6.4.2 排序表格

排序表格的方法是针对具有格式数据的表格而言，是根据表格列表中的数据来排序的。下面通过实例讲述排序表格，效果如图 6-29 所示，具体操作步骤如下。

图 6-29

01 打开网页文档，如图 6-30 所示。

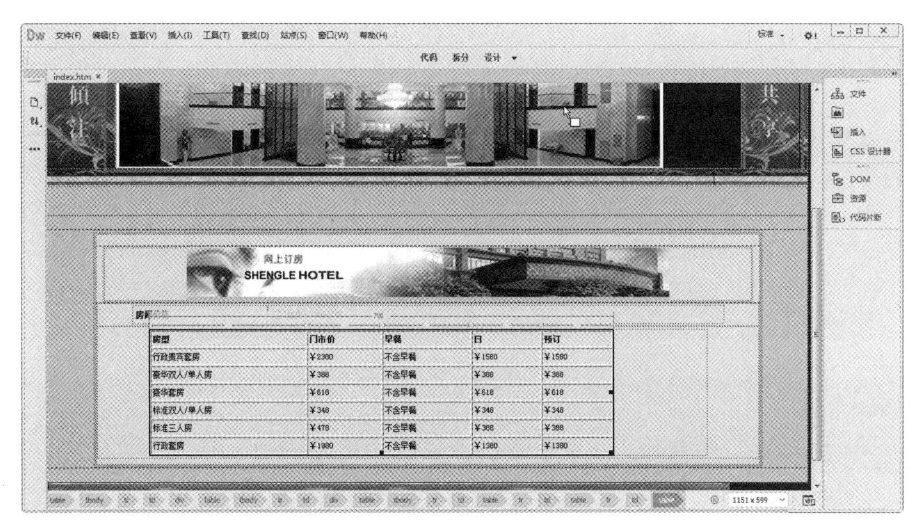

图 6-30

02 执行“编辑”|“表格” | “排序表格”命令，弹出“排序表格”对话框，在该对话框中将“排序按”设置为“列 3”，“顺序”设置为“按数字顺序”，在右侧的下拉列表中选择“降序”，如图 6-31 所示。

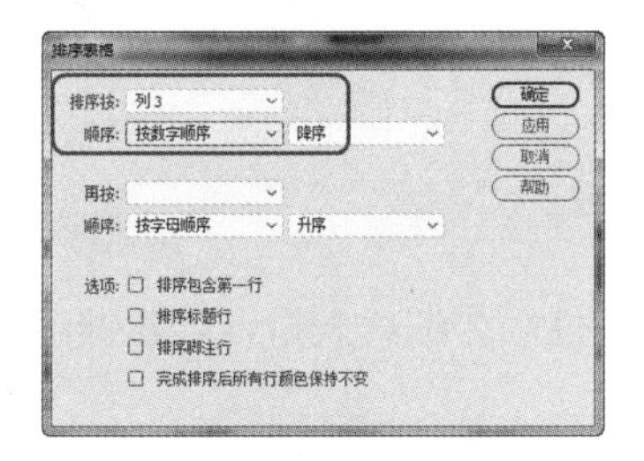

图 6-31

03 单击“确定”按钮，对表格进行排序，如图 6-32 所示。

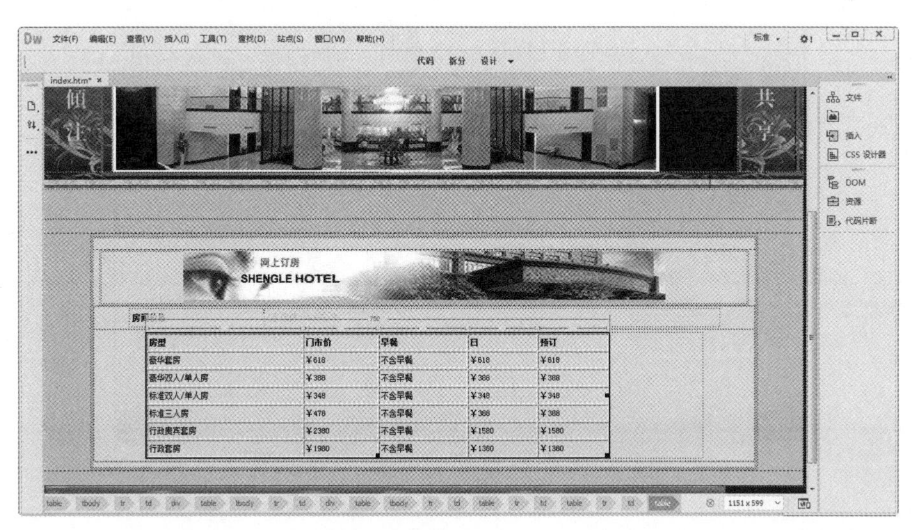

图 6-32

★ 高手支招 ★

在“排序表格”对话框中可以设置如下参数。

- 排序按：确定哪个列的值将用于表格排序。
- 顺序：确定是按字母还是按数字顺序，以及升序还是降序排序。
- 再按：确定在不同列上第二种排列方法的排列顺序。在其后面的下拉列表中指定应用第二种排列方法的列，在后面的下拉列表中指定第二种排序方法的排序顺序。
- 排序包含第一行：指定表格的第一行应该包括在排序中。
- 排序标题行：指定使用与body行相同的条件，对表格thead部分中的所有行排序。
- 排序脚注行：指定使用与body行相同的条件，对表格tfoot部分中的所有行排序。
- 完成排序后所有行颜色保持不变：指定排序之后，表格行属性应该与同一内容保持关联。

★ 高手支招 ★

如果表格中含有合并或拆分的单元格，则表格无法使用表格排序功能。

6.5 综合实战

表格最基本的作用就是让复杂的数据变得更有条理，让人容易看懂。在设计页面时，往往要利用表格来布局定位网页元素。下面通过几个实例介绍表格的使用方法。

实战 1——制作网页细线表格

通过设置表格属性和单元格属性制作细线表格，创建细线表格的效果如图 6-33 所示，具体操作步骤如下。

图 6-33

01 打开网页文档，如图 6-34 所示。

图 6-34

02 将光标置于要插入表格的位置，执行“插入”|Table 命令，弹出 Table 对话框，在该对话框中将“行数”设置为4，“列”设置为4，“表格宽度”设置为90%，如图 6-35 所示。

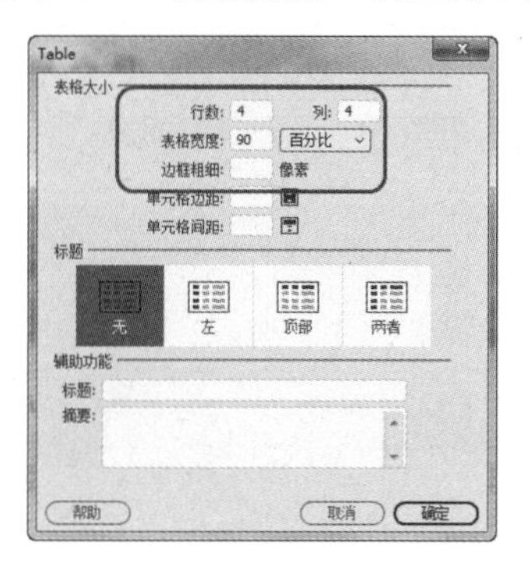

图 6-35

03 单击“确定”按钮，插入表格，如图 6-36 所示。

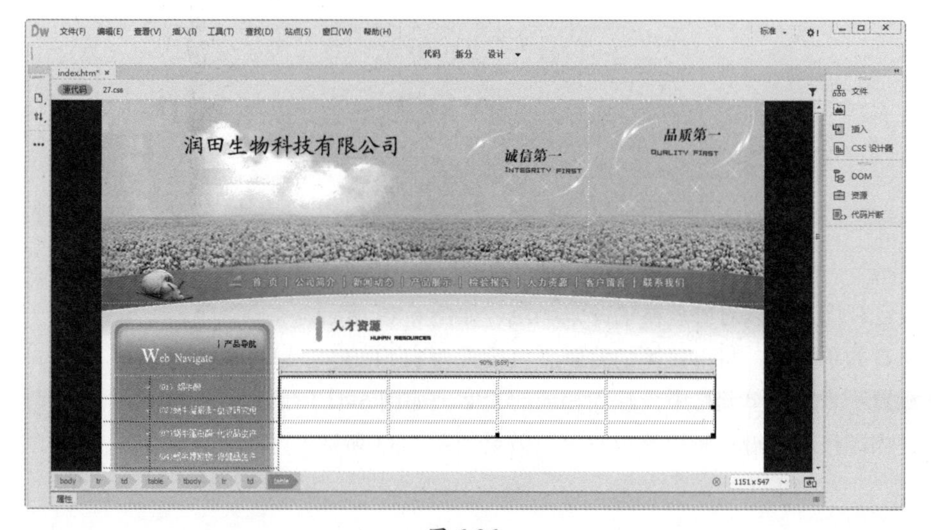

图 6-36

04 选中插入的表格，打开“属性”面板，在该面板中将 CellPad 设置为 5，CellSpace 设置为 1，Align 设置为“居中对齐”，如图 6-37 所示。

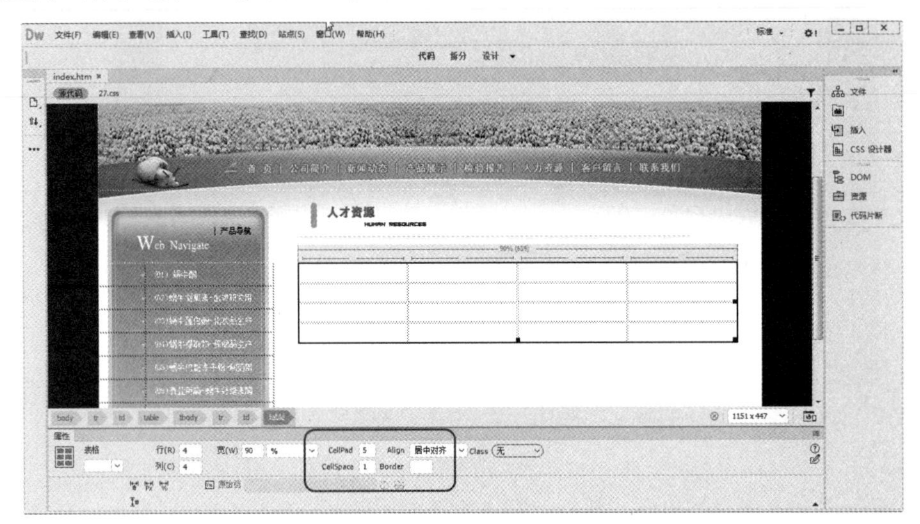

图 6-37

05 选中插入的表格，打开代码视图，在表格代码中输入 bgColor="#596B08"，如图 6-38 所示。

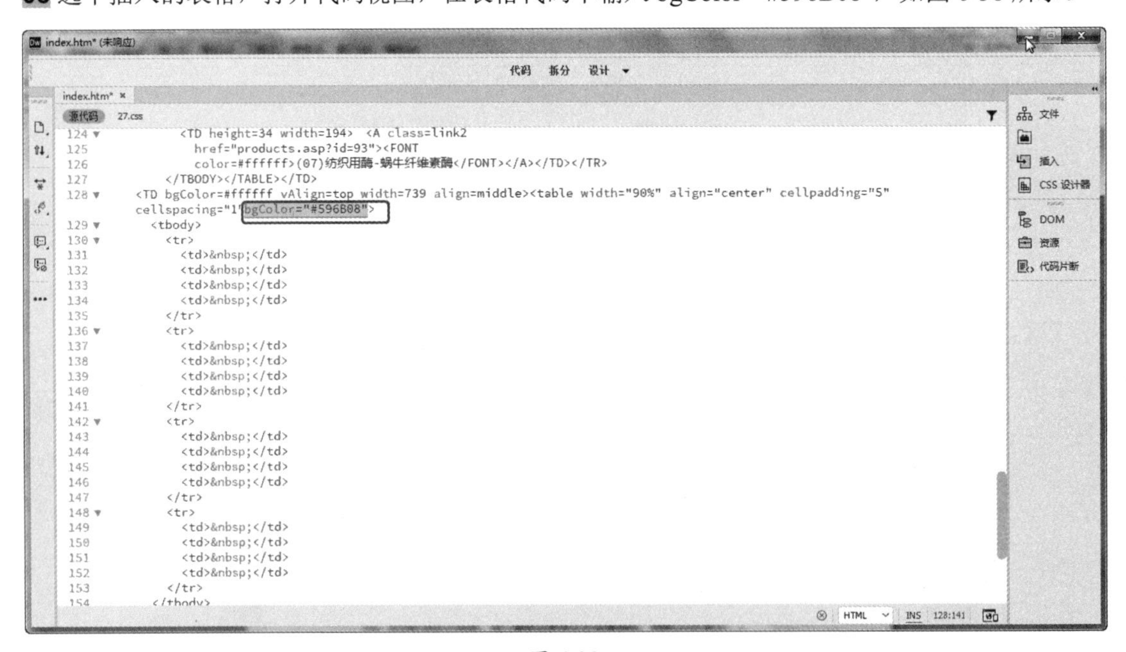

图 6-38

06 返回设计视图，可以看到表格的背景颜色，如图 6-39 所示。

07 选中所有的单元格，将单元格的背景颜色设置为 #FFFFFF，如图 6-40 所示。

08 将光标置于表格的单元格中，输入相应的文字，如图 6-41 所示。

09 保存文档，按 F12 键在浏览器中预览，效果如图 6-33 所示。

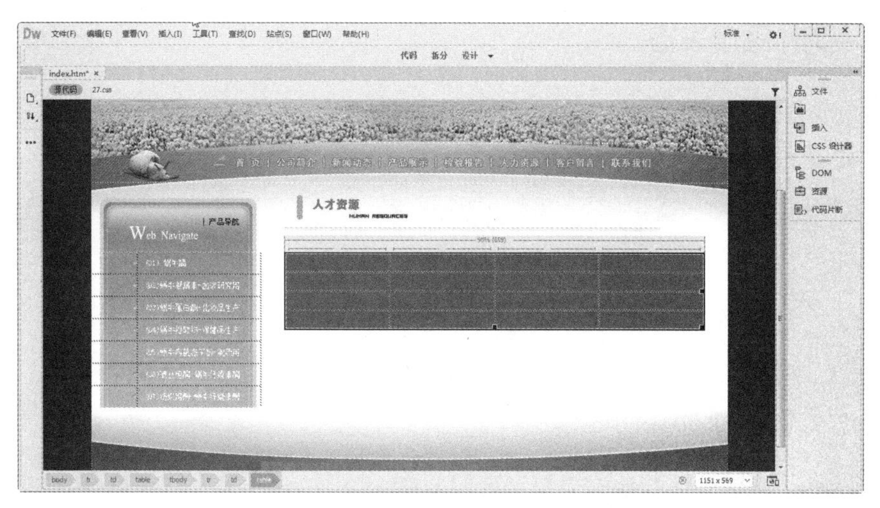

图 6-39

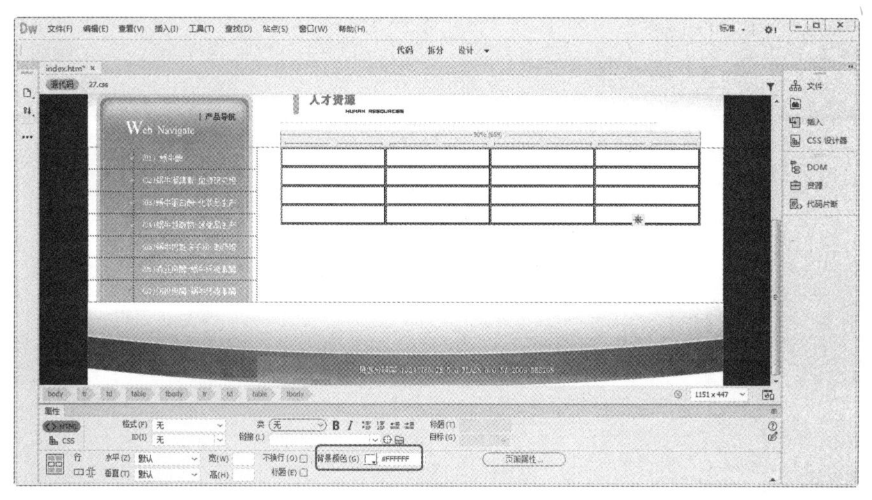

图 6-40

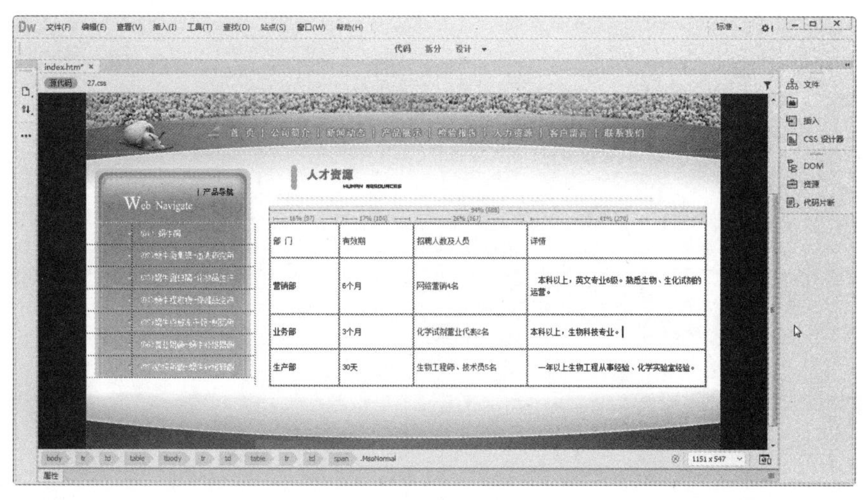

图 6-41

实战 2——制作圆角表格

下面通过实例讲述创建圆角表格的方法，首先把这个圆角做成图像，然后再插入到表格中，效果如图 6-42 所示，具体操作步骤如下。

图 6-42

01 打开网页文档，将光标置于页面中，如图 6-43 所示。

图 6-43

02 执行“插入”|Table 命令，弹出 Table 对话框，在该对话框中将“行数”设置为3，“列”设置为1，“表格宽度”设置为100%，如图 6-44 所示。

03 单击“确定”按钮，插入表格，此表格记为表格 1，如图 6-45 所示。

图 6-44

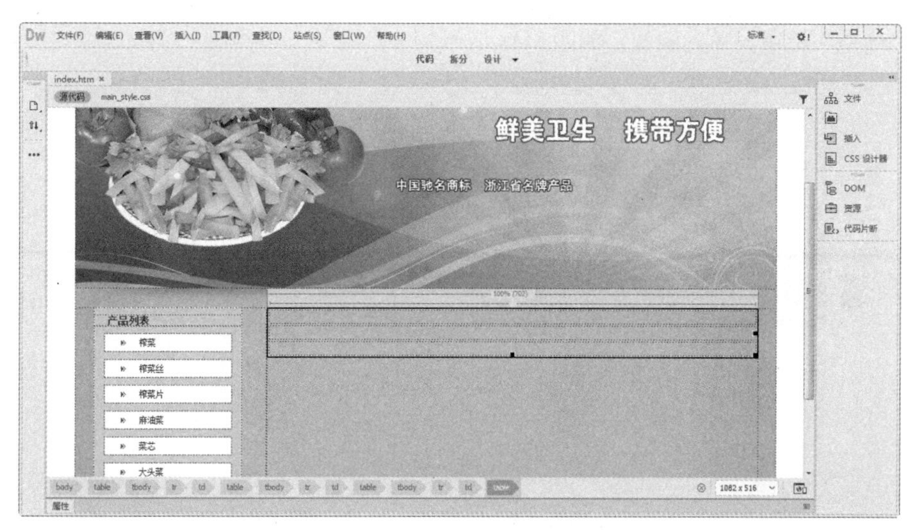

图 6-45

04 选中插入的表格，打开“属性”面板，在该面板中将 CellPad 和 CellSpace 均设置为 0，如图 6-46 所示。

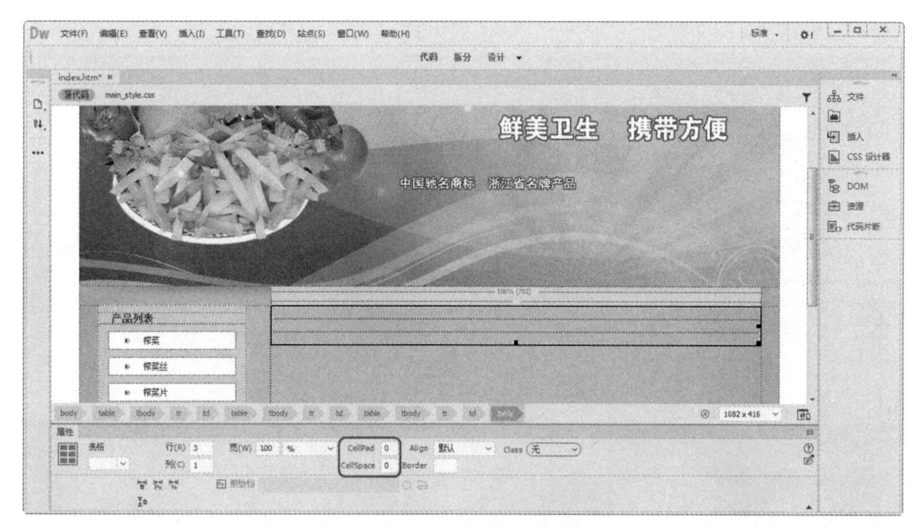

图 6-46

05 将光标置于“表格 1”的第 1 行单元格中，执行“插入”|Image 命令，弹出“选择图像源文件”对话框，在该对话框中选择圆角图像文件 tu11.jpg，如图 6-47 所示。

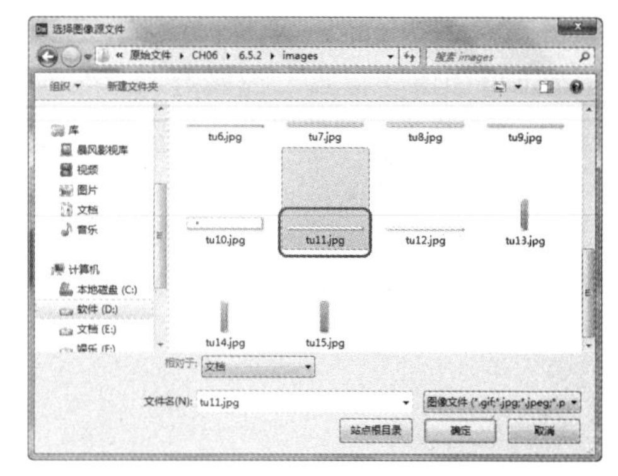

图 6-47

06 单击“确定”按钮，插入图像，如图 6-48 所示。

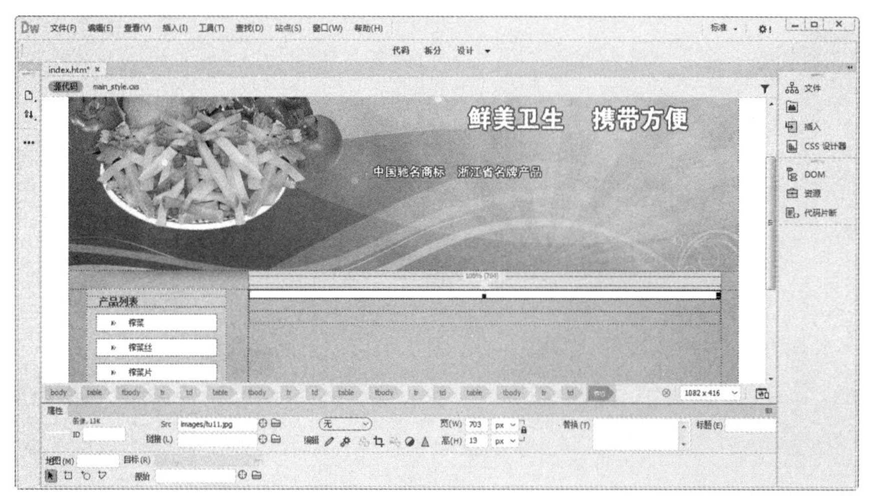

图 6-48

07 将光标置于“表格 1”的第 2 行单元格中，将单元格的“背景颜色”设置为 #FFFFFF，如图 6-49 所示。

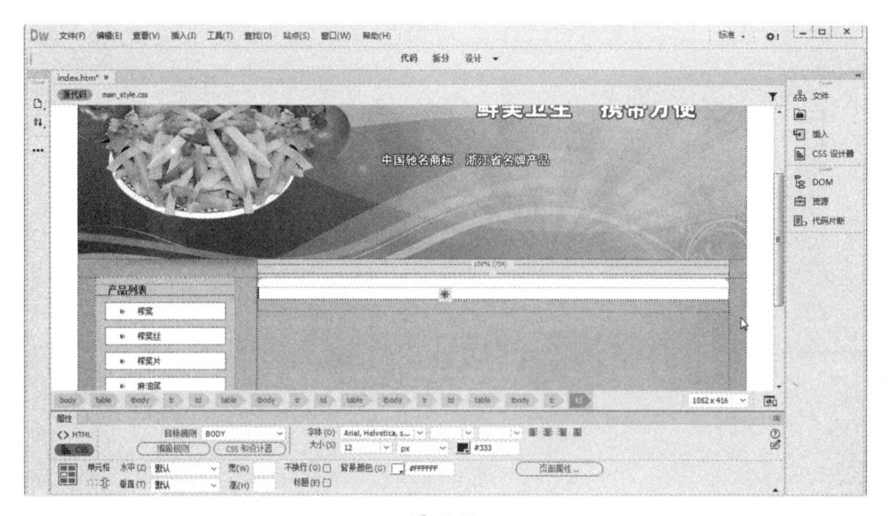

图 6-49

08 将光标置于“表格 1”的第 2 行单元格中，执行“插入”|Table 命令，插入 2 行 1 列的表格，此表格记为“表格 2”，在“属性”面板中将 Align 设置为“居中对齐”，如图 6-50 所示。

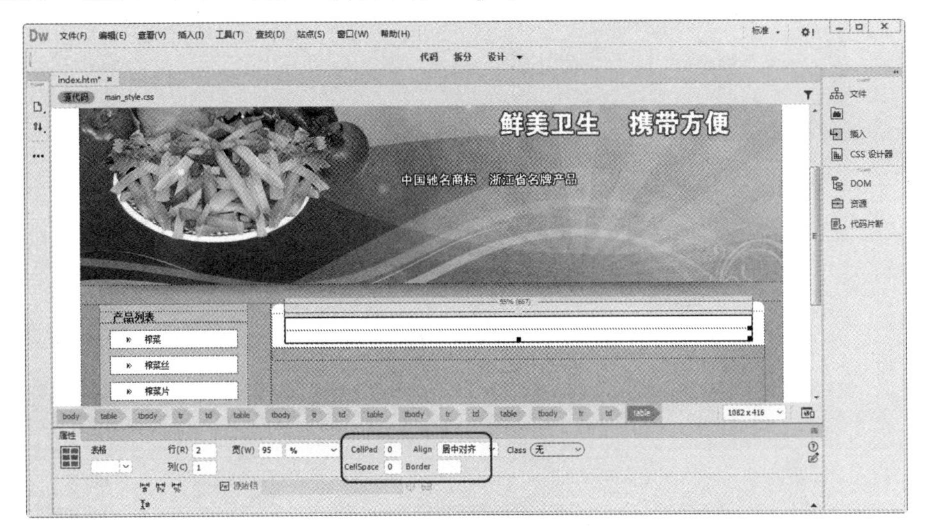

图 6-50

09 将光标置于“表格 2”的第 1 行单元格中，插入 1 行 3 列的表格，此表格记为“表格 3”，如图 6-51 所示。

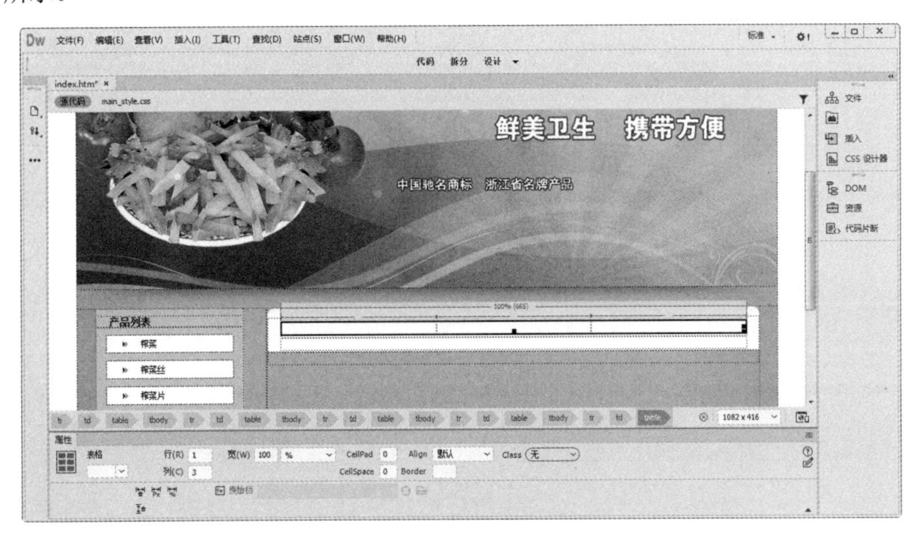

图 6-51

10 将光标置于“表格 3”的第 1 列单元格中，执行“插入”|Image 命令，插入图像 tu13.jpg，如图 6-52 所示。

11 将光标置于“表格 3”的第 2 列单元格中，打开代码视图，在代码中输入背景图像代码 background=images/tu15.jpg，如图 6-53 所示。

12 返回设计视图，可以看到插入的背景图像，在背景图像中输入相应的文字，如图 6-54 所示。

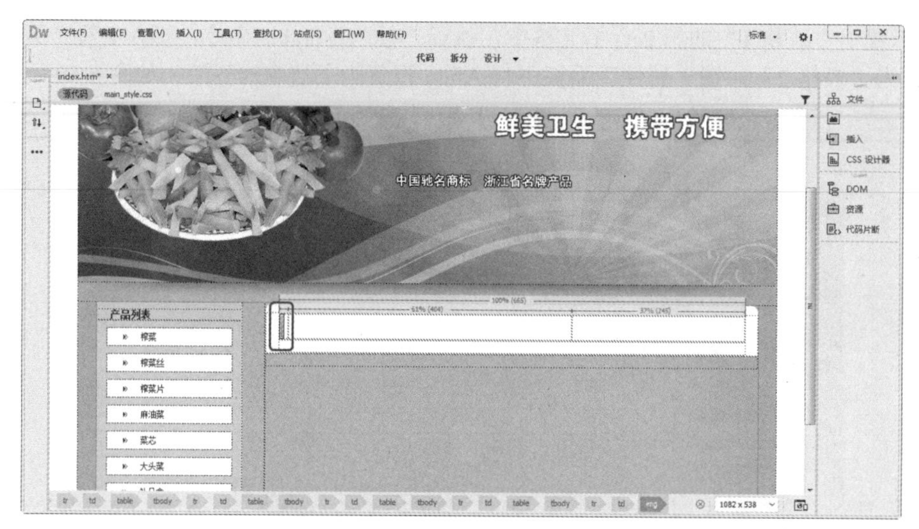

图 6-52

```
147 ▼                <tbody>
148 ▼                  <tr>
149                      <td><img src="images/tu11.jpg" width="703" height="13" alt=""/></td>
150                    </tr>
151 ▼                  <tr>
152 ▼                    <td bgcolor="#FFFFFF"><table width="95%" align="center" cellpadding="0" cellspacing="0">
153 ▼                      <tbody>
154 ▼                        <tr>
155 ▼                          <td><table width="100%" cellpadding="0" cellspacing="0">
156 ▼                            <tbody>
157 ▼                              <tr>
158                                  <td width="2%"><img src="images/tu13.jpg" width="7" height="35" alt=""/></td>
159                                  <td width="95%"background=images/tu15.jpg > </td>
160                                  <td width="3%"> </td>
161                                </tr>
162                              </tbody>
163                            </table></td>
164                          </tr>
165 ▼                        <tr>
166                            <td> </td>
167                          </tr>
168                        </tbody>
169                      </table></td>
170                    </tr>
171 ▼                  <tr>
172                      <td> </td>
173                    </tr>
174                  </tbody>
175                </table></TD></TR></TBODY></TABLE></TD></TR></TBODY></TABLE></TD></TR></TBODY></TABLE>
```

图 6-53

13 将光标置于“表格 3”的第 3 列单元格中，执行“插入”|Image 命令，插入图像 tu14.jpg，如图 6-55 所示。

14 将光标置于“表格 2”的第 2 行单元格中，输入相应的文字，如图 6-56 所示。

图 6-54

图 6-55

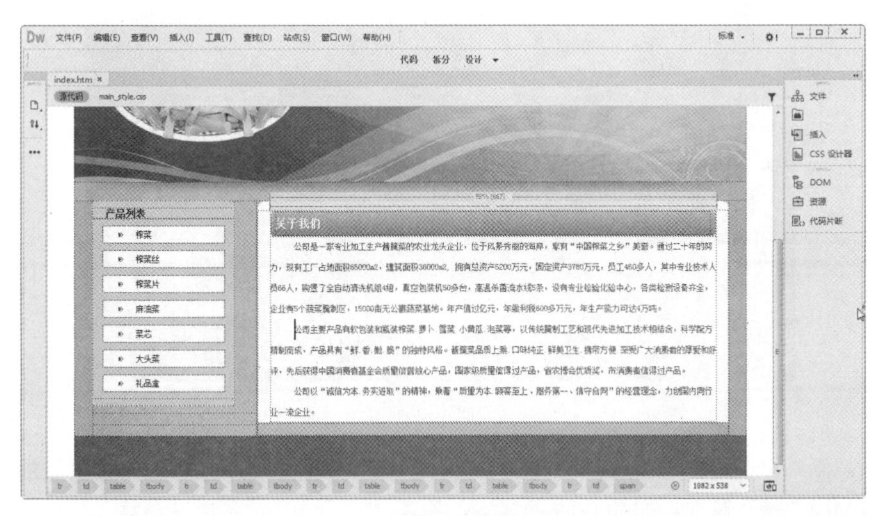

图 6-56

15 将光标置于“表格 1”的第 3 行单元格中，执行“插入”|Image 命令，插入圆角图像 tu12.jpg，如图 6-57 所示。

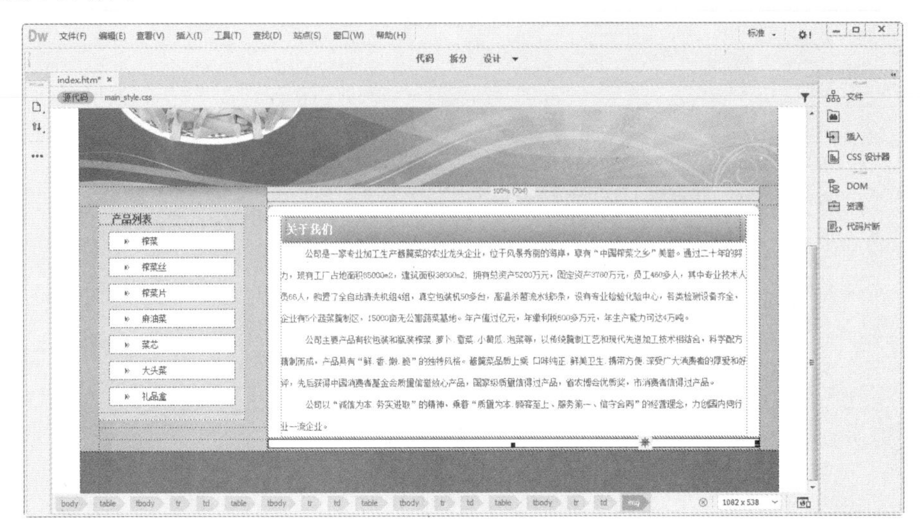

图 6-57

16 保存文档，按 F12 键在浏览器中预览，效果如图 6-43 所示。

实战 3——利用表格布局网页

表格在网页布局中的作用是举足轻重的，无论是简单的静态网页还是动态网页，都要使用表格进行排版。下面的实例是通过表格布局网页，效果如图 6-58 所示，具体操作步骤如下。

图 6-58

01 执行“文件”|“新建”命令，弹出“新建文档”对话框，在该对话框中选择“新建文档”|</>HTML|“无”选项，如图 6-59 所示。

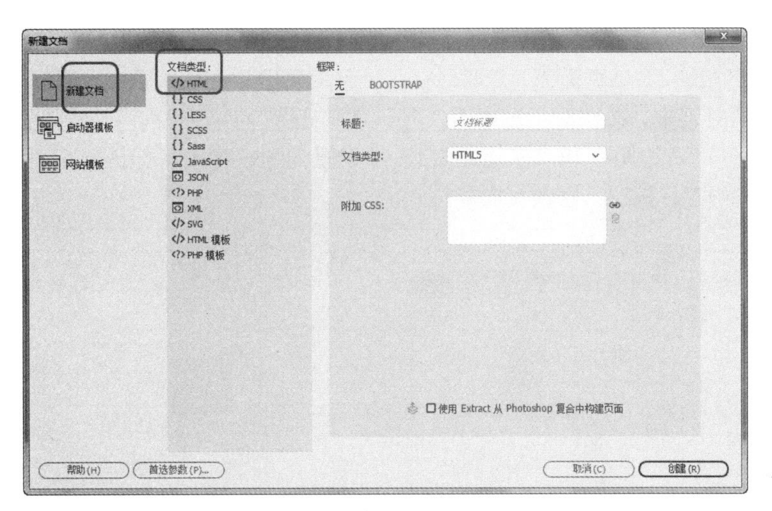

图 6-59

02 单击“确定”按钮，创建文档，如图 6-60 所示。

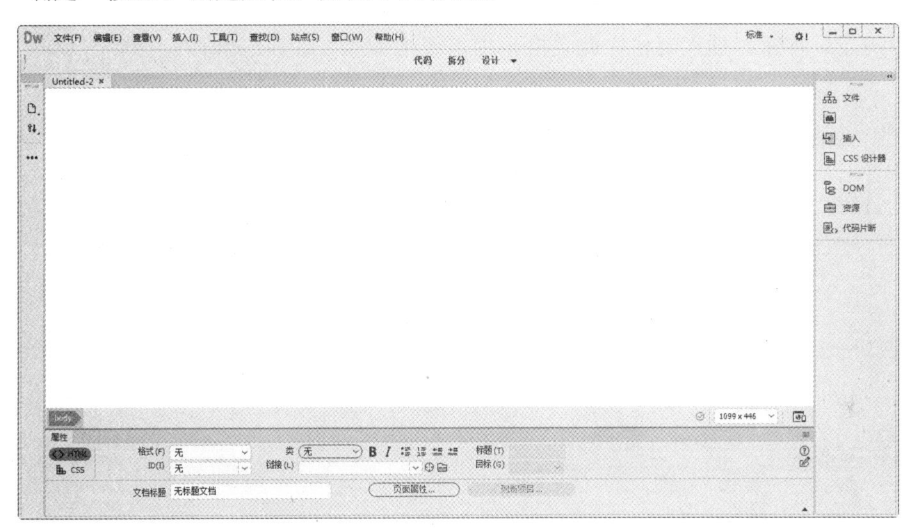

图 6-60

03 执行“文件”|“另存为”命令，弹出“另存为”对话框，在该对话框的“文件名”文本框中输入文件名，如图 6-61 所示。

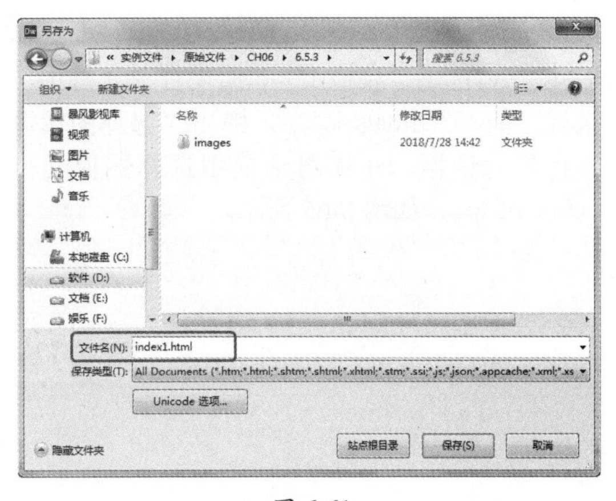

图 6-61

04 单击“确定”按钮，保存文档。将光标置于页面中，执行“文件”|“页面属性”命令，弹出“页面属性”对话框，在该对话框中将“上边距”“下边距”“右边距”和“左边距”均设置为0，单击“确定”按钮，修改页面属性，如图6-62所示。

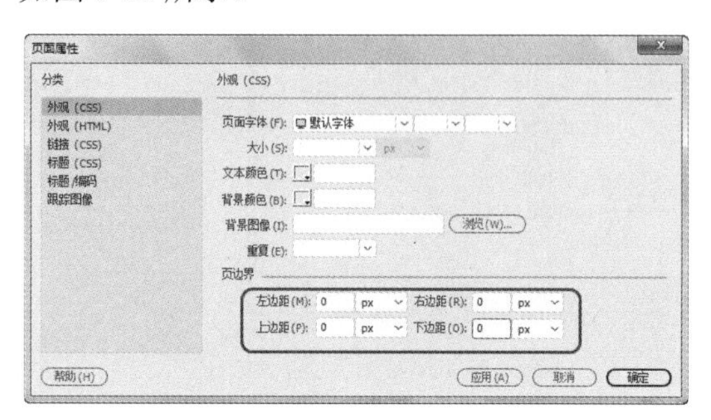

图 6-62

05 将光标置于页面中，执行“插入”|Table 命令，弹出 Table 对话框，在该对话框中将“行数”设置为6，“列”设置为1，“表格宽度”设置为985像素，如图6-63所示。

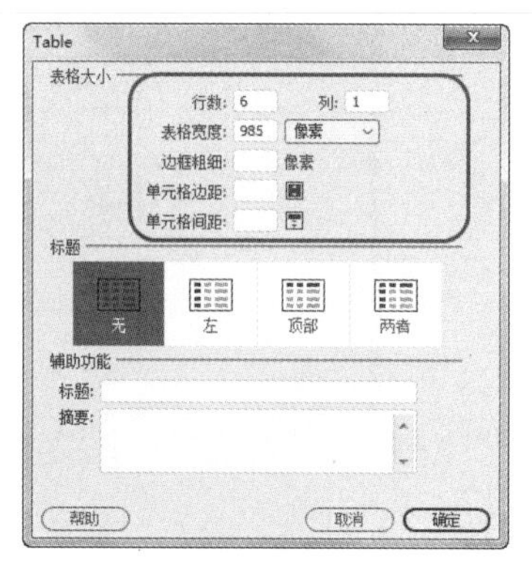

图 6-63

06 单击“确定”按钮，插入表格，此表格记为“表格1”，如图6-64所示。

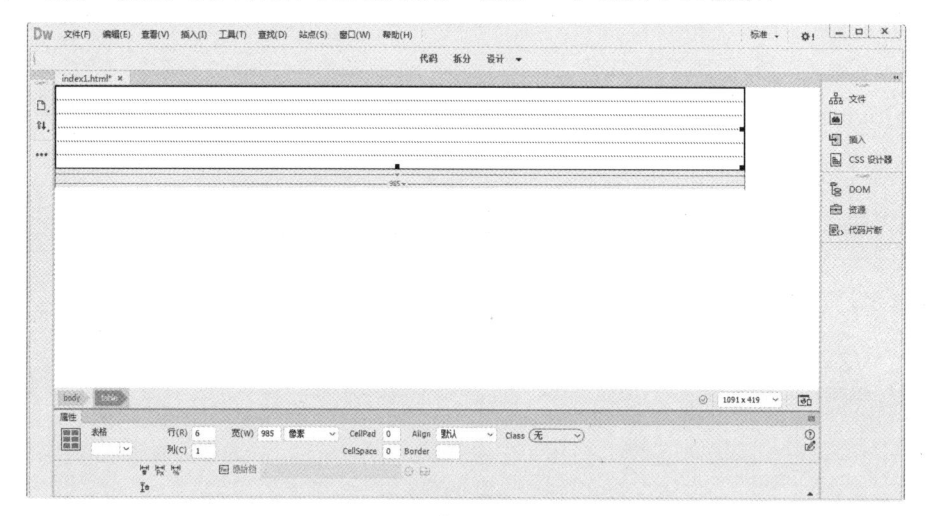

图 6-64

07 将光标置于“表格1”的第1行单元格中，执行“插入”|Image 命令，弹出“选择图像源文件”对话框，在该对话框中选择图像文件index_02.jpg，如图6-65所示。

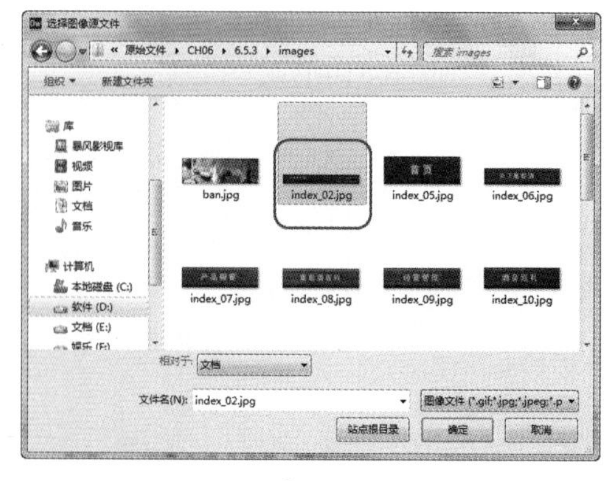

图 6-65

08 单击“确定”按钮，插入图像，如图 6-66 所示。

图 6-66

09 将光标置于“表格 1”的第 2 行单元格中，执行“插入”|Table 命令，插入 1 行 7 列的表格，此表格记为“表格 2”，如图 6-67 所示。

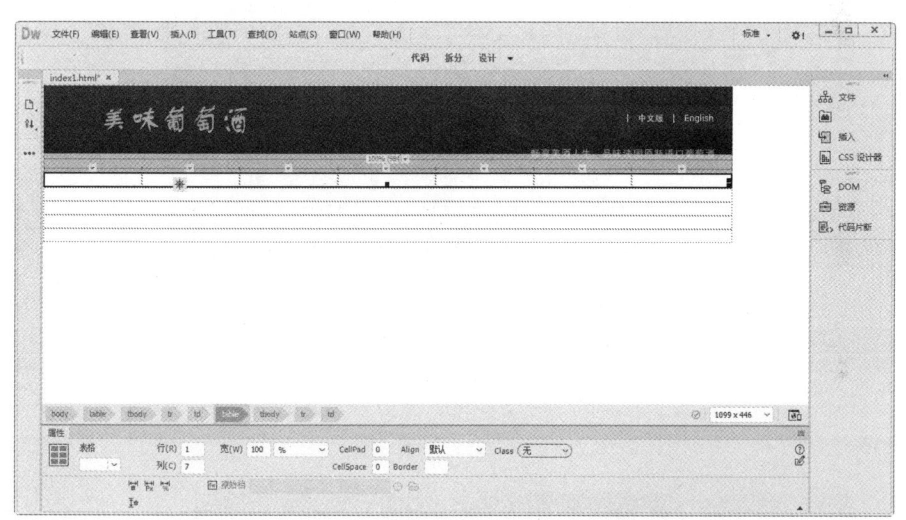

图 6-67

10 在“表格 2”的单元格中，分别插入相应的图像文件，如图 6-68 所示。

11 将光标置于“表格 1”的第 3 行单元格中，执行“插入”|Image 命令，插入图像 ban.jpg，如图 6-69 所示。

12 将光标置于“表格 1”的第 4 行单元格中，执行“插入”|Table 命令，插入 1 行 3 列的表格，此表格记为“表格 3”，如图 6-70 所示。

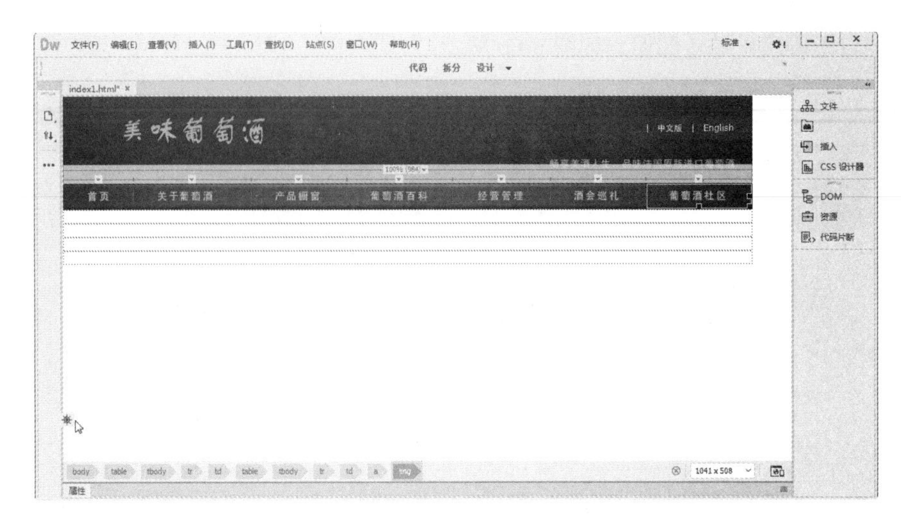

图 6-68

图 6-69

图 6-70

13 将光标置于“表格 3”的第 1 列单元格中，执行“插入”|Table 命令，插入 2 行 1 列的表格，此表格记为“表格 4”，如图 6-71 所示。

图 6-71

14 将光标置于“表格 4”的第 1 行单元格中，执行“插入”|Image 命令，插入图像 index_13.jpg，如图 6-72 所示。

图 6-72

15 将光标置于“表格 4”的第 2 行单元格中，打开代码视图，在代码中输入背景图像代码 background=images/index_17.jpg，如图 6-73 所示。

16 返回设计视图，可以看到插入的背景图像，如图 6-74 所示。

17 将光标置于背景图像上，执行“插入”|Table 命令，插入 4 行 1 列的表格，将 CellPad 设置为 5，CellSpace 设置为 2，Align 设置为“居中对齐”，此表格记为“表格 5”，如图 6-75 所示。

图 6-73

图 6-74

图 6-75

18 在“表格 5”的单元格中分别输入相应的文字，并将文字的颜色设置为 #DFB77E，“大小”设置为 12 像素，如图 6-76 所示。

图 6-76

19 将光标置于“表格 3”的第 2 列单元格中，执行“插入”|Table 命令，插入 2 行 1 列的表格，此表格记为“表格 6”，如图 6-77 所示。

图 6-77

20 将光标置于“表格 6”的第 1 行单元格中，执行“插入”|Image 命令，插入图像 index_14-12.jpg，如图 6-78 所示。

21 将光标置于“表格 6”的第 2 行单元格中，打开代码视图，在代码中输入背景图像代码 background=images/index_18.jpg，如图 6-79 所示。

22 返回设计视图，可以看到插入的背景图像，如图 6-80 所示。

图 6-78

图 6-79

图 6-80

23 将光标置于背景图像上，执行“插入”|Table 命令，插入 1 行 1 列的表格，此表格记为“表格 7”，如图 6-81 所示。

图 6-81

24 将光标置于“表格 7”的单元格中，输入相应的文字，如图 6-82 所示。

图 6-82

25 将光标置于相应的位置，执行“插入”|Image 命令，插入图像 pic_a03.png，如图 6-83 所示。

26 将光标置于“表格 3”的第 3 列单元格中，执行“插入”|Table 命令，插入 6 行 1 列的表格，此表格记为“表格 8”，如图 6-84 所示。

27 分别在“表格 8”的单元格中插入相应的图像，如图 6-85 所示。

图 6-83

图 6-84

图 6-85

28 将光标置于“表格 1”的第 5 行单元格中，执行“插入”|Image 命令，插入图像 index_18-21.jpg，如图 6-86 所示。

图 6-86

29 将光标置于“表格 1”的第 6 行单元格中，将单元格的背景颜色设置为 #460000，“高”设置为 50，如图 6-87 所示。

图 6-87

30 将光标置于“表格 1”的第 6 行单元格中，输入相应的文字，如图 6-88 所示。

31 保存文档，完成利用表格制作网页的操作，效果如图 6-58 所示。

Dw 文件(F) 编辑(E) 查看(V) 插入(I) 工具(T) 查找(D) 站点(S) 窗口(W) 帮助(H)
标准
代码 拆分 设计
index1.html
最新资讯
品味
葡萄酒百科
法国葡萄酒
French wine
葡萄酒社区
版权所有：美味葡萄酒有限公司
body
1047 x 560
属性

图 6-88

第 7 章　使用模板和库提高网页制作效率

本章主要学习如何提高网页的制作效率，这就是使用“模板” 和 “库”。它们不是网页设计师在设计网页时必须要使用的技术，但是如果合理地使用它们，将会大幅提高工作效率。合理地使用模板和库也是创建整个网站过程中的重中之重。

知识要点

- ◆ 使用资源面板管理站点资源
- ◆ 创建模板
- ◆ 使用模板
- ◆ 管理模板
- ◆ 创建与应用库项目
- ◆ 创建完整的模板网页

实例展示

基于模板创建网页

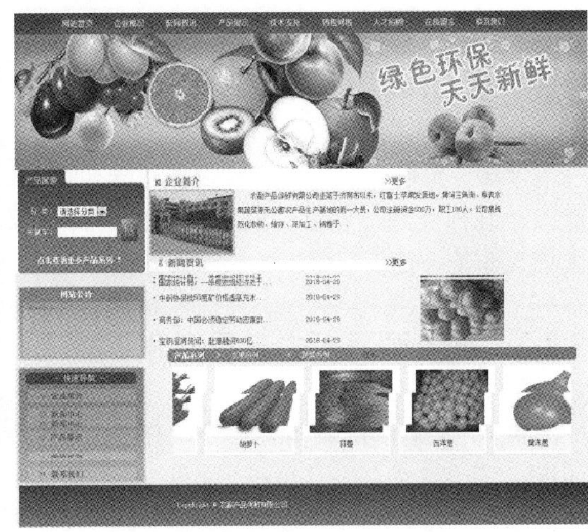

应用库项目

创建模板

利用模板创建网页

7.1 使用资源面板管理站点资源

使用“资源”面板可以轻松地跟踪和预览已经存储在站点中的图像、视频、颜色、脚本和超链接等几种资源，可以轻松地把任何一种资源从“资源”面板拖至当前所编辑的文档中，并将其插入到某一页面中。

7.1.1 在资源面板中查看资源

执行“窗口”|“资源”命令，打开“资源”面板，“资源”面板默认位于“文件”面板组中，如图 7-1 所示。

在打开“资源”面板时，可能没有任何内容，但 Dreamweaver 可以快速搜索所选网站资源，并自动将其排列在“资源”面板中。使用“资源”面板之前，用户必须先设置好本地网站，并启用站点缓存，这样“资源”面板中才能显示资源分类中的内容，并且随时进行更新。

图 7-1

7.1.2　将资源添加到文档

可以将大多数类型的资源插入到文档中，方法是将它们拖至文档窗口中的“代码”视图或“设计”视图中，或者单击“插入”按钮。

01 将某资源从“资源”面板拖至文档。

02 在“资源”面板中选择某资源，然后单击该面板底部的“插入”按钮，即可将该资源插入文档中，如图 7-2 所示。

图 7-2

7.1.3　在收藏夹中添加或删除资源

有多种方法可以在“资源”面板中向站点的“收藏”列表添加资源。

- 单击“资源”面板中的“图像”按钮，在“资源”面板的“站点”列表中选择一个或多个资源，然后单击该面板底部的“添加到收藏”按钮。
- 在“资源”面板的“站点”列表中选择一个或多个资源，右击，然后在弹出的快捷菜单中执行“添加到收藏”命令。
- 在“文件”面板中选择一个或多个文件，右击，然后在弹出的快捷菜单中执行“添加到收藏”命令。
- 在“资源”面板中，选择位于面板顶部的“收藏”选项。
- 在“收藏”列表中选择一个或多个资源。

有多种方法可从“资源”面板的“收藏”列表中删除资源。

- 单击“资源”面板底部的“从收藏中删除”按钮。
- 资源将从“收藏”列表中被删除，但它们仍出现在“站点”列表中。如果要删除一个收藏夹，则该文件夹及其中的所有资源都将从“收藏”列表中删除。

7.2 创建模板

在网页制作过程中很多操作都是重复的，如页面的顶部和底部在很多页面中都是相同的，而同一栏目中除了某一块区域外，版式、内容完全一样。如果将这些工作简化，就能够大幅提升工作效率，而 Dreamweaver 中的模板就可以解决这一问题，模板主要用于同一栏目中的页面制作。本地站点用到的所有模板都保存在网站根目录下的 Templates 文件夹中，其扩展名为 .dwt。

7.2.1 直接创建模板

从空白文档直接创建模板的具体操作步骤如下。

01 执行“文件”|“新建”命令，弹出“新建文档”对话框，在该对话框中选择“新建文档”|“</>HTML 模板”|“< 无 >”选项，如图 7-3 所示。

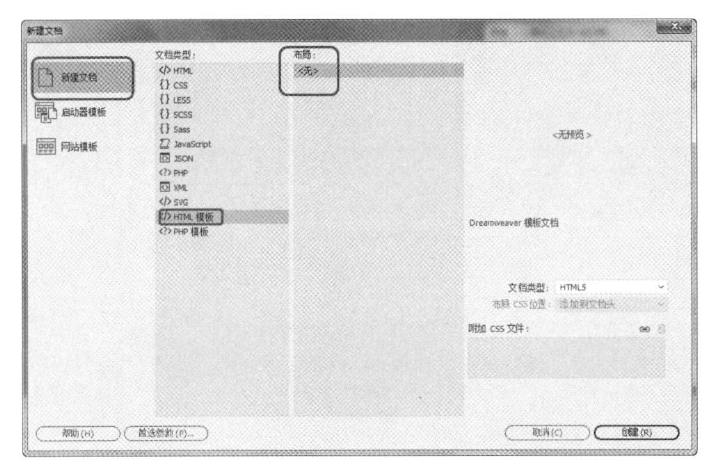

图 7-3

02 单击“创建”按钮，即可创建一个空白模板，如图 7-4 所示。

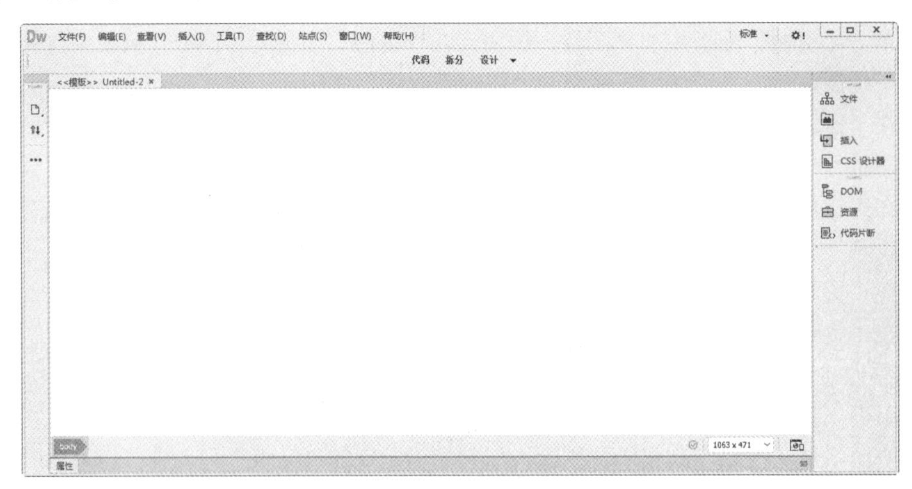

图 7-4

03 执行“文件”|“保存”命令，弹出 Dreamweaver 提示对话框，如图 7-5 所示。

04 单击“确定”按钮，弹出“另存模板”对话框，在该对话框中的“另存为”文本框中输入Untitled-2，如图7-6所示。

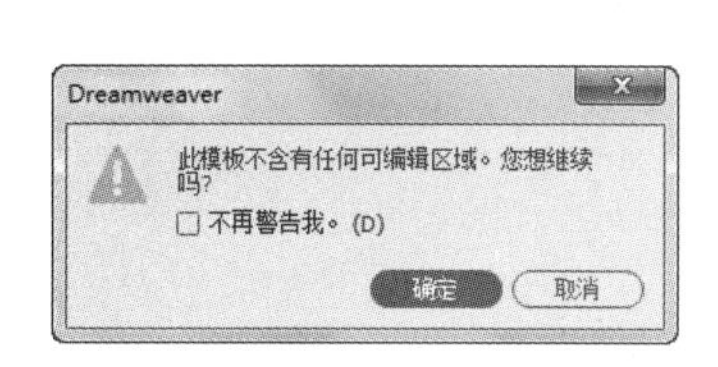

图 7-5

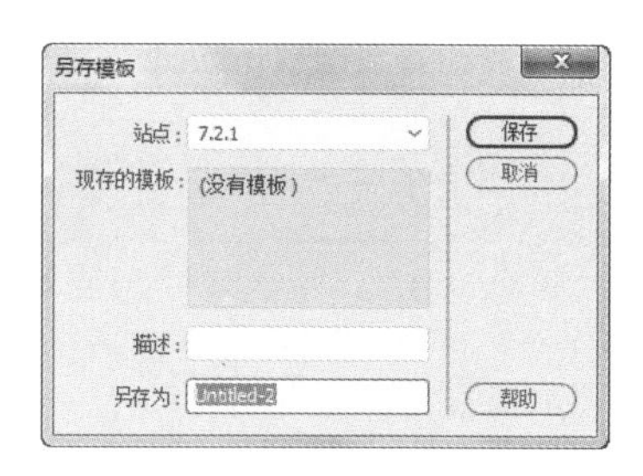

图 7-6

05 单击“保存”按钮，即可完成模板的创建。如图7-7所示。

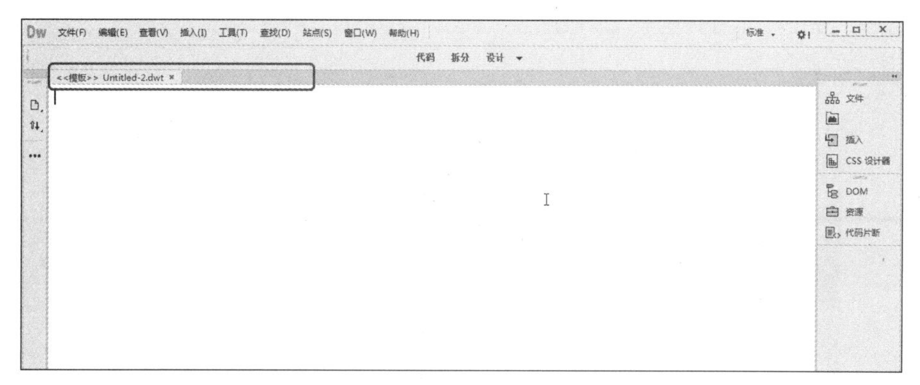

图 7-7

7.2.2　从现有文档创建模板

从现有文档中创建模板的具体操作步骤如下。

01 打开网页文档，如图7-8所示。

图 7-8

02 执行“文件”|“另存为模板”命令，弹出“另存模板”对话框，在该对话框中的“站点”下拉列表中选择 7.2.2，在“另存为”文本框中输入 moban，如图 7-9 所示。

03 单击“保存”按钮，弹出 Dreamweaver 提示对话框，提示是否更新链接，如图 7-10 所示。

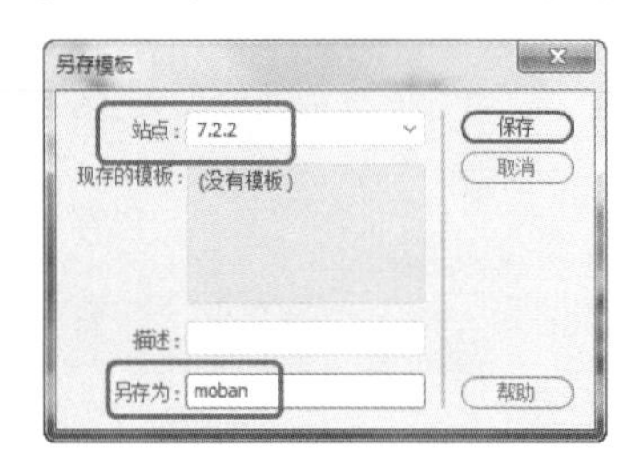

图 7-9

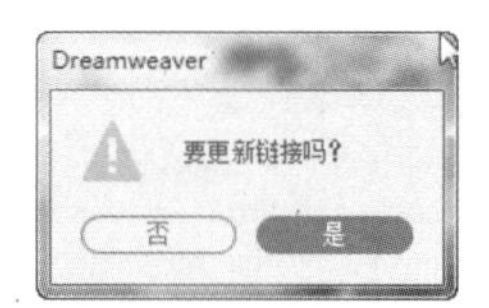

图 7-10

04 单击“是”按钮，即可将现有文档另存为模板，如图 7-11 所示。

图 7-11

★ 提示 ★

不要随意移动模板到Templates文件夹之外，或者将任何非模板文件放在Templates文件夹中。此外，不要将Templates文件夹移动到本地根文件夹之外，以免引用模板时路径出错。

7.3 使用模板

模板实际上就是具有固定格式和内容的文件，文件扩展名为 .dwt。模板的功能很强大，通过定义和锁定可编辑区域可以保护模板的格式和内容不会被修改，只有在可编辑区域中才能输入新的内容。模板最大的作用就是可以创建统一风格的网页，在模板内容发生变化后，可以同时更新站点中所有使用到该模板的网页，无须逐一修改。

7.3.1　定义可编辑区

可编辑区域就是基于模板文档的未锁定区域，是网页套用模板后可以编辑的区域。在创建模板后，模板的布局就固定了，如果要在模板中针对某些内容进行修改，即可为该内容创建可编辑区。创建可编辑区域的具体操作步骤如下。

01 打开网页文档，将光标置于要创建可编辑区域的位置，如图 7-12 所示。

图 7-12

02 执行“插入”|“模板”|“可编辑区域”命令，弹出“新建可编辑区域”对话框，如图 7-13 所示。

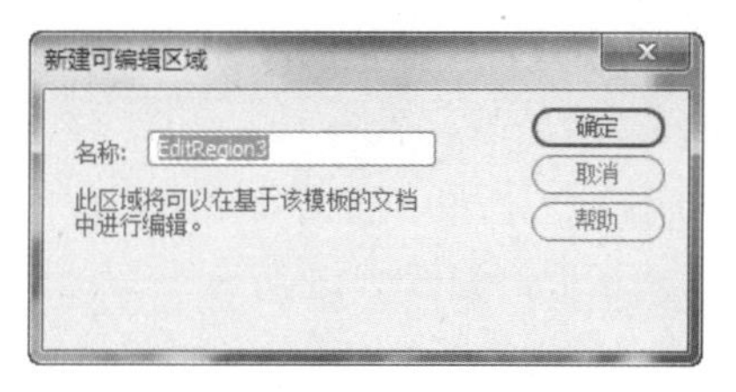

图 7-13

03 单击“确定”按钮，创建可编辑区域，如图 7-14 所示。

★ 提示 ★

单击“模板”插入栏，在弹出的菜单中选择选项，弹出“新建可编辑区域”对话框，插入可编辑区域。

图 7-14

7.3.2　定义新的可选区域

模板中除了可以插入最常用的“可编辑区域”，还可以插入一些其他类型的区域，它们分别为：“可选区域”“重复区域”“可编辑的可选区域”和“重复表格”。由于这些类型需要使用代码操作，并且在实际的工作中并不经常使用，因此这里只简单介绍。

“可选区域”是用户在模板中指定为可选的区域，用于保存有可能在基于模板的文档中出现的内容。使用可选区域，可以显示和隐藏特别标记的区域，在这些区域中，用户将无法编辑内容。

定义新的可选区域的具体操作步骤如下。

01 执行“插入”|“模板”|“可选区域”命令，或者单击“模板”插入栏，在弹出的菜单中选择 选项，弹出“新建可选区域”对话框，如图 7-15 所示。

02 在“新建可选区域”对话框的“名称”文本框中输入该可选区域的名称，如果选中“默认显示”复选框，单击“确定”按钮，即可创建一个可选区域。

03 选择“高级”选项卡，在其中进行设置，如图 7-16 所示。

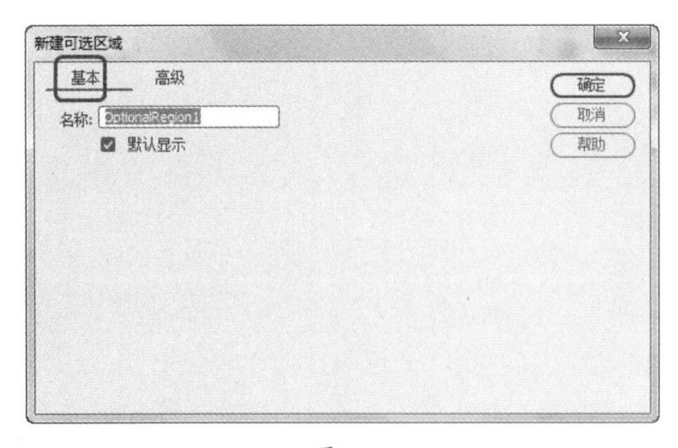

图 7-15

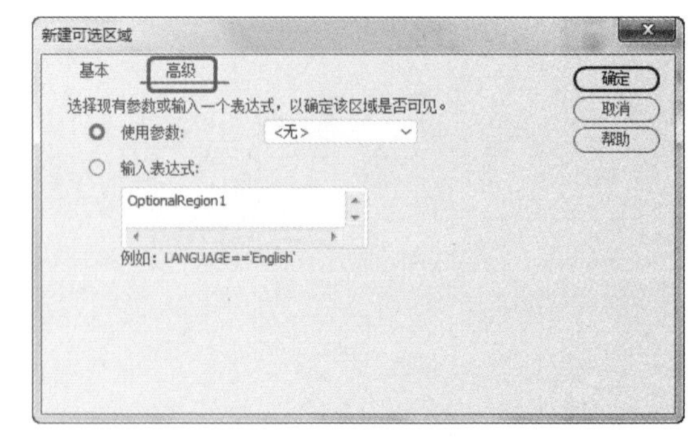

图 7-16

★ 提示 ★

可选区域并不是可编辑区域，它仍然是被锁定的。当然也可以将可选区域设置为可编辑区域，两者并不冲突。

7.3.3　定义重复区域

“重复区域”是可以根据需要在基于模板的页面中复制任意次数的模板区域。使用重复区域，可以通过重复特定项目来控制页面布局，如目录项、说明布局或者重复数据行。重复区域本身不是可编辑区域，要使重复区域中的内容可编辑，需要在重复区域内插入可编辑区域。

定义重复区域的具体操作步骤如下。

01 执行“插入”|“模板”|“重复区域”命令，或者单击“模板”插入栏，在弹出的菜单中单击“重复区域”按钮，打开“新建重复区域”对话框，如图 7-17 所示。

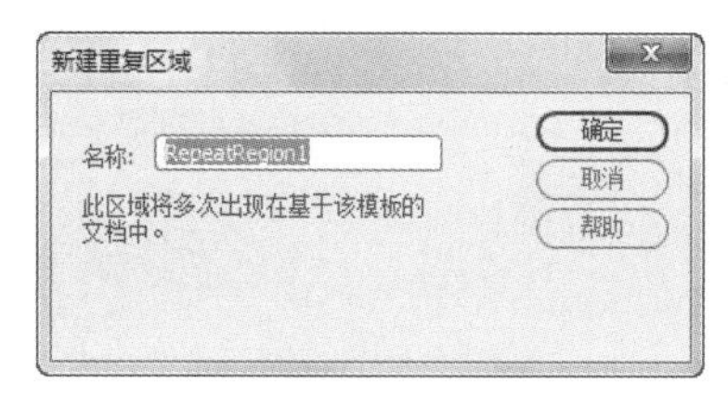

图 7-17

02 在“新建重复区域”对话框的“名称”文本框中输入名称，单击“确定”按钮，即可创建重复区域。

7.3.4　基于模板创建网页

模板创建好后，即可应用模板快速、高效地设计风格一致的网页了。下面通过如图 7-18 所示的实例讲述应用模板创建网页的方法，具体操作步骤如下。

图 7-18

★ 提示 ★

在创建模板时，可编辑区和锁定区域都可以进行修改。但是，在利用模版创建的网页中，只能在可编辑区中进行更改，而无法修改锁定区域中的内容。

01 执行“文件”|“新建”命令，弹出“新建文档”对话框，在该对话框中选择“网站模板”|7.3.4|moban 选项，如图 7-19 所示。

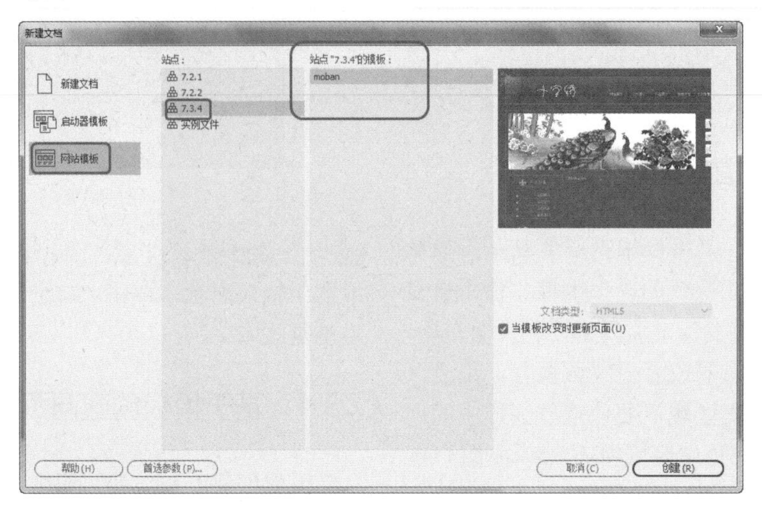

图 7-19

02 单击“创建”按钮，利用模板创建网页，如图 7-20 所示。

图 7-20

03 执行“文件”|“保存”命令，弹出“另存为”对话框，在该对话框的“文件名”文本框中输入名称，如图 7-21 所示。

04 单击“保存”按钮保存文档，将光标置于要可编辑区域中，执行“插入”|Table 命令，弹出 Table 对话框，在该对话框中将“行数”设置为 2，“列”设置为 1，“表格宽度”设置为 95%，如图 7-22 所示。

05 单击“确定”按钮，插入表格，如图 7-23 所示。

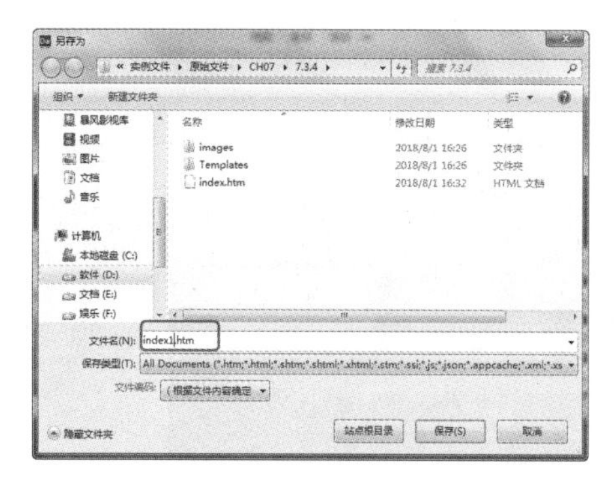

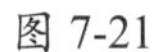

图 7-21

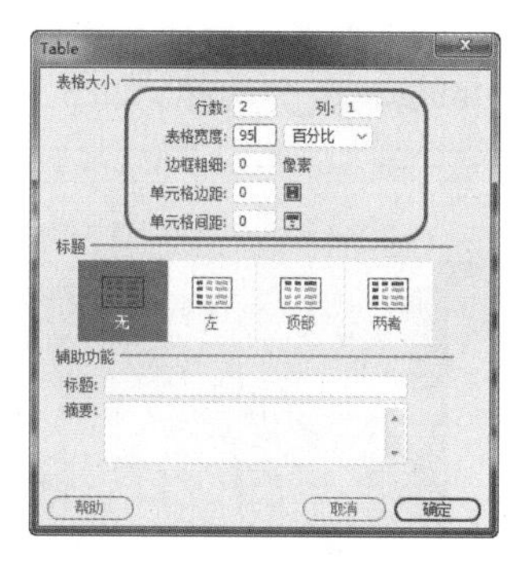

图 7-22

图 7-23

06 将光标置于表格的第 1 行单元格中，执行“插入”|Table 命令，插入 1 行 2 列的表格，如图 7-24 所示。

图 7-24

07 将光标置于刚插入表格的第 1 列单元格中，打开拆分视图，在代码中输入背景图像代码 background=images/gb_20.jpg，如图 7-25 所示。

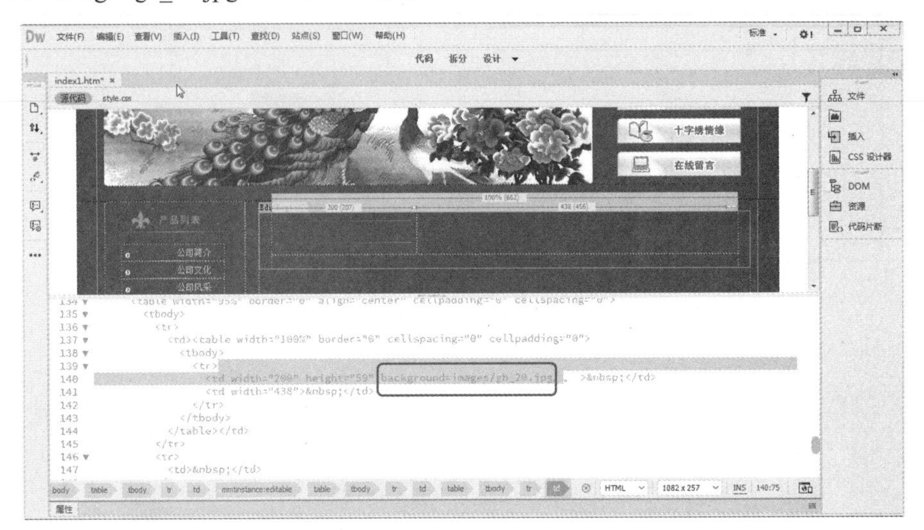

图 7-25

08 返回设计视图，可以看到插入的背景图像，在背景图像上输入相应的文字，如图 7-26 所示。

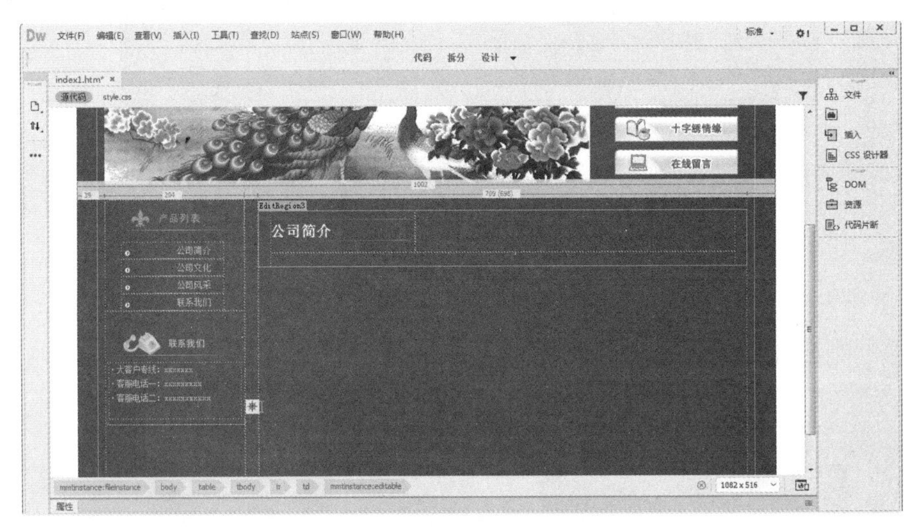

图 7-26

09 将光标置于表格的第 2 列单元格中，执行“插入”|Image 命令，插入图像 gb_21.jpg，如图 7-27 所示。

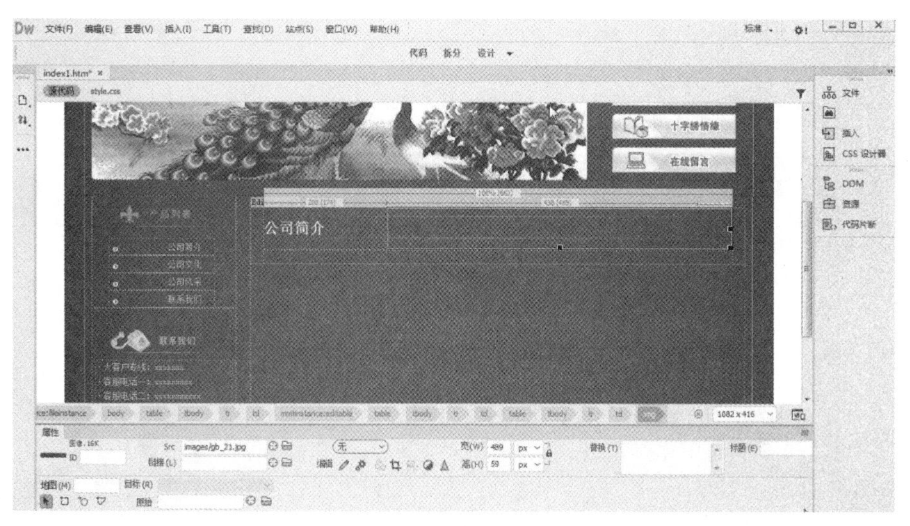

图 7-27

10 将光标置于表格的第 2 行单元格中，输入相应的文字，如图 7-28 所示。

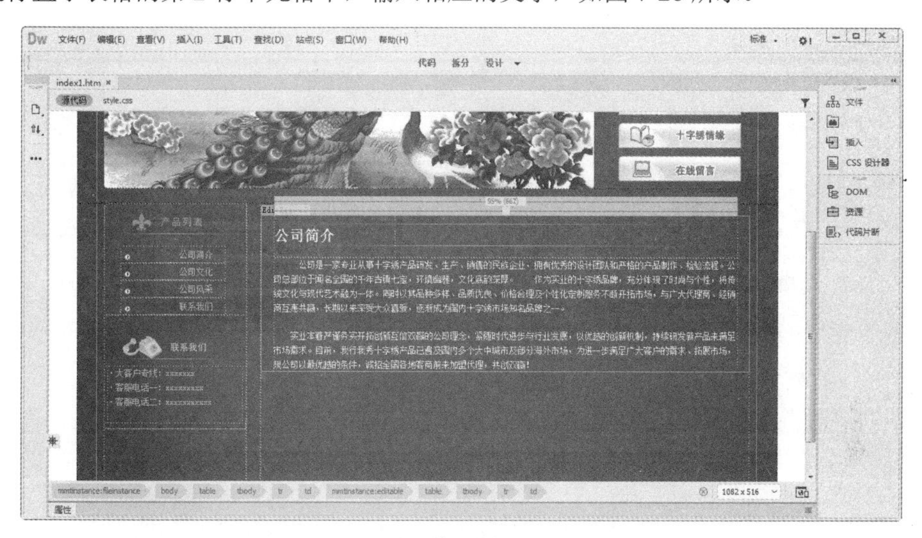

图 7-28

11 将光标置于文字中，执行“插入”|Image 命令，插入图像 tu2.jpg，如图 7-29 所示。

12 选中插入的图像，右击，在弹出的快捷菜单中执行“对齐”|“右对齐”命令，如图 7-30 所示。

13 单击“保存”按钮，保存文档，按 F12 键在浏览器中预览，如图 7-18 所示。

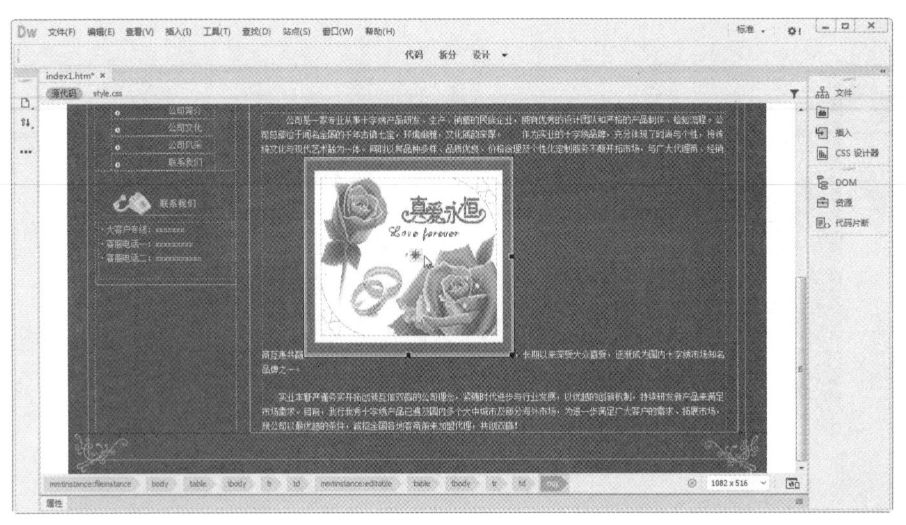

图 7-29

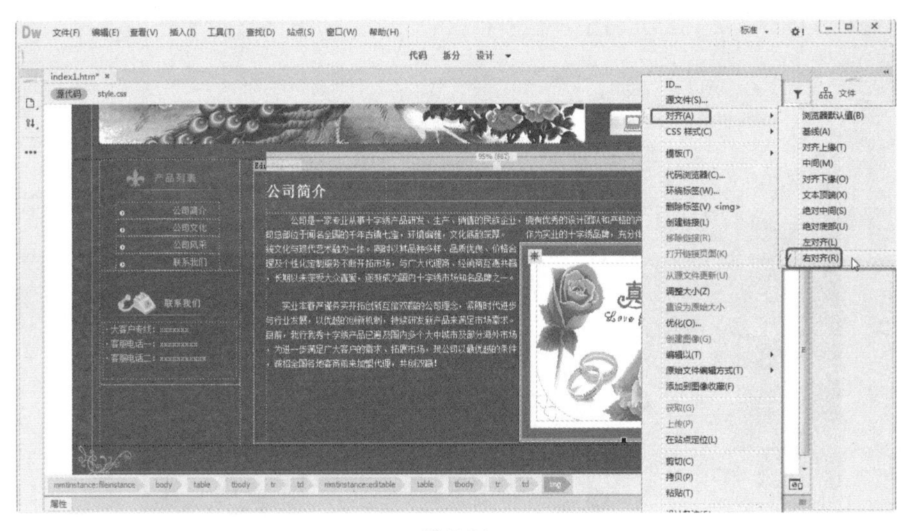

图 7-30

7.4 管理模板

在 Dreamweaver 中，可以对模板文件进行各种管理操作，如重命名、删除等。

7.4.1 更新模板

在通过模板创建文档后，文档就与模板密不可分了。以后每次修改模板后，都可以利用 Dreamweaver 的站点管理特性，自动对这些文档进行更新，从而改变文档的风格。

01 打开模板文档，选中图像，在“属性”面板中选择矩形热点工具，如图 7-31 所示。

图 7-31

02 在图像上绘制矩形热点，并输入相应的链接，如图 7-32 所示。

图 7-32

03 执行“文件”|“保存”命令，弹出“更新模板文件”对话框，在该对话框中显示要更新的网页文档，如图 7-33 所示。

图 7-33

04 单击“更新”按钮，弹出“更新页面”对话框，如图 7-34 所示。

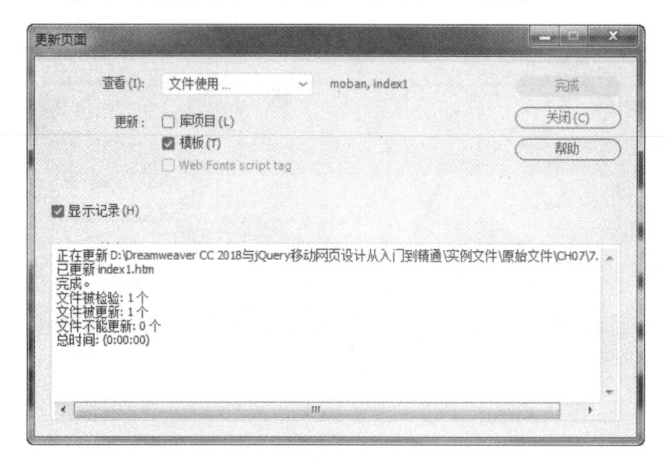

图 7-34

05 打开利用模板创建的文档，可以看到文档已经更新，如图 7-35 所示。

图 7-35

7.4.2 把页面从模板中分离出来

若要更改基于模板的文档的锁定区域，必须将该文档从模板中分离。将文档分离之后，整个文档都将变为可编辑的。

01 打开模板网页文档，执行“工具”|“模板”|“从模板中分离”命令，如图 7-36 所示。

02 此时，即可从模板中分离出来，如图 7-37 所示。

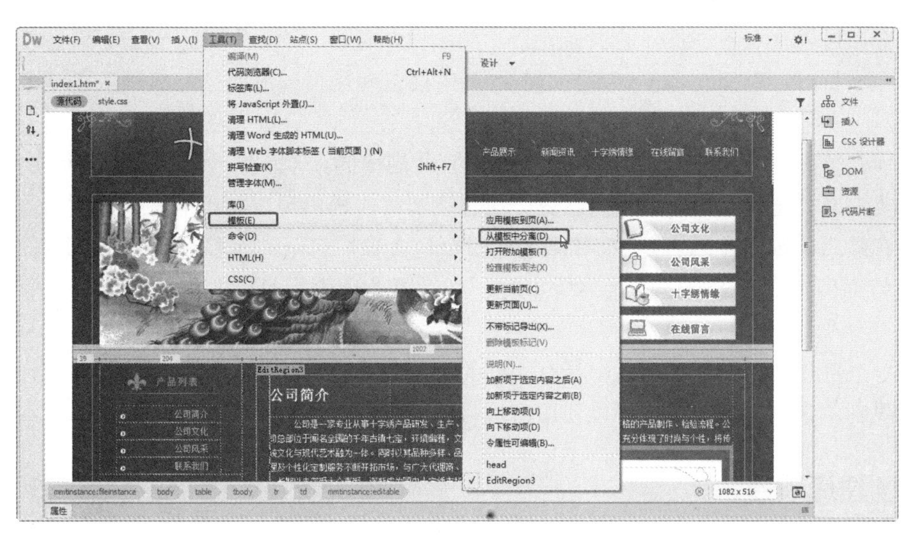

图 7-36

图 7-37

7.5 创建与应用库项目

在 Dreamweaver 中，另一种维护文档风格的方法是使用库项目。如果说模板从整体上控制了文档风格，库项目则从局部上维护了文档的风格。

7.5.1　关于库项目

库是一种特殊的Dreamweaver文件，其中包含已创建以便放在网页上的单独的“资源”或“资源”副本的集合，库里的这些资源被称为“库项目”。库项目是可以在多个页面中重复使用的存储页面的对象元素，每当更改某个库项目的内容时，都可以同时更新所有使用了该项目的页面。不难发现，在更新这一点上，模板和库都是为了提高工作效率而存在的。

在库中，可以存储各种各样的页面元素，如图像、表格、声音和 Flash 视频等。

使用库项目时，Dreamweaver 并不是在网页中插入库项目，事实上它只插入了一个指向库项目的链接。

至于什么情况下适合使用库项目，其中还是有些规律的，这里有一个如何使用库项目的示例。

假定要为某公司建立一个大型网站。公司想让其广告语出现在站点的每个页面上，但是销售部门还没有最后确定广告语的文字。如果创建一个包含该广告语的库项目，并在每个页面上使用，那么当销售部门提供该广告语的最终版本时，可以更改该库项目，并自动更新每一个使用它的页面。

再举一个例子，如果想让网页中具有相同的标题或脚注（如版权信息），但又不想受整体页面布局的限制，在这种情况下，可以使用库项目存储它们。

7.5.2 创建库项目

可以先创建新的库项目，然后再编辑其中的内容，也可以将文档中选中的内容作为库项目保存。如果使用了库，就可以通过改动库更新所有采用库的网页，不用逐个修改网页元素或重新制作网页。创建库项目的效果如图 7-38 所示，具体操作步骤如下。

图 7-38

01 执行“文件”|“新建”命令，弹出“新建文档”对话框，在该对话框中选择“新建文档”|</>HTML|“无”选项，如图 7-39 所示。

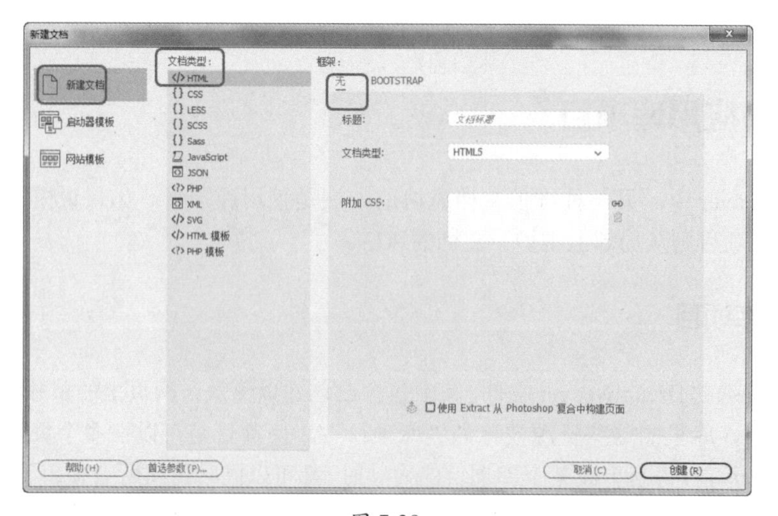

图 7-39

02 单击“创建”按钮，创建一个文档，如图 7-40 所示。

图 7-40

03 执行“文件”|“另存为”命令，弹出“另存为”对话框，在该对话框中的“保存类型”下拉列表中选择 Library Files（.lbi），在“文件名”文本框中输入 top.lbi，如图 7-41 所示。

04 单击“保存”按钮，保存文档。将光标置于文档中，执行“插入”|Table 命令，弹出 Table 对话框，在该对话框中将“行数”设置为 2，“列”设置为 1，“表格宽度”设置为 1003 像素，如图 7-42 所示。

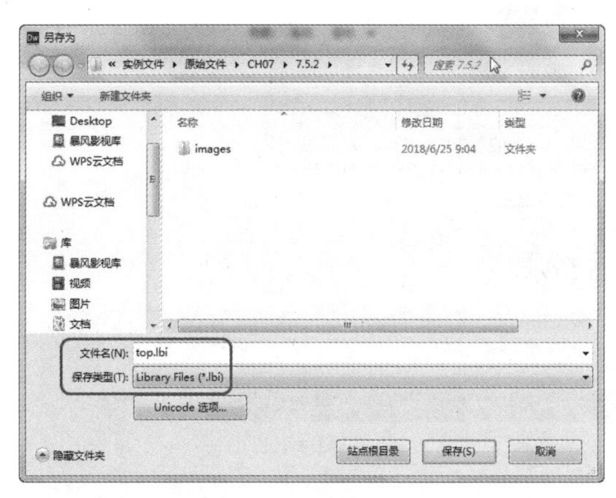

图 7-41

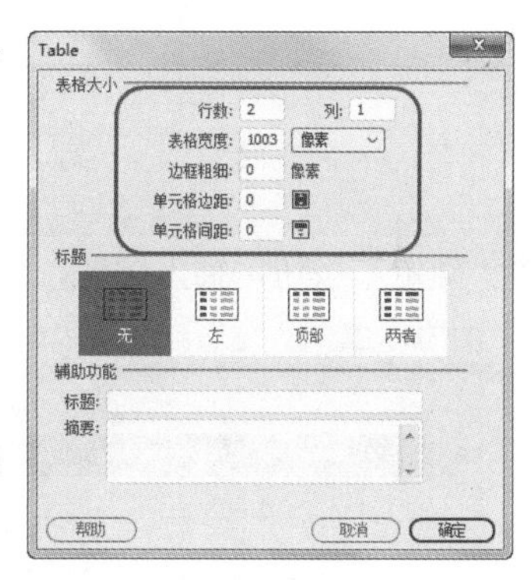

图 7-42

05 单击“确定”按钮，插入表格，如图 7-43 所示。

06 将光标置于表格的第 1 行单元格中，执行“插入”|Image 命令，弹出“选择图像源文件”对话框，在该对话框中选择图像文件 index_3.jpg，如图 7-44 所示。

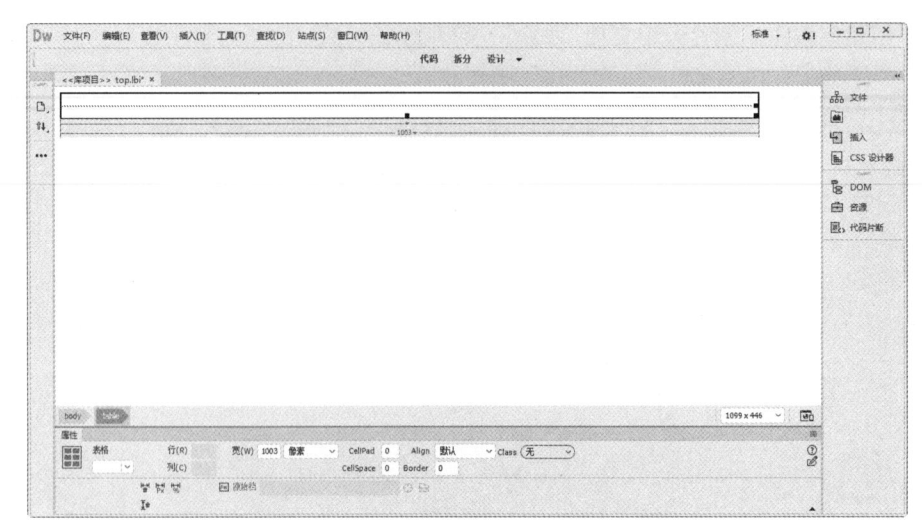

图 7-43

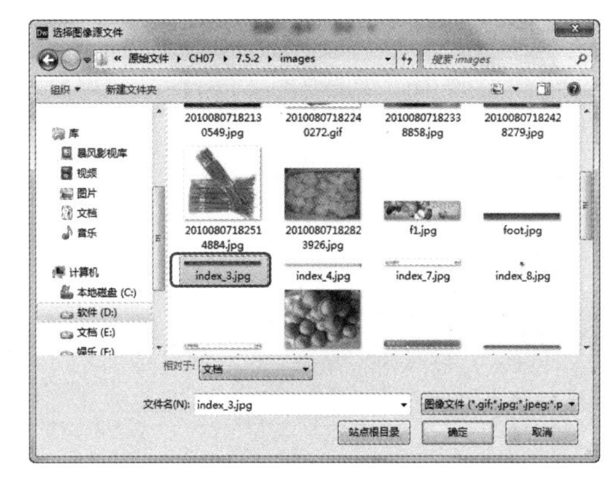

图 7-44

07 单击“确定”按钮，插入图像，如图 7-45 所示。

图 7-45

08 将光标置于表格的第 2 行单元格中，输入背景图像代码 background=images/f1.jpg，如图 7-46 所示。

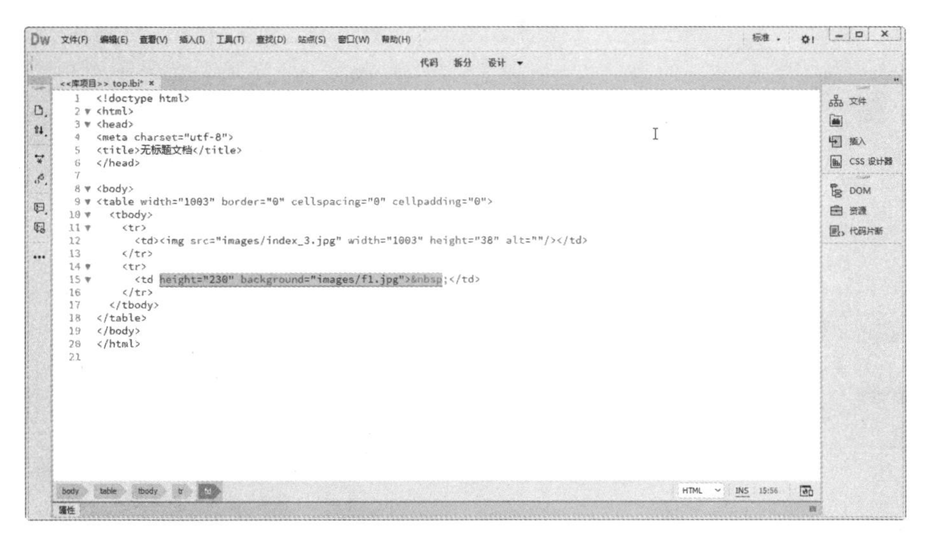

图 7-46

09 返回设计视图，看到插入的背景图像，如图 7-47 所示。

图 7-47

10 保存文档，按 F12 键在浏览器中预览，效果如图 7-38 所示。

7.5.3　应用库项目

创建库项目后，即可将其插入到其他网页中。下面在如图 7-48 所示的网页中应用库项目，具体操作步骤如下。

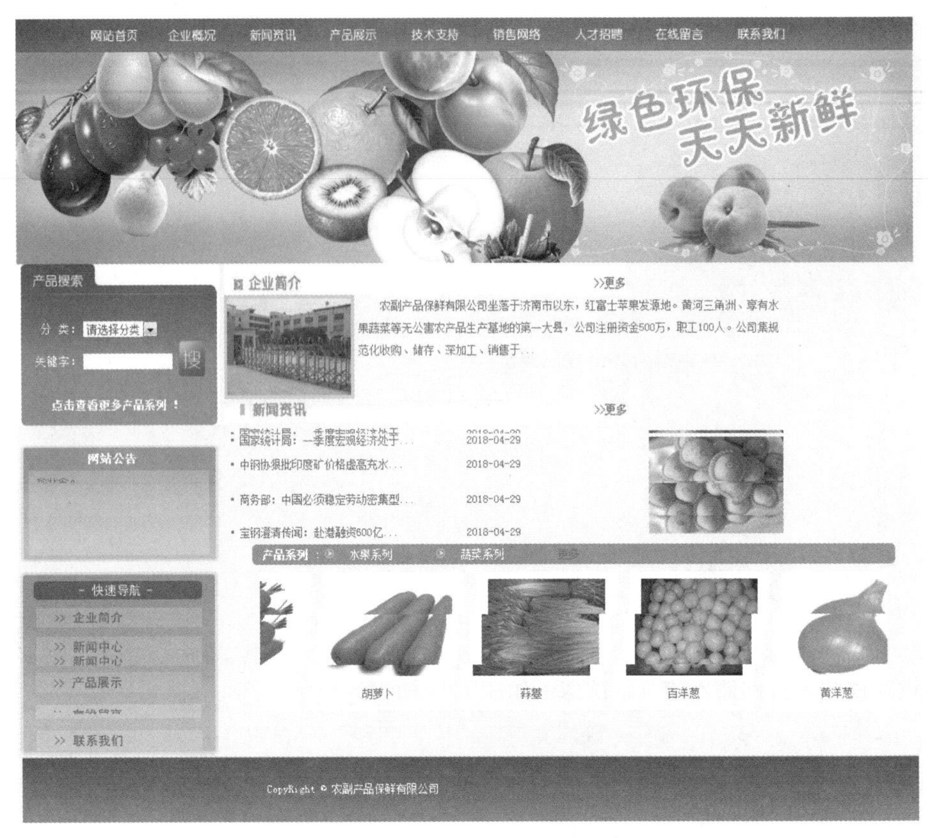

图 7-48

01 打开网页文档，如图 7-49 所示。

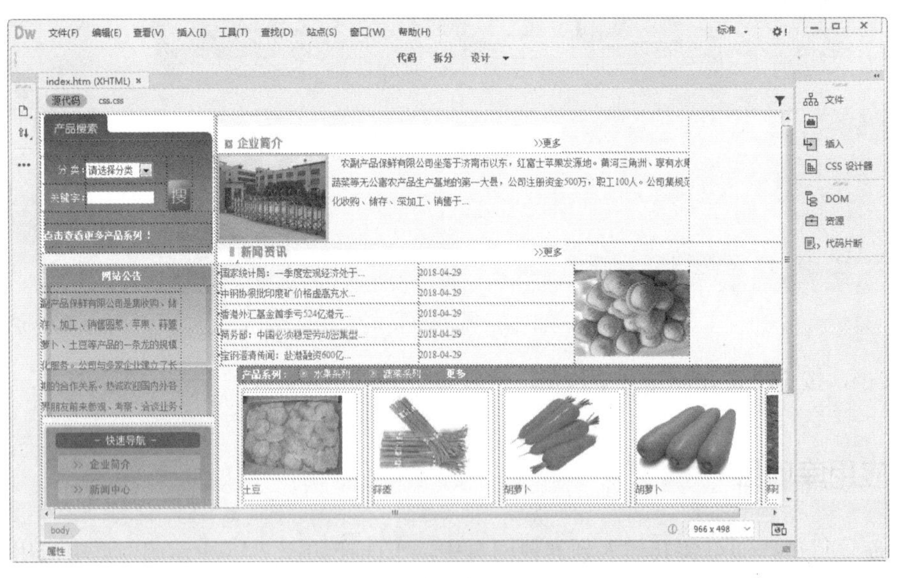

图 7-49

02 执行“窗口”|“资源”命令，打开“资源”面板，在该面板中单击“库”按钮，显示库项目，如图 7-50 所示。

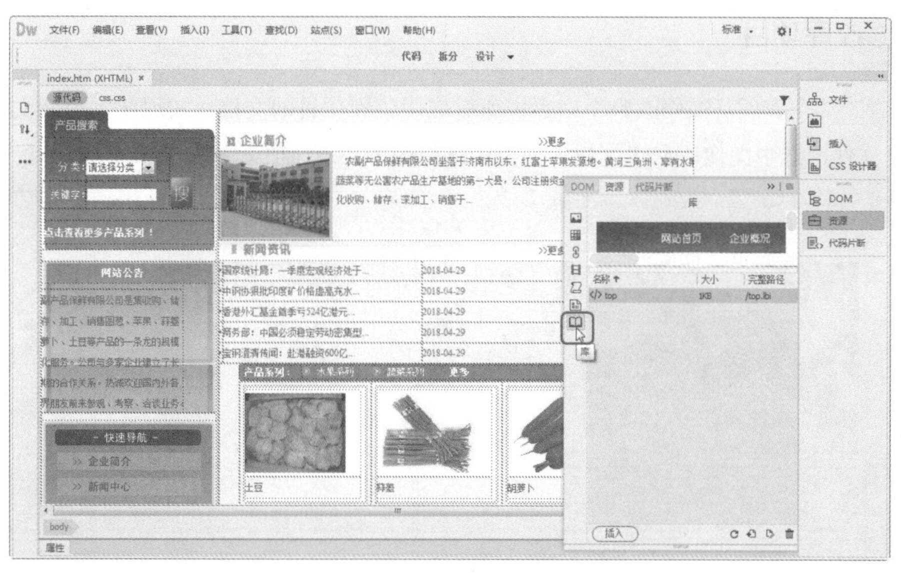

图 7-50

03 将光标置于要插入库的位置，选中库 top，单击左下角的“插入”按钮，插入库项目，如图 7-51 所示。

图 7-51

★ 高手支招 ★

如果希望仅添加库项目内容对应的代码，而不希望它作为库项目出现，则可以按住Ctrl键，再将相应的库项目从“资源”面板中拖到文档窗口中，这样插入的内容就以普通文档的形式出现了。

04 保存文档，按 F12 键在浏览器中预览，效果如图 7-48 所示。

7.5.4 修改库项目

通过修改某个库项目来修改整个站点中所有应用该库项目的文档，实现统一更新文档风格。

01 打开库文件，选中图像，在“属性”面板中选择矩形热点工具，如图 7-52 所示。

图 7-52

02 在图像上绘制矩形热点，并输入链接，如图 7-53 所示。

图 7-53

03 执行“工具”|“库”|“更新页面”命令，弹出“更新页面”对话框，如图 7-54 所示。单击“开始”按钮，即可按照指示更新文件，如图 7-55 所示。

04 打开应用库项目的文件，可以看到文件已经被更新，如图 7-56 所示。

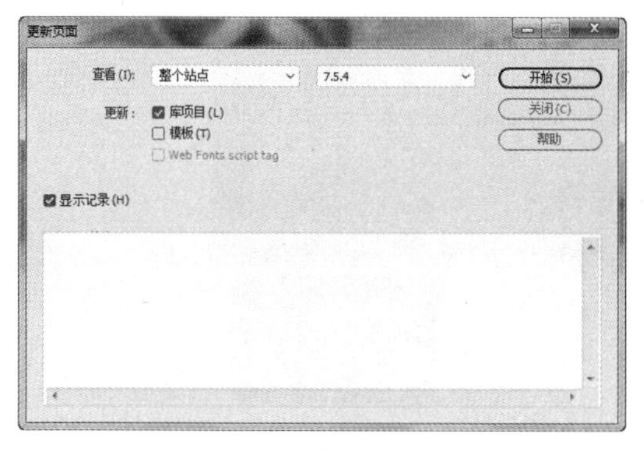

图 7-54

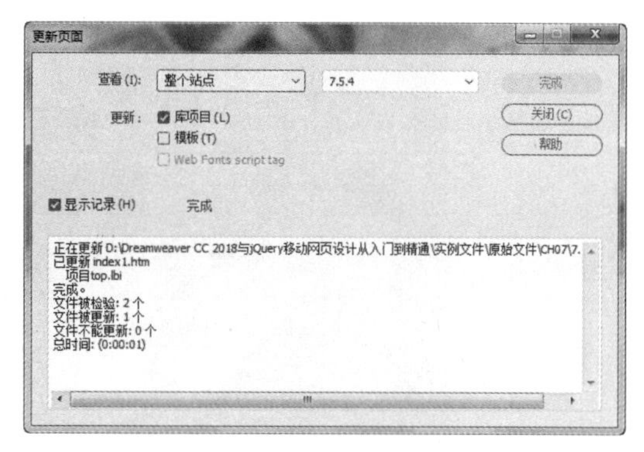

图 7-55

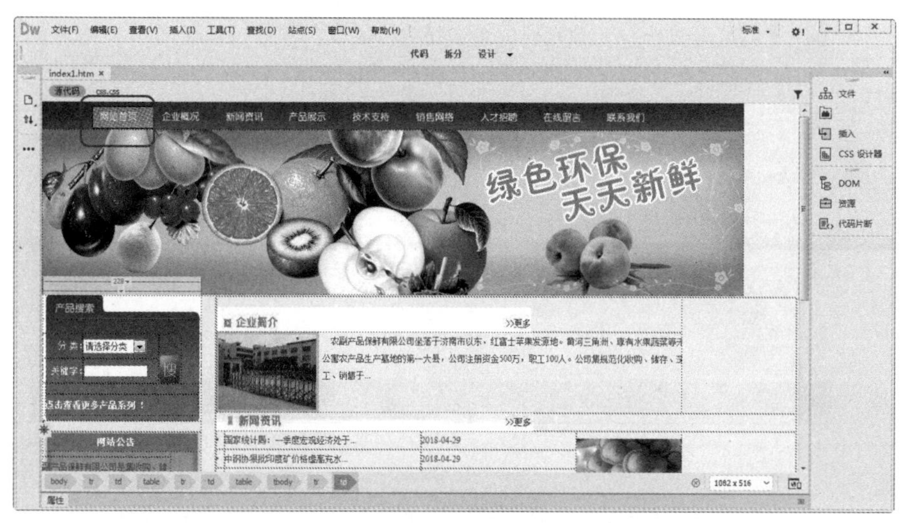

图 7-56

7.6 综合实战——创建完整的模板网页

在网页中使用模板可以统一整个站点的页面风格，使用库项目可以对页面的局部统一风格。在制作网页时使用库和模板可以节省大量的工作时间，并且对日后的改版带来极大的方便。下面通过实例讲述模板的创建和应用方法。

实战 1——创建模板

创建企业网站模板的效果如图 7-57 所示，具体操作步骤如下。

图 7-57

01 执行“文件”|“新建”命令，弹出“新建文档”对话框，在该对话框中选择“新建文档”|“</>HTML模板”|“无”选项，如图 7-58 所示。

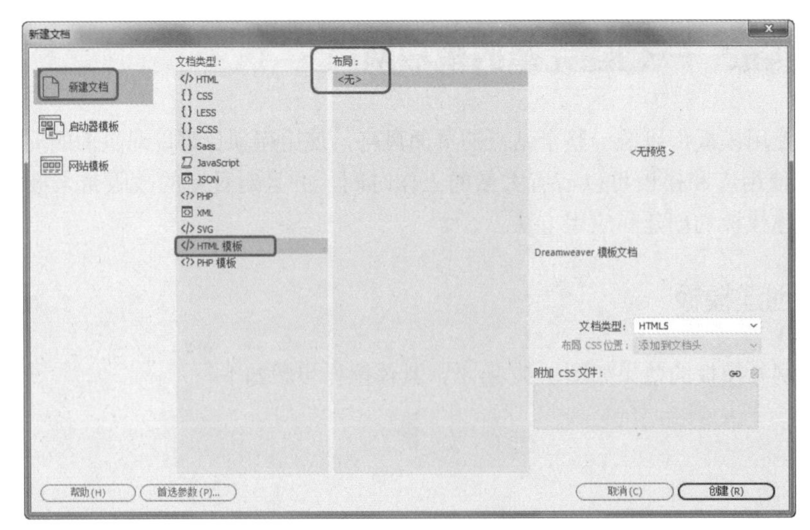

图 7-58

02 单击“创建”按钮，创建一个空白文档，如图 7-59 所示。

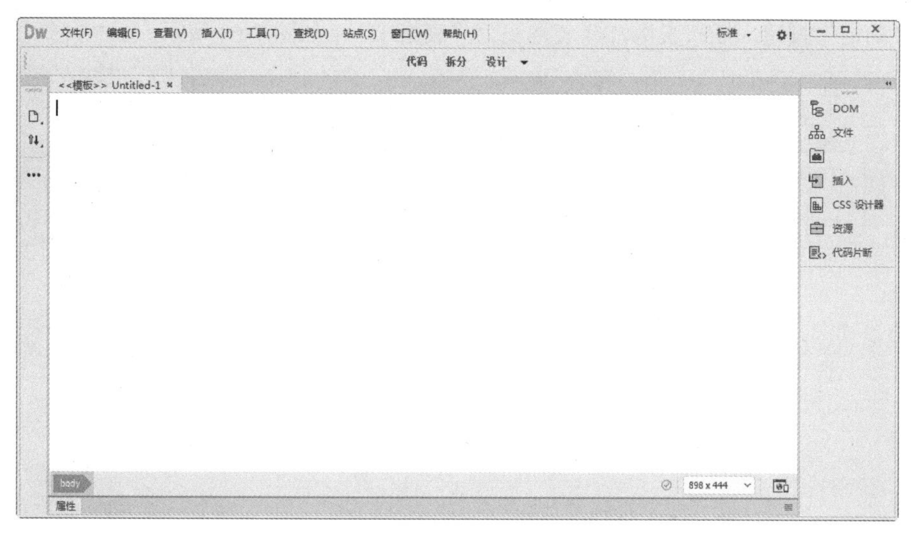

图 7-59

03 执行“文件”|“保存”命令，弹出 Dreamweaver 提示对话框，如图 7-60 所示。

04 单击“确定”按钮，弹出“另存模板”对话框，在该对话框的“另存为”文本框中输入文档名称，如图 7-61 所示。

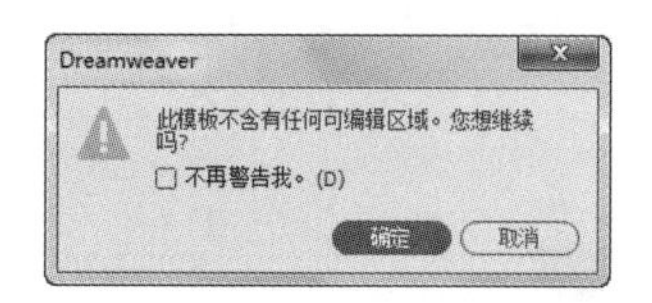

图 7-60

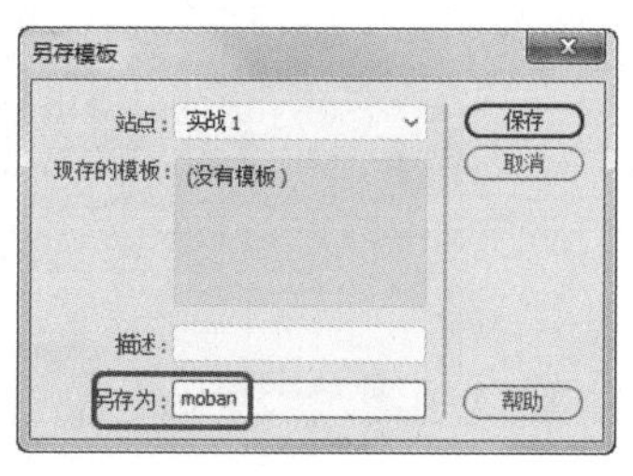

图 7-61

05 单击“保存”按钮，保存模板文档。将光标置于页面中，执行“文件”|“页面属性”命令，弹出“页面属性”对话框，在该对话框中将“上边距”“下边距”“左边距”和“右边距”均设置为 0，如图 7-62 所示。

06 单击“确定”按钮，修改页面属性。执行“插入”|Table 命令，弹出 Table 对话框，在该对话框中将“行数”设置为 5，“列”设置为 1，“表格宽度”设置 780 像素，如图 7-63 所示。

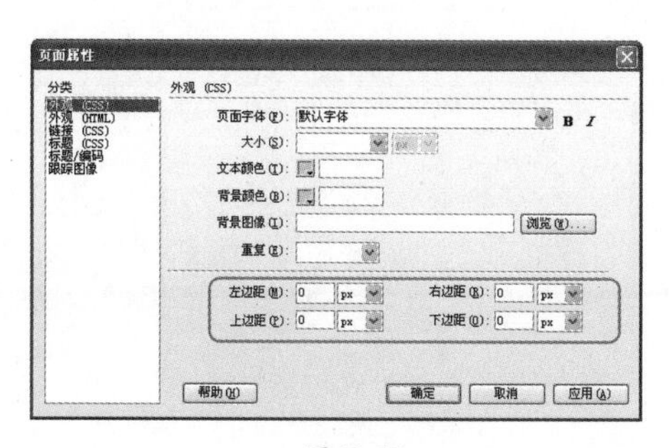

图 7-62

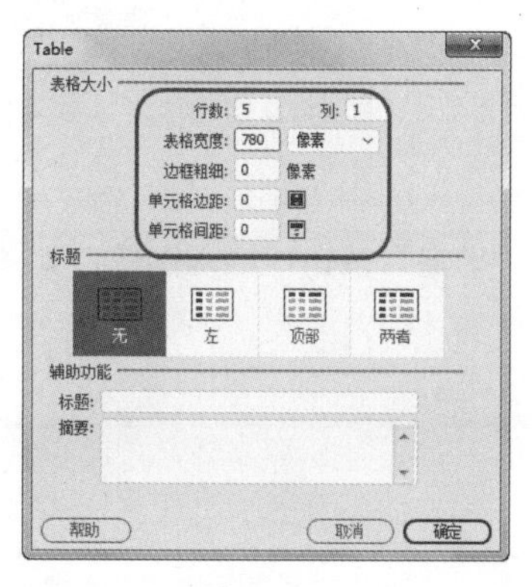

图 7-63

07 单击“确定”按钮，插入表格，此表格记为“表格 1”，如图 7-64 所示。

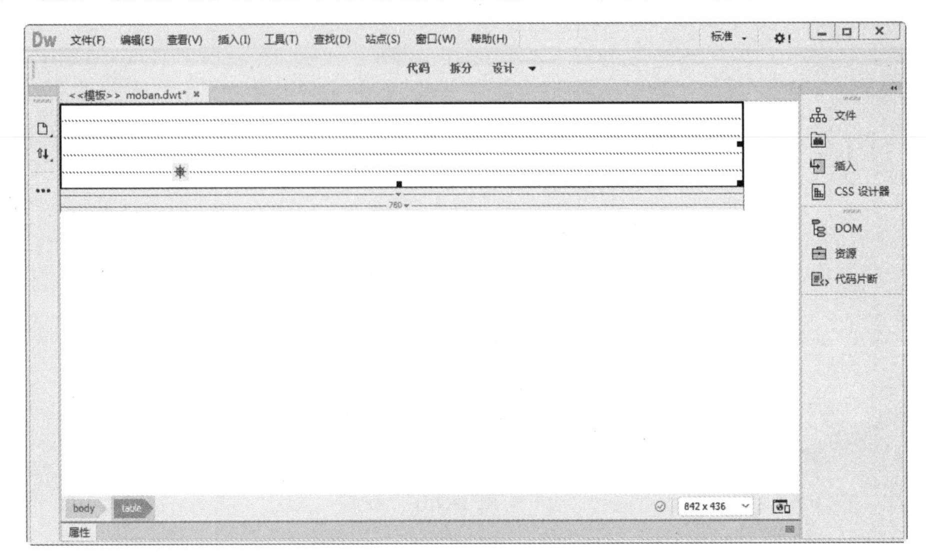

图 7-64

08 将光标置于“表格 1”的第 1 行单元格中，执行“插入”|Image 命令，弹出“选择图像源文件”对话框，在该对话框中选择图像文件 header.jpg，如图 7-65 所示。

图 7-65

09 单击“确定”按钮，插入图像，如图 7-66 所示。

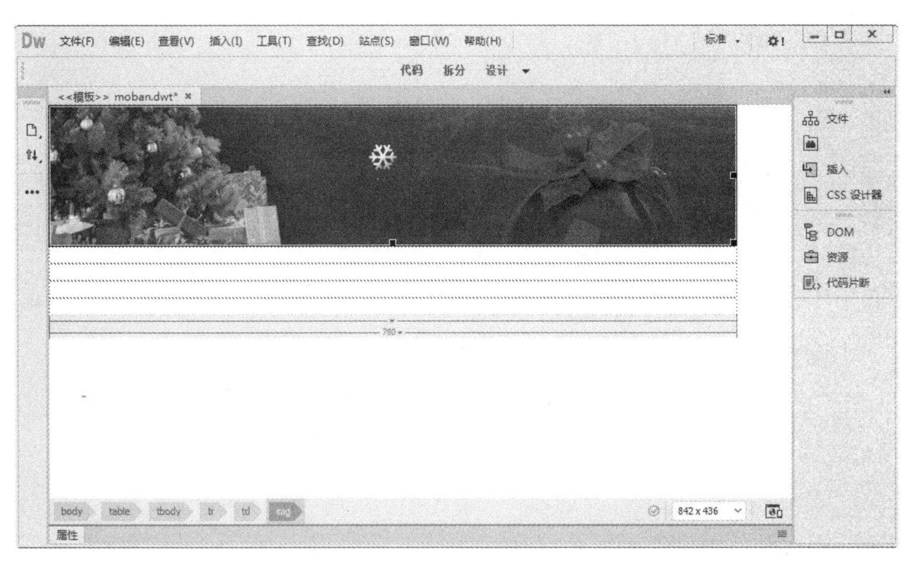

图 7-66

10 将光标置于“表格 1”的第 2 行单元格中，执行“插入”|Table 命令，插入 1 行 7 列的表格，此表格记为“表格 2”，如图 7-67 所示。

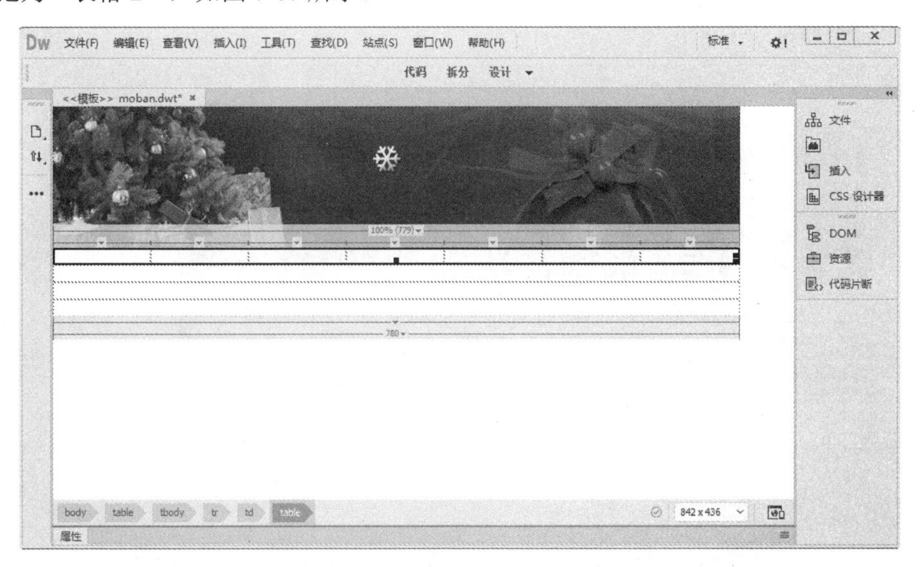

图 7-67

11 在“表格 2”的单元格中分别插入相应的图像文件，如图 7-68 所示。

图 7-68

12 将光标置于“表格 1”的第 3 行单元格中，执行“插入”|Table 命令，插入 1 行 3 列的表格，此表格记为“表格 3”，如图 7-69 所示。

图 7-69

13 在“表格 3”的单元格中分别插入相应的图像文件，如图 7-70 所示。

图 7-70

14 将光标置于“表格 1”的第 4 行单元格中，执行“插入”|Table 命令，插入 1 行 2 列的表格，此表格记为“表格 4”，如图 7-71 所示。

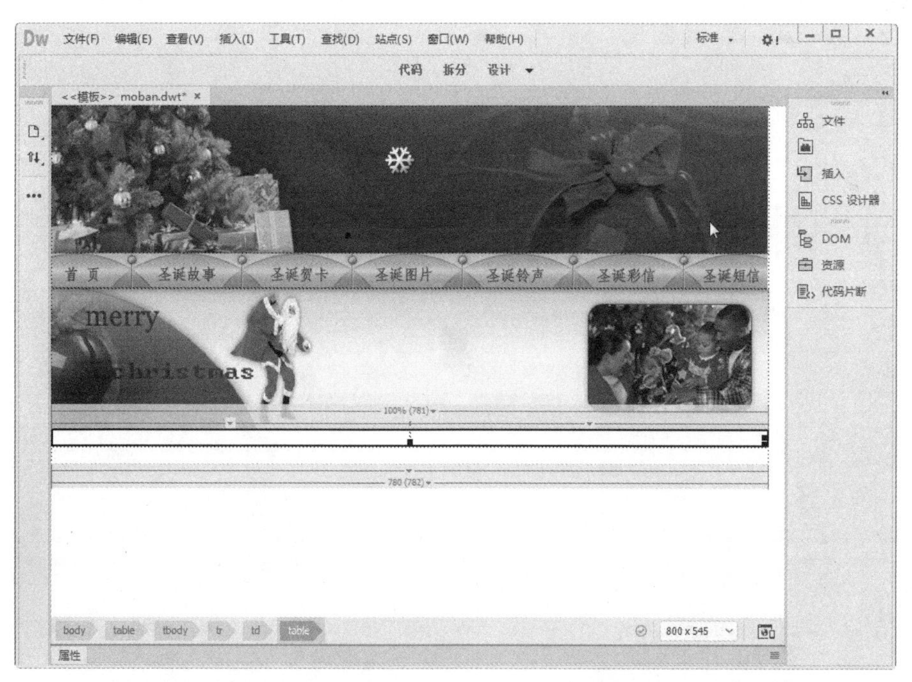

图 7-71

15 将光标置于“表格 4”的第 1 列单元格中，执行“插入”|Table 命令，插入 6 行 1 列的表格，此表格记为“表格 5”，如图 7-72 所示。

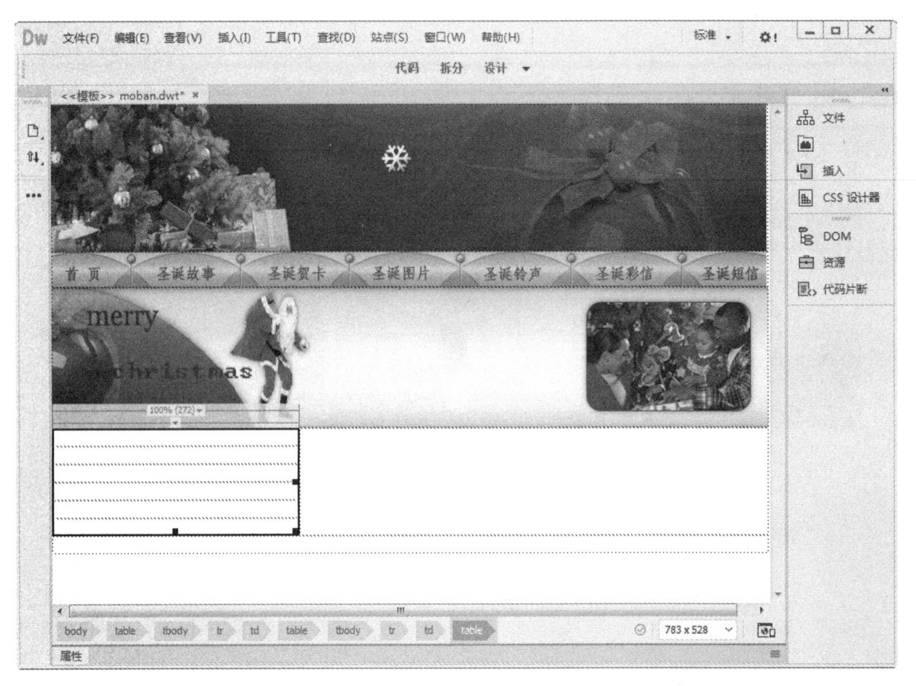

图 7-72

16 将光标置于“表格 5”的第 1 行单元格中，打开代码视图，在代码中输入背景图像代码 background=../images/header3.jpg，如图 7-73 所示。

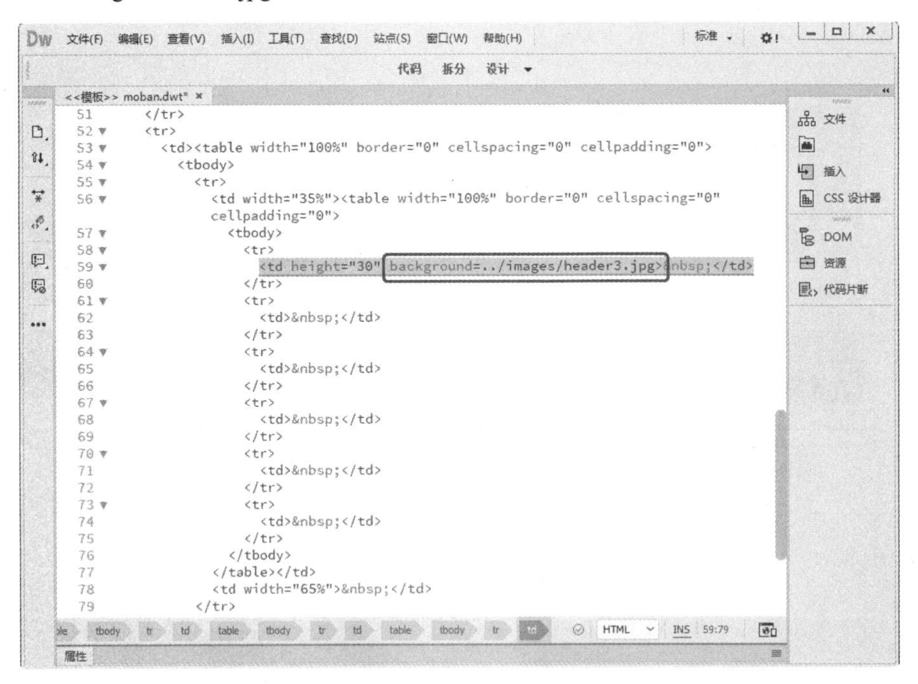

图 7-73

17 返回设计视图，可以看到插入的背景图像。将光标置于背景图像上，输入文字“圣诞故事”，将字体“大小”设置为 14 像素，“颜色”设置为 #8C2031，如图 7-74 所示。

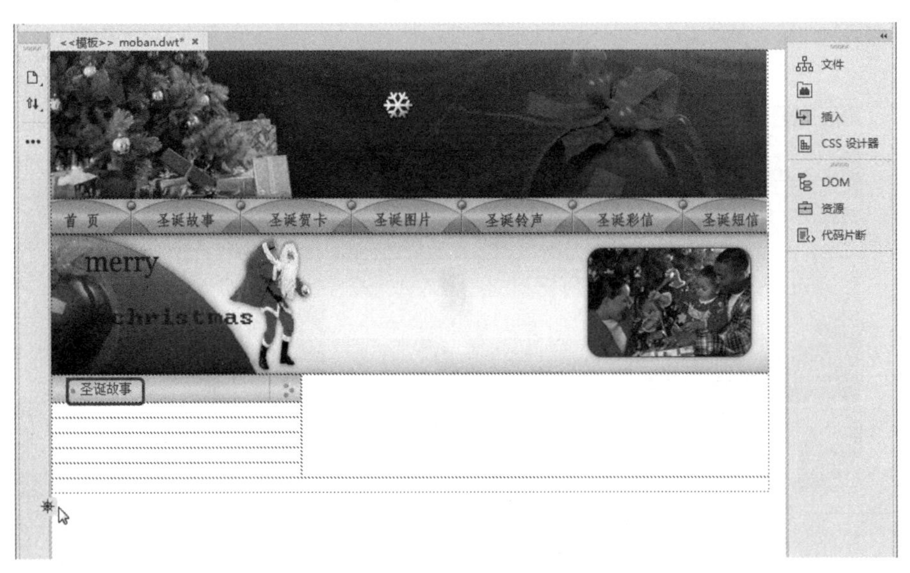

图 7-74

18 将光标置于“表格 5”的第 2 行单元格中，执行“插入”|Table 命令，插入 1 行 2 列的表格，此表格记为“表格 6”，如图 7-75 所示。

图 7-75

19 将光标置于“表格 6”的第 1 列单元格中，执行“插入”|Image 命令，插入图像 pr_4.jpg，如图 7-76 所示。

图 7-76

20 将光标置于“表格 6”的第 2 列单元格中，输入相应的文字，如图 7-77 所示。

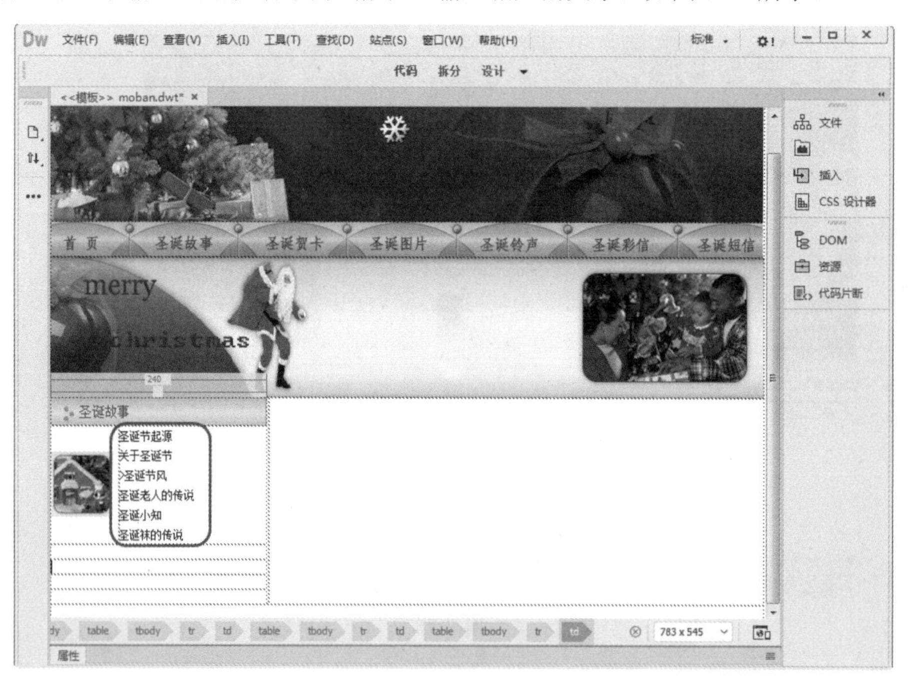

图 7-77

21 将光标置于“表格 5”的第 3 行单元格中，打开代码视图，在代码中输入背景图像代码 background=../images/header3.jpg，如图 7-78 所示。

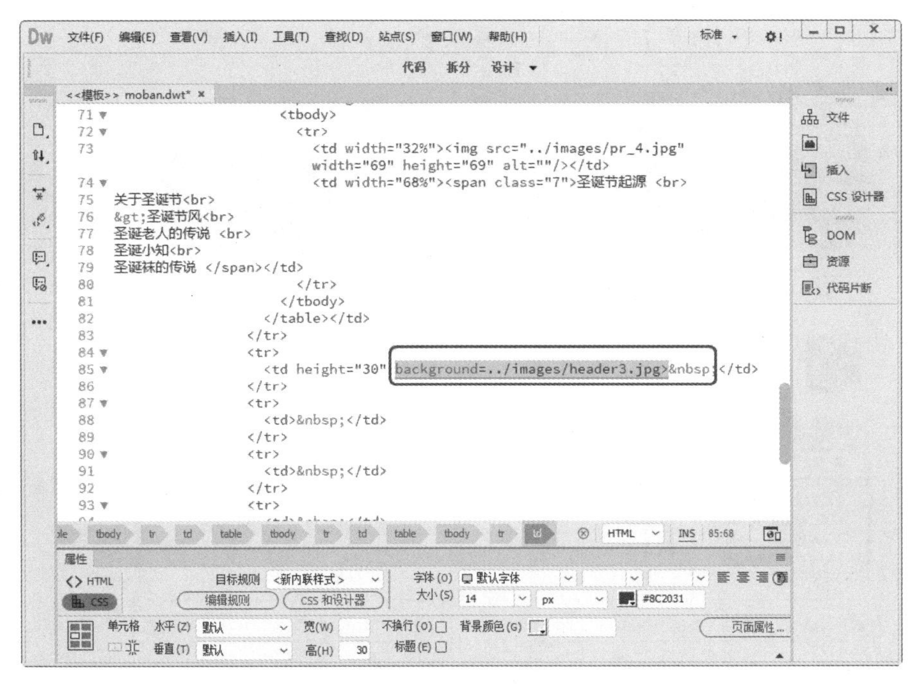

图 7-78

22 返回设计视图，可以看到插入的背景图像。将光标置于背景图像中，输入文字“圣诞话题”，“大小”设置为14像素，“颜色”设置为#8C2031，如图7-79所示。

图 7-79

23 将光标置于“表格 5”的第 4 行单元格中，输入相应的文字，如图 7-80 所示。

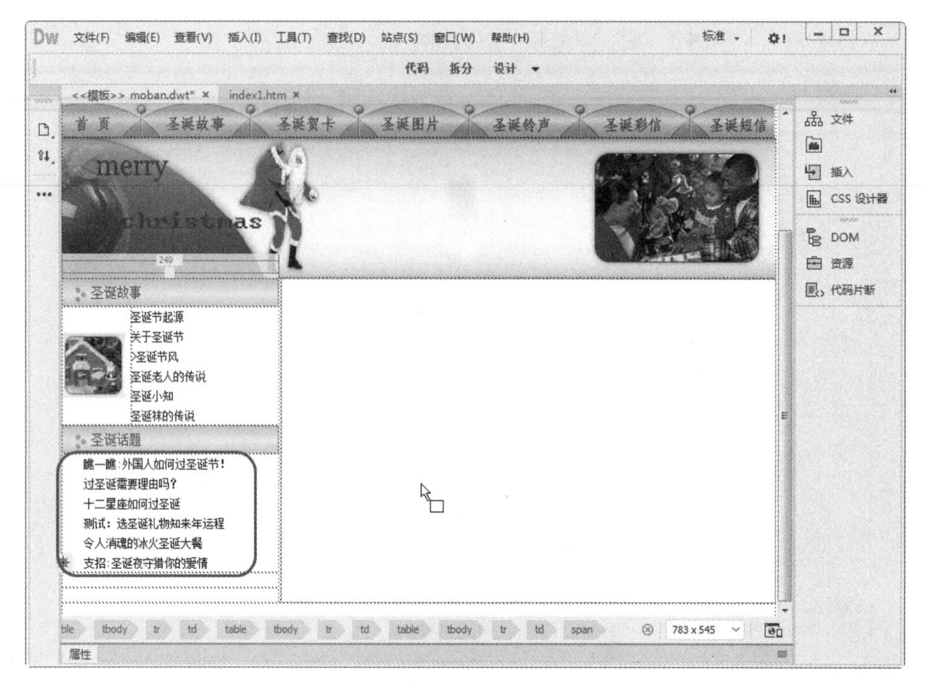

图 7-80

24 将光标置于“表格 5”的第 5 行单元格中，打开代码视图，在代码中输入背景图像代码 background=../images/header3.jpg，如图 7-81 所示。

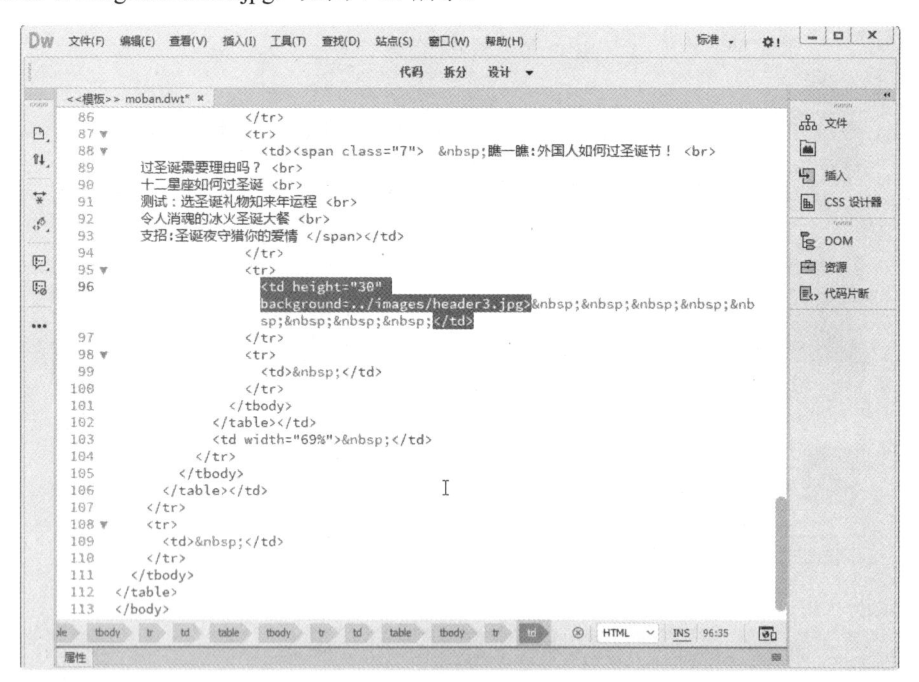

图 7-81

25 返回设计视图，可以看到插入的背景图像。将光标置于背景图像上，输入文字“圣诞卡片”，“大小”设置为 14 像素，“颜色”设置为 #8C2031，如图 7-82 所示。

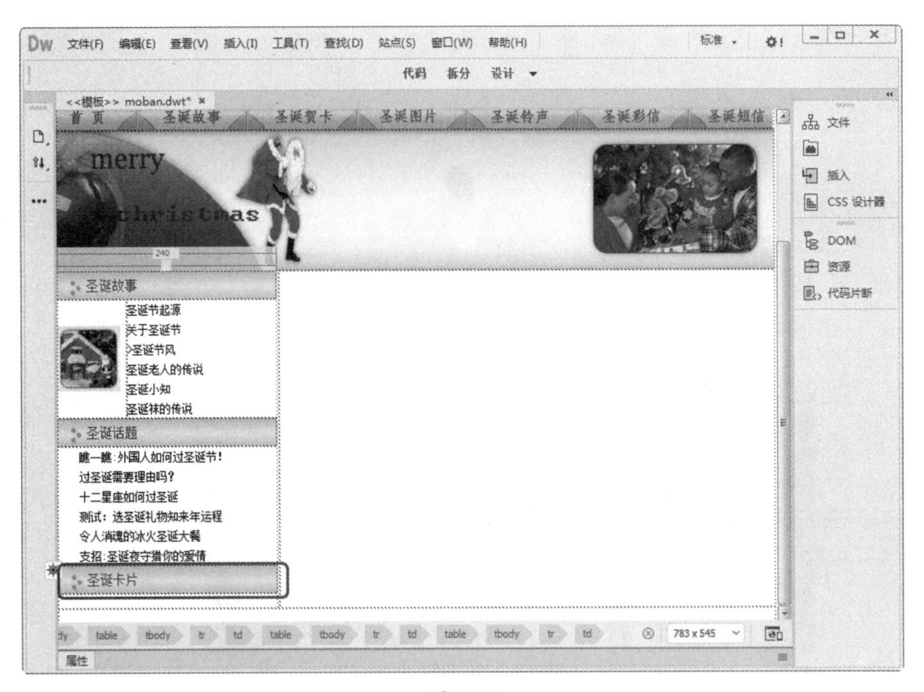

图 7-82

26 将光标置于“表格 5”的第 6 行单元格中，执行“插入”|Image 命令，插入图像 t08.gif，如图 7-83 所示。

图 7-83

27 将光标置于“表格 4”的第 2 列单元格中，执行“插入”|“模板”|“可编辑区域”命令，弹出“新建可编辑区域”对话框，如图 7-84 所示。

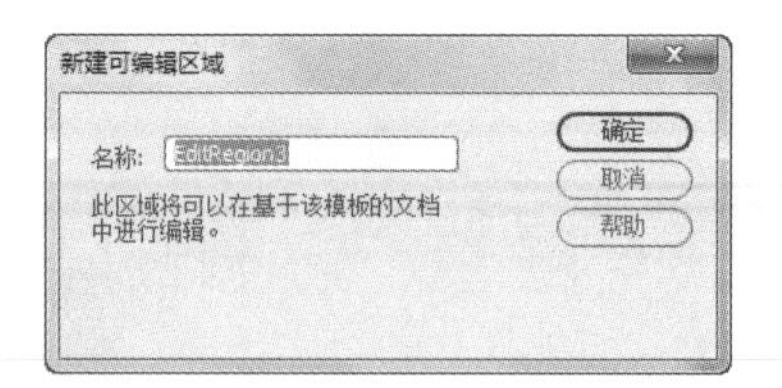

图 7-84

28 单击“确定”按钮，插入可编辑区域，如图 7-85 所示。

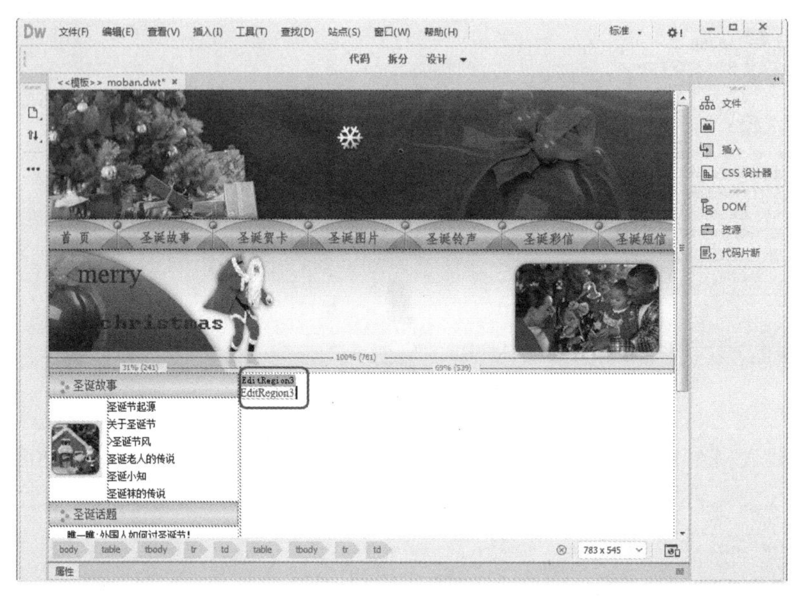

图 7-85

29 将光标置于表格 1 的“第 5 行”单元格中，打开代码视图，在代码中输入背景图像代码 background=../images/footer.jpg，如图 7-86 所示。

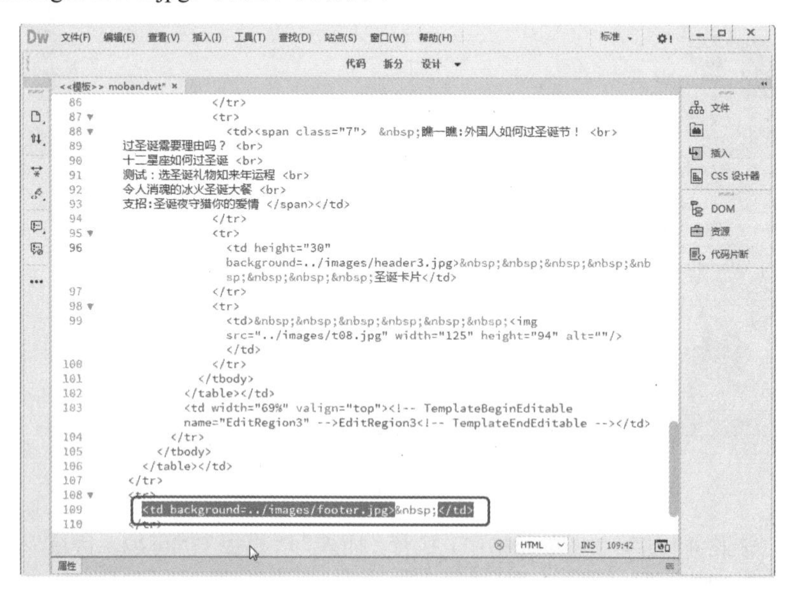

图 7-86

30 返回设计视图，可以看到插入的背景图像，如图 7-87 所示。

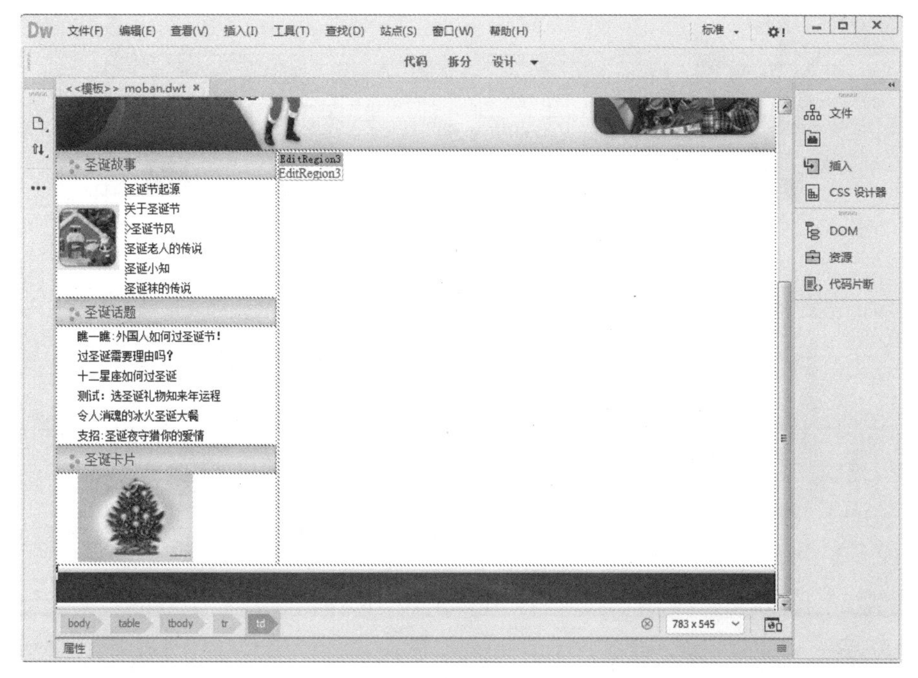

图 7-87

31 保存文档，完成模板的制作，效果如图 7-57 所示。

实战 2——利用模板创建网页

利用模板创建网页的效果如图 7-88 所示，具体操作步骤如下。

图 7-88

01 执行“文件”|“新建”命令，弹出“新建文档”对话框，选择“网站模板”|“实战 2”|moban 选项，如图 7-89 所示。

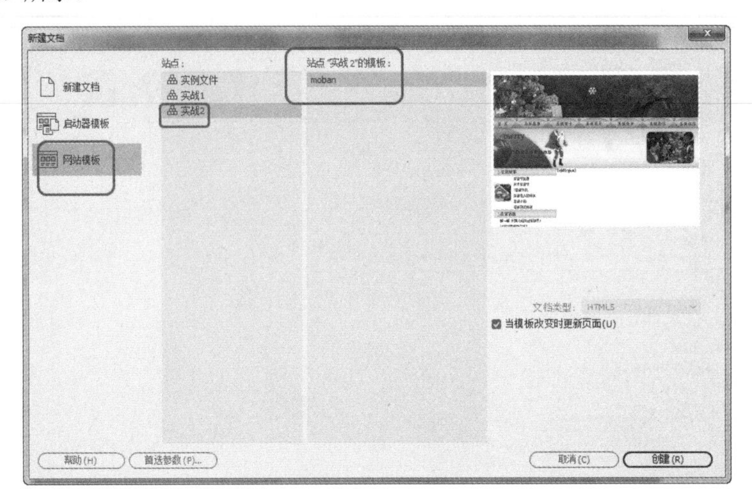

图 7-89

02 单击“创建”按钮，利用模板创建文档，如图 7-90 所示。

图 7-90

03 执行“文件”|“保存”命令，弹出“另存为”对话框，在该对话框中的“文件名”文本框中输入名称，如图 7-91 所示。

04 单击“保存”命令，保存文档。将光标置于可编辑区域中，执行“插入”|Table 命令，弹出 Table 对话框，在该对话框中将“行数”设置为 4，“列”设置为 1，如图 7-92 所示。

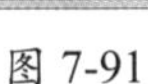

图 7-91

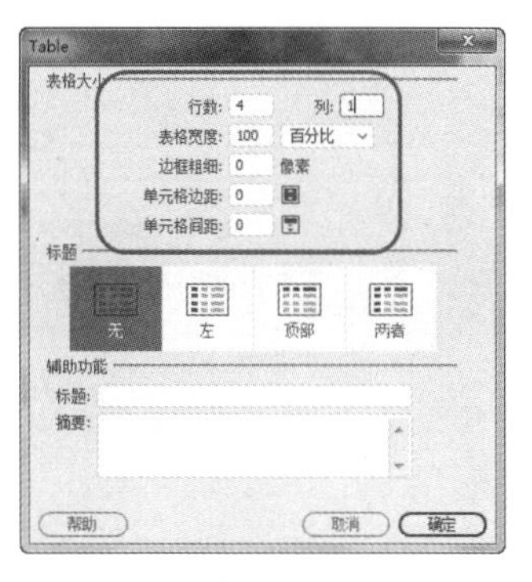

图 7-92

05 单击“确定”按钮，插入表格，此表格记为“表格 1”，如图 7-93 所示。

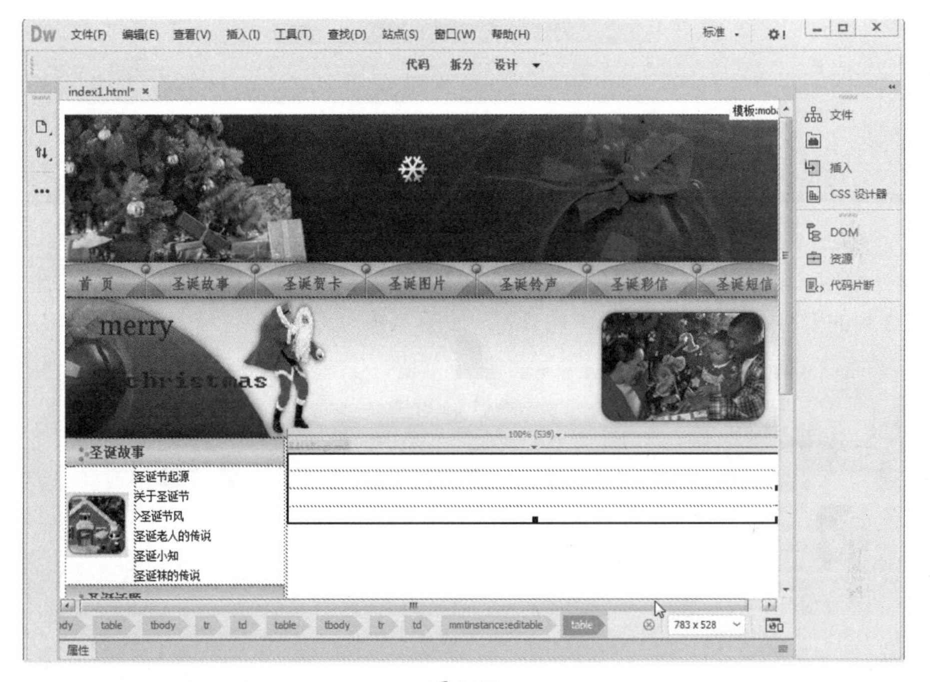

图 7-93

06 将光标置于“表格 1”的第 1 行单元格中，打开代码视图，在代码中输入背景图像代码 background=images/header1.jpg，如图 7-94 所示。

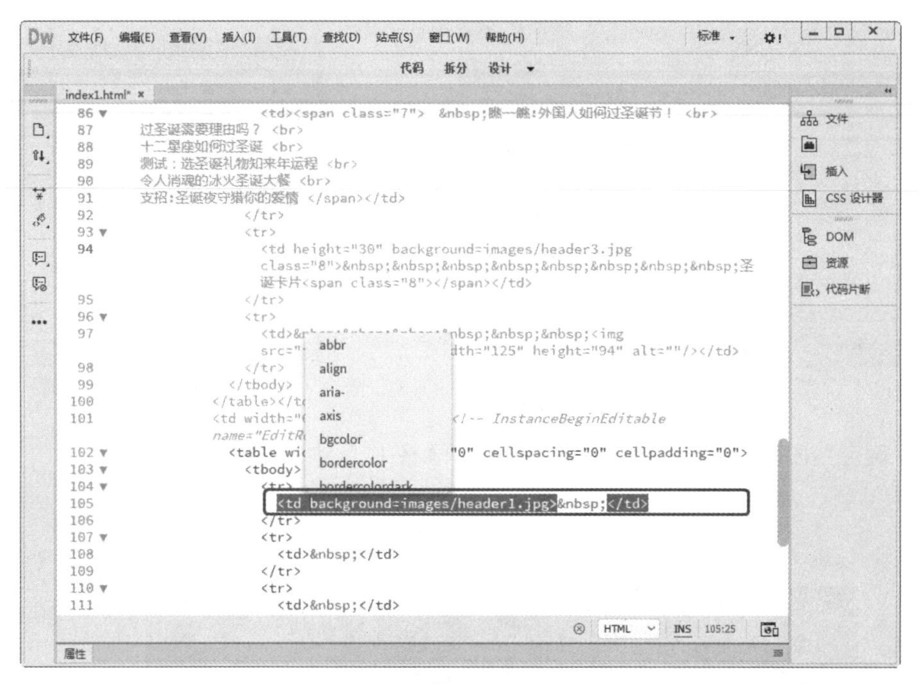

图 7-94

07 返回设计视图，可以看到插入的背景图像。将光标置于背景图像上，执行“插入”|Table 命令，插入 1 行 2 列的表格，此表格记为“表格 2”，如图 7-95 所示。

图 7-95

08 将光标置于“表格 2”的第 1 列单元格中，输入文字“圣诞短信”，“大小”设置为 14 像素，“颜色”设置为 #8C2031，如图 7-96 所示。

图 7-96

09 将光标置于“表格 2”的第 2 列单元格中，执行“插入”|Image 命令，弹出“选择图像源文件”对话框，在该对话框中选择图像文件 more.gif，如图 7-97 所示。

图 7-97

10 单击“确定”按钮，插入图像，如图 7-98 所示。

图 7-98

11 将光标置于“表格 1”的第 2 行单元格中，执行“插入”|Table 命令，插入 1 行 1 列的表格，此表格记为“表格 3”，如图 7-99 所示。

图 7-99

12 将光标置于“表格 3”的单元格中，输入相应的文字，如图 7-100 所示。

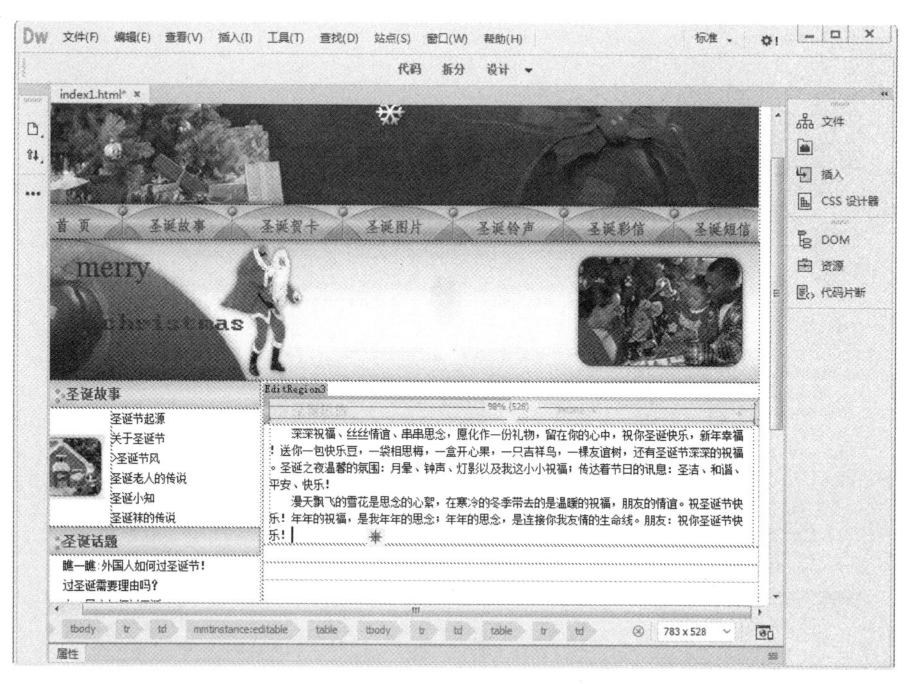

图 7-100

13 将光标置于“表格 1”的第 3 行单元格中，打开代码视图，在代码中输入背景图像代码 background=images/header1.jpg，如图 7-101 所示。

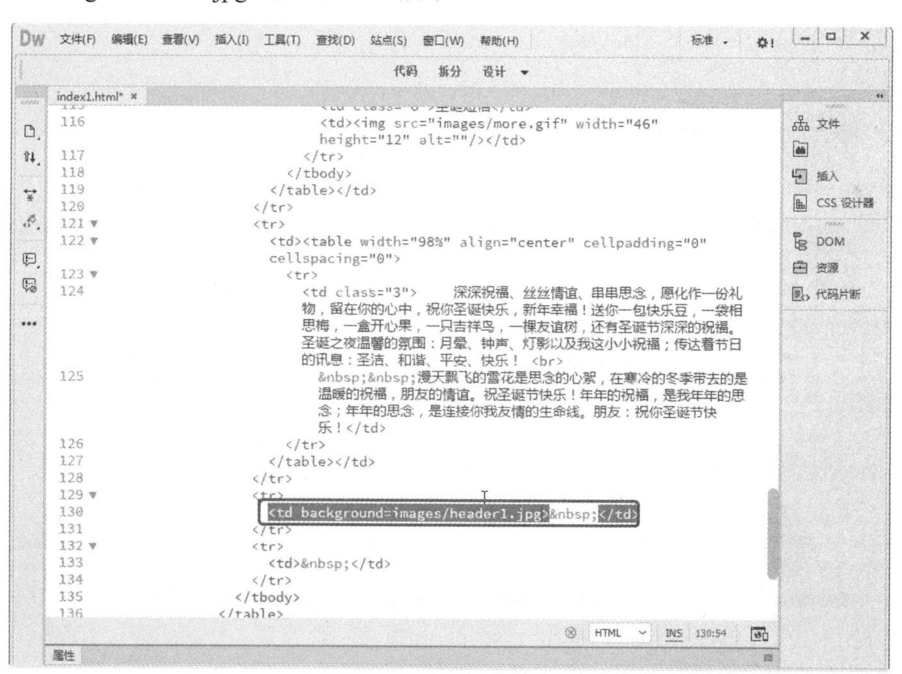

图 7-101

14 返回设计视图，可以看到插入的背景图像。将光标置于背景图像上，执行“插入”|Table 命令，插入 1 行 2 列的表格，此表格记为“表格 4”，如图 7-102 所示。

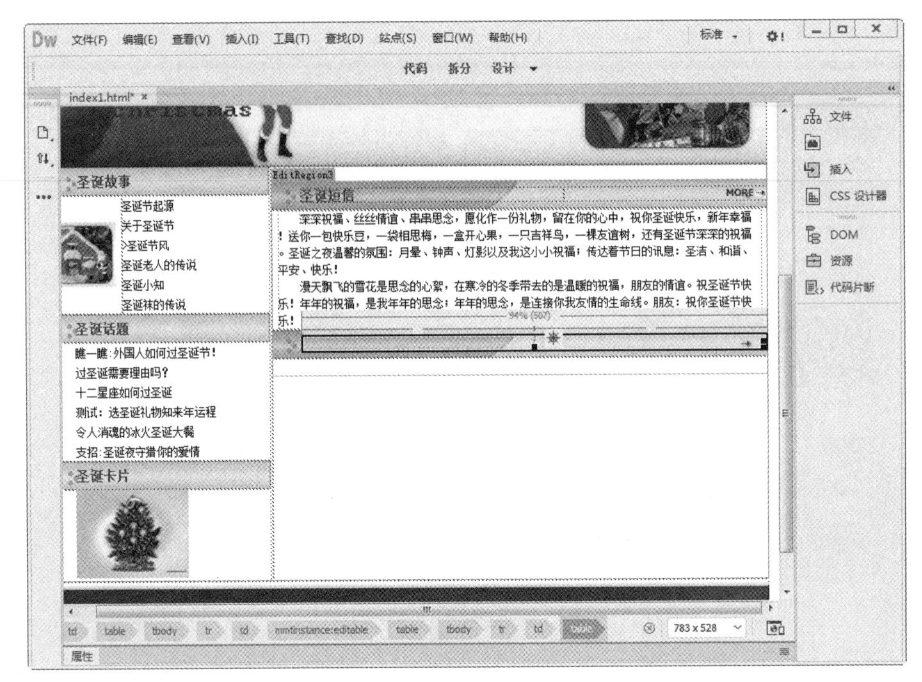

图 7-102

15 将光标置于“表格 4”的第 1 列单元格中,输入文字“圣诞图片”,“大小”设置为 14 像素,“颜色”设置为 #8C2031,如图 7-103 所示。

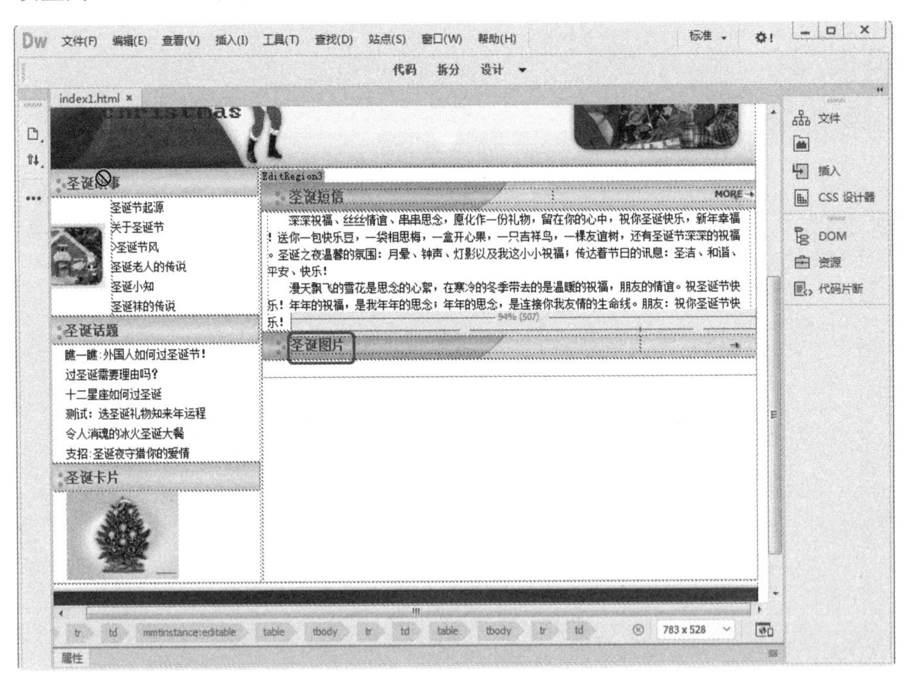

图 7-103

16 将光标置于“表格 4”的第 2 列单元格中,执行“插入”|Image 命令,插入图像 more.gif,如图 7-104 所示。

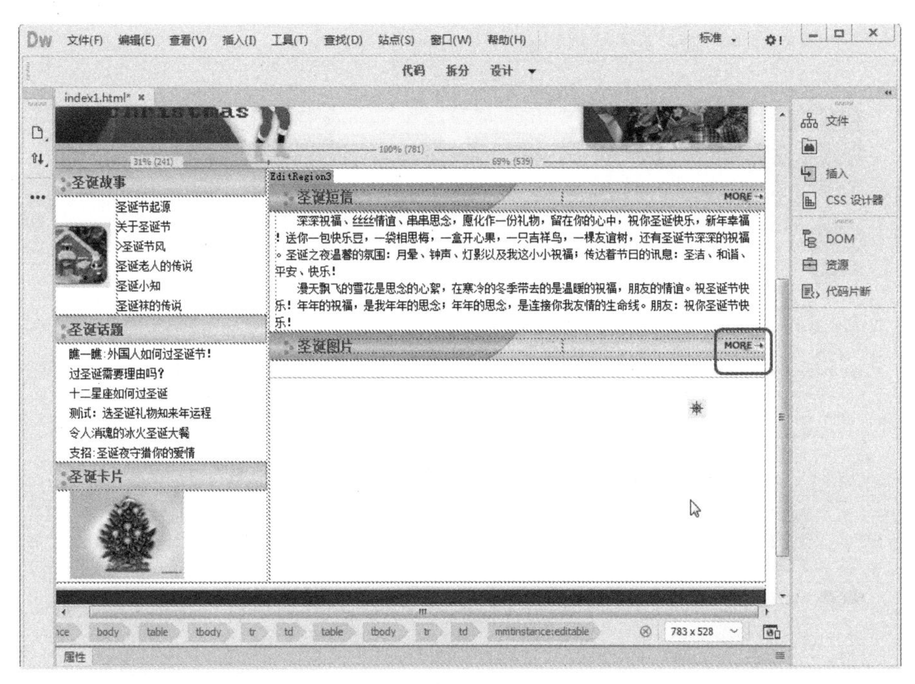

图 7-104

17 将光标置于“表格 1”的第 4 行单元格中，执行“插入”|Table 命令，插入 2 行 4 列的表格，此表格记为“表格 5”，如图 7-105 所示。

图 7-105

18 在“表格 5”的单元格中分别插入相应的图像，如图 7-106 所示。

图 7-106

19 保存文档，完成利用模板创建网页，效果如图 7-88 所示。

第 8 章　Web 标准 div+CSS 布局网页

设计网页的第一步是设计布局，好的网页布局会令浏览者耳目一新，同样也可以使浏览者比较容易在站点上找到他们所需要的信息。无论使用表格还是 CSS，网页布局都是把大块的内容放进网页的不同区域中。div+CSS 布局的最终目的是搭建完善的页面架构，通过新的符号 Web 标准的构建形成来提高网站设计的效率、可用性及其他实质性的优势，全站的 CSS 应用就成为了 CSS 布局应用的一个关键环节。

知识要点

- Web标准的历史与发展
- div的定义
- 表格布局与CSS布局的区别
- 盒子模型
- 盒子的定位
- CSS布局理念

8.1　Web 标准

Web 标准，即网站标准。目前通常所说的 Web 标准一般指网站建设采用基于 XHTML 的网站设计语言，Web 标准中典型的应用模式是 CSS+div。实际上，Web 标准并不是某一个标准，而是一系列标准的集合。

8.1.1　Web 标准是什么

Web 标准是由 W3C 和其他标准化组织制定的一套规范集合，Web 标准的目的在于创建一个统一的用于 Web 表现层的技术标准，以便于通过不同浏览器或终端设备向最终用户展示信息内容。

网页主要由三部分组成：结构（Structure）、表现（Presentation）和行为（Behavior）。对应的网站标准也分三方面：结构标准语言，主要包括 XHTML 和 XML；表现标准语言，主要包括 CSS；行为标准语言，主要包括对象模型（如 W3C DOM）、ECMAScript 等。

1．结构

结构（Structure）对网页中用到的信息进行分类与整理。在结构中用到的技术主要包括 HTML、XML 和 XHTML。

2．表现

表现（Presentation）用于对信息进行版式、颜色、大小等形式控制。在表现中用到的技术主要是 CSS 层叠样式表。

3．行为

行为（Behavior）是指文档内部的模型定义及交互行为的编写，用于编写交互式的文档。在行为中用到的技术主要包括 DOM 和 ECMAScript。

- DOM（Document Object Model）文档对象模型：DOM 是浏览器与内容结构之间的沟通接口，使你可以访问页面上的标准组件。
- ECMAScript 脚本语言：ECMAScript 是标准脚本语言，用于实现具体的界面上对象的交互操作。

8.1.2 Web 表现层技术

大部分人都有深刻体验，每当主流浏览器版本升级时，刚建立的网站就可能过时，就需要升级或者重新设计网站。在网页制作时采用 Web 标准技术，可以有效地对页面的布局、字体、颜色、背景和其他效果实现更加精确的控制。只要对相应的代码做一些简单的修改，就可以改变网页的外观和格式。

简单来说，使用网站标准的目的就是。

- 提供最多利益给最多的网站用户。
- 确保任何网站都能够长期有效。
- 简化代码、降低建设成本。
- 让网站更容易使用，能适应更多不同用户和更多网络设备。
- 当浏览器版本更新，或者出现新的网络交互设备时，确保所有应用能够继续正确执行。

对于网站设计和开发人员来说，遵循网站标准就是使用标准；对于网站用户来说，网站标准就是最佳体验。

对网站浏览者的好处就是：

- 文件下载与页面显示速度更快。
- 内容能被更多的用户所访问（包括失明、视弱、色盲等残障人士）。
- 内容能被更广泛的设备所访问（包括屏幕阅读机、手持设备、搜索机器人、打印机、电冰箱等）。
- 用户能够通过样式选择定制自己的表现界面。
- 所有页面都能提供适于打印的版本。

对网站设计者的好处就是：

- 更少的代码和组件，容易维护。
- 带宽要求降低，代码更简洁，成本降低。
- 更容易被搜寻引擎搜索到。
- 改版方便，不需要变动页面内容。
- 提供打印版本，而不需要复制内容。
- 提高网站易用性。在美国，有严格的法律条款来约束政府网站必须达到一定的易用性，其他国家也有类似的要求。

8.1.3 怎样改善现有网站

大部分的设计师依旧在采用传统的表格布局、表现与结构混杂在一起的方式来建立网站。学习使用 XHTML+CSS 的方法需要一个过程，使现有网站符合网站标准也不可能一步到位。最好的方法是循序渐进，分阶段来逐步达到完全符合网站标准的目标。

1. 初级改善

- 为页面添加正确的 DOCTYPE：DOCTYPE 是 document type 的简写。用来说明用的 XHTML 或者 HTML 是什么版本。浏览器根据 DOCTYPE 定义的 DTD（文档类型定义）来解释页面代码。
- 设定一个名字空间：直接在 DOCTYPE 声明后面添加如下代码：

```
<html XMLns="http://www.w3.org/1999/xhtml" >
```

- 声明编码语言：为了被浏览器正确解释和通过标识校验，所有的 XHTML 文档都必须声明它们所使用的编码语言，代码如下：

```
<meta http-equiv="Content-Type" content="text/html; charset=GB2312" />
```

这里声明的编码语言是简体中文 GB2312。

- 用小写字母书写所有的标签：XML 对大小写是敏感的，所以，XHTML 也是区别大小写的。所有的 XHTML 元素和属性的名字都必须使用小写。否则文档将被 W3C 校验认为是无效的。例如下面的代码就是不正确的：

```
<Title> 公司简介 </Title>
```

正确的写法是：

```
<title> 公司简介 </title>
```

- 为图片添加 alt 属性 ：为所有图片添加 alt 属性。alt 属性指定了当图片不能显示的时候就显示替换文本，这样做对正常用户可有可无，但对纯文本浏览器和使用屏幕阅读机的用户来说至关重要。只有添加了 alt 属性，代码才会被 W3C 正确性校验通过。

如下所示代码：

```
<img src="logo.gif" alt=" 东方公司标志，首页 ">
```

- 给所有属性值加引号：在 HTML 中，可以不需要给属性值加引号，但是在 XHTML 中，它们必须加引号。

例如 height="100" 是正确的，而 height=100 就是错误的。

- 关闭所有的标签：在 XHTML 中，每个打开的标签都必须关闭，如下所示：

```
<p> 每个打开的标签都必须关闭。</p>
<b>HTML 可以接受不关闭的标，XHTML 就不可以。</b>
```

这个规则可以避免 HTML 的混乱和麻烦。

2. 中级改善

接下来的改善主要在结构和表现相分离上，这一步不像初级改善那么容易实现，需要观念上的转变，以及对 CSS 技术的学习和运用。

- 用 CSS 定义元素外观 ：应该使用 CSS 来确定元素的外观。
- 用结构化元素代替无意义的垃圾代码：许多人可能从来都不知道 HTML 和 XHTML 元素设计本意是用来表达结构的。很多人已经习惯用元素来控制表现，而不是结构。例如下面的代码：

```
北京<br />上海<br />广州<br />
```

就没有如下的代码好：

```
<ul> <li>北京</li> <li>上海</li> <li>广州</li></ul>
```

- 给每个表格和表单加上 id：给表格或表单赋予一个唯一的、结构的标记，例如：

```
<table id="menu">
```

8.2 div 的定义

在 CSS 布局的网页中，<div>与<Span>都是常用的标记，利用这两个标记，加上 CSS 对其样式的控制，可以很方便地实现网页的布局。

8.2.1 什么是 div

div 是 CSS 中的定位技术，在 Dreamweaver 中将其进行了可视化操作。文本、图像和表格等元素只能固定其位置，不能互相叠加在一起，使用 div 功能，可以将其放置在网页中的任何位置，还可以按顺序摆放网页文档中的其他构成元素。层体现了网页技术从二维空间向三维空间的一种延伸。将 div 和行为综合使用，就可以不使用任何的 JavaScript 或 HTML 编码创作出动画效果。

div 的功能主要有以下 3 个方面。

- 重叠排放网页中的元素：利用 div，可以实现不同的图像重叠排列，而且可以随意改变排放的顺序。
- 精确的定位：单击 div 上方的四边形控制手柄，将其拖至指定位置，就可以改变层的位置。如果要精确定位 AP div 在页面中的位置，可以在 div 的“属性”面板中输入精确的坐标数值。如果将 div 的坐标值设置为负值，div 会在页面中消失。
- 显示和隐藏 AP div：AP div 的显示和隐藏可以在 AP div 面板中完成。当 AP div 面板中的 AP div 名称前显示的是“闭合眼睛”的图标，表示 AP div 被隐藏；当 AP div 面板中的 AP div 名称前显示的是“睁开眼睛”的图标时，表示 AP div 被显示。

8.2.2 插入 div

可以将 div 理解为一个文档窗口内的又一个小窗口，像在普通窗口中的操作一样。在 div 中可以输入文字，也可以插入图像、动画、声音、表格等，并对其进行编辑。创建 div 的具体操作步骤如下。

01 打开网页文档，执行 |“插入”| div 命令，如图 8-1 所示。

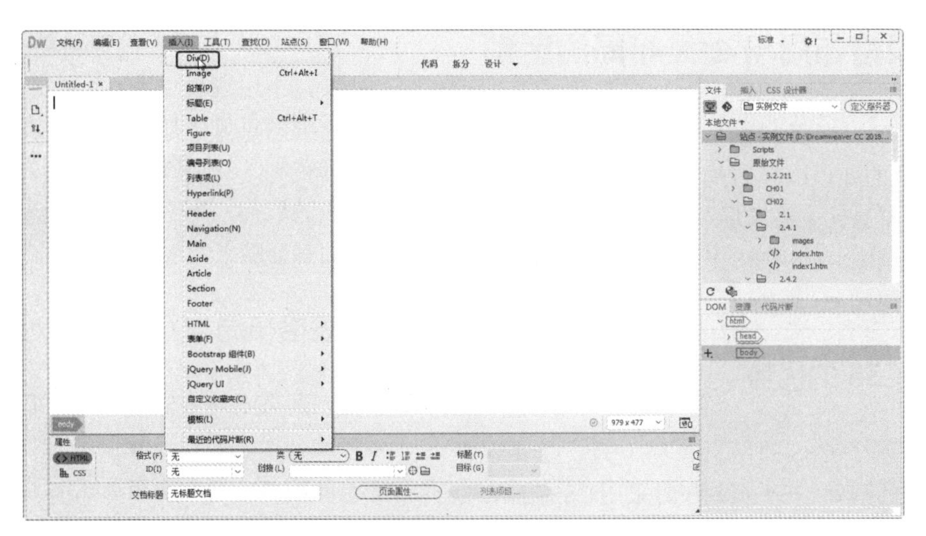

图 8-1

02 弹出“插入 Div”对话框，如图 8-2 所示。

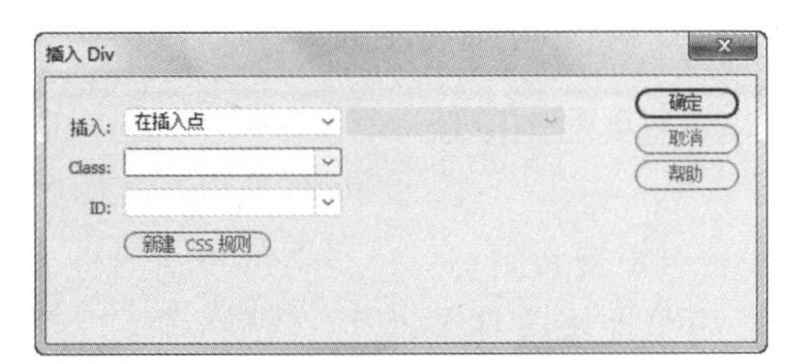

图 8-2

03 单击“确定”按钮，插入 div 标签，如图 8-3 所示。

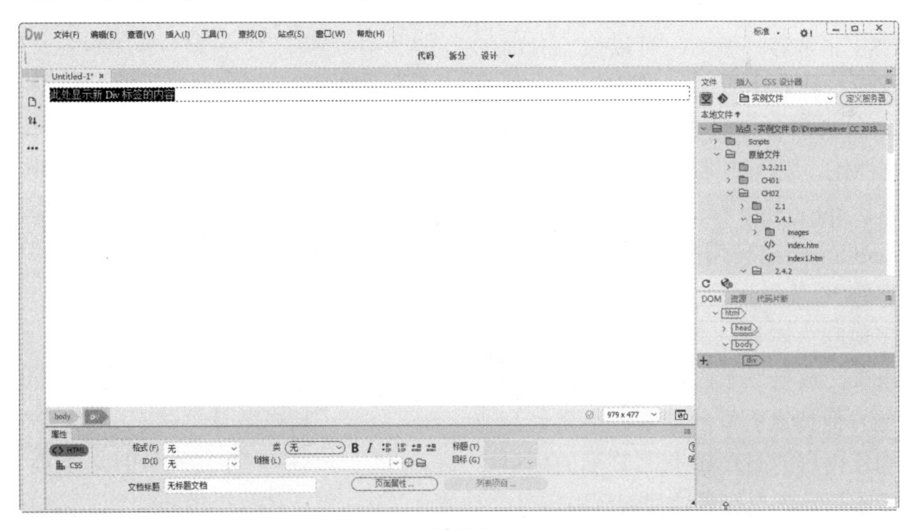

图 8-3

8.3 表格布局与 CSS 布局的区别

当前对于网页制作是选择传统的表格还是用新型的 div+CSS 布局？说法各有不同。div+CSS 布局比表格布局节省页面代码，代码结构也更清晰。div+CSS 开发速度要比表格快，而且布局更精确。

8.3.1 CSS 的优势

掌握基于 CSS 的网页布局方式，是实现 Web 标准的基础。在主页制作时采用 CSS 技术，可以有效地对页面的布局、字体、颜色、背景和其他效果实现更加精确的控制。只要对相应的代码做一些简单的修改，就可以改变网页的外观和格式。采用 CSS 布局有以下优点。

- 大幅缩减页面代码，提高页面浏览速度，降低带宽成本。
- 结构清晰，容易被搜索引擎搜索到。
- 缩短改版时间，只要简单地修改几个 CSS 文件，就可以重新设计一个有成百上千页面的站点。
- 强大的字体控制和排版能力。
- CSS 非常容易编写，可以像写 HTML 代码一样轻松编写 CSS。
- 提高易用性，使用 CSS 可以结构化 HTML，如 <p> 标记只用来控制段落，<heading> 标记只用来控制标题，<table> 标记只用来表现格式化的数据等。
- 表现和内容相分离，将设计部分分离出来，放在一个独立样式文件中。
- 更方便搜索引擎的搜索，用只包含结构化内容的 HTML 代替嵌套的标记，搜索引擎将更有效地搜索到内容。
- table 的布局中，垃圾代码比较多，一些修饰的样式及布局的代码混合一起，很不直观。而 div 更能体现样式和结构相分离，结构的重构性强。
- 可以将许多网页的风格格式同时更新，不用逐页更新。可以将站点上所有的网页风格都使用一个 CSS 文件进行控制，只要修改这个 CSS 文件中相应的代码，那么，整个站点的所有页面都会随之发生改动。

8.3.2 表格布局与 CSS 布局对比

表格在网页布局中应用已经有很多年了，由于多年的技术发展和经验积累，网页设计工具功能不断增强，使表格布局在网页应用中达到登峰造极的地步。

由于表格不仅可以控制单元格的宽度和高度，而且还可以嵌套，多列表格还可以把文本分栏显示，于是就有人试着在表格中放置其他网页内容，如图像、动画等，以打破比较固定的网页版式。而网页表格对无边框表格的支持为表格布局奠定了基础，用表格实现页面布局慢慢就成为了一种设计习惯。

传统表格布局的快速与便捷增加了网页设计师对于页面创意的激情，而忽视了代码的理性分析。迄今为止，表格仍然主导着视觉丰富的网站的设计方式，但它却阻碍了一种更好的、更有亲和力的、更灵活的，而且功能更强大的网站设计方法。

使用表格进行页面布局会带来很多问题：

- 把格式数据混入内容中，这使文件的大小无谓地变大，而用户访问每个页面时都必须下载一次这样的格式信息。
- 这使重新设计现有的站点和内容极为消耗时间且昂贵。
- 使保持整个站点的视觉的一致性极难，花费也极高。
- 基于表格的页面还大幅降低了它对残疾人和用手机或 PDA 浏览者的亲和力。
- 而使用 CSS 进行网页布局会：

◊　使页面载入得更快。
◊　降低流量费用。
◊　在修改设计时更有效率，而且代价更低。
◊　帮助整个站点保持视觉的一致性。
◊　让站点可以更好地被搜索引擎找到。
◊　使站点对浏览者和浏览器更具亲和力。

为了帮助读者更好理解表格布局与标准布局的优劣，下面结合一个案例进行详细分析。如图8-4所示是一个简单的空白布局模板，它是一个3行3列的典型网页布局。下面尝试用表格布局和CSS标准布局来实现它，亲身体验两者的异同。

图 8-4

使用表格布局的代码如下：

```
<table width="760" border="0" cellspacing="0" CellPadding="0">
  <tr>
    <td height="80" colspan="3" bgcolor="#CC3300"> </td>
  </tr>
  <tr>
    <td width="133" height="226" bgcolor="#CCCCCC"> </td>
    <td width="531" height="380" bgcolor="#FF99FF"> </td>
    <td width="96" bordercolor="#CCCCCC" bgcolor="#CCCCCC"> </td>
  </tr>
  <tr>
    <td height="80" colspan="3" bgcolor="#663300"> </td>
  </tr>
</table>
```

使用CSS布局，其中XHTML框架代码如下：

```
<div id="wrap">
   <div id="header"></div>
    <div id="main">
        <div id="bar_l"></div>
        <div id="content"></div>
        <div id="bar_r"></div>
    </div>
   <div id="footer"></div>
</div>
```

CSS 布局代码如下：

```
<style>
body {/* 定义网页窗口属性，清除页边距，定义居中显示 */
    padding:0; margin:0 auto; text-align:center;
}
#wrap{/* 定义包含元素属性，固定宽度，定义居中显示 */
    width:780px; margin:0 auto;
}
#header{/* 定义页眉属性 */
    width:100%;/* 与父元素同宽 */
    height:74px; /* 定义固定高度 */
    background:#CC3300; /* 定义背景色 */
    color:#F0DFDB; /* 定义字体颜色 */
}
#main {/* 定义主体属性 */
    width:100%;
    height:400px;
}
#bar_l,#bar_r{/* 定义左右栏属性 */
    width:160px;  height:100%;
    float:left; /* 浮动显示，可以实现并列分布 */
    background:#CCCCCC;
    overflow:hidden; /* 隐藏超出区域的内容 */
}
#content{ /* 定义中间内容区域属性 */
 width:460px; height:100%; float:left; overflow:hidden; background:#fff;
}
#footer{ /* 定义页脚属性 */
    background:#663300;  width:100%; height:50px;
    clear:both; /* 清除左右浮动元素 */
}
</style>
```

简单比较，感觉不到 CSS 布局的优势，甚至书写的代码比表格布局要多得多。当然这仅是一页框架代码。让我们做一个很现实的假设，如果你的网站正采用了这种布局，有一天客户把左侧通栏宽度改为 100 像素，那么，将在传统表格布局的网站中打开所有的页面逐个进行修改，这个数目少则几十页，多则上千页，劳动强度可想而知。而在 CSS 布局中只需简单修改一个样式属性就可以。

这仅是一个假设，实际中的修改会比这更频繁、更多样。不光客户会三番五次地出难题、挑战你的耐性，甚至自己有时都会否定刚刚完成的设计。

当然未来的网页设计中，表格的作用依然不容忽视，不能因为有了 CSS，就一棒子把它打死。不过，表格会日渐恢复表格的本来职能——数据的组织和显示，而不是让表格承载网页布局的重任。

8.4 盒子模型

如果想熟练掌握 div 和 CSS 的布局方法，首先要对盒子模型有足够的了解。盒子模型是 CSS 布局网页时非常重要的概念，只有很好地掌握了盒子模型以及其中每个元素的使用方法，才能真正地布局网页中各个元素的位置。

8.4.1 盒子模型的概念

所有页面中的元素都可以看作一个装了东西的盒子，盒子中的内容到盒子的边框之间的距离即填充（padding），盒子本身有边框（border），而盒子边框外和其他盒子之间，还有边界（margin）。

一个盒子由4个独立部分组成，如图8-5所示。

最外面的是边界（margin）。

第2部分是边框（border），边框可以有不同的样式。

第3部分是填充（padding），填充用来定义内容区域与边框（border）之间的空白。

第4部分是内容区域。

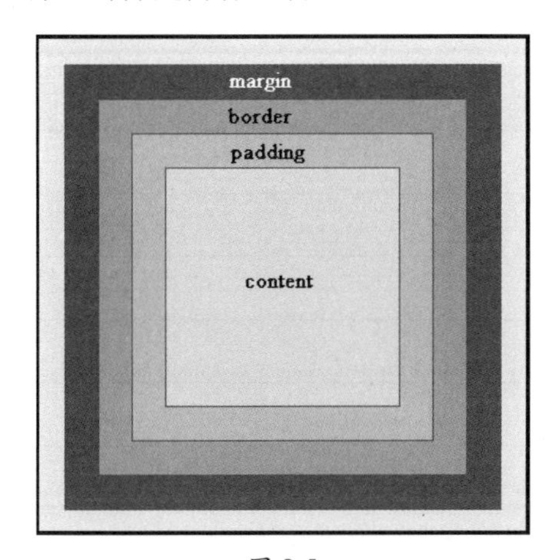

图 8-5

填充、边框和边界都分为上、右、下、左4个方向，既可以分别定义，也可以统一定义。当使用CSS定义盒子的width和height时，定义的并不是内容区域、填充、边框和边界所占的总区域，实际上定义的是内容区域content的width和height。为了计算盒子所占的实际区域必须加上padding、border和margin。

实际宽度 = 左边界 + 左边框 + 左填充 + 内容宽度（width）+ 右填充 + 右边框 + 右边界。

实际高度 = 上边界 + 上边框 + 上填充 + 内容高度（height）+ 下填充 + 下边框 + 下边界。

8.4.2 border

border是CSS的一个属性，用它可以给HTML标记（如td、div等）添加边框，它可以定义边框的样式（style）、宽度（width）和颜色（color），利用这3个属性相互配合，能设计出很好的效果。

在Dreamweaver中可以使用可视化操作设置边框效果，在“div#top的CSS规则定义”对话框中的“分类”列表中选择“边框”选项，如图8-6所示。

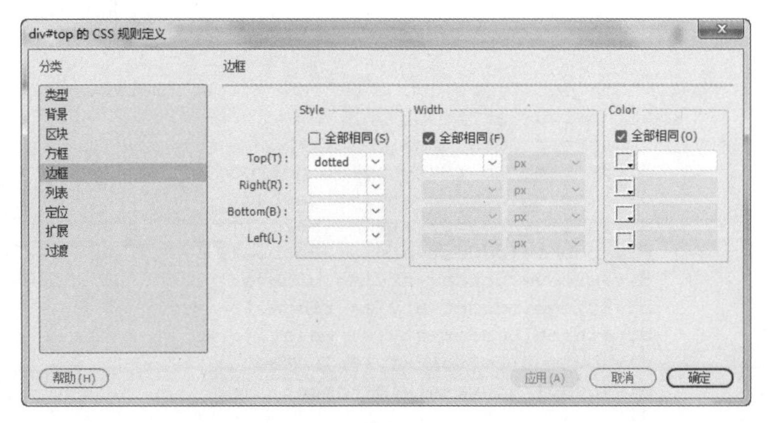

图 8-6

1．边框样式：border-style

border-style 定义元素的 4 个边框样式。如果 border-style 设置全部 4 个参数值，将按上、右、下、左的顺序作用于 4 个边框。如果只设置一个，将用于全部的 4 条边。

基本语法：

```
border-style: 样式值
border-top-style: 样式值
border-right-style: 样式值
border-bottom-style: 样式值
border-left-style: 样式值
```

语法说明：

border-style 可以设置边框的样式，包括无、虚线、实现、双实线等。border-style 的取值如表 8.1 所示。

表 8.1　边框样式的取值和含义

属性值	描述
None	默认值，无边框
dotted	点线边框
dashed	虚线边框
Solid	实线边框
double	双实线边框
groove	3D 凹槽
Ridge	3D 凸槽
Inset	使整个边框凹陷
outset	使整个边框凸起

下面通过实例讲述 border-style 的使用方法，其代码如下所示。

```
<!doctype html>
<html>
<head>
<meta http-equiv="Content-Type" content="text/html; charset=gb2312" />
        <title>CSS border-style 属性示例 </title>
        <style type="text/css" media="all">
                div#dotted {border-style: dotted;}
                div#dashed{border-style: dashed;}
                div#solid{ border-style: solid;}
                div#double{border-style: double;}
                div#groove{border-style: groove;}
                div#ridge{border-style: ridge;}
                div#inset{border-style: inset;}
                div#outset{border-style: outset;}
                div#none{border-style: none;}
                div{
                        border-width: thick;
                        border-color: red;
```

```
                    margin: 2em;
                }
            </style>
    </head>
<body>
                <div id="dotted">border-style 属性 dotted(点线边框)</div>
                <div id="dashed">border-style 属性 dashed(虚线边框)</div>
                <div id="solid">border-style 属性 solid(实线边框)</div>
                <div id="double">border-style 属性 double(双实线边框)</div>
                <div id="groove">border-style 属性 groove(3D 凹槽) </div>
                <div id="ridge">border-style 属性 ridge(3D 凸槽) </div>
                <div id="inset">border-style 属性 inset(边框凹陷) </div>
                <div id="outset">border-style 属性 outset(边框凸出) </div>
            <div id="none">border-style 属性 none(无样式)</div>
    </body>
</html>
```

在浏览器中预览，不同的边框样式效果如图 8-7 所示。

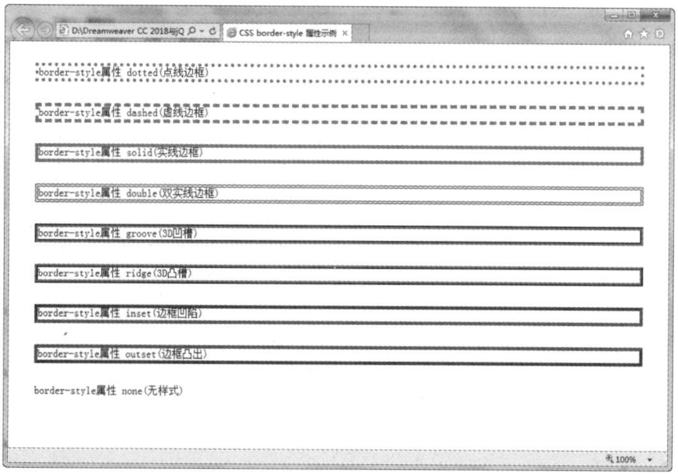

图 8-7

还可以使用 border-top-style、border-right-style、border-bottom-style 和 border-left-style 分别设置上边框、右边框、下边框和左边框的不同样式，其 CSS 代码如下。

```
<!doctype html>
<html>
<head>
<meta http-equiv="Content-Type" content="text/html; charset=gb2312" />
        <title>CSS border-style 属性示例 </title>
        <style type="text/css" media="all">
                div#top{border-top-style:dotted; }
                div#right{border-right-style:double;}
                div#bottom{border-bottom-style:solid;}
                div#left{border-left-style:ridge;}
                div
                {
                        border-style:none;
                        margin:25px;
                        border-color:green;
                        border-width:thick
                }
        </style>
```

```
  </head>
<body>
<p> </p>
<div id="top">定义上边框样式border-top-style:dotted; 点线上边框</div>
<div id="right">定义右边框样式,border-right-style:double; 双实线右边框</div>
<div id="bottom">定义下边框样式,border-bottom-style:solid; 实线下边框</div>
<div id="left">定义左边框样式,border-left-style:ridge; 3D凸槽左边框</div>
</body>
</html>
```

在浏览器中预览，可以看出分别设置了上、下、左、右边框为不同的样式，效果如图8-8所显示。

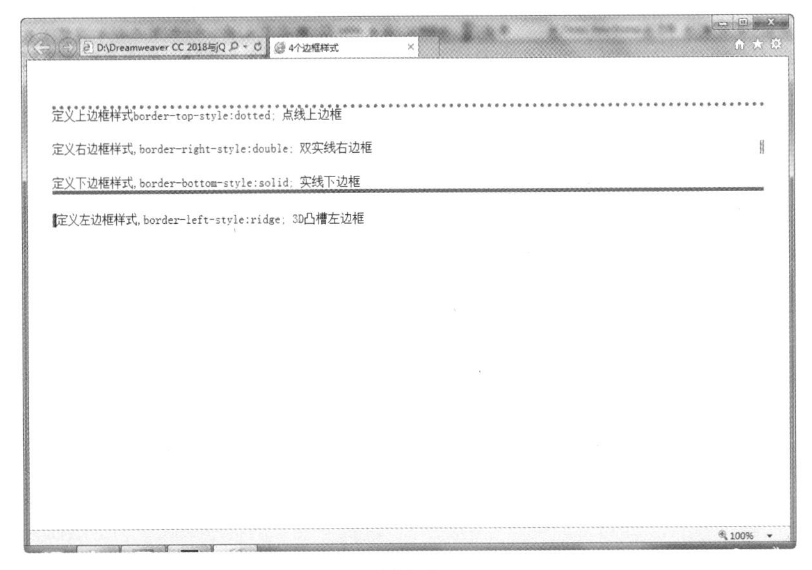

图 8-8

2. 边框颜色：border-color

边框颜色属性 border-color，用来定义元素边框的颜色。

基本语法：

```
border-color: 颜色值
border-top-color: 颜色值
border-right-color: 颜色值
border-bottom-color: 颜色值
border-left-color: 颜色值
```

语法说明：

border-top-color、border-right-color、border-bottom-color 和 border-left-color 属性分别用来设置上、右、下、左边框的颜色，也可以使用 border-color 属性来统一设置 4 条边框的颜色。

如果 border-color 设置全部 4 个参数值，将按上、右、下、左的顺序作用于 4 条边框。如果只设置一个，将用于全部的 4 条边。如果设置两个值，第一个用于上、下，第二个用于左、右。如果提供 3 个，第一个用于上，第二个用于左、右，第三个用于下。

下面通过实例讲述 border-color 属性的使用方法，其 CSS 代码如下。

```
<!doctype html>
<html>
<head>
<meta http-equiv="Content-Type" content="text/html; charset=gb2312" />
```

```
<head>
<title>border-color 实例 </title>
<style type="text/css">
p.one
{border-style: solid;
border-color: #0000ff
}
p.two
{border-style: solid;
border-color: #ff0000 #0000ff
}
p.three
{border-style: solid;
border-color: #ff0000 #00ff00 #0000ff
}
p.four
{border-style: solid;
border-color: #ff0000 #00ff00 #0000ff rgb(250,0,255)
}
</style>
</head>
<body>
<p class="one">1 个颜色边框 !</p>
<p class="two">2 个颜色边框 !</p>
<p class="three">3 个颜色边框 !</p>
<p class="four">4 个颜色边框 !</p>
<p><b> 注意 :</b> 只设置 "border-color" 属性将看不到效果，需要先设置 "border-style" 
属性。</p>
</body>
</html>
```

在浏览器中预览可以看到，使用 border-color 设置了不同颜色的边框，如图 8-9 所示。

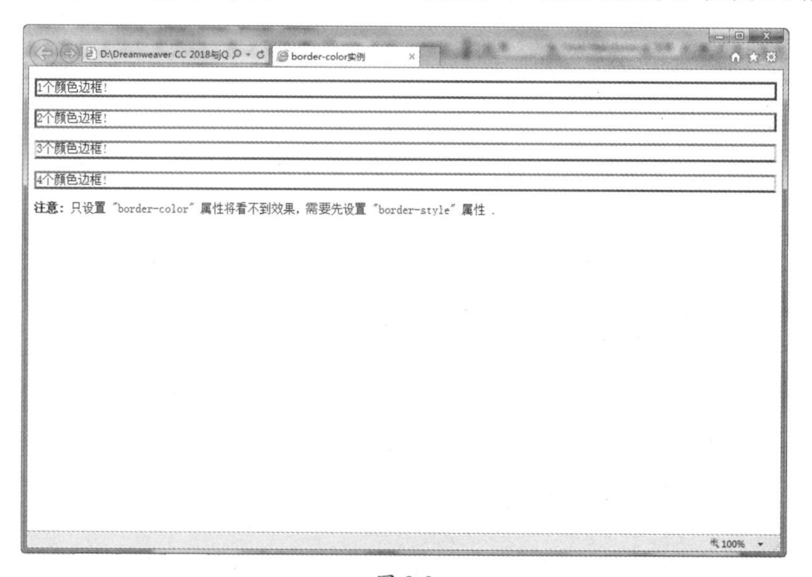

图 8-9

3．边框宽度：border-width

边框宽度属性 border-width，用来定义元素边框的宽度。

基本语法：

```
border-width: 宽度值
border-top-width: 宽度值
border-right-width: 宽度值
border-bottom-width: 宽度值
border-left-width: 宽度值
```

语法说明：

如果 border-width 设置全部 4 个参数值，将按上、右、下、左的顺序作用于 4 条边框。如果只设置一个，将用于全部的 4 条边。如果设置两个值，第一个用于上、下，第二个用于左、右。如果提供 3 个，第一个用于上，第二个用于左、右，第三个用于下。border-width 的取值意义如表 8.2 所示。

表 8.2　border-width 的属性值

属性值	描述
medium	默认值
Thin	细
dashed	粗

下面通过实例讲述 border-width 属性的使用方法，其代码如下。

```
<!doctype html>
<html>
<head>
<meta http-equiv="Content-Type" content="text/html; charset=gb2312" />
<title>border-width 实例 </title>
<style type="text/css">
p.one
{border-style: solid;
border-width: 5px}
p.two
{border-style: solid;
border-width: thick}
p.three
{border-style: solid;
border-width: 5px 10px}
p.four
{border-style: solid;
border-width: 5px 10px 1px}
p.five
{border-style: solid;
border-width: 5px 10px 1px medium}
</style>
</head>
<body>
<p class="one">border-width: 5px</p>
<p class="two">border-width: thick</p>
<p class="three">border-width: 5px 10px</p>
<p class="four">border-width: 5px 10px 1px</p>
<p class="five">border-width: 5px 10px 1px medium</p>
</body>
</html>
```

在浏览器中预览，可以看到使用 border-width 设置了不同宽度的边框效果，如图 8-10 所示。

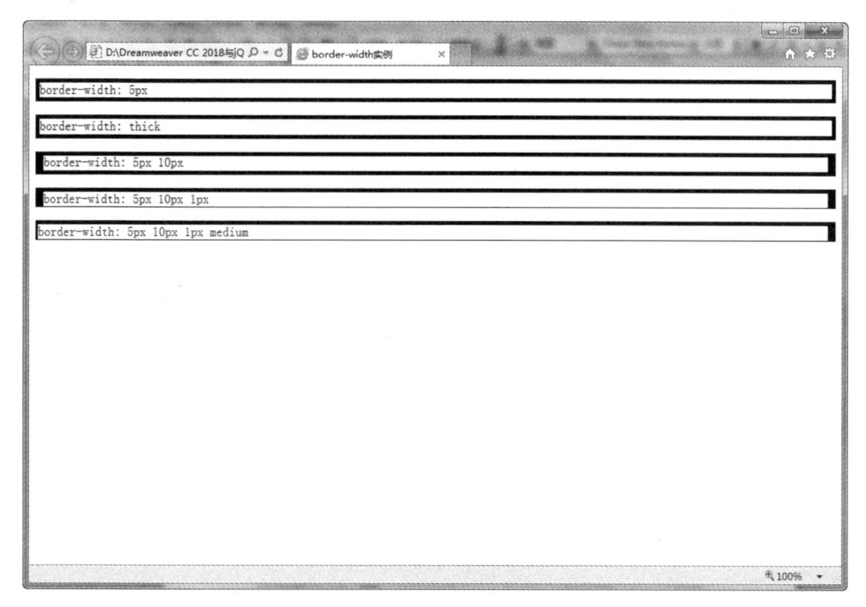

图 8-10

8.4.3　padding

padding 属性设置元素所有内边距的宽度，或者设置各条边上内边距的宽度。

基本语法：

```
padding：取值
padding-top：取值
padding-right：取值
padding-bottom：取值
padding-left：取值
```

语法说明：

padding 是 padding-top、padding-right、padding-bottom、padding-left 的一种快捷的综合写法，最多允许 4 个值，顺序是：上、右、下、左。

如果只有一个值，表示 4 个填充都用同样的宽度。如果有两个值，第一个值表示上、下填充宽度，第二个值表示左、右填充宽度。如果有 3 个值，第一个值表示上填充宽度，第二个值表示左、右填充宽度，第三个值表示下填充宽度。

在 Dreamweaver 中可以使用可视化操作设置填充的效果，在“td 的 CSS 规则定义”对话框中的“分类”列表中选择“方框”选项，然后在“填充”选项中设置填充属性，如图 8-11 所示。

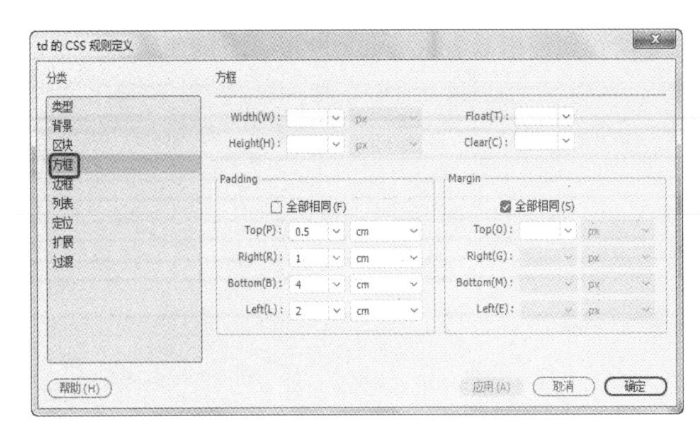

图 8-11

其 CSS 代码如下：

```
td {padding: 0.5cm 1cm 4cm 2cm}
```

上面的代码表示，上填充为 0.5cm，右填充为 1cm，下填充为 4cm，左填充为 2cm。

下面讲述上、下、左、右填充宽度相同的实例，其代码如下所示。

```
<!doctype html>
<html>
<head>
<meta http-equiv="Content-Type" content="text/html; charset=gb2312" />
         <title>padding 宽度都相同 </title>
         <style type="text/css" media="all">
                p
                {
                       padding:50px;
                       border:thick solid green;
                }
         </style>
  </head>
<body>
<p> 定义了段落的填充属性为 padding:50px; 所以内容与各个边框间会有 50px 的填充 .</p>
</body>
</html>
```

在浏览器中预览，可以看到使用 padding:50px 设置了上、下、左、右填充宽度均为 50px，效果如图 8-12 所示。

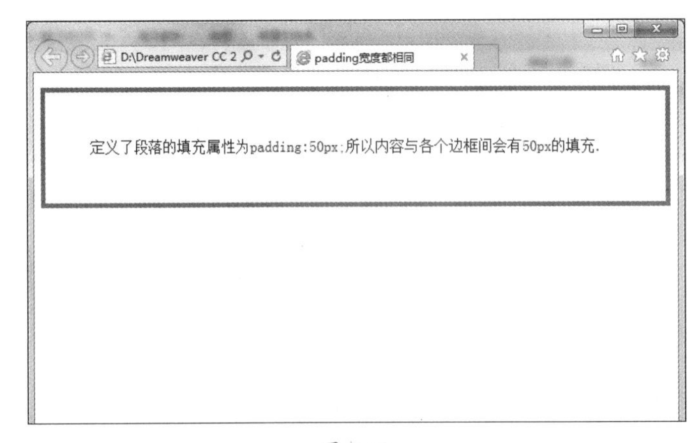

图 8-12

下面讲述上、下、左、右填充宽度各不相同的实例，其代码如下所示。

```
<!doctype html>
<html>
<head>
<meta http-equiv="Content-Type" content="text/html; charset=gb2312" />
<title>padding 宽度各不相同 </title>
<style type="text/css">
td {padding: 0.5cm 1cm 4cm 2cm}
</style>
</head>
<body>
<table border= "1" bordercolor="#009900">
<tr>
<td> 这个单元格设置了 CSS 填充属性。上填充为 0.5cm，右填充为 1cm，下填充为 4cm，左填充为
2cm。</td>
</tr>
</table>
</body>
</html>
```

在浏览器中预览，可以看到使用 padding: 0.5cm 1cm 4cm 2cm 分别设置了上填充为 0.5cm，右填充为 1cm，下填充为 4cm，左填充为 2cm，在浏览器中预览，效果如图 8-13 所示。

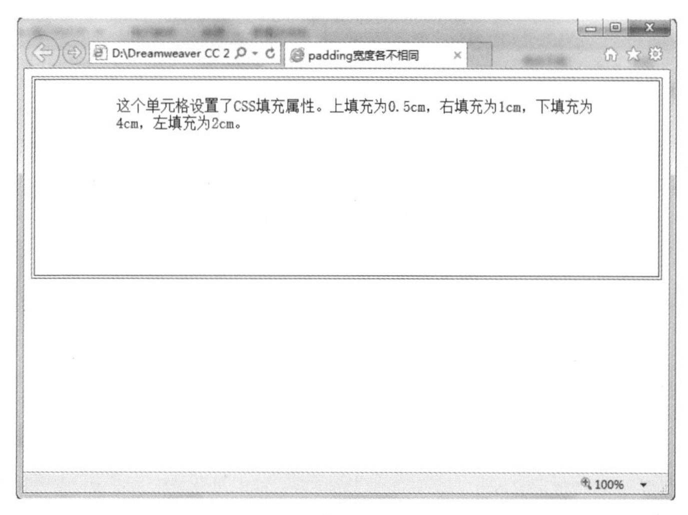

图 8-13

8.4.4 margin

边界属性用来设置页面中一个元素所占空间的边缘到相邻元素之间的距离，margin 属性包括 margin、margin-top、margin-bottom、margin-left、margin-right。

基本语法：

```
margin: 边距值
margin-top: 上边距值
margin-bottom: 下边距值
margin-left: 左边距值
margin-right: 右边距值
```

语法说明：

取值范围包括：

- 长度值相当于设置顶端的绝对边距值，包括数字和单位。
- 百分比是设置相对于上级元素的宽度的百分比，允许使用负值。
- auto 是自动边距值，即元素的默认值。

在 Dreamweaver 中可以使用可视化操作设置边界的效果，在“.d1 的 CSS 规则定义”对话框中的“分类”列表中选择“方框”选项，然后在“边界”选项中设置边界属性，如图 8-14 所示。

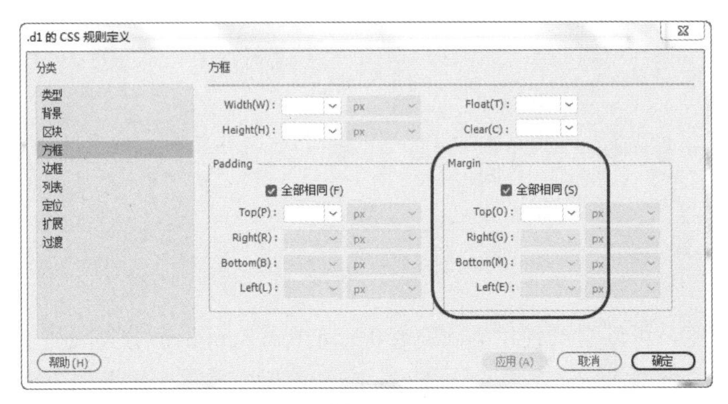

图 8-14

其 CSS 代码如下所示。

```
.top {
  margin-top: 4px;
  margin-right: 3px;
  margin-bottom: 3px;
  margin-left: 4px;
}
```

上面代码的作用是设置上边界为 4px、右边界为 3px、下边界为 3px，左边界为 4px。

下面举一个上、下、左、右边界宽度均相同的实例，其代码如下。

```
<!doctype html>
<html>
<head>
<meta http-equiv="Content-Type" content="text/html; charset=gb2312" />
<title>边界宽度相同</title>
<style type="text/css">
.d1{border:1px solid #FF0000;}
.d2{border:1px solid gray;}
.d3{margin:1cm;border:1px solid gray;}
</style>
</head>
<body>
<div class="d1">
<div class="d2">没有设置 margin</div>
</div>
<P> </P>
<hr>
<p> </p>
<div class="d1">
<div class="d3">margin 设置为 1cm</div>
</div>
</body>
```

```
</html>
```

在浏览器中预览，效果如图 8-15 所示。

图 8-15

上面两个 div 没有设置边界属性（margin），仅设置了边框属性（border）。外面的 d1 的 div 的 border 设为红色，中间的 d2 的 div 的 border 属性设为灰色。

和上面两个 div 的 CSS 属性设置唯一不同的是，下面两个 div 中，里面的那个为 d3 的 div 设置了边界属性（margin），为 1cm，表示这个 div 上、下、左、右的边距均为 1cm。

下面举一个上、下、左、右边界宽度都相同的实例，其代码如下。

```
<!doctype html>
<html>
<head>
<meta http-equiv="Content-Type" content="text/html; charset=gb2312" />
<title>边界宽度各不相同</title>
<style type="text/css">
.d1{border:1px solid #FF0000;}
.d2{border:1px solid gray;}
.d3{margin:0.5cm 1cm 2.5cm 1.5cm;border:1px solid gray;}
</style>
</head>
<body>
<div class="d1">
<div class="d2">没有设置 margin</div>
</div>
<P> </P>
<div class="d1">
<div class="d3">上下左右边界宽度各不同</div>
</div>
</body>
</html>
```

在浏览器中预览，效果如图 8-16 所示。

图 8-16

上面两个 div 没有设置边距属性（margin），仅设置了边框属性（border）。外面的 div 的 border 设为红色，里面的 div 的 border 属性设为灰色。

与上面两个 div 的 CSS 属性设置不同的是，下面两个 div 中，里面的那个 div 设置了边距属性（margin），设定上边距为 0.5cm，右边距为 1cm，下边距为 2.5cm，左边距为 1.5cm。

8.5 盒子的浮动与定位

CSS 为定位和浮动提供了一些属性，利用这些属性可以建立列式布局，将布局的一部分与另一部分重叠，还可以完成多年来通常需要使用多个表格才能完成的任务。定位的基本思路很简单，它允许你定义元素框相对于其正常位置应该出现的位置，或者相对于父元素、另一个元素甚至浏览器窗口本身的位置。

8.5.1 盒子的浮动 float

应用 Web 标准创建网页后，float 浮动属性是元素定位中非常重要的属性，经常通过对 div 元素应用 float 浮动来进行定位，不但对整个版式进行规划，也可以对一些基本元素如导航等进行排列。

在标准流中，一个块级元素在水平方向会自动伸展，直到包含它的元素的边界，而在竖直方向和其他元素依次排列，不能并排。使用浮动方式后，块级元素的表现会有所不同。

基本语法：

```
float:none|left|right
```

语法说明：

none 是默认值，表示对象不浮动；left 表示对象浮在左侧；right 表示对象浮在右侧。

CSS 允许任何元素浮动 float，不论是图像、段落还是列表。无论先前元素是什么状态，浮动后都成为块级元素。浮动元素的宽度默认为 auto。

★ 指点迷津 ★

浮动有一系列控制它的规则。

- 浮动元素的外边缘不会超过其父元素的内边缘。
- 浮动元素不会互相重叠。
- 浮动元素不会上下浮动。

float 属性不是你所想象的那么简单，不会通过这一篇文字的说明，就能完全搞明白它的工作原理，需要在实践中不断总结经验。下面通过几个小例子，来说明它的基本工作情况。

如果 float 取值为 none，或没有设置 float 时，不会发生任何浮动，块元素独占一行，紧随其后的块元素将在新行中显示。其代码如下所示，在浏览器中预览，效果如图 8-17 所示。可以看到由于没有设置 div 的 float 属性，因此，每个 div 都单独占一行，两个 div 分两行显示。

```
<!doctype html>
<html>
<head>
<meta http-equiv="Content-Type" content="text/html; charset=gb2312" />
 <title>没有设置 float 时</title>
 <style type="text/css">
  #content_a {width:200px; height:80px; border:2px solid #000000;
margin:15px; background:#0ccccc;}
  #content_b {width:200px; height:80px; border:2px solid #000000;
margin:15px; background:#ff00ff;}
</style>
</head>
<body>
  <div id="content_a">这是第一个 Div</div>
  <div id="content_b">这是第二个 Div</div>
</body>
</html>
```

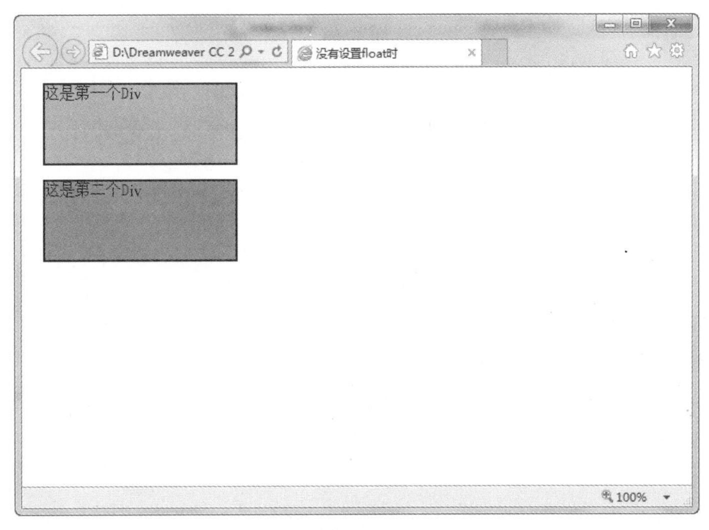

图 8-17

下面修改一下代码，使用 float:left 对 content_a 应用向左的浮动，而 content_b 不应用任何浮动。其代码如下所示，在浏览器中预览，效果如图 8-18 所示。可以看到对 content_a 应用向左的浮动后，content_a 向左浮动，content_b 在水平方向紧跟着它的后面，两个 div 占一行，在一行上并列显示。

```
<!doctype html>
<html>
<head>
<meta http-equiv="Content-Type" content="text/html; charset=gb2312"/>
 <title> 一个设置为左浮动，一个不设置浮动 </title>
 <style type="text/css">
  #content_a {width:200px; height:80px; float:left;
  border:2px solid #000000; margin:15px; background:#0ccccc;}
  #content_b {width:200px; height:80px; border:2px solid #000000;
 margin:15px; background:#ff00ff;}
</style>
</head>
<body>
  <div id="content_a"> 这是第一个 Div 向左浮动 </div>
<div id="content_b"> 这是第二个 Div 不应用浮动 </div>
</body>
</html>
```

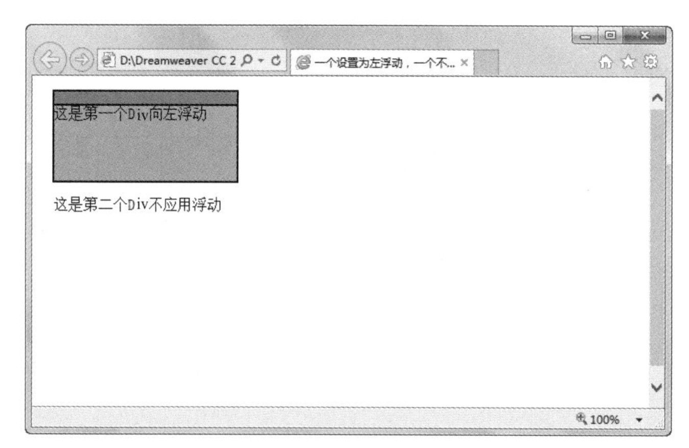

图 8-18

下面修改一下代码，同时对这两个容器应用向左的浮动，其 CSS 代码如下所示。在浏览器中预览，可以看到效果与图 8-19 相同，两个 div 占一行，在一行上并列显示。

```
<style type="text/css">
  #content_a {width:200px; height:80px; float:left; border:2px solid #000000;
margin:15px; background:#0ccccc;}
  #content_b {width:200px; height:80px; float:left; border:2px solid #000000;
margin:15px; background:#ff00ff;}
 </style>
```

下面修改上面代码中的两个元素，同时应用向右的浮动，其 CSS 代码下所示，在浏览器中预览，效果如图 8-20 所示。可以看到同时对两个元素应用向右的浮动，基本保持了一致，但要注意方向性，第二个在左侧，第一个在右侧。

```
<style type="text/css">
    #content_a {width:200px; height:80px; float:right; border:2px solid
#000000; margin:15px; background:#0ccccc;}
    #content_b {width:200px; height:80px; float:right; border:2px solid
#000000; margin:15px; background:#ff00ff;}
   </style>
```

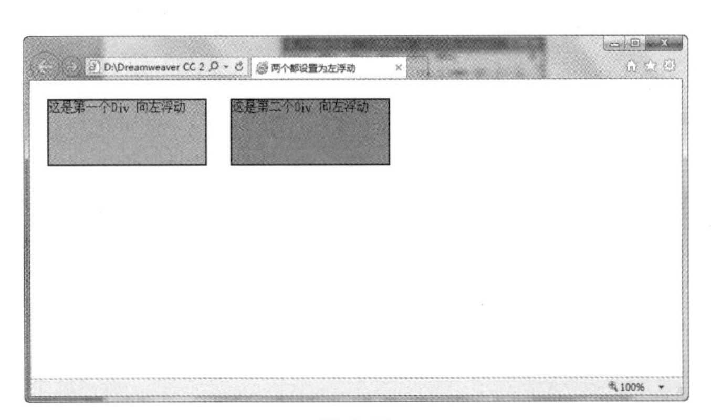

图 8-19

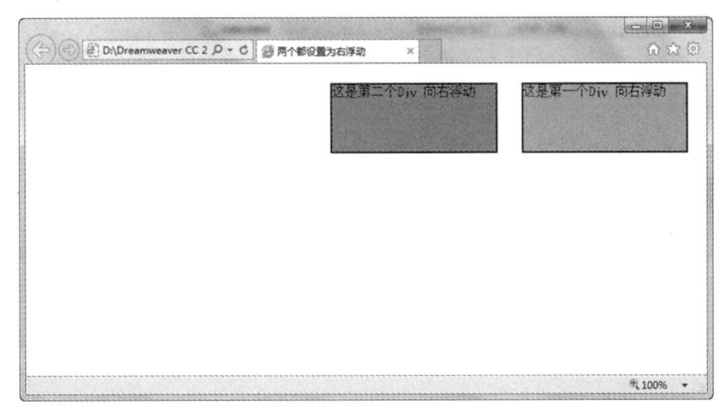

图 8-20

8.5.2　position 定位

position 的原意为位置、状态、安置。在 CSS 布局中，position 属性非常重要，很多特殊容器的定位必须用 position 来完成。position 属性有 4 个值，分别是：static、absolute、fixed、relative，static 是默认值，代表无定位。

定位（position）允许用户精确定义元素框出现的相对位置，可以相对于它通常出现的位置、相对于其上级元素、相对于另一个元素，或者相对于浏览器窗口本身。每个显示元素都可以用定位的方法来描述，而其位置由此元素的包含块来决定。

基本语法：

```
Position: static | absolute | fixed | relative
```

语法说明：

- static：静态（默认），无定位。
- relative：相对，对象不可层叠，但将依据 left、right、top、bottom 等属性在正常文档流中偏移位置。
- absolute：绝对，将对象从文档流中拖出，通过 width、height、left、right、top、bottom 等属性与 margin、padding、border 进行绝对定位，绝对定位的元素可以有边界，但这些边界不压缩，而其层叠通过 z-index 属性定义。
- fixed：固定，使元素固定在屏幕的某个位置，其包含块是可视区域本身，因此它不随滚动条的滚动而移动。

下面分别讲述这几种定位方式的使用方法。

1．绝对定位：absolute

当容器的 position 属性值为 absolute 时，这个容器即被绝对定位了。绝对定位在几种定位方法中使用最广泛，这种方法能精确地将元素移动到想要的位置。absolute 用于将一个元素放到固定的位置非常方便。

当有多个绝对定位容器放在同一个位置时，将显示哪个容器的内容呢？类似 Photoshop 的图层有上下关系，绝对定位的容器也有上下的关系，在同一个位置只会显示最上面的容器。在计算机显示中，把垂直于显示屏幕平面的方向称为 *Z* 方向，CSS 绝对定位的容器的 z-index 属性对应这个方向，z-index 属性的值越大，容器越靠上。即同一个位置上的两个绝对定位的容器只会显示 z-index 属性值较大的那个。

★ 指点迷津 ★

top、bottom、left和right这4个CSS属性都是配合position属性使用的，表示的是块的各个边界距页面边框的距离，或各个边界离原来位置的距离，只有当position设置为absolute或 relative时才能生效。

下面举例讲述 CSS 绝对定位的使用方法，其代码如下所示。

```
<!doctype html>
<html>
<head>
<meta http-equiv="Content-Type" content="text/html; charset=gb2312" />
<title>绝对定位</title>
<style type="text/css">
*{margin: 0px;
  padding:0px;
}
#all{
height:400px;
     width:400px;
     margin-left:20px;
     background-color:#eee;
}
#absdiv1,#absdiv2,#absdiv3,#absdiv4,#absdiv5
{width:120px;
       height:50px;
       border:5px double #000;
       position:absolute;
}
#absdiv1{
  top:10px;
  left:10px;
  background-color:#9c9;
}
#absdiv2{
  top:20px;
  left:50px;
  background-color:#9cc;
}
#absdiv3{
bottom:10px;
       left:50px;
```

```
        background-color:#9cc;
    }
    #absdiv4{
      top:10px;
      right:50px;
      z-index:10;
      background-color:#9cc;
    }
    #absdiv5{
      top:20px;
      right:90px;
      z-index:9;
      background-color:#9c9;
    }
    #a,#b,#c{width:300px;
          height:100px;
          border:1px solid #000;
          background-color:#ccc;
    }
    </style>
    </head>
    <body>
    <div id="all">
      <div id="absdiv1">第 1 个绝对定位的 div 容器 </div>
       <div id="absdiv2">第 2 个绝对定位的 div 容器 </div>
      <div id="absdiv3">第 3 个绝对定位的 div 容器 </div>
       <div id="absdiv4">第 4 个绝对定位的 div 容器 </div>
       <div id="absdiv5">第 5 个绝对定位的 div 容器 </div>
      <div id="a">第 1 个无定位的 div 容器 </div>
       <div id="b">第 2 个无定位的 div 容器 </div>
       <div id="c">第 3 个无定位的 div 容器 </div>
    </div>
    </body>
    </html>
```

这里设置了 5 个绝对定位的 div，3 个无定位的 div。给外部 div 设置了 #eee 背景色，并给内部无定位的 div 设置了 #ccc 背景色，而绝对定位的 div 容器设置了 #9c9 和 #9cc 背景色，并设置了 double 类型的边框。在浏览器中预览，效果如图 8-21 所示。

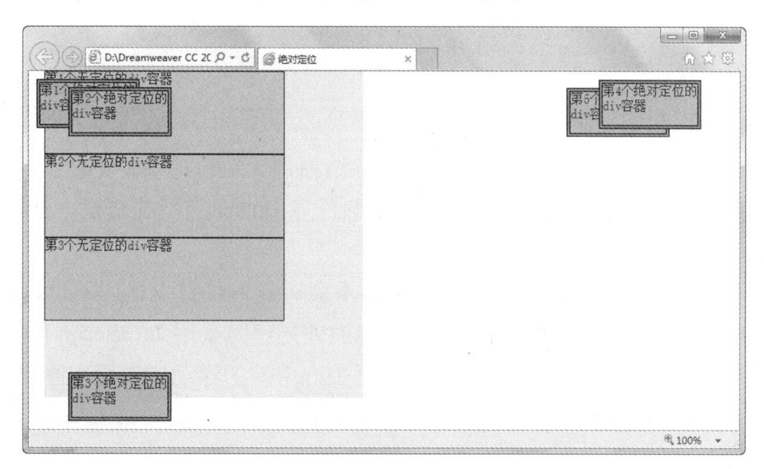

图 8-21

从本例可看到，设置 top、bottom、left 和 right 其中至少一种属性后，5 个绝对定位的 div 容器彻底摆脱了其父容器（id名称为all）的束缚，独立地漂浮在上面。而在未设置z-index属性值时，第2个绝对定位的容器显示在第1个绝对定位的容器上方（即后面的容器z-index属性值较大）。相应地，第5个绝对定位的容器虽然在第4个绝对定位的容器后面，但由于第4个绝对定位的容器的z-index值为10，第5个绝对定位的容器的z-index值为9，所以第4个绝对定位的容器显示在第5个绝对定位的容器的上方。

2. 固定定位：fixed

当容器的position属性值为fixed时，这个容器即被固定了。固定定位和绝对定位类似，只不过被定位的容器不会随着滚动条的滚动而移动位置。在视野中，固定定位的容器的位置是不会改变的。

下面举例讲述固定定位的使用方法，其代码如下所示。

```
<!doctype html>
<html>
<head>
<meta http-equiv="Content-Type" content="text/html; charset=gb2312" />
<title>CSS 固定定位 </title>
<style type="text/css">
* {margin: 0px;
  padding:0px;}
#all{
     width:400px;  height:450px; background-color:#cccccc;
}
#fixed{
     width:100px; height:80px; border:15px outset #f0ff00;
     background-color:#9c9000; position:fixed; top:20px; left:10px;
}
#a{
   width:200px;  height:300px; margin-left:20px;
   background-color:#eeeeee; border:2px outset #000000;
}
</style>
</head>
<body>
<div id="all">
   <div id="fixed"> 固定的容器 </div>
   <div id="a"> 无定位的 div 容器 </div>
</div>
</body>
</html>
```

在本例中给外部div设置了#cccccc背景色，并给内部无定位的div设置了#eeeeee背景色，而固定定位的div容器设置了#9c9000背景色，并设置了outset类型的边框。在浏览器中预览，效果如图8-22和图8-23所示。

可以尝试拖动浏览器的垂直滚动条，固定容器不会有任何位置变化。不过，IE 6.0版本的浏览器不支持fixed值的position属性，所以网上类似的效果都是采用JavaScript脚本编程完成的。固定定位方式常用在网页上，如图8-24所示的网页中，中间的浮动广告采用固定定位的方式。

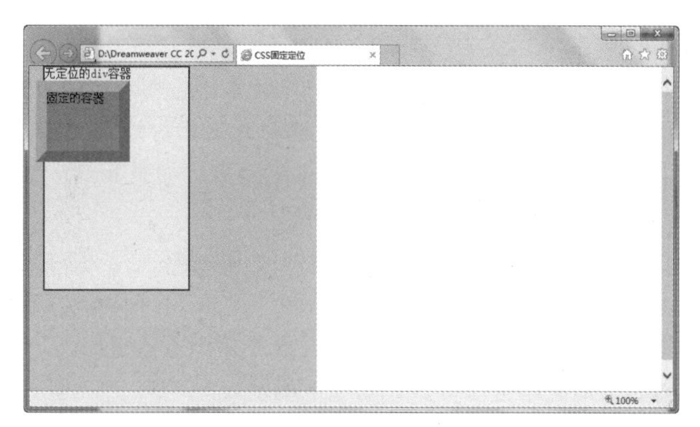

图 8-22

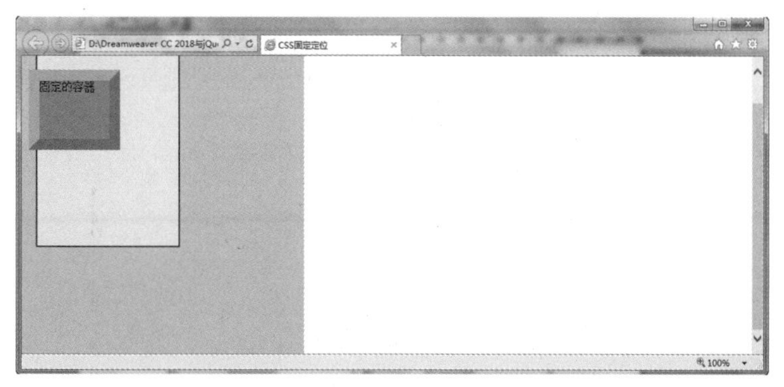

图 8-23

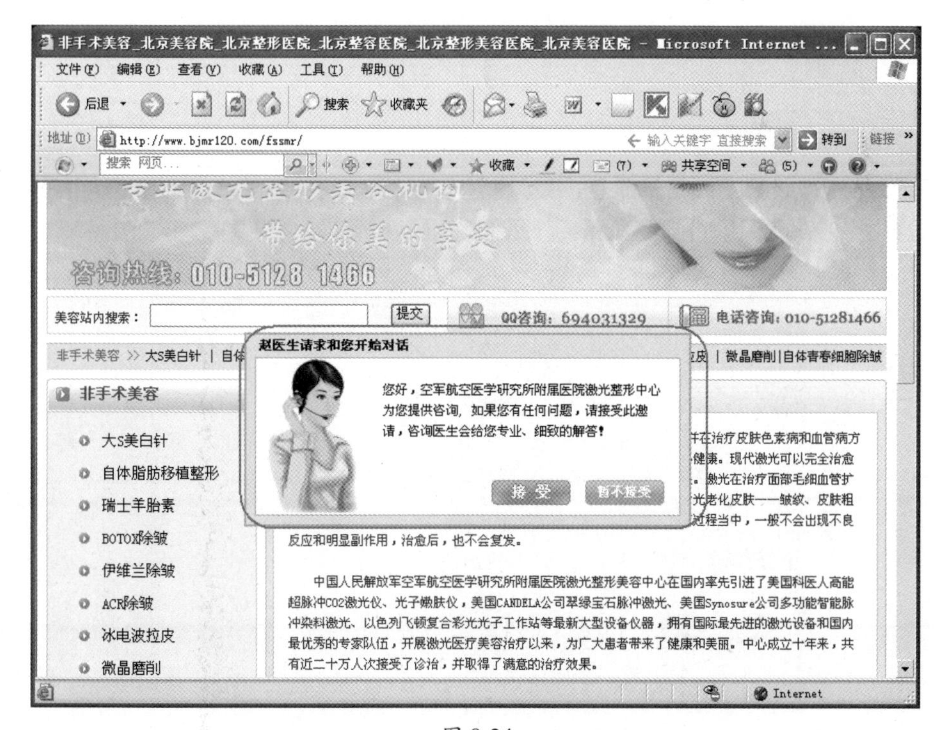

图 8-24

3．相对定位：relative

相对定位是一个非常容易掌握的概念。如果对一个元素进行相对定位，它将出现在它所在的位置上。然后，可以通过设置垂直或水平位置，让这个元素相对于它的起点进行移动。如果将 top 设置为 20px，那么，框将在原位置顶部下面 20px 的地方。如果 left 设置为 30 px，那么，会在元素左侧创建 30px 的空间，也就是将元素向右移动。

当容器的 position 属性值为 relative 时，这个容器即被相对定位了。相对定位和其他定位相似，也是独立出来浮存在上面的。不过相对定位的容器的 top（顶部）、bottom（底部）、left（左侧）和 right（右侧）属性参照对象是其父容器的 4 条边，而不是浏览器窗口。

下面举例讲述相对定位的使用方法，其代码如下所示。

```
<!doctype html>
<html>
<head>
<meta http-equiv="Content-Type" content="text/html; charset=gb2312" />
<title>CSS 相对定位 </title>
<style type="text/css">
*{margin: 0px; padding:0px;}
#all{width:400px; height:400px; background-color:#ccc;}
#fixed{   width:100px;  height:80px;border:15px ridge #f00;
background-color:#9c9;
position:relative;      top:130px;left:30px;}
#a,#b{width:200px; height:120px; background-color:#eee;
border:2px outset #000;}
</style>
</head>
<body>
<div id="all">
  <div id="a"> 第 1 个无定位的 div 容器 </div>
    <div id="fixed"> 相对定位的容器 </div>
  <div id="b"> 第 2 个无定位的 div 容器 </div>
</div>
</body>
</html>
```

这里给外部 div 设置了#ccc 背景色，并给内部无定位的 div 设置了#eee 背景色，而相对定位的 div 容器设置了#9c9 背景色，并设置了 inset 类型的边框。在浏览器中预览，效果如图 8-25 所示。

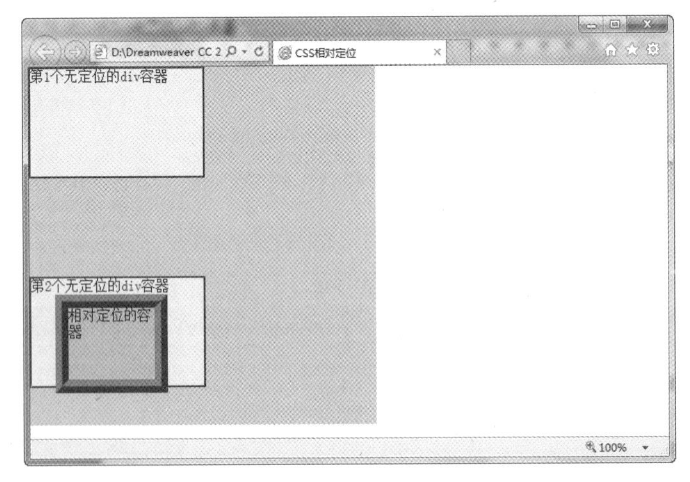

图 8-25

相对定位的容器其实并未完全独立，浮动范围仍然在父容器内，并且其所占的空白位置仍然有效地存在于前、后两个容器之间。

8.6　CSS 布局理念

无论使用表格还是 CSS，网页布局都是把大块的内容放进网页的不同区域中。有了 CSS，最常用来组织内容的元素就是 <div> 标签。CSS 排版是一种很新的排版理念，首先要将页面使用 <div> 整体划分几个板块，然后对各个板块进行 CSS 定位，最后在各个板块中添加相应的内容。

8.6.1　将页面用 div 分块

在利用 CSS 布局页面时，首先要有一个整体的规划，包括整个页面分成哪些模块、各个模块之间的父子关系等。以最简单的框架为例，页面由 banner、主体内容（content）、菜单导航（links）和脚注（footer）几个部分组成，各个部分分别用自己的 id 来标识，如图 8-26 所示。

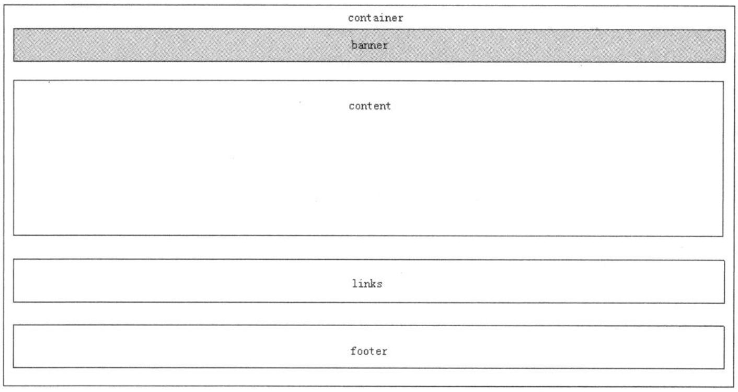

container
banner
content
links
footer

图 8-26

其页面中的 HTML 框架代码如下所示。

```
<div id="container">container
 <div id="banner">banner</div>
  <div id="content">content</div>
  <div id="links">links</div>
  <div id="footer">footer</div>
</div>
```

实例中每个板块都是一个 <div>，这里直接使用 CSS 中的 id 来表示各个板块，页面的所有 div 块都属于 container，一般的 div 排版都会在最外面加上这个父 div，便于对页面的整体进行调整。对于每个 div 块，还可以再加入各种元素或行内元素。

8.6.2　设计各块的位置

当页面的内容已经确定后，则需要根据内容本身考虑整体的页面布局类型，如是单栏、双栏，还是三栏等，这里采用的布局如图 8-27 所示。

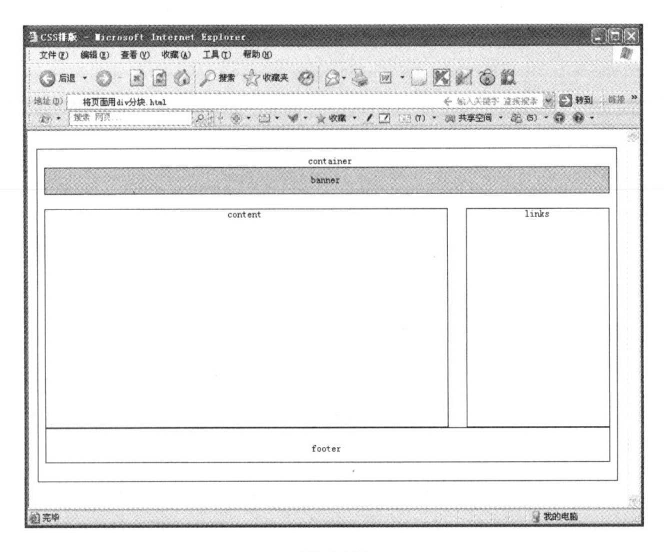

图 8-27

由图 8-27 可以看出，在页面外部有一个整体的框架 container，banner 位于页面整体框架中的最上方，content 与 links 位于页面的中部，其中 content 占据着页面的绝大部分，最下面是页面的脚注 footer。

8.6.3 用 CSS 定位

整理好页面的框架后，即可利用 CSS 对各个板块进行定位，实现对页面的整体规划，然后再往各个板块中添加内容。

下面首先对 body 标记与 container 父块进行设置，CSS 代码如下所示。

```
body {
    margin:10px;
    text-align:center;
}
#container{
    width:900px;
    border:2px solid #000000;
    padding:10px;
}
```

上面代码设置了页面的边界、页面文本的对齐方式，以及将父块的宽度设置为 900px。下面来设置 banner 板块，其 CSS 代码如下所示。

```
#banner{
    margin-bottom:5px;
    padding:10px;
    background-color:#a2d9ff;
    border:2px solid #000000;
    text-align:center;
}
```

这里设置了 banner 板块的边界、填充、背景颜色等。

下面利用 float 方法将 content 移动到左侧，links 移动到页面的右侧，这里分别设置了这两个板块的宽度和高度，读者可以根据需要自行调整。

```
#content{
    float:left;
    width:600px;
    height:300px;
    border:2px solid #000000;
    text-align:center;
}
#links{
    float:right;
    width:290px;
    height:300px;
    border:2px solid #000000;
    text-align:center;
}
```

由于 content 和 links 对象都设置了浮动属性，因此，footer 需要设置 clear 属性，使其不受浮动的影响，代码如下所示。

```
#footer{
    clear:both;     /* 不受 float 影响 */
    padding:10px;
    border:2px solid #000000;
    text-align:center;
}
```

这样，页面的整体框架便搭建好了，这里需要指出的是 content 块中不能放置宽度过大的元素，如很长的图片或不换行的英文等，否则 links 将再次被挤到 content 下方。

特别的是，如果后期维护时希望 content 的位置与 links 对调，只需要将 content 和 links 属性中的 left 和 right 改变。这是传统的排版方式所不可能简单实现的，这也正是 CSS 排版的魅力之一。

另外，如果 links 的内容比 content 的长，在 Internet Explorer 浏览器上 footer 就会贴在 content 下方，而与 links 出现重合。

8.7 常见的布局类型

div+CSS 是现在最流行的一种网页布局格式，以前常用表格来布局，而现在一些比较知名的网页设计全部采用 div+CSS 来排版布局，div+CSS 的好处可以使 HTML 代码更整齐、更容易使人理解，而且在浏览时的速度也比传统的布局方式快，最重要的是它的可控性要比表格强很多。下面介绍常见的布局类型。

8.7.1 使用 CSS 定位单行单列固定宽度

单行单列固定宽度也就是一列固定宽度布局，它是所有布局的基础，也是最简单的布局形式。一列固定宽度中，宽度的属性值是固定像素。下面举例说明单行单列固定宽度的布局方法，具体操作步骤如下。

01 在 HTML 文档 <head> 与 </head> 之间的相应位置输入定义的 CSS 样式代码，如下所示。

```
<style>
#content{
  background-color:#ffcc33;
  border:5px solid #ff3399;
```

```
    width:500px;
    height:350px;
  }
  </style>
```

★ 提示 ★

使用background-color:# ffcc33将div设定为黄色背景，并使用border:5px solid #ff3399将div设置了粉红色的宽度为5px的边框，使用width:500px设置宽度为500像素的固定宽度，使用height:350px设置高度为350像素。

02 在 HTML 文档 <body> 与 <body> 之间的正文中输入以下代码，使 div 使用 layer 作为 id 名称。

```
  <div id="content ">1 列固定宽度 </div>
```

03 在浏览器中预览，由于是固定宽度，无论怎样改变浏览器窗口的大小，div 的宽度都不会改变，如图 8-28 和图 8-29 所示。

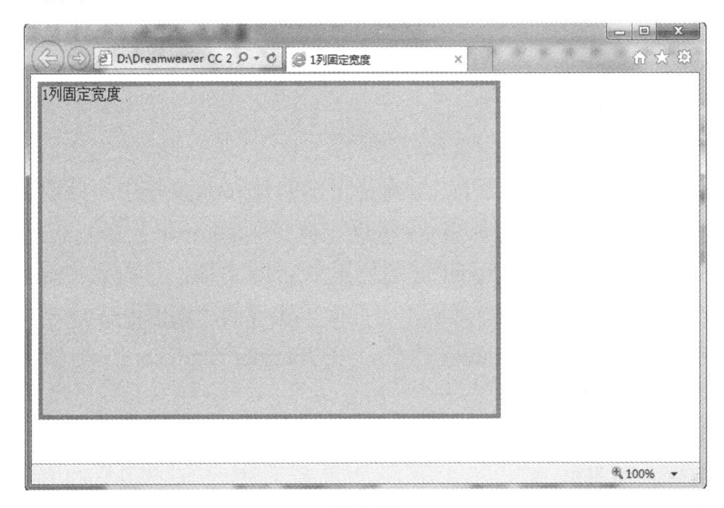

图 8-28

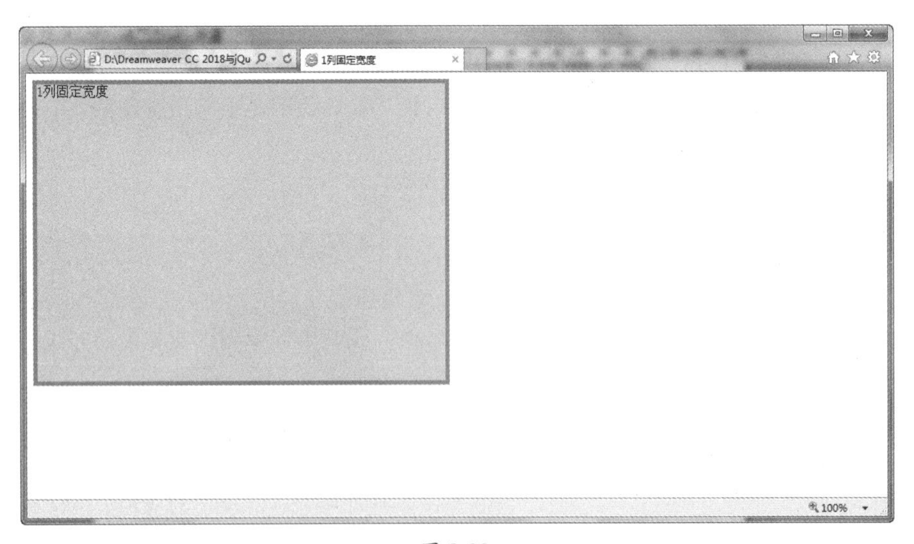

图 8-29

★ 提示 ★

页面居中是常用的网页设计表现形式之一，传统的表格式布局中，用align="center"属性来实现表格居中显示。div本身也支持align="center"属性，同样可以实现居中，但是在Web标准化时代，这个不是我们想要的结果，因为不能实现表现与内容的分离。

8.7.2 一列自适应

自适应布局是在网页设计中常见的一种布局形式，自适应的布局能够根据浏览器窗口的大小自动改变其宽度或高度值，是一种非常灵活的布局形式，良好的自适应布局网站对不同分辨率的显示器都能提供最好的显示效果。自适应布局需要将宽度由固定值改为百分比。下面是一列自适应布局的 CSS 代码。

```
<!doctype html>
<html>
<head>
<meta http-equiv="content-type" content="text/html; charset=gb2312"/>
<title>1 列自适应 </title>
<style>
#Layer{
  background-color:#00cc33;
  border:3px solid #ff3399;
  width:60%;
  height:60%;
}
</style>
</head>
<body>
<div id="Layer">1 列自适应 </div>
</body>
</html>
```

这里将宽度和高度值都设置为 60%，从预览效果中可以看到，div 的宽度已经变为了浏览器宽度的 60%的值，当扩大或缩小浏览器窗口大小时，其宽度和高度还将维持在与浏览器当前宽度比例的 60%。如图 8-30 和图 8-31 所示。

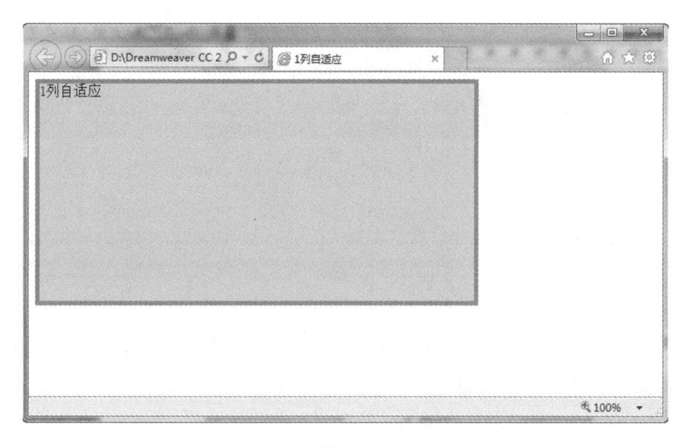

图 8-30

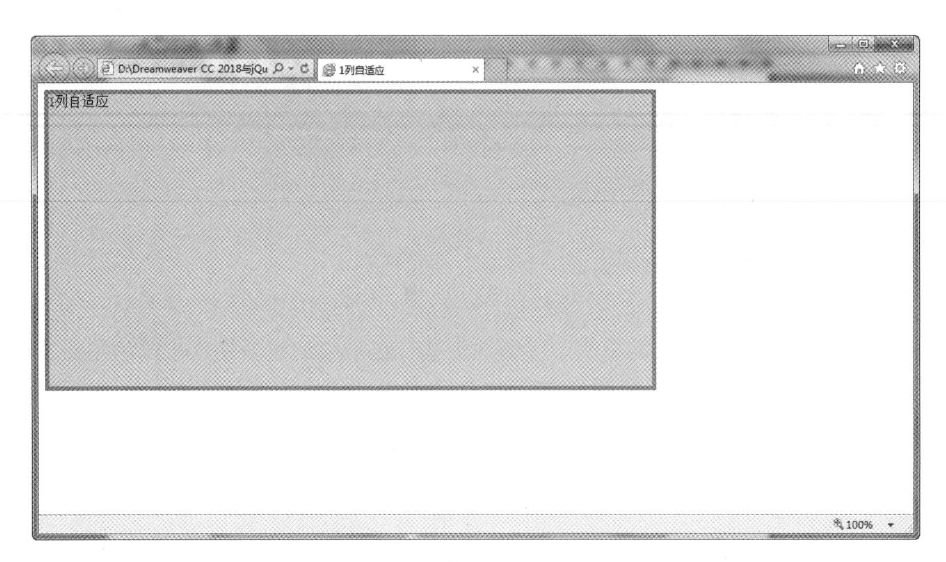

图 8-31

自适应布局是比较常见的网页布局方式，如图 8-32 所示的网页就采用了自适应布局。

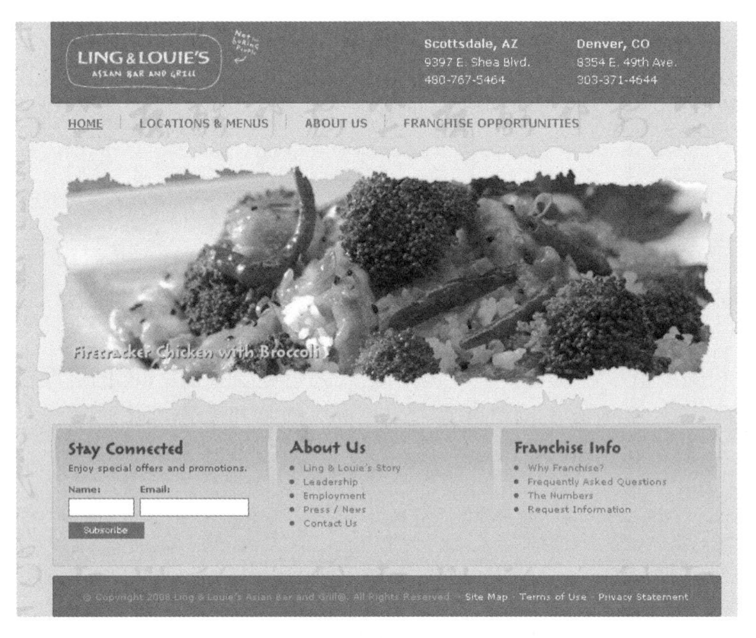

图 8-32

8.7.3 两列固定宽度

有了一列固定宽度作为基础，二列固定宽度就非常简单了，我们知道 div 用于对某一个区域的标识，而二列的布局，自然需要用到两个 div。

两列固定宽度非常简单，两列的布局需要用到两个 div，分别把两个 div 的 id 设置为 left 与 right，表示两个 div 的名称。首先为它们设置宽度，然后让两个 div 在水平线中并排显示，从而形成两列式布局，具体操作步骤如下。

01 在 HTML 文档 <head> 与 </head> 之间的相应位置输入定义的 CSS 样式代码，如下所示。

```
<style>
#left{
  background-color:#00cc33;
  border:1px solid #ff3399;
  width:250px;
  height:250px;
  float:left;
  }
#right{
  background-color:#ffcc33;
  border:1px solid #ff3399;
  width:250px;
  height:250px;
  float:left;
}
</style>
```

★ 提示 ★

left与right两个div的代码与前面类似，两个div使用相同宽度实现两列式布局。float属性是CSS布局中非常重要的属性，用于控制对象的浮动布局方式，大部分div布局基本上都通过float的控制来实现。float使用none值时表示对象不浮动，而使用left时，对象将向左浮动，例如本例中的div使用了float:left;之后，div对象将向左浮动。

02 在 HTML 文档 <body> 与 <body> 之间的正文中输入以下代码，将 div 使用 left 和 right 作为 id 名称。

```
<div id="left">左列</div>
<div id="right">右列</div>
```

03 在使用了简单的 float 属性之后，二列固定宽度就能够完整的显示出来。在浏览器中预览，效果如图 8-33 所示。

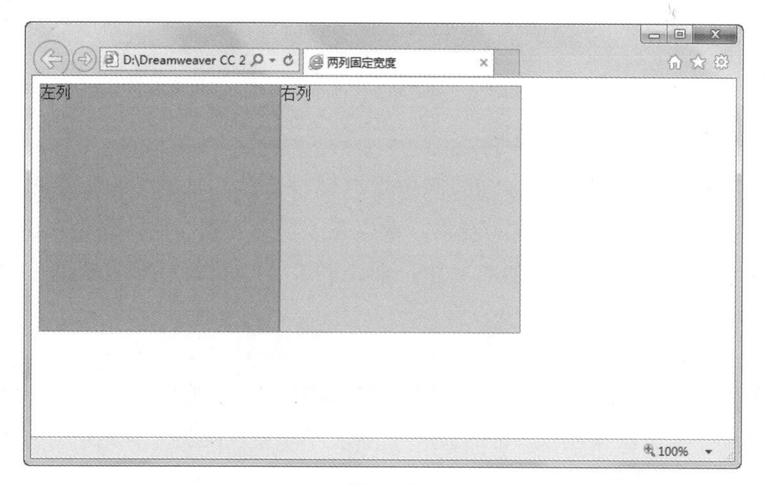

图 8-33

8.7.4　两列宽度自适应

下面使用两列宽度的自适应性，实现左、右栏宽度能够做到自动适应的效果，设置自适应主要通过宽度的百分比值来设置，将 CSS 代码修改如下。

```
<style>
#left{
  background-color:#00cc33;border:1px solid #ff3399; width:60%;
  height:250px; float:left;
  }
#right{
  background-color:#ffcc33;border:1px solid #ff3399; width:30%;
  height:250px; float:left;
}
</style>
```

这里主要修改了左栏宽度为60%，右栏宽度为30%。在浏览器中预览，效果如图8-34和图8-35所示，无论怎样改变浏览器窗口大小，左右两栏的宽度与浏览器窗口的比例都保持不变。

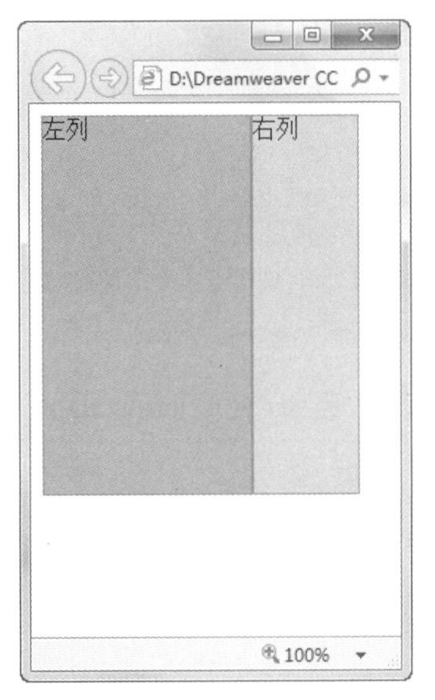

图 8-34

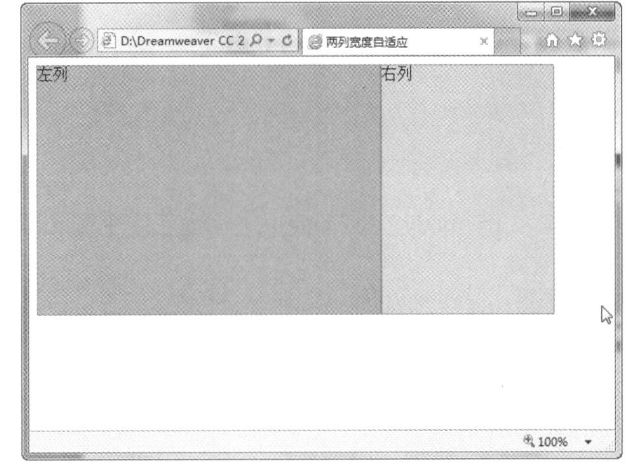

图 8-35

8.7.5 三列浮动中间宽度自适应

使用浮动定位方式，从 1 列到多列的固定宽度及自适应，基本上可以简单完成，包括 3 列的固定宽度。而在这里提出了一个新的要求，希望有一个 3 列式布局，基中左栏要求固定宽度，并居左显示，右栏要求固定宽度并居右显示，而中间栏需要在左栏和右栏的中间，根据左右栏的间距变化自动适应。

在开始制作这样的三列布局之前，有必要了解一个新的定位方式——绝对定位。前面的浮动定位方式主要由浏览器根据对象的内容自动进行浮动方向的调整，但是这种方式不能满足定位需求时，就需要新的方法来实现。CSS 提供的除了浮动定位的另一种定位方式就是绝对定位，绝对定位使用 position 属性来实现。

下面讲述三列浮动中间宽度自适应布局的创建方法，具体操作步骤如下。

01 在 HTML 文档 <head> 与 </head> 之间的相应位置输入定义的 CSS 样式代码，如下所示。

```
<style>
body{ margin:0px; }
```

```
#left{ background-color:#ffcc00;   border:3px solid #333333; width:100px;
    height:250px; position:absolute; top:0px; left:0px;
}
#center{ background-color:#ccffcc; border:3px solid #333333; height:250px;
    margin-left:100px; margin-right:100px; }
#right{ background-color:#ffcc00; border:3px solid #333333; width:100px;
    height:250px; position:absolute; right:0px; top:0px; }
</style>
```

02 在 HTML 文档 <body> 与 <body> 之间的正文中输入以下代码，将 div 使用 left、right 和 center 作为 id 名称。

```
<div id="left">左列</div>
<div id="center">中间列</div>
<div id="right">右列</div>
```

03 在浏览器中预览，效果如图 8-36 和图 8-37 所示。

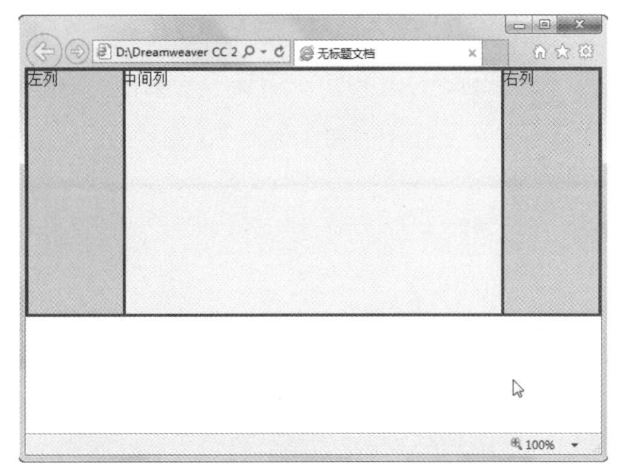

图 8-36

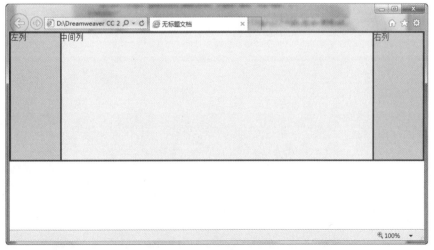

图 8-37

如图 8-38 所示的网页，采用 3 列浮动中间宽度自适应的布局。

designsby
CHRIS
Web Design & Graphics
Portfolio
websites
parklandbaptistchurch.org
vips.org
proofthatgodexists.org
chrisandabby.com
babieshelpingbabies.com
100mostbeautifulbabies.com
amber faith
christopheles quest
semperfi.cl
transition skate park
my wedding
upper room coffee house
midlaneparkbaptist.org
bill-duncan.com
aftershockonline.com
1pulse.com
cleaningstlouis.com
wallpapers
My "crib" is here for a few reasons: to display my portfolio, to provide a point of contact with potential clients, and to keep me from having too much free time. I love experimenting with and tweaking my website, and will probably always tweak this design until I eventually change it completely. Until then, enjoy what I have to show, and let me know what you think about my
contact me
Name
Email Address
http://
Phone Number
Message
send
clear
latest news
4/4/07
Completed a logo for Aviation Equity
articles
Who is Chris?
图 8-38

第 9 章　利用表单对象创建表单文件

在网站中，表单是实现网页上数据传输的基础，其作用就是实现浏览者与网站之间的交互功能。利用表单，可以根据浏览者输入的信息，自动生成页面反馈给浏览者，还可以为网站收集浏览者输入的信息。表单可以包含允许进行交互的各种对象，包括文本域、列表框、复选框、单选按钮、图像域、按钮以及其他表单对象。本章就来讲述表单对象的使用方法和表单网页的常用技巧。

知识要点

- 创建表单
- 插入文本域
- 插入复选框和单选按钮
- 插入跳转菜单
- 使用隐藏域和文件域
- 插入按钮
- 检查表单
- 创建电子邮件表单

实例展示

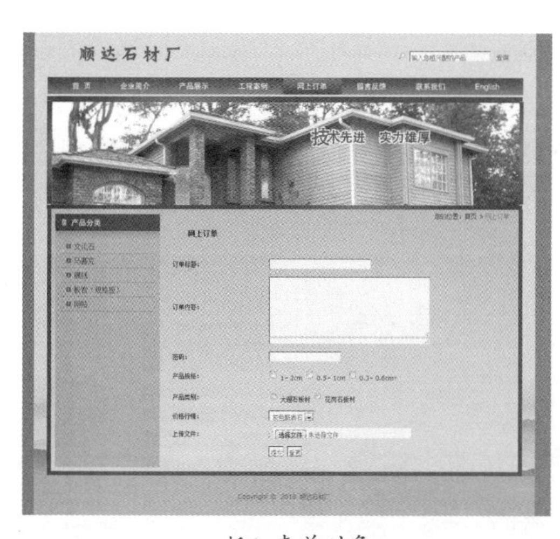

插入表单对象

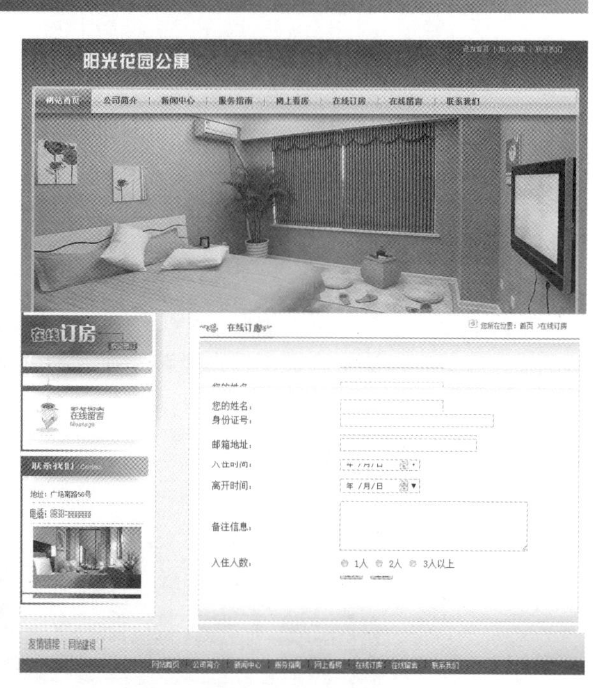

创建电子邮件表单

9.1 创建表单

表单对于每个网站开发人员来说，应该是再熟悉不过的元素了，而且它是页面与网站服务器交互过程中最重要的信息来源。

9.1.1 表单概述

一个完整的表单设计应该很明确地分为两部分——表单对象部分和应用程序部分，它们分别由网页设计师和程序设计师来设计完成。其制作过程是这样的，首先由网页设计师制作出一个可以让浏览者输入各项资料的表单页面，这部分属于在显示器上可以看到的内容，此时的表单只是一个外壳，不具备真正的工作能力，它需要后台程序的支持。接着由程序设计师通过 ASP 或者 CGI 程序来编写处理各项表单资料和反馈信息等操作所需的程序，这部分浏览者虽然看不见，但却是表单处理的核心。

Dreamweaver 作为一种可视化的网页设计软件，只需学习表单在页面中的设计部分即可，至于后续的程序处理部分，还是交给专门的程序设计师吧。下面就开始介绍各个表单对象的使用方法，而后台的程序编写部分则不在讨论的范围之内。

表单用 <form></form> 标记来创建，在 <form> 和 </form> 标记之间的部分都属于表单的内容。<form> 标记具有 action、method 和 target 属性。

- action 的值是处理程序的程序名，如 <form action="URL ">，如果这个属性是空值（""），则当前文档的 URL 将被使用，当用户提交表单时，服务器将执行这个程序。
- method 属性用来定义处理程序从表单中获得信息的方式，可取 GET 或 POST 中的一个。GET 方式是处理程序从当前 html 文档中获取数据，这种方式传送的数据量是有限制的，一般限制在 1KB 以下。POST 方式传送的数据比较大，它是当前的 html 文档把数据传送给处理程序，传送的数据量要比使用 GET 方式大得多。
- target 属性用来指定目标窗口或目标帧。可选当前窗口 _self、父级窗口 _parent、顶层窗口 _top 和空白窗口 _blank。

9.1.2 插入表单

使用表单必须具备两个条件：一个是含有表单元素的网页文档；另一个是服务器端的表单处理应用程序或客户端脚本程序，它能够处理用户输入到表单的信息。下面创建一个基本的表单，具体操作步骤如下。

01 打开网页文档，如图 9-1 所示。

图 9-1

02 将光标置于文档中要插入表单的位置，执行“插入”|“表单”|“表单”命令，如图 9-2 所示。

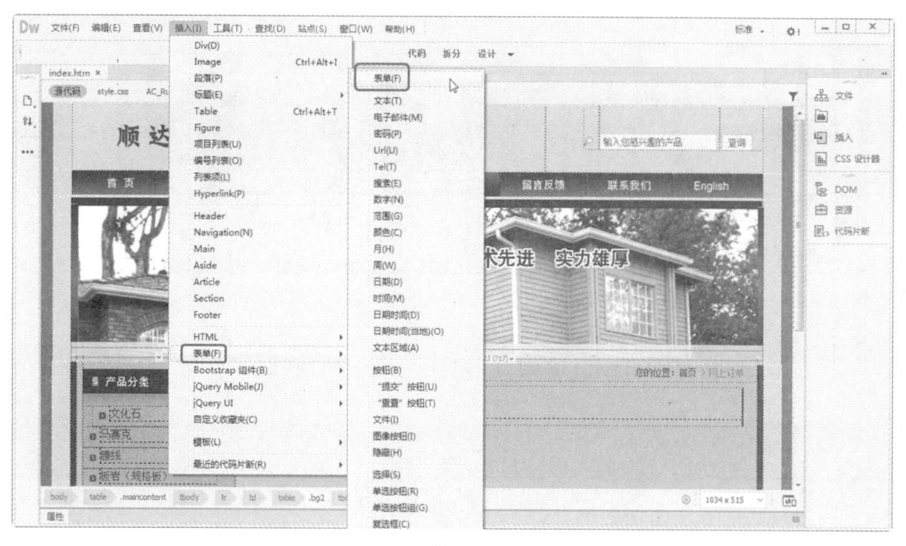

图 9-2

★ 提示 ★

执行命令后，如果看不到红色虚线表单，可以执行“查看”|“设计视图选项”|“可视化助理”|“不可见元素”命令，即可看到插入的表单。

03 执行命令后，页面中就会出现红色的虚线，该虚线就是表单，如图 9-3 所示。

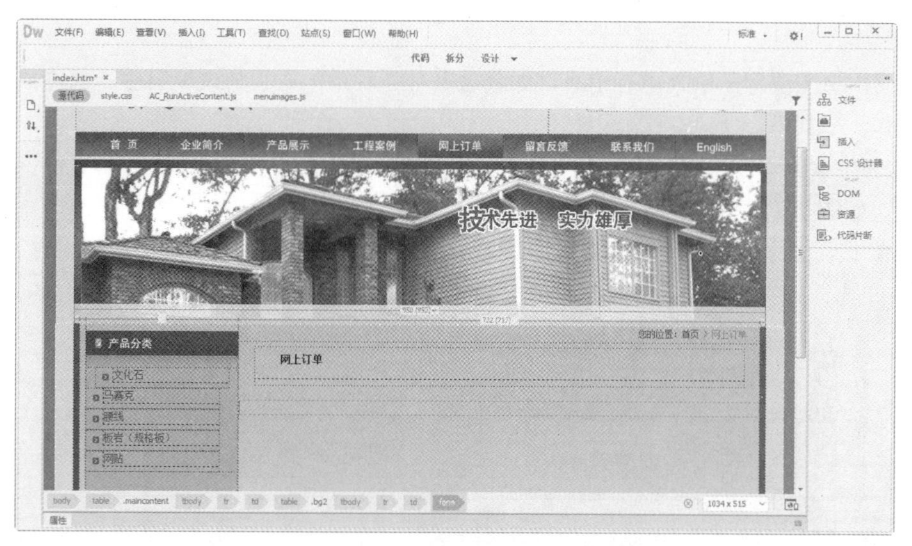

图 9-3

04 选中表单，在“属性”面板中设置表单的属性，如图 9-4 所示。

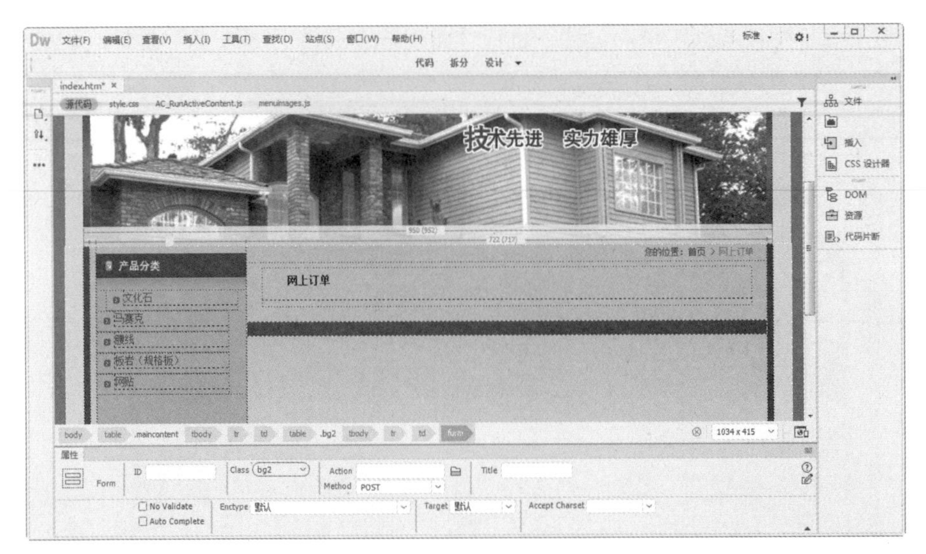

图 9-4

9.2 插入文本域

文本域接受任何类型的文字输入，可以是单行或多行文本，也可以是密码域，在这种情况下，输入的文本将被替换为星号或项目符号，以避免旁观者看到。

9.2.1 单行文本域

单行文本域主要用于输入单行信息，如登录账号、联系电话和邮政编码等。创建单行文本域的具体操作步骤如下。

01 将光标置于表单中，执行“插入”|Table 命令，插入一个 8 行 2 列的表格，将表格设置为“居中对齐”，如图 9-5 所示。

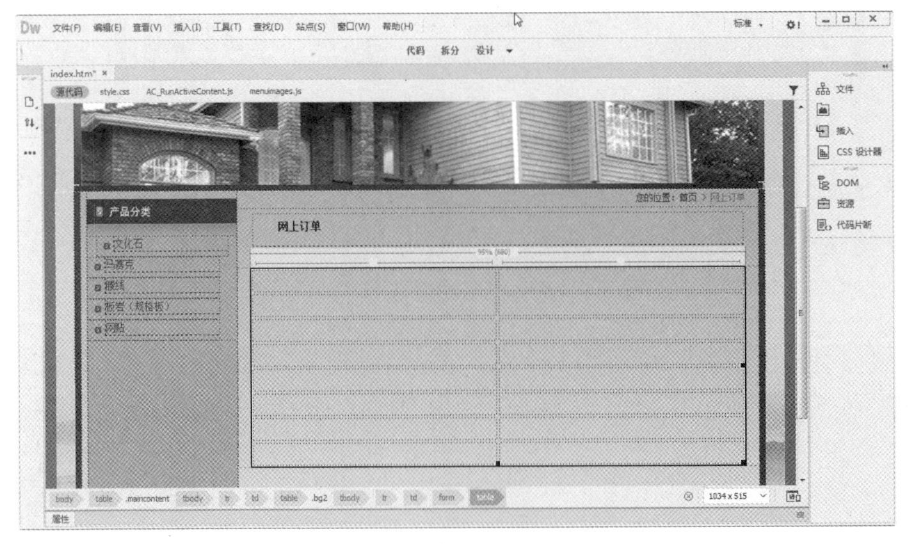

图 9-5

02 将光标置于表格第 1 行第 1 列的单元格中，输入文字“订单标题：”，将“大小”设置为 12 像素，“文本颜色”设置为 #000000，如图 9-6 所示。

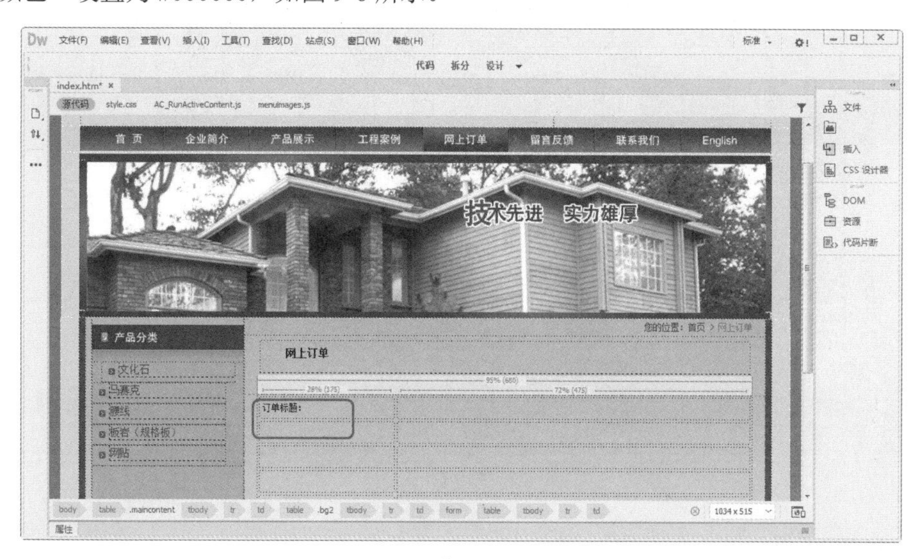

图 9-6

03 将光标置于表格第 1 行第 2 列的单元格中，执行“插入”|“表单”|“文本域”命令，插入文本域，如图 9-7 所示。

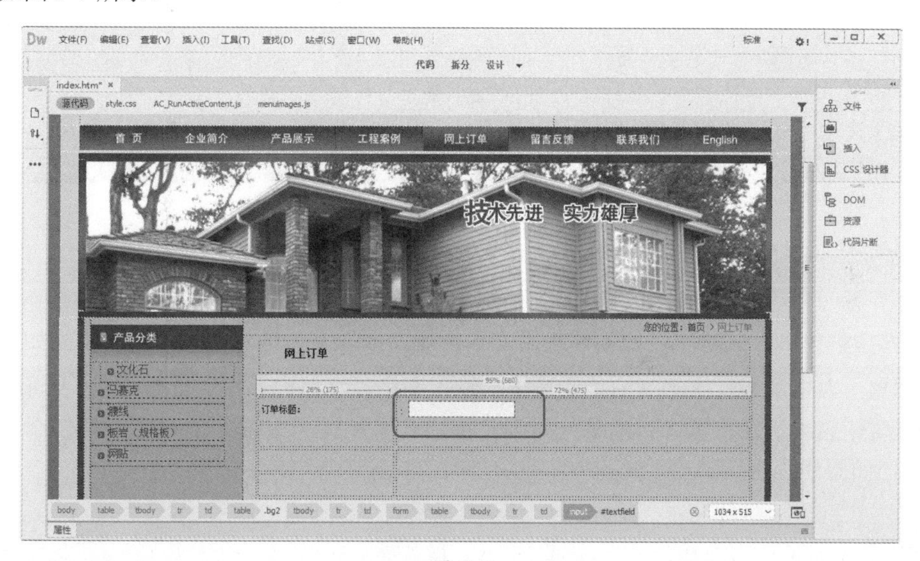

图 9-7

★ 提示 ★

单击“表单”插入栏中的“文本”按钮，也可以插入文本域。

04 选中插入的文本域，打开“属性”面板，将面板中的 Size 设置为 30，MaxLength 设置为 15，如图 9-8 所示。

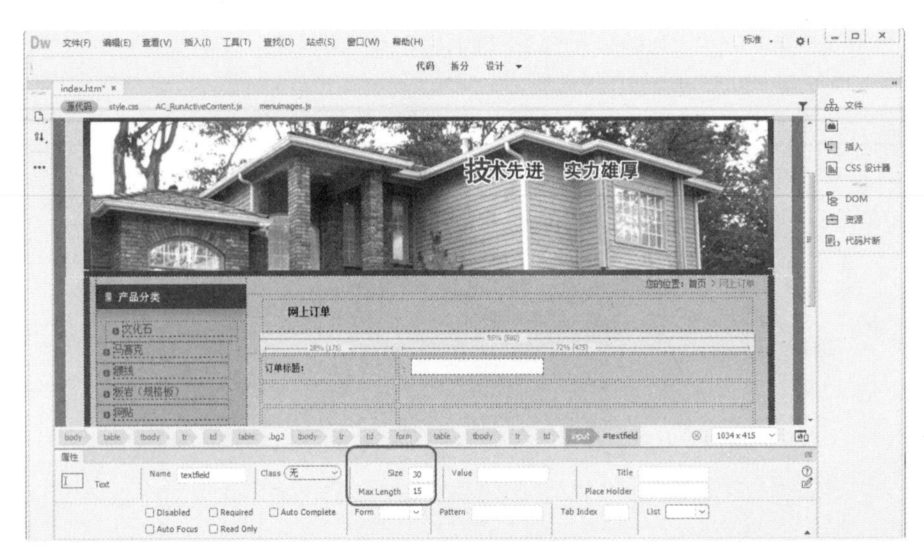

图 9-8

★ 指点迷津 ★

在文本域“属性”面板中主要有以下参数。

- Name：在文本框中为该文本域指定一个名称，每个文本域都必须有一个唯一的名称。文本域名称不能包含空格或特殊字符，可以使用字母、数字、字符和下画线（_）的任意组合。
- Size：设置文本域可显示的字符宽度。
- MaxLength：设置单行文本域中最多可输入的字符数，可以使用MaxLength将邮政编码限制为6位数，将密码限制为10个字符等。如果将MaxLength文本框保留为空白，则可以输入任意数量的文本，如果文本超过字符宽度，文本将滚动显示。
- Value：指定在首次载入表单时，文本域中显示的值。

9.2.2　多行文本域

如果希望创建多行文本域，则需要使用文本区域，插入文本区域的具体操作步骤如下。

01 将光标置于表格第 2 行第 1 列的单元格中，输入文字“订单内容：”，如图 9-9 所示。

02 将光标置于表格第 2 行第 2 列的单元格中，执行“插入”|“表单”|“文本区域”命令，插入文本区域，如图 9-10 所示。

★ 提示 ★

单击“表单”插入栏中的“文本区域”按钮，也可以插入文本区域。

03 选中插入的文本区域，在“属性”面板中将 Rows 设置为 5，Cols 设置为 45，如图 9-11 所示。

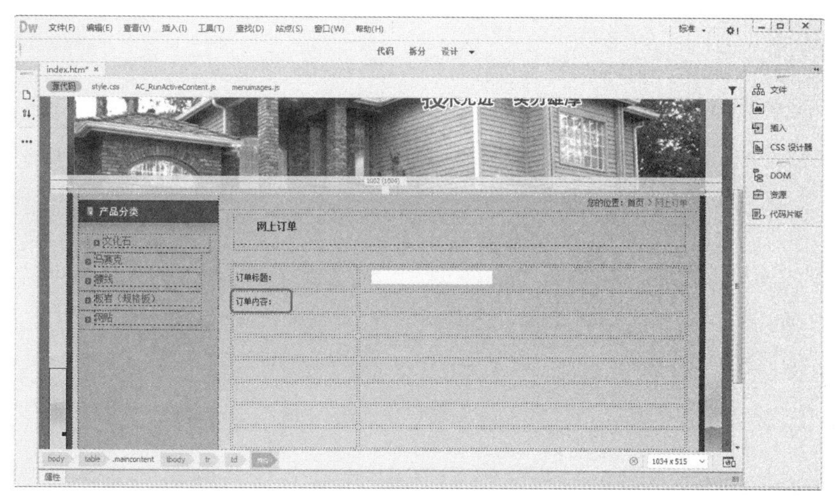

图 9-9

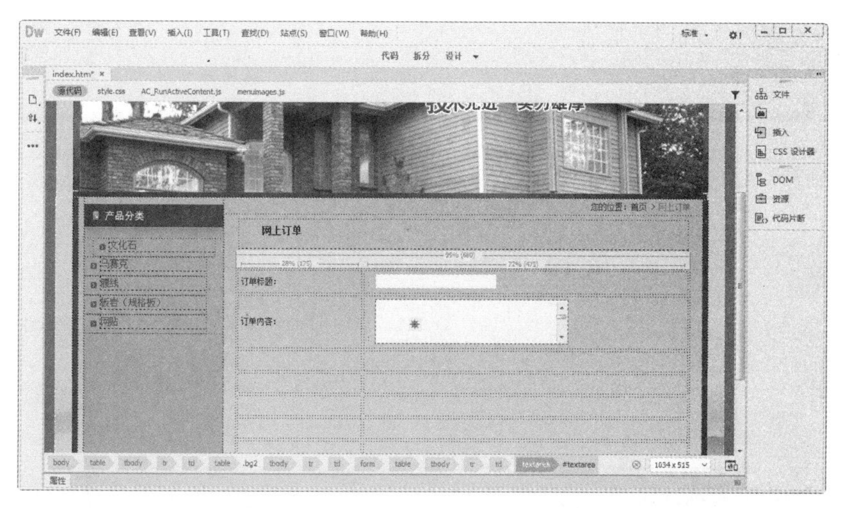

图 9-10

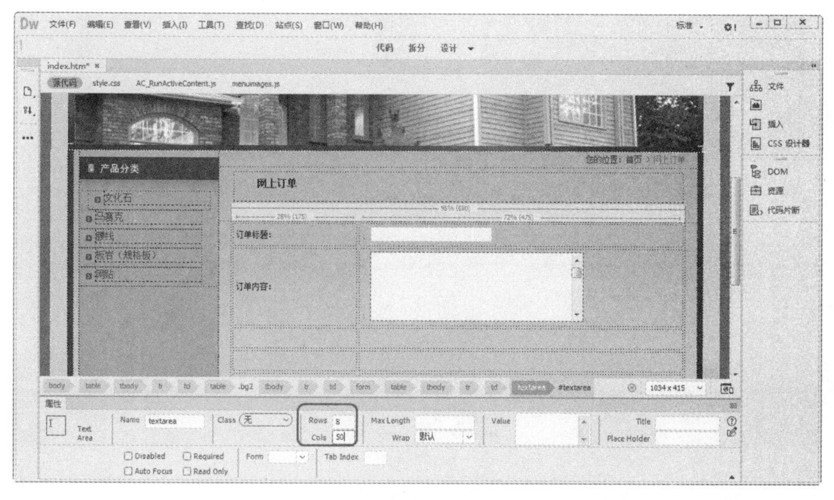

图 9-11

9.2.3 密码域

创建密码域的具体操作步骤如下。

01 将光标置于表格第 3 行第 1 列的单元格中，输入文字“密码：”，如图 9-12 所示。

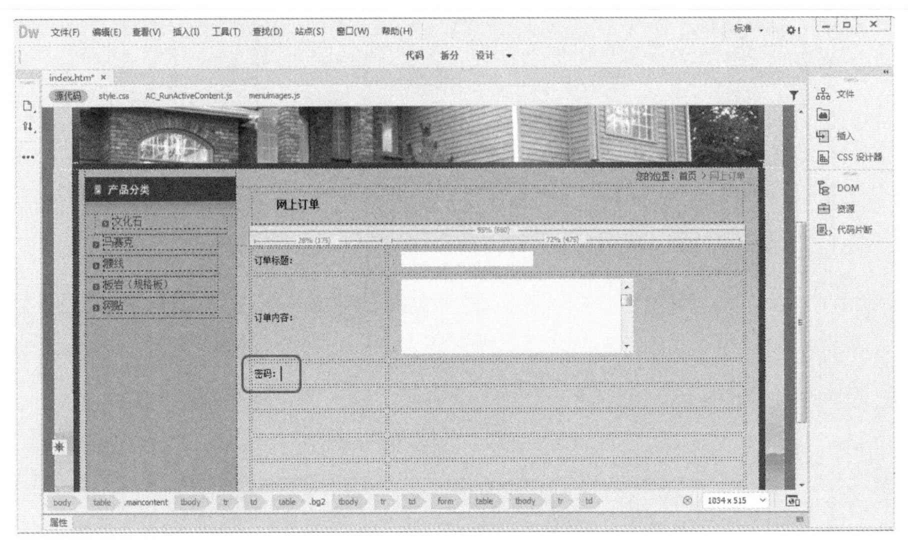

图 9-12

02 将光标置于表格第 3 行第 2 列的单元格中，执行“插入”|“表单”|“密码”命令，插入密码域，如图 9-13 所示。

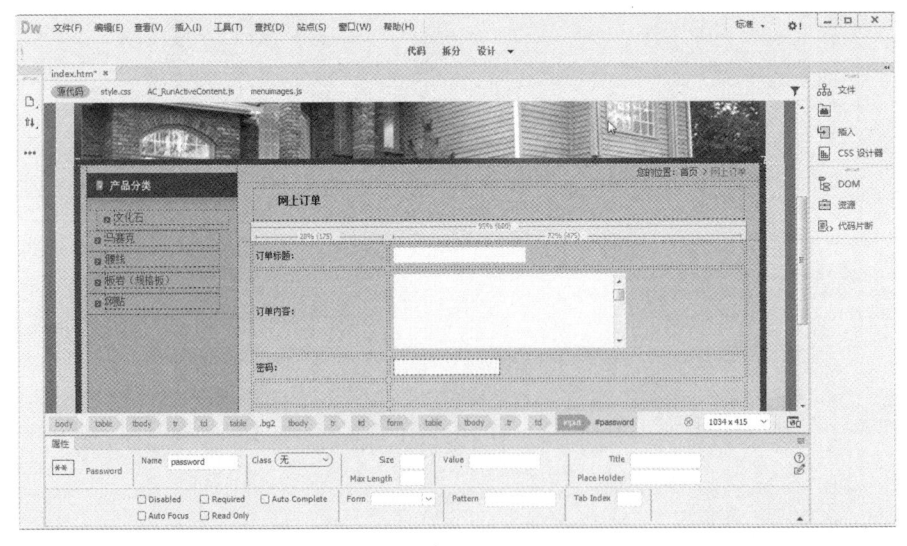

图 9-13

★ 提示 ★

单击“表单”插入栏中的“密码域”按钮，也可以插入密码域。

★ 高手支招 ★

最好对不同内容的文本域进行数量的限制，防止个别浏览者恶意输入大量数据，以维护系统的稳定性。例如，用户名可以设置为30个字符，密码可以设置为20个字符，邮政编码可以设置为6个字符，等等。

9.3 插入复选框和单选按钮

用户经常会遇到有多项选择的问题，这时，就需要插入复选框或单选按钮。单选按钮可以提供在众多的选项中选择其中一项的功能；复选项允许在一组选项中选择多个选项。

9.3.1 插入复选框

复选框允许用户在一组选项中选择多个选项，每个复选框都是独立的，所以必须有一个唯一的名称。插入复选框的具体操作步骤如下。

01 将光标置于表格第 4 行第 1 列的单元格中，输入文字“产品规格：”，如图 9-14 所示。

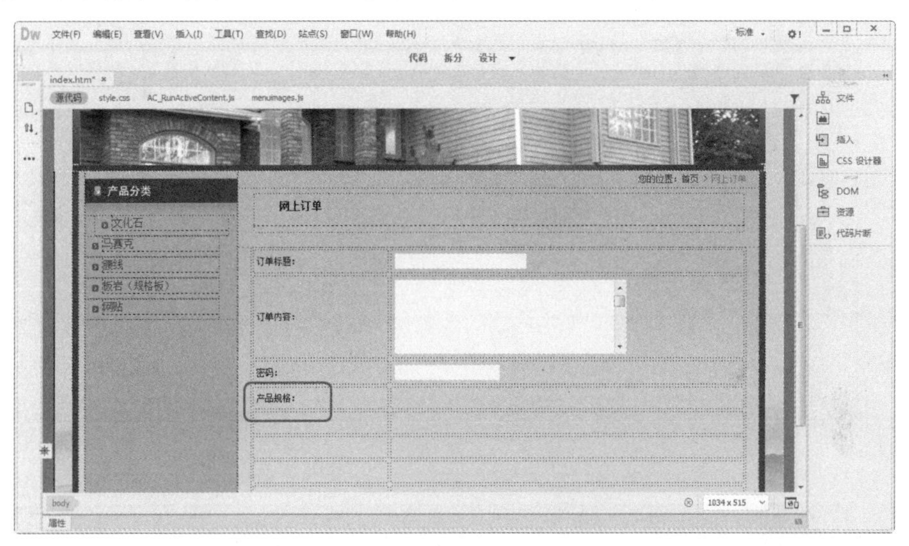

图 9-14

02 将光标置于表格第 4 行第 2 列的单元格中，执行“插入” | “表单” | “复选框”命令，插入复选框，如图 9-15 所示。

★ 高手支招 ★

单击“表单”插入栏中的“复选框”按钮，也可以插入复选框。

03 选中复选框，打开“属性”面板，在该面板中设置相关属性，如图 9-16 所示。

04 将光标置于复选框的右侧，输入文字“1 － 2cm”，如图 9-17 所示。

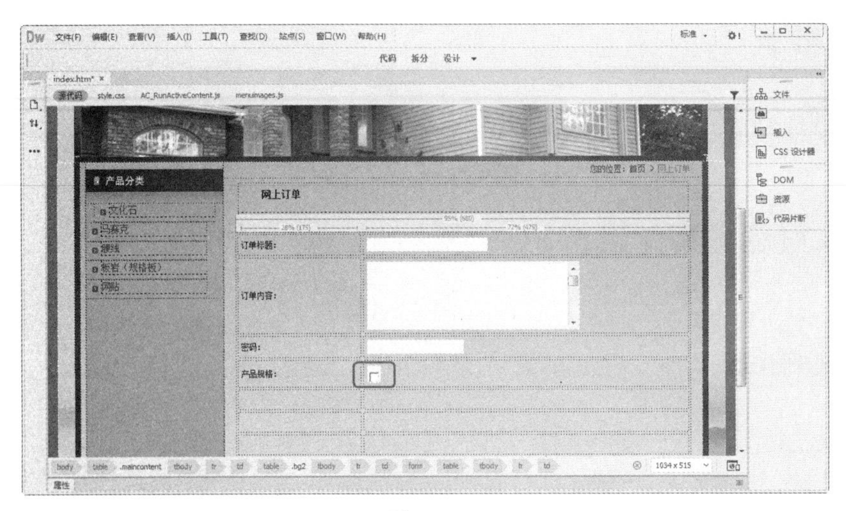

图 9-15

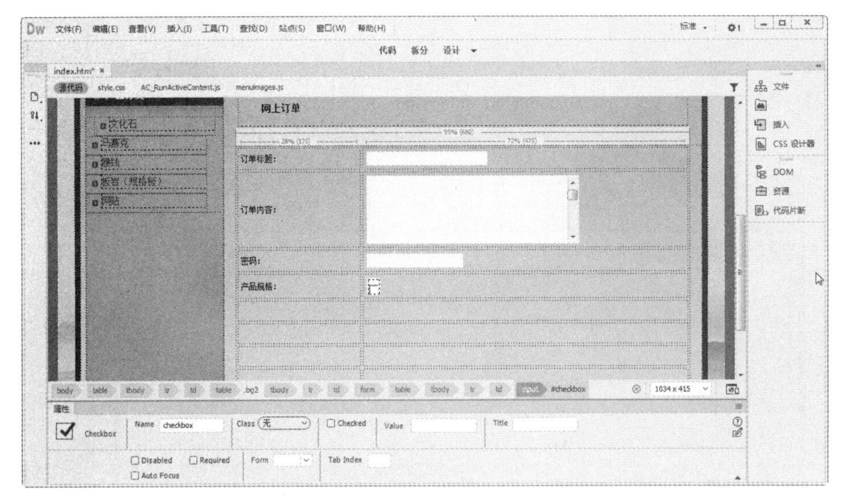

图 9-16

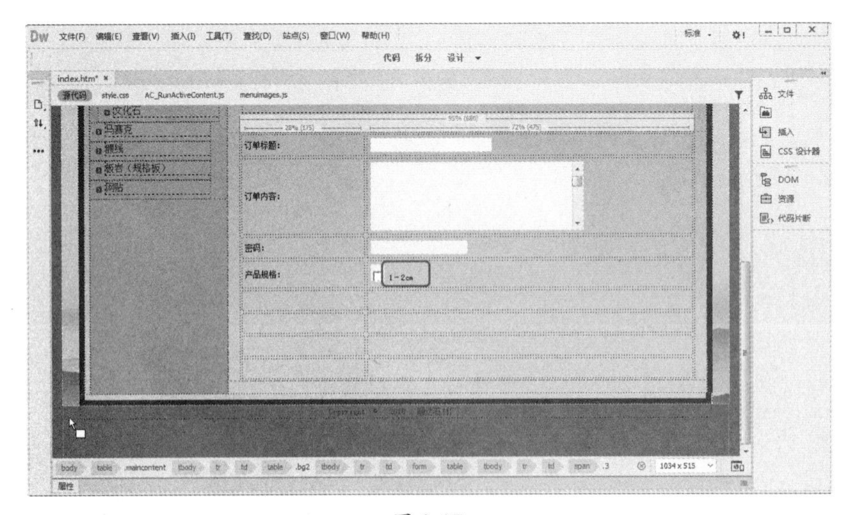

图 9-17

05 按照步骤 2 ～ 4 的方法，插入其他的复选框并输入文字，如图 9-18 所示。

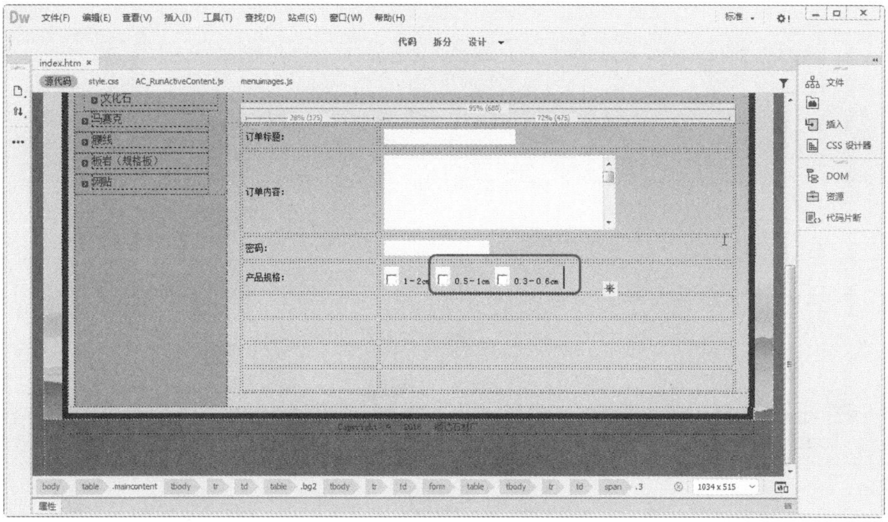

图 9-18

9.3.2　插入单选按钮

单选按钮只允许从多个选项中选择一个选项。单选按钮通常成组使用，在同一个组中的所有单选按钮必须具有相同的名称，插入单选按钮的具体操作步骤如下。

01 将光标置于表格第 5 行第 1 列的单元格中，输入文字“产品类别：”，如图 9-19 所示。

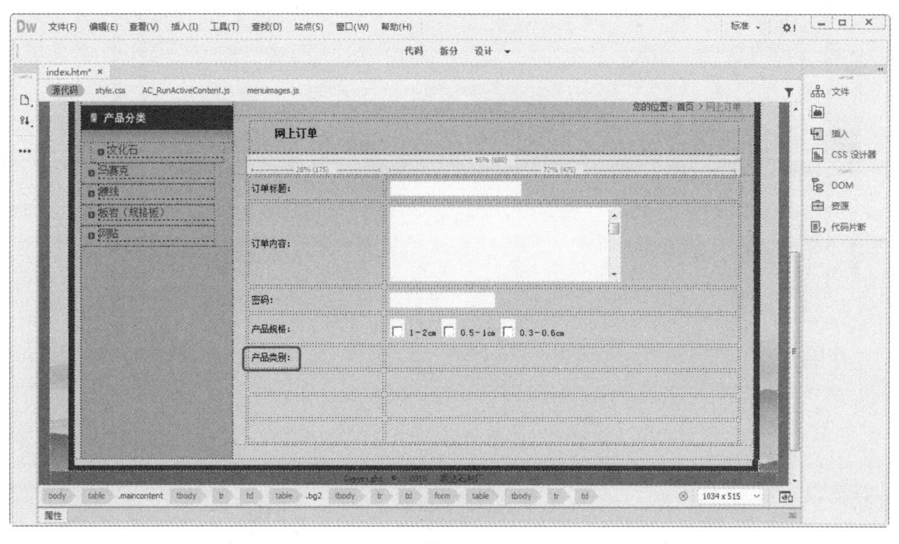

图 9-19

02 将光标置于第 5 行第 2 列的单元格中，执行“插入”|“表单”|“单选按钮”命令，插入单选按钮，如图 9-20 所示。

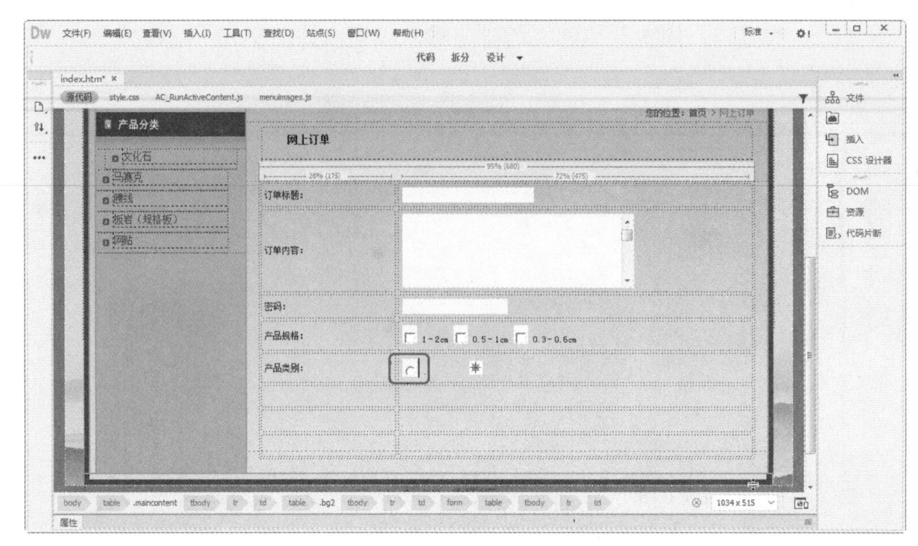

图 9-20

★ 提示 ★

单击“表单”插入栏中的“单选按钮”按钮◉，也可以插入单选按钮。

03 选中插入的单选按钮，在“属性”面板中设置相关属性，如图 9-21 所示。

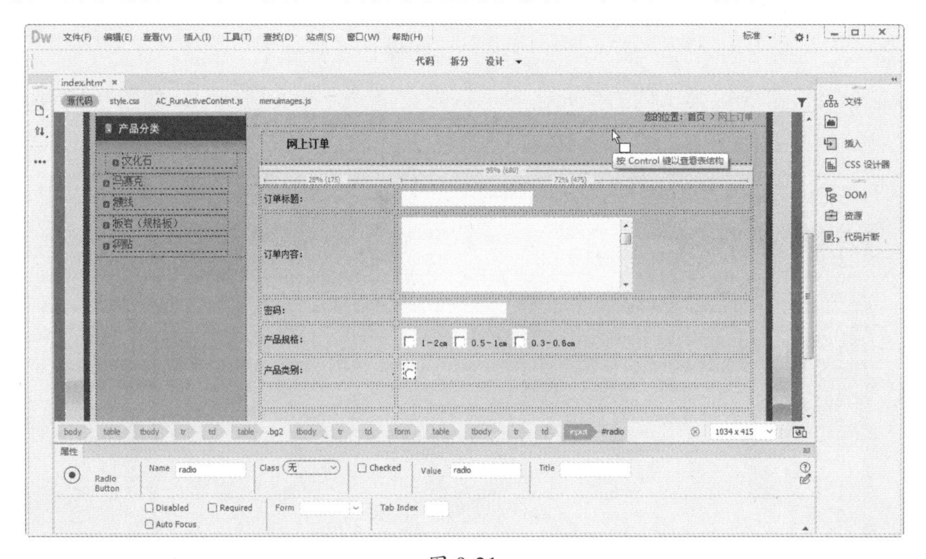

图 9-21

04 将光标置于单选按钮的右侧，输入文字“大理石板材”，如图 9-22 所示。

图 9-22

05 按照步骤 2 ～ 4 的方法，插入第二个单选按钮，并输入文字，如图 9-23 所示。

图 9-23

9.4 插入选择

插入选择的具体操作步骤如下。

01 将光标置于第 6 行第 1 列的单元格中，输入文字“价格行情：”，如图 9-24 所示。

02 将光标置于表格第 6 行第 2 列的单元格中，执行“插入”|“表单”|“选择”命令，插入选择，如图 9-25 所示。

★ 提示 ★

单击“表单”插入栏中的“选择”按钮，也可以插入选择。

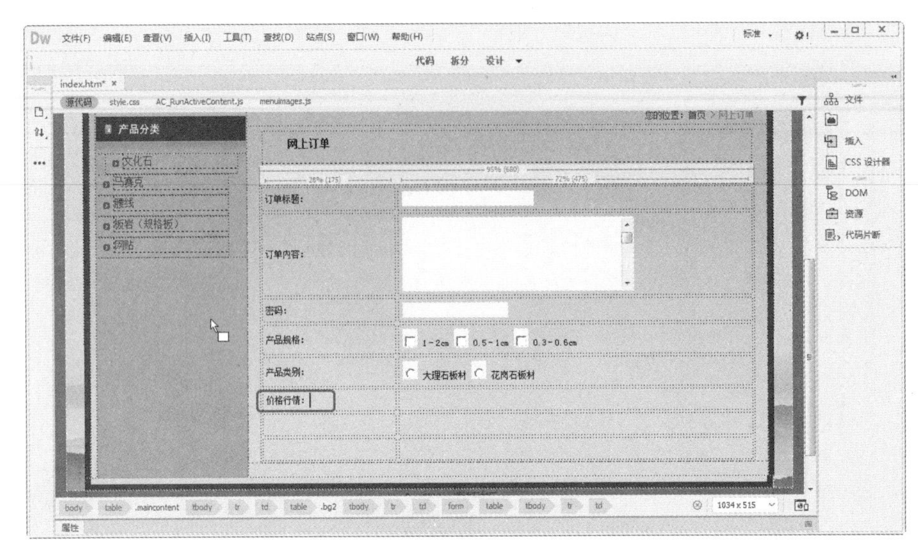

图 9-24

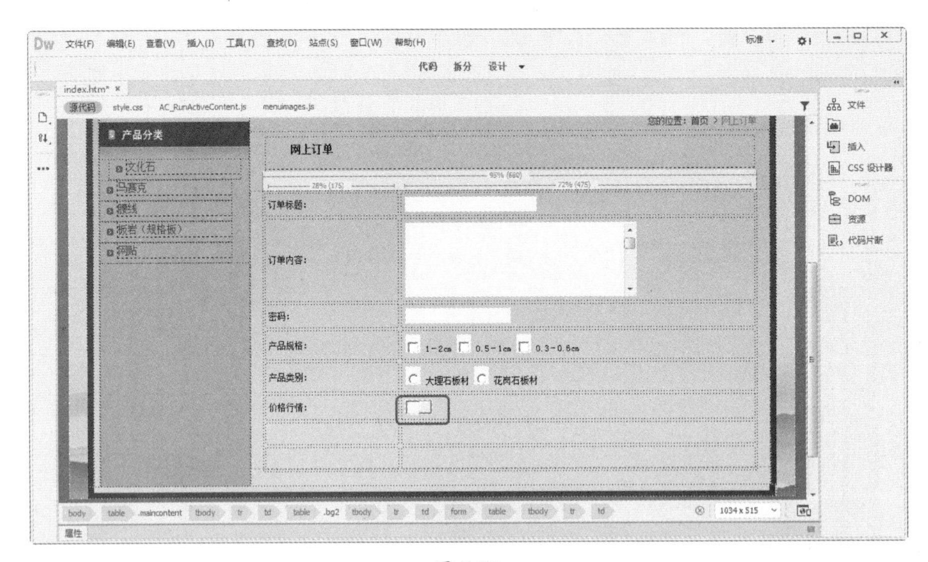

图 9-25

03 选中插入的选择，在“属性”面板中单击 列表值... 按钮，如图 9-26 所示。

04 弹出“列表值”对话框，在该对话框中单击 + 按钮添加相应的内容，如图 9-27 所示。

05 单击“确定”按钮，添加列表值，如图 9-28 所示。

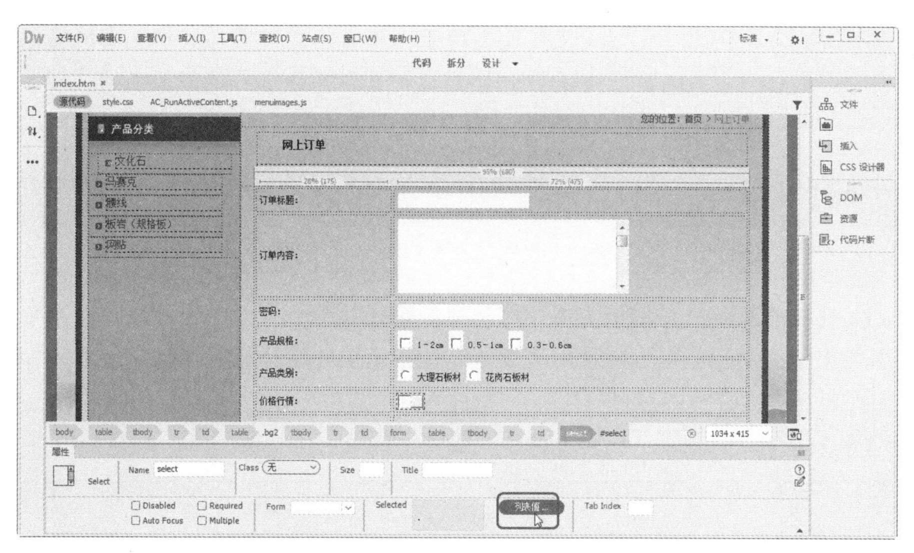

图 9-26

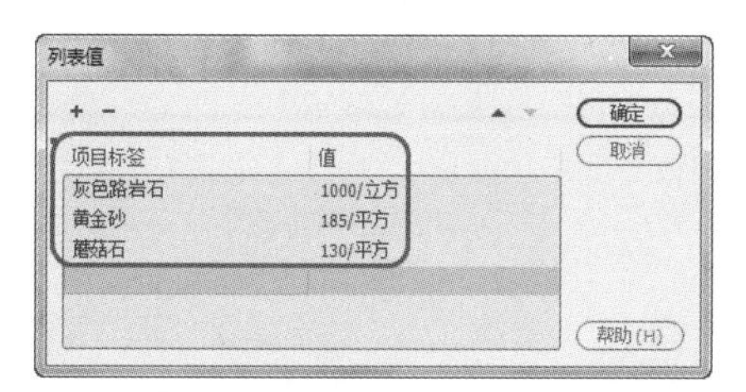

图 9-27

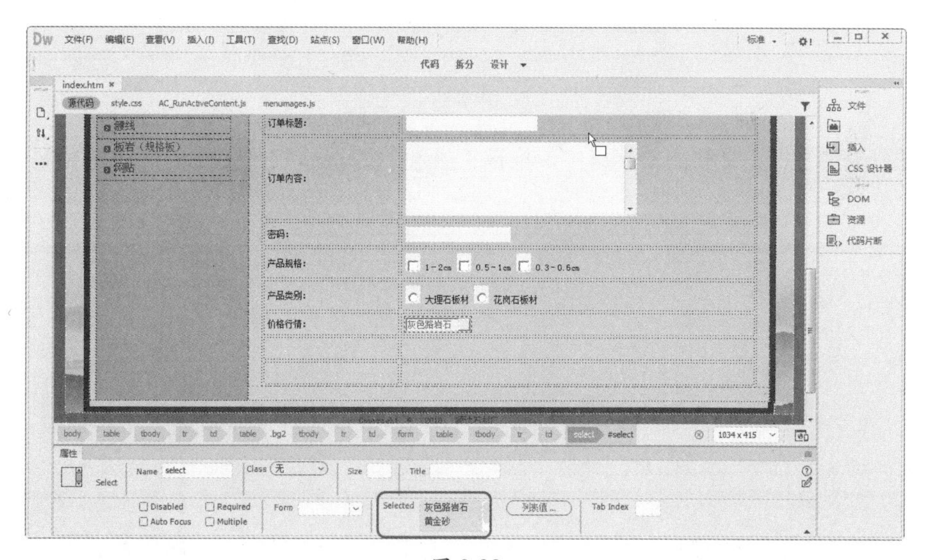

图 9-28

9.5 使用隐藏域和文件域

隐藏域是一个不可见的数据域，用来收集有关用户信息的文本域，它虽然不会显示到浏览器中，可是在编写交互代码时，可以用来传递不可见的变量，文件域与其他文本域类似，不同之处在于，它的右侧有一个“浏览”按钮，用户可以单击该按钮选择计算机上的文档、图像或其他类型的文件，提交表单时，所选文件将被上传到服务器。

9.5.1 文件域

文件域使浏览者可以选择其计算机上的文件，如字处理文档或图像文件等，并将该文件上传到服务器。文件域的外观与文本域类似，只是文件域还包含一个“浏览”按钮。浏览者可以手动输入要上传文件的路径，也可以使用“浏览”按钮定位并选择相应文件。创建文件域的具体操作步骤如下。

01 将光标置于表格第 7 行第 1 列的单元格中，输入文字“上传文件：”，如图 9-29 所示。

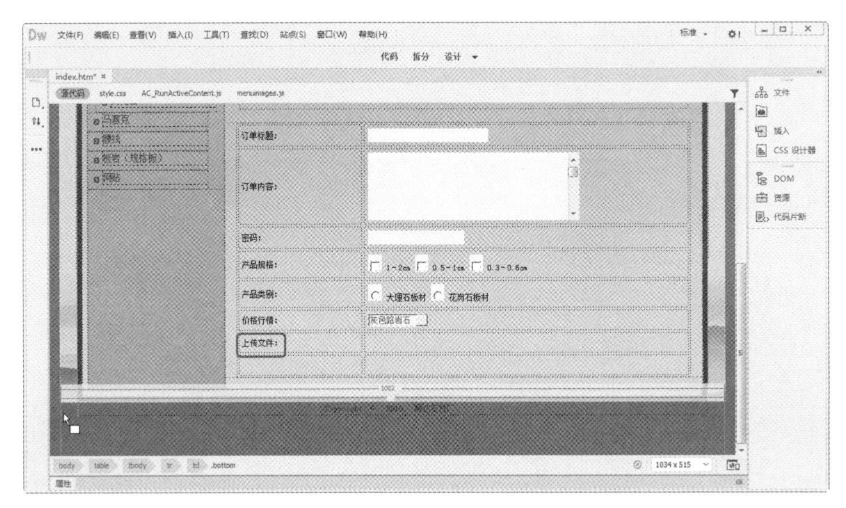

图 9-29

02 将光标置于第 7 行第 2 列的单元格中，执行“插入”|“表单”|“文件域”命令，插入文件域，如图 9-30 所示。

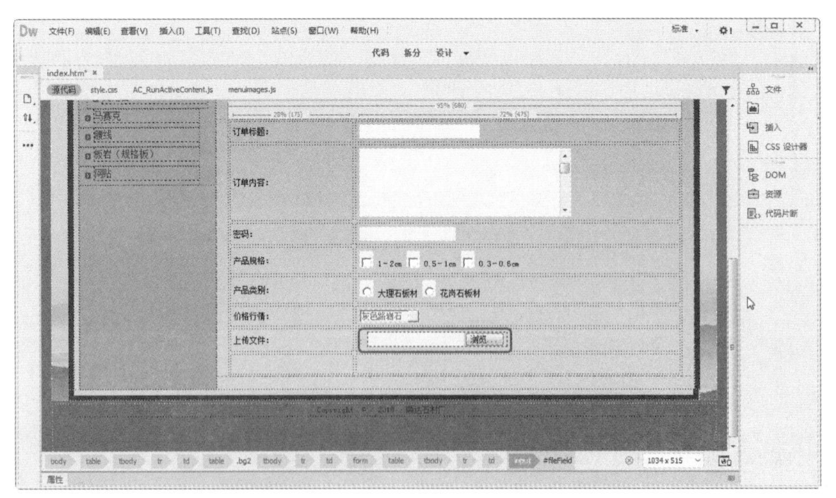

图 9-30

★ 指点迷津 ★

单击“表单”插入栏中的“文件域”按钮，也可以插入文件域。
如果通过浏览的方式来定位文件，则文件名和路径可超过指定的“最多字符数”的值。但是，如果尝试输入文件名和路径，则文件域仅允许输入MaxLength值所指定的字符数。

03 选中插入的文件域，打开“属性”面板，在该面板中设置文件域的属性，如图 9-31 所示。

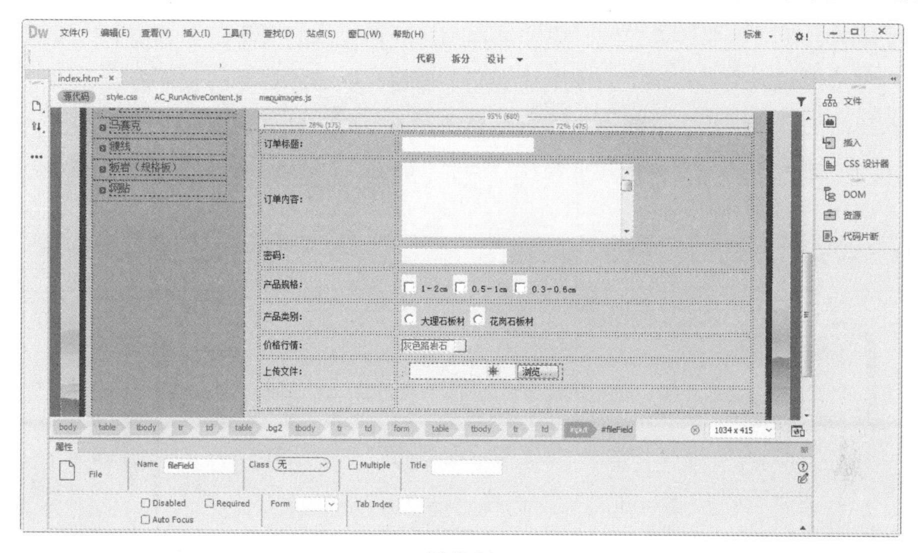

图 9-31

9.5.2　隐藏域

使用隐藏域存储并提交非用户输入的信息，该信息对用户而言是隐藏的。

将光标置于要插入隐藏域的位置，执行“插入”|“表单”|“隐藏域”命令，插入隐藏域，如图 9-32 所示。

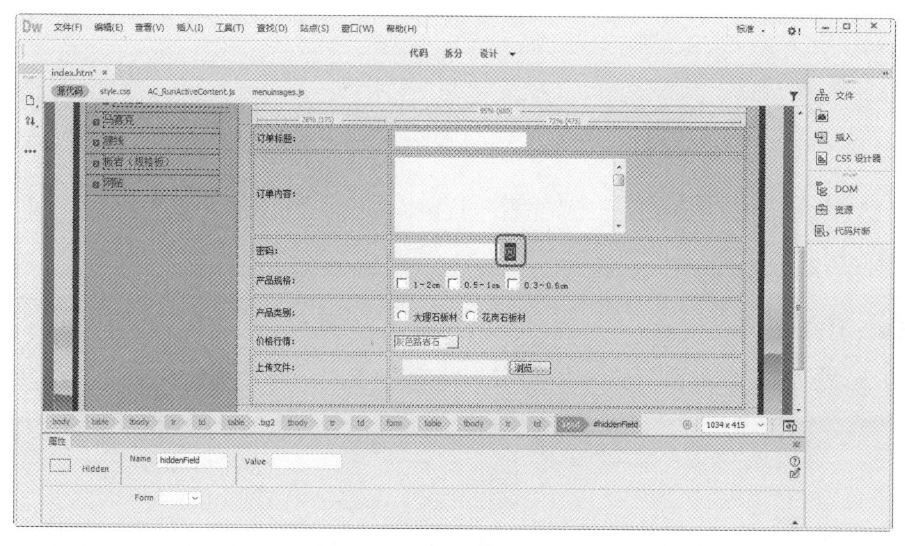

图 9-32

★ 指点迷津 ★

单击“表单”插入栏中的“隐藏域”按钮，也可以插入隐藏域。

9.6 插入按钮

对表单而言，按钮是非常重要的，它能够控制对表单内容的操作，如“提交”或“重置”。要将表单内容发送到远端服务器上，使用“提交”按钮；要清除现有的表单内容，使用“重置”按钮。插入按钮的具体操作步骤如下。

01 将光标置于表格第 8 行第 2 列的单元格中，执行“插入”|“表单”|“提交按钮”命令，插入“提交”按钮，如图 9-33 所示。

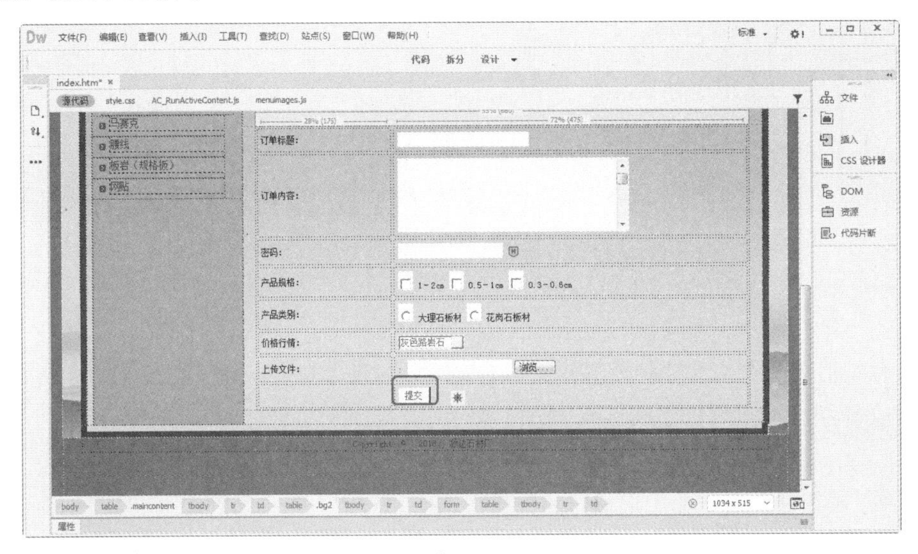

图 9-33

02 选中插入的提交按钮，打开“属性”面板，在该面板中设置相关属性，如图 9-34 所示。

★ 指点迷津 ★

单击“表单”插入栏中的“提交按钮”按钮，也可以插入提交按钮。

03 将光标置于按钮右侧，再插入一个“重置”按钮，如图 9-35 所示。保存文档，完成表单对象的制作。

★ 指点迷津 ★

单击“表单”插入栏中的“重置按钮”按钮，也可以插入重置按钮。

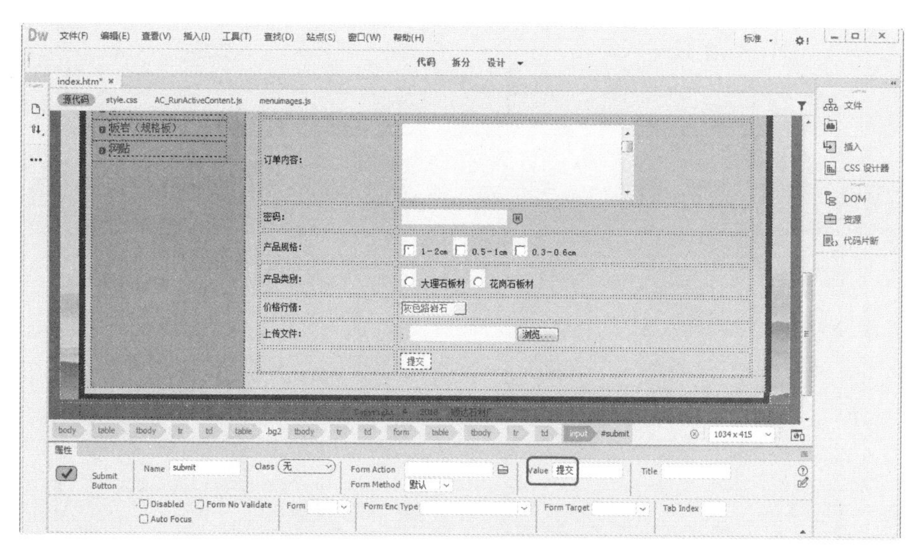

图 9-34

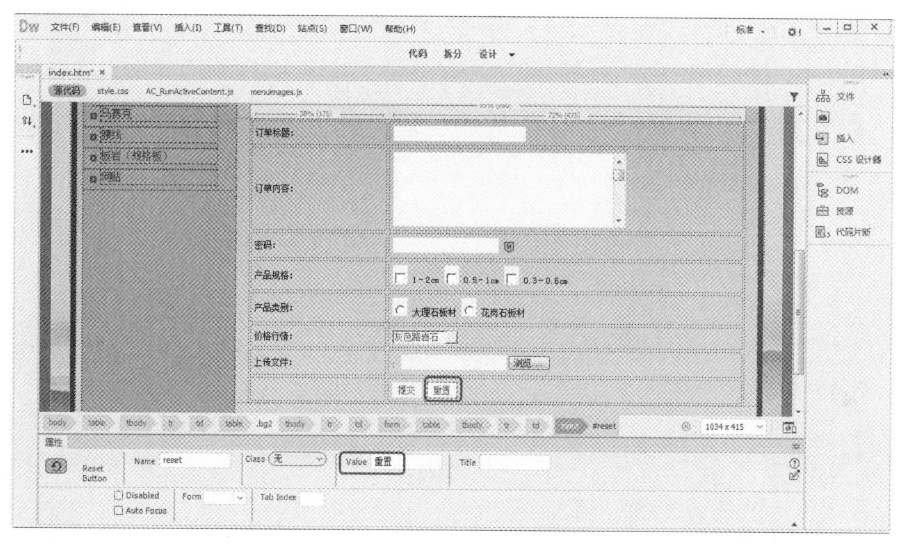

图 9-35

9.7 检查表单

“检查表单”动作检查指定文本域的内容，以确保用户输入的是正确的数据类型，将该动作和 onBlur 事件附加到单个的文本域，这样当用户填写表单时就可以验证该域了。下面制作检查表单网页，如图 9-36 所示，具体操作步骤如下。

01 打开网页文档，选中文本域，如图 9-37 所示。

图 9-36

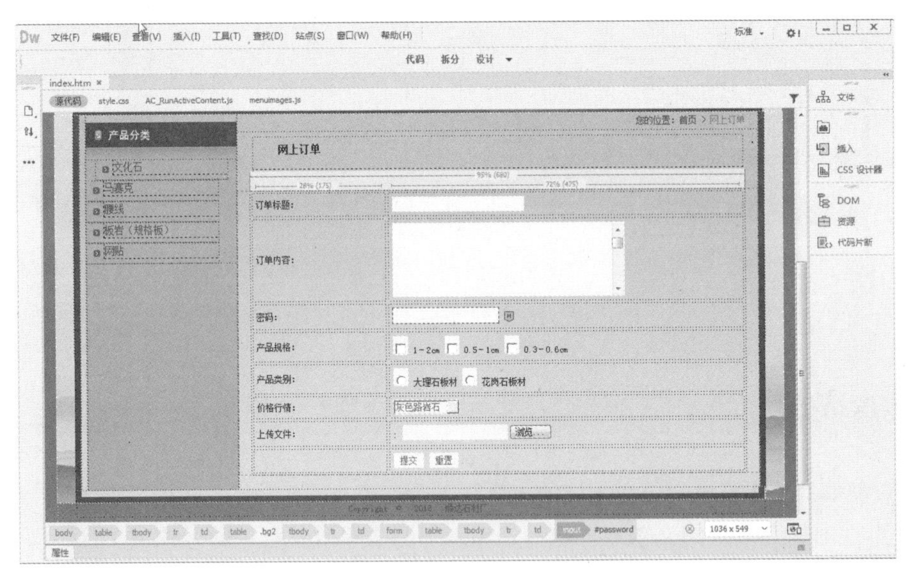

图 9-37

02 执行“窗口”|“行为”命令，打开“行为”面板，在该面板中单击“添加行为”按钮，在弹出的菜单中执行“检查表单”命令，如图 9-38 所示。

03 弹出“检查表单”对话框，在该对话框中进行相应的设置，如图 9-39 所示。

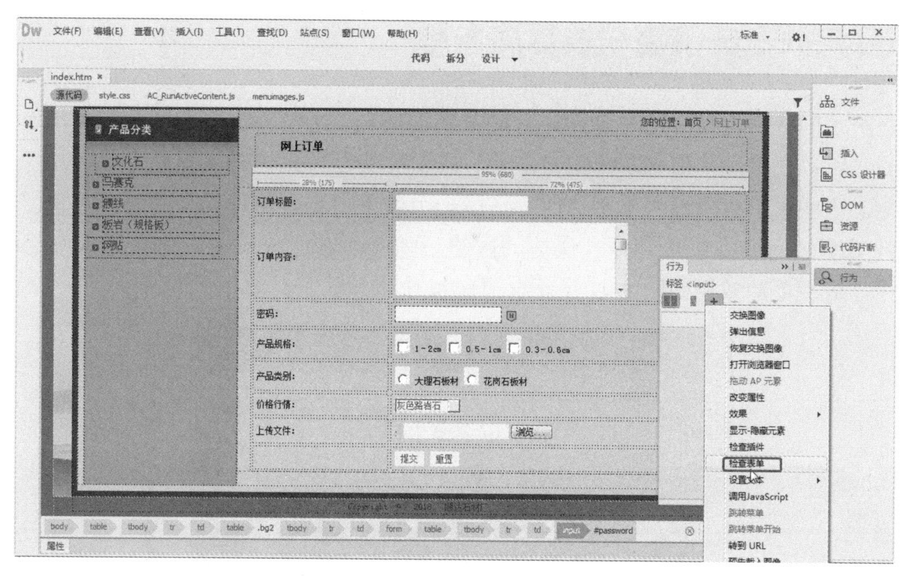

图 9-38

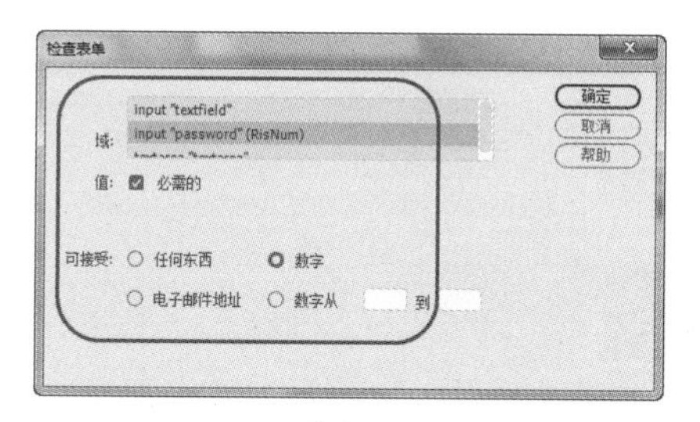

图 9-39

04 单击“确定”按钮，添加行为，如图 9-40 所示。

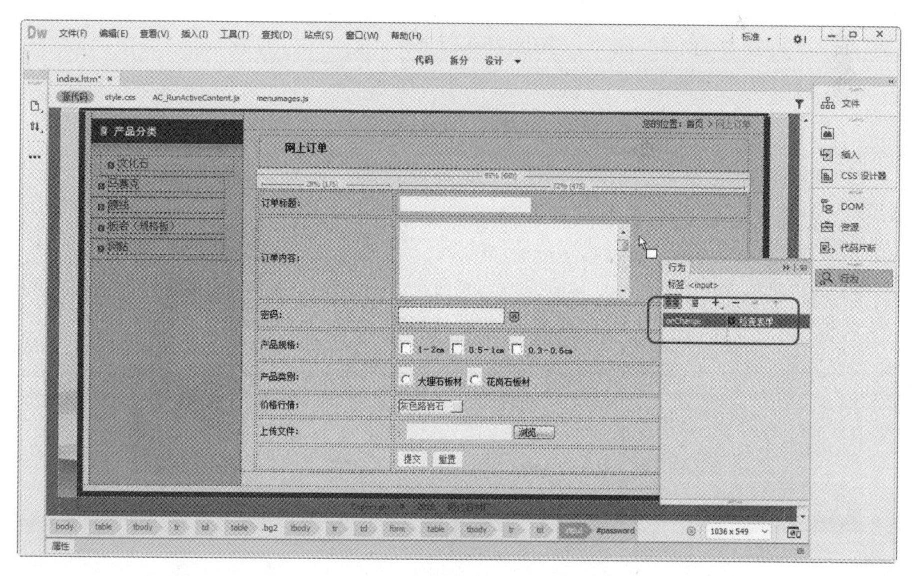

图 9-40

05 保存文档，完成检查表单的制作，按 F12 键在浏览器中预览，效果如图 9-36 所示。

9.8 综合实战——创建在线订房表单

表单是网站的管理者与浏览者进行交互的重要工具，一个没有表单的页面，其传递信息的能力是有限的，所以表单经常用来制作用户登录、会员注册及信息调查等页面。

实际上，这些表单对象很少单独使用，一般一个表单中会有各种类型的表单对象，以便于浏览者对不同类型的问题做出最方便、快捷的回答。因此，在这一节中，将会逐步亲手制作一个完整的在线订房表单，效果如图 9-41 所示，具体操作步骤如下。

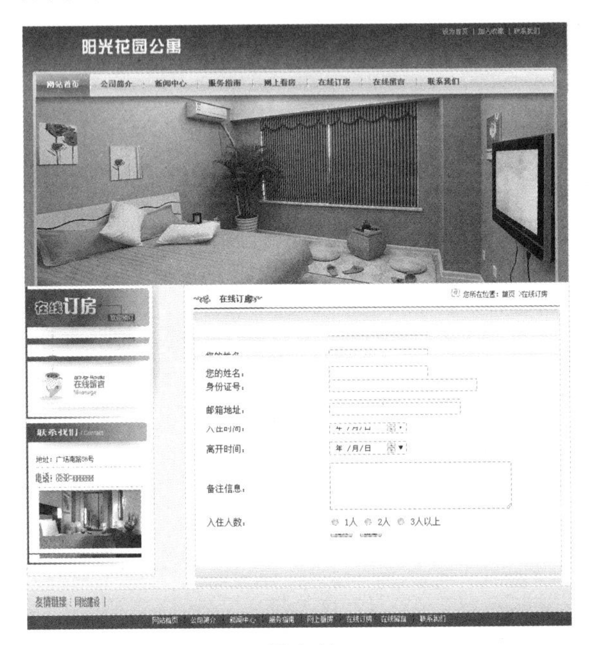

图 9-41

01 打开网页文档，将光标置于页面中，如图 9-42 所示。

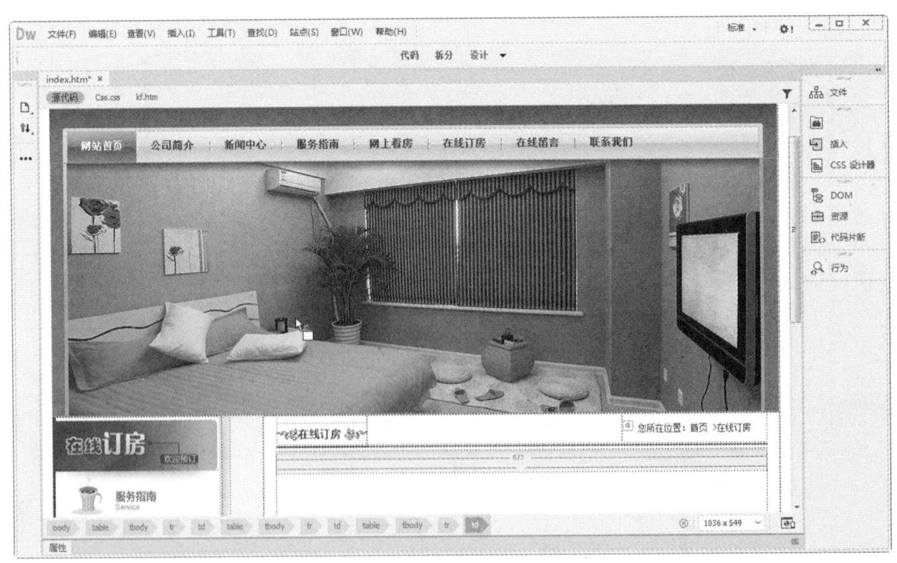

图 9-42

02 执行“插入”|“表单”|“表单”命令，如图 9-43 所示。

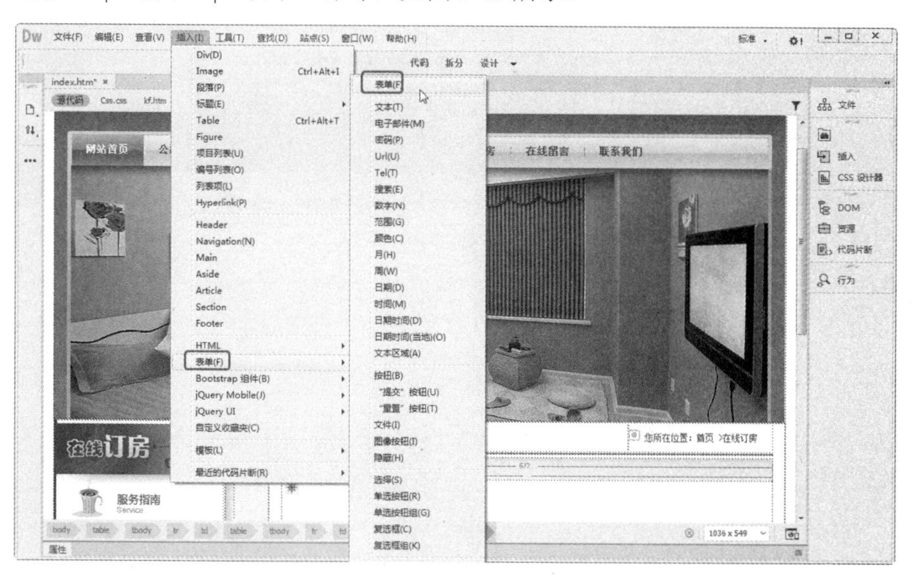

图 9-43

03 执行命令后，插入表单，如图 9-44 所示。

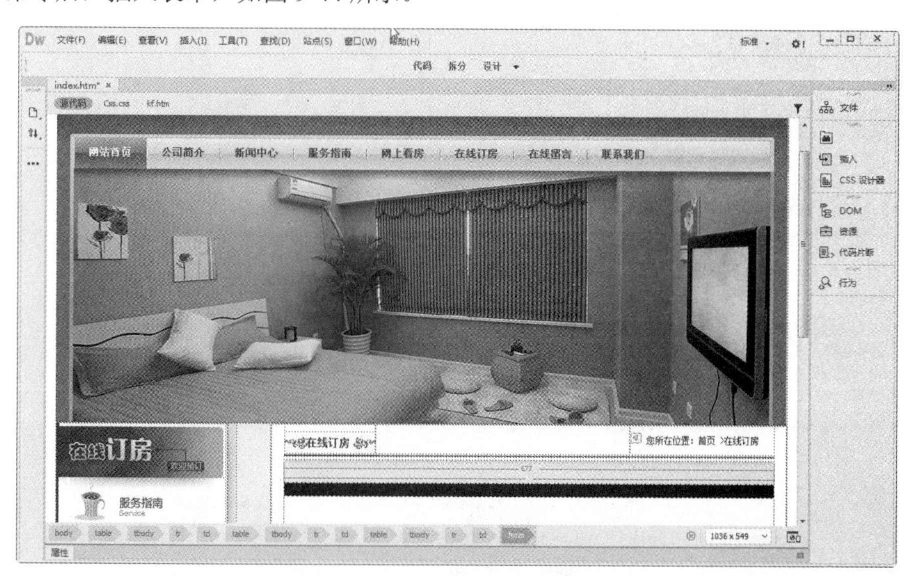

图 9-44

04 将光标置于表单中，执行“插入”|Table 命令，插入一个 9 行 2 列的表格，如图 9-45 所示。

05 将光标置于表格第 1 行第 1 列的单元格中，输入文字“您的姓名：”，如图 9-46 所示。

06 将光标置于表格第 1 行第 2 列的单元格中，执行“插入”|“表单”|“文本域”命令，插入文本域，如图 9-47 所示。

图 9-45

图 9-46

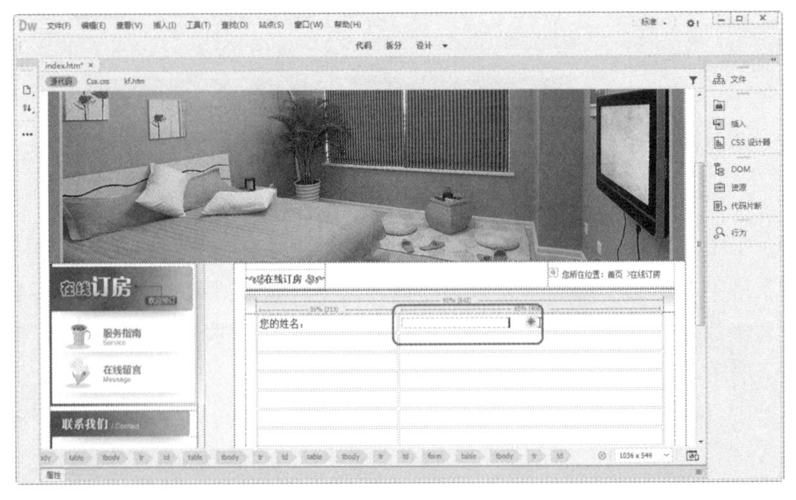

图 9-47

07 选中插入的文本域，打开“属性”面板，将该面板中的 Size 设置为 25，MaxLength 设置为 30，如图 9-48 所示。

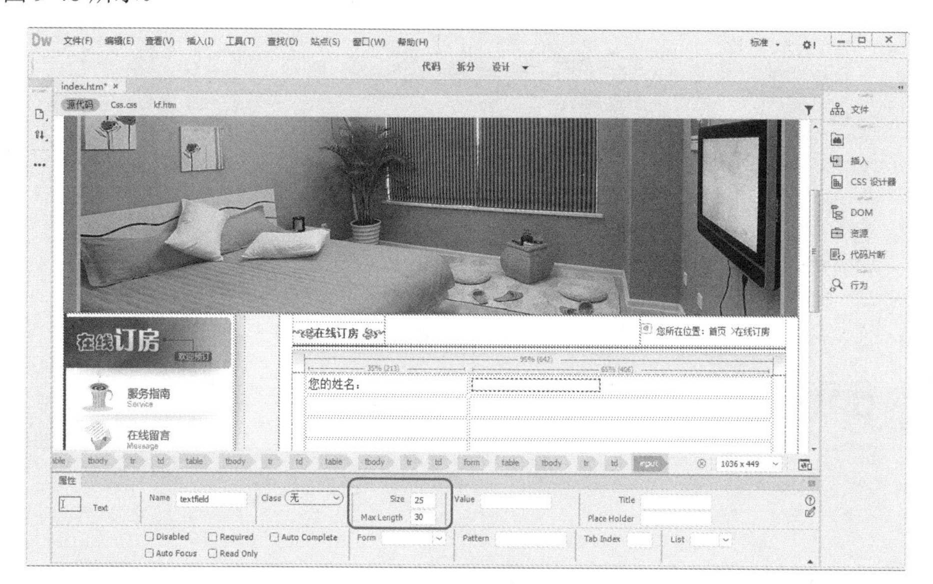

图 9-48

08 在其他单元格中的第 1 列单元格中输入相应的文字，在第 2 列单元格中插入文本域，如图 9-49 所示。

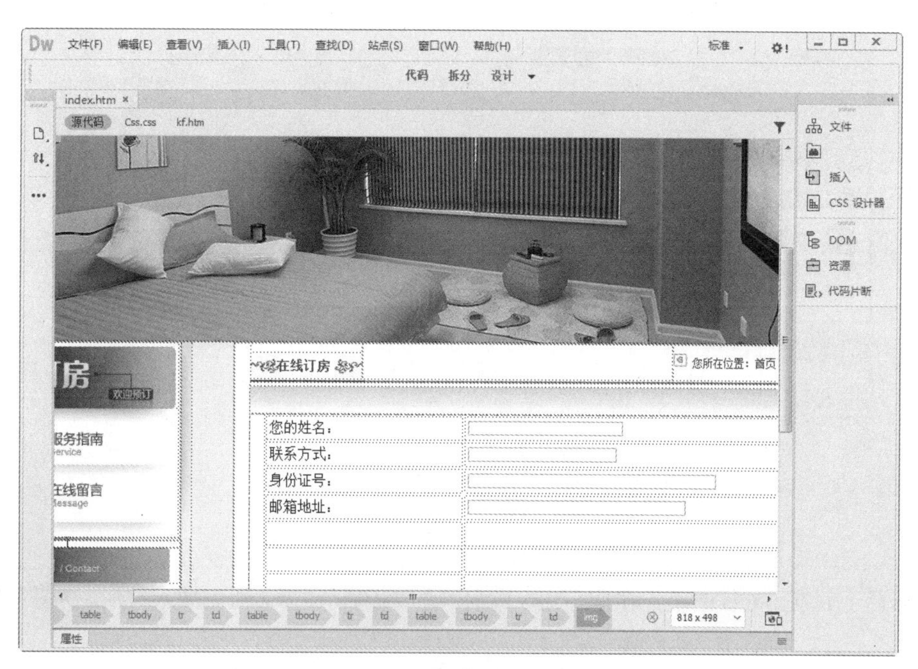

图 9-49

09 将光标置于表格第 5 行第 1 列的单元格中，输入文字“入住时间：”，如图 9-50 所示。

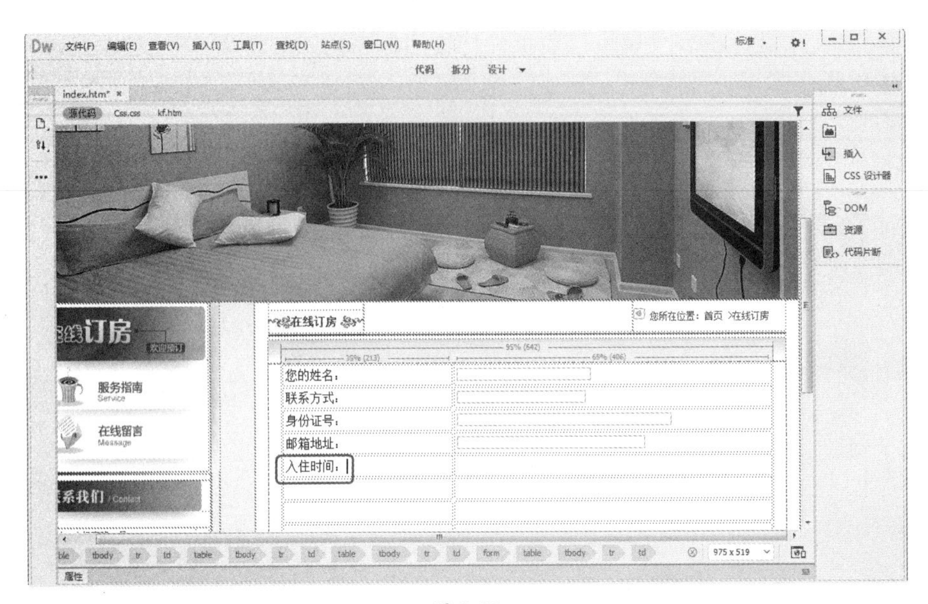

图 9-50

10 将光标置于表格第 5 行第 2 列的单元格中，执行“插入”|“表单”|“日期”命令，插入日期，如图 9-51 所示。

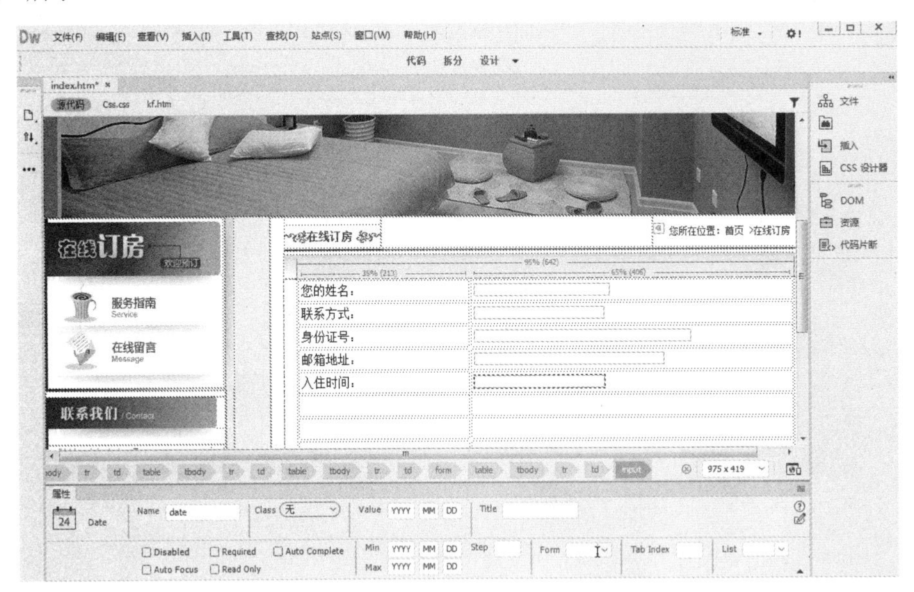

图 9-51

11 将光标置于表格第 6 行的单元格中，在第 1 列中输入文字，在第 2 列中插入日期，如图 9-52 所示。

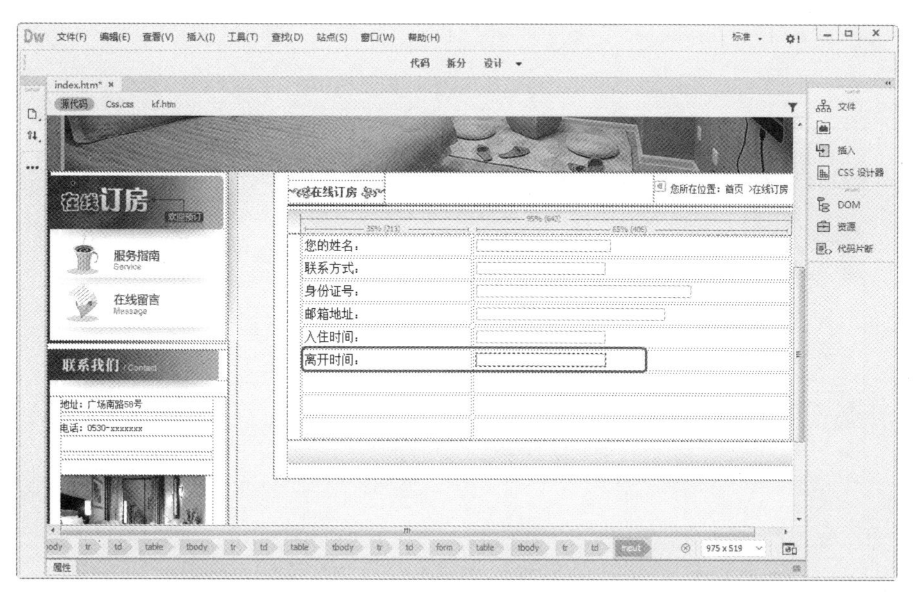

图 9-52

12 将光标置于表格第 7 行第 1 列的单元格中，输入文字“备注信息：”，如图 9-53 所示。

图 9-53

13 将光标置于表格第 7 行第 2 列的单元格中，执行“插入”|“表单”|“文本区域”命令，如图 9-54 所示。

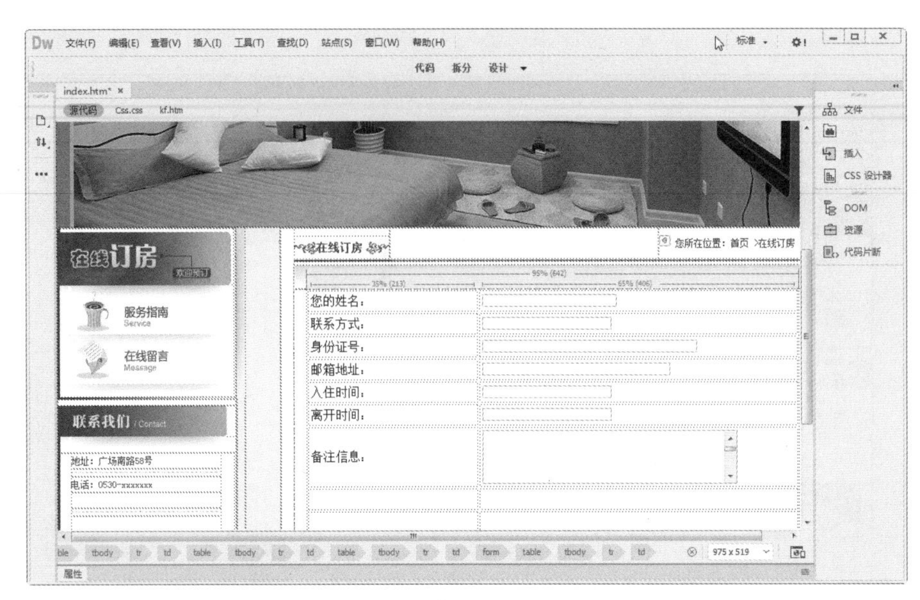

图 9-54

14 将光标置于表格第 8 行第 1 列的单元格中，输入文字“入住人数：”，如图 9-55 所示。

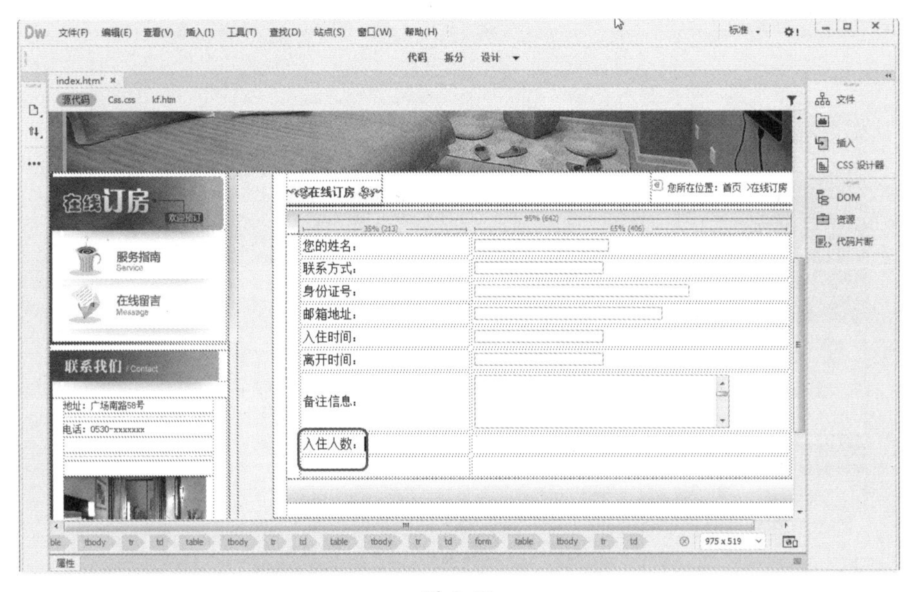

图 9-55

15 将光标置于表格第 8 行第 2 列的单元格中，执行“插入”|“表单”|“单选按钮”命令，插入单选按钮，如图 9-56 所示。

图 9-56

16 将光标置于单选按钮的右侧，输入文字“1 人”，如图 9-57 所示。

图 9-57

17 将光标置于文字的右侧，插入其他的单选按钮，并输入相应的文字，如图 9-58 所示。

图 9-58

18 将光标置于表格第 8 行第 2 列的单元格中，执行“插入”|“表单”|“提交按钮”，插入“提交”按钮，如图 9-59 所示。

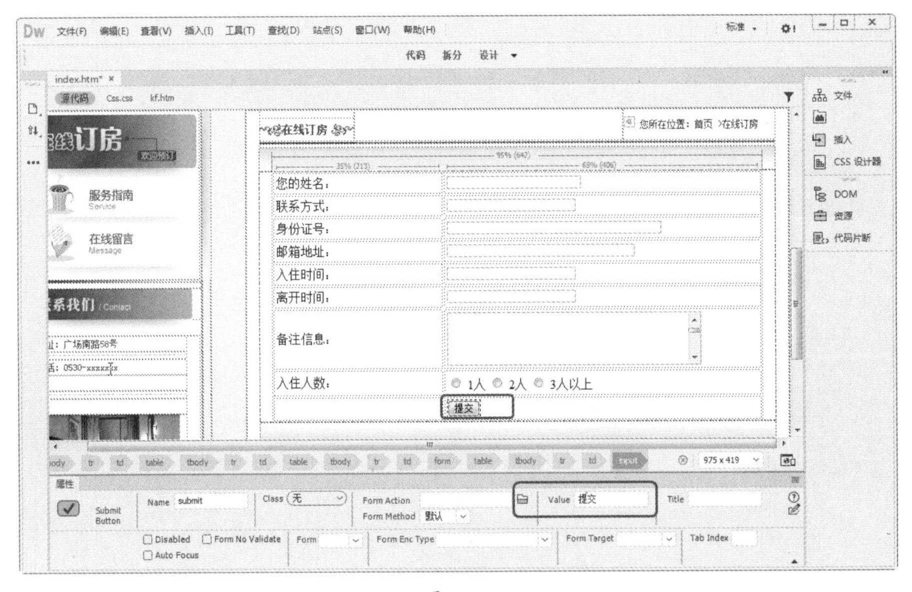

图 9-59

19 将光标置于按钮的右侧，执行“插入”|“表单”|“重置按钮”命令，插入“重置”按钮，如图 9-60 所示。

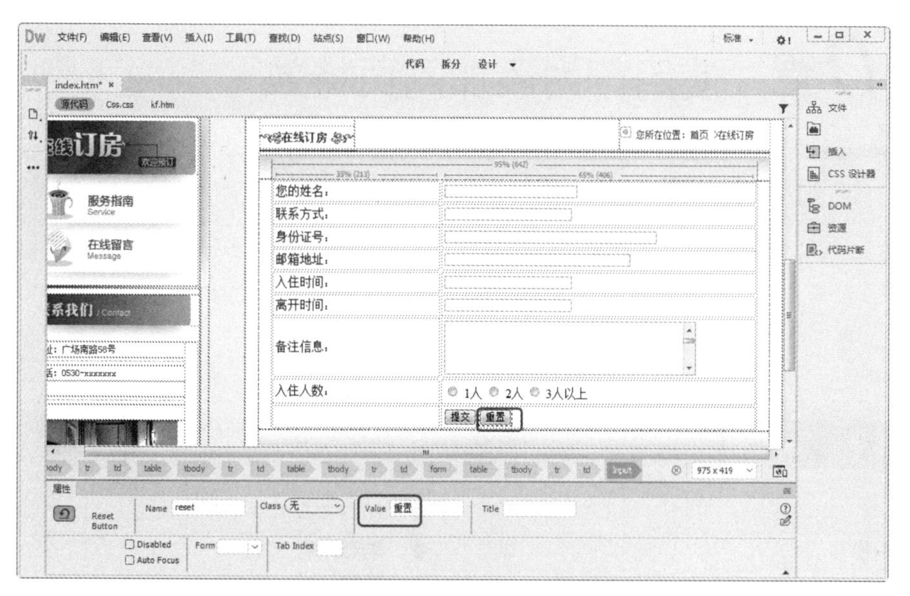

图 9-60

20 保存文档，完成在线订房表单的制作，如图 9-41 所示。

第10章 使用行为添加网页特效

Dreamweaver 提供了快速制作网页特效的功能，可以让即使不会编程的设计者也能制作出漂亮的特效，本章将学习行为的使用方法。行为是 Dreamweaver 内置的 JavaScript 程序库。在页面中使用行为可以让不懂编程的人也能将 JavaScript 程序添加到页面中，从而制作出具有动态及交互效果的网页。

知识要点

- 行为
- 交换图像
- 弹出效果
- 拖放效果
- 动态样式
- 动态内容
- 跳转

实例展示

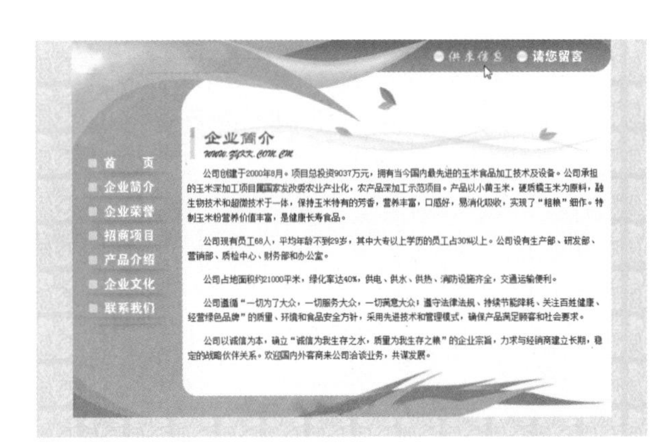

鼠标经过图像

动态导航

弹出对话框

弹出窗口

10.1　认识行为

在 Dreamweaver 中，行为是事件和动作的组合。事件是特定的时间或者用户在某时所发出的指令后紧接着发生的，而动作是事件发生后网页所要做出的反应。

有许多优秀的网页，它们不只包含文本和图像，还有许多其他交互式的效果，例如当鼠标移动到某个图像或按钮上时，特定位置便会显示出相关信息。其实它们使用的就是本章中将要介绍的内容，Dreamweaver 的另一大功能——行为，使用它，网页中将会实现许多精彩的交互效果。

行为是用来动态响应用户操作、改变当前页面效果或者执行特定任务的一种方法。行为是由对象、事件和动作构成的。

对象是产生行为的主体。网页中的很多元素都可以成为对象，如整个 HTML 文档、插入的图片和文字等。

事件是触发动态效果的条件。网页事件分为不同的种类，有的与鼠标有关，有的与键盘有关，如鼠标单击、按下键盘上的某个键。有的事件还与网页相关，如网页下载完毕、网页切换等。对于同一个对象，不同版本的浏览器支持的事件种类和多少也是不同的。

实际上，事件是浏览器生成的消息，指示该页的浏览者执行了某种操作。例如，当浏览者将鼠标指针移动到某个链接上时，浏览器为该链接生成一个 onMouseOver 事件（鼠标上滚），然后浏览器查看是否存在当为该链接生成该事件时浏览器应该调用的 JavaScript 代码（这些代码是在被查看的页中指定的）。不同的页元素定义了不同的事件，例如，在大多数浏览器中 onMouseOver（鼠标上滚）和 onClick（鼠标单击）是与链接关联的事件，而 onLoad（网页载入）是与图像和文档的 body 部分关联的事件。

动作是由预先编写的JavaScript代码组成的，这些代码执行特定的任务，例如打开浏览器窗口、显示或隐藏 AP 元素、图片的交换、链接的改变、弹出信息等。随 Dreamweaver 提供的动作是由 Dreamweaver 工程师精心编写的，提供了最大的跨浏览器兼容性。

Dreamweaver 提供了大约 20 个行为动作，如果需要更多的行为，可以到 Adobe Exchange 官方网页（http://www.adobe.com/cn/exchange/）以及第三方开发人员网站上搜索并下载。

10.2 交换图像

“交换图像”动作是将一幅图像替换成另外一幅图像，一个交换图像其实是由两幅图像组成的。

10.2.1 动态按钮

交换式按钮是一种动态响应式的效果，以增强页面视觉效果，提升用户体验性，效果如图 10-1 和图 10-2 所示，具体操作步骤如下。

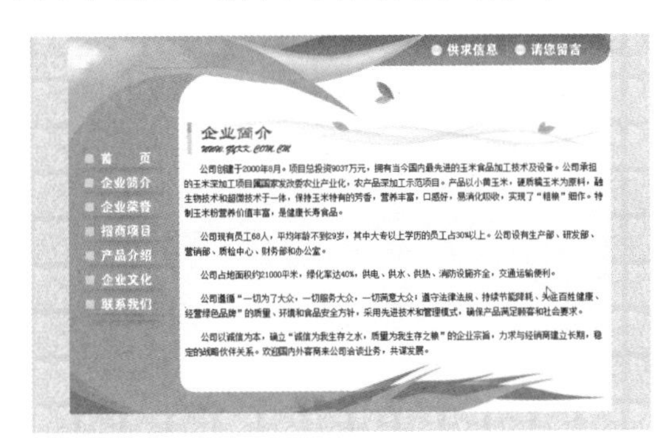

图 10-1

图 10-2

01 打开网页文档，选中图像，如图 10-3 所示。

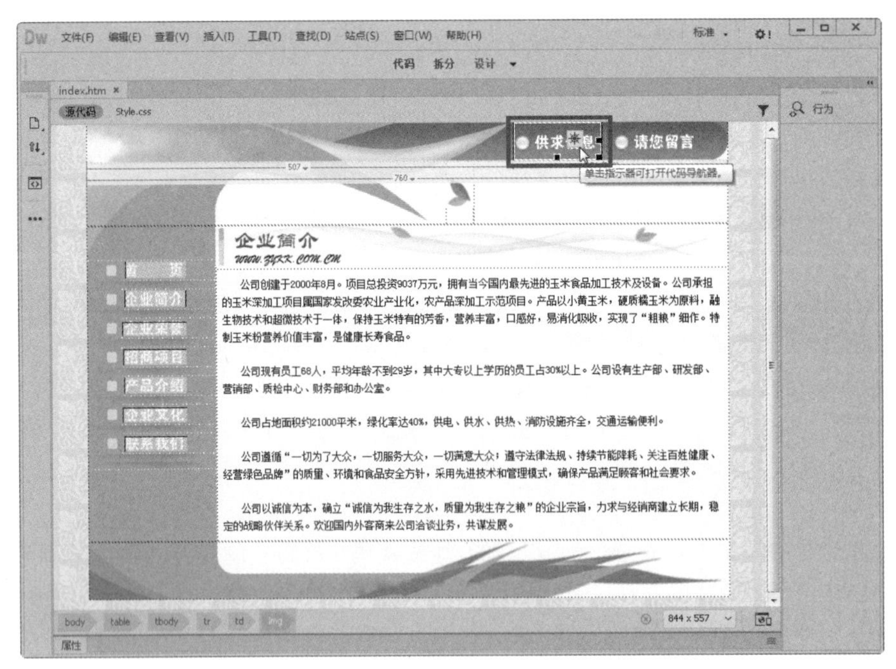

图 10-3

02 执行“窗口”|“行为”命令，打开“行为”面板，在该面板中单击 + 按钮，在弹出的菜单中选择“交换图像”选项，如图 10-4 所示。

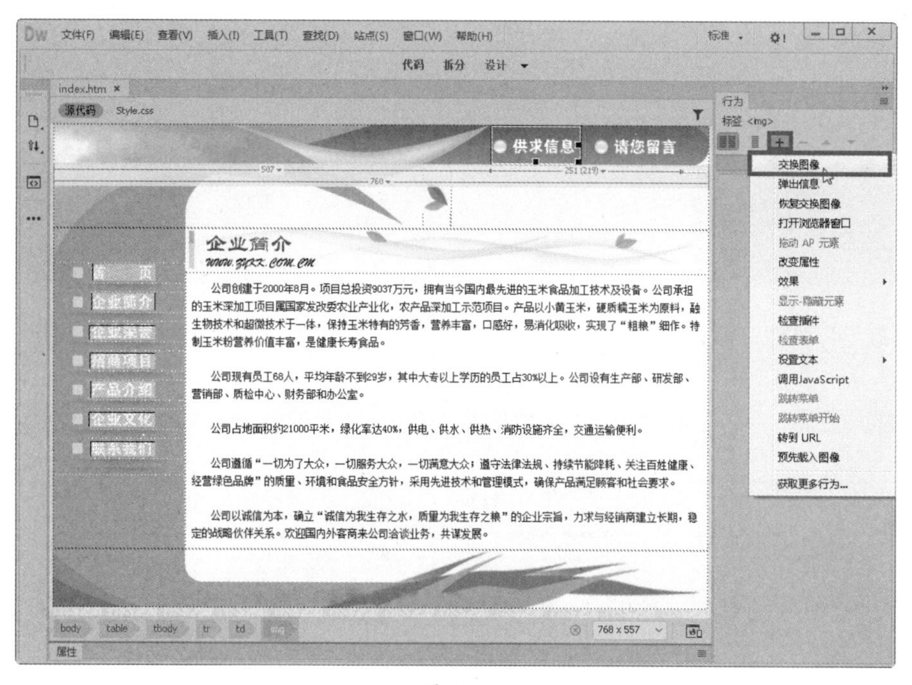

图 10-4

03 弹出“交换图像”对话框，在“图像”栏中选择交换图像，单击“设定原始档为”文本框右侧的“浏览”按钮，如图 10-5 所示。

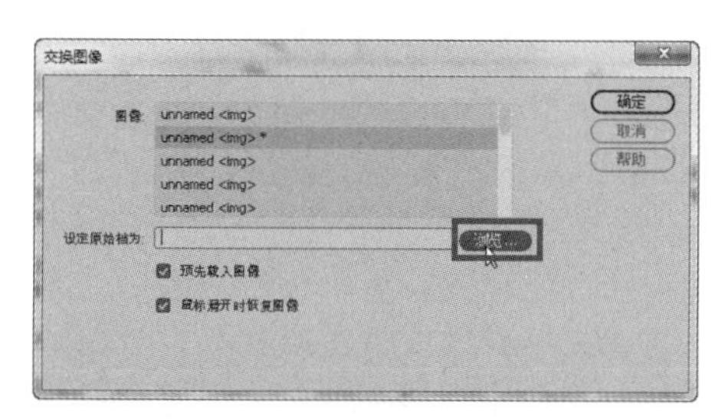

图 10-5

04 在弹出的“选择图像源文件”对话框中选择要交换的图像 1.jpg，如图 10-6 所示。

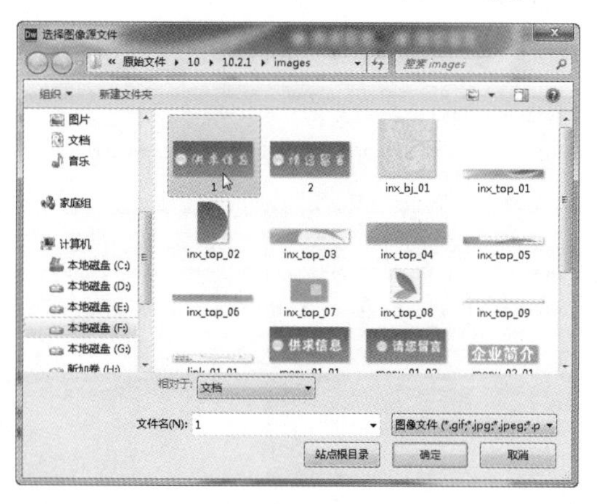

图 10-6

★ 指点迷津 ★

“交换图像”对话框中可以进行如下设置。

- 图像：在列表中选择要更改其源的图像。
- 设定原始档为：单击“浏览”按钮选择新图像文件，文本框中显示新图像的路径和文件名。
- 预先载入图像：选中该复选框，在载入网页时，新图像将载入浏览器的缓冲中，防止当图像该出现时由于下载而导致的延迟。
- 鼠标滑开时恢复图像：选中该复选框，表示当鼠标离开图片时，图片会自动恢复为原始图像。

05 单击“确定”按钮，添加到文本框中，作为鼠标放置于按钮上时的替换图像，如图 10-7 所示

图 10-7

06 选中“鼠标滑开时恢复图像”复选框，设置鼠标离开按钮时恢复为原始图像。该选项实际上是启用“恢复交换图像”行为，如果不选择该项，如果要恢复原始状态，用户还需要增加“恢复交换图像”行为，以恢复图像的原始状态。

07 设置完毕，选中图像，在“行为”面板中会出现两个行为，如图 10-8 所示。“动作栏”显示一个“恢复交换图像”行为，其事件为 onMouseOut 鼠标移出图像。另一个为“交换图像”行为，事件为 onMouseOver（鼠标在图像上方）。

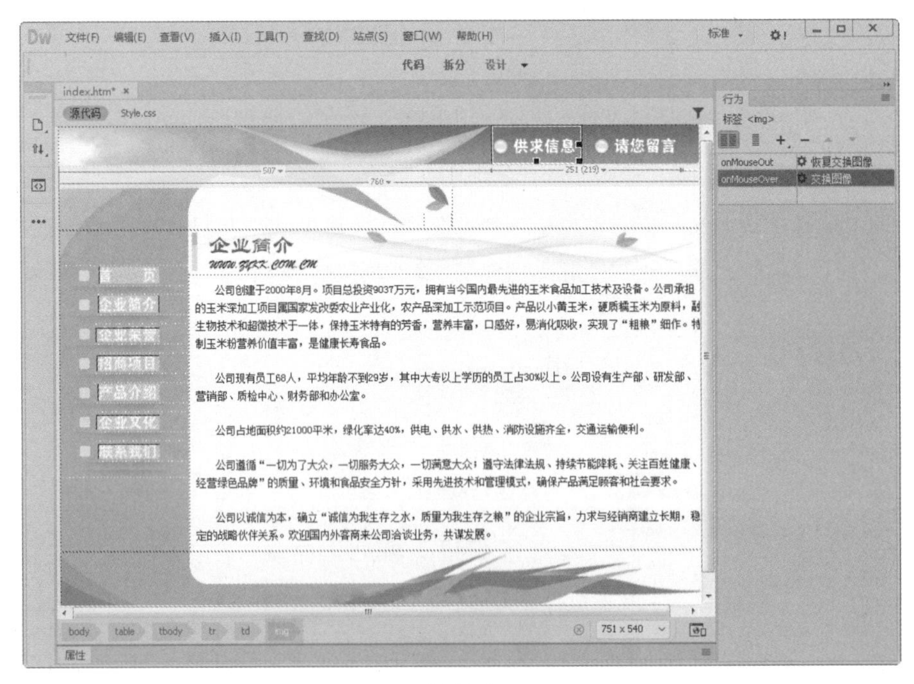

图 10-8

08 保存文档，按 F12 键在浏览器中预览，鼠标指针未接近图像时的效果如图 10-1 所示，鼠标指针接近图像时的效果如图 10-2 所示。

10.2.2　动态导航

本实例将演示如何快速设计交换导航效果。当光标移到导航菜单项上时，会交换显示为高亮显示效果，如图 10-9 所示，该行为的效果与图像轮换相似。

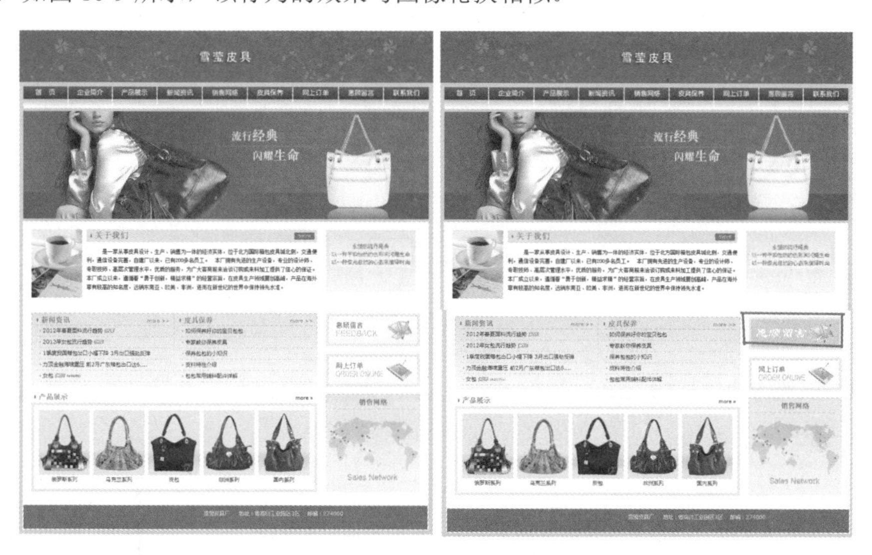

图 10-9

01 打开网页文档，如图 10-10 所示。

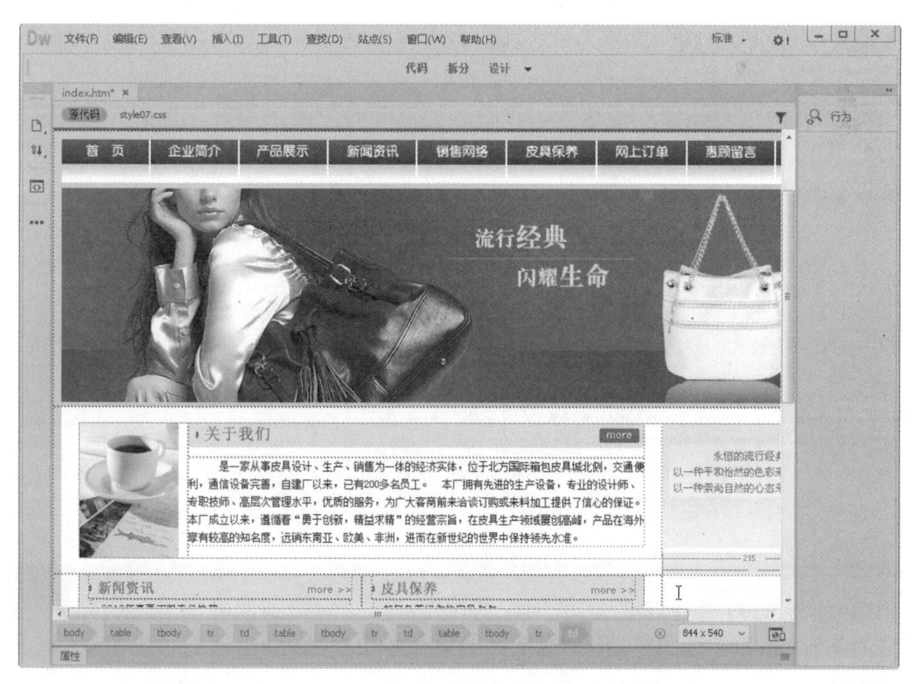

图 10-10

02 将原始图像插入到栏目中，并选中图像，在“属性”面板中定义 ID 编号，如图 10-11 所示。

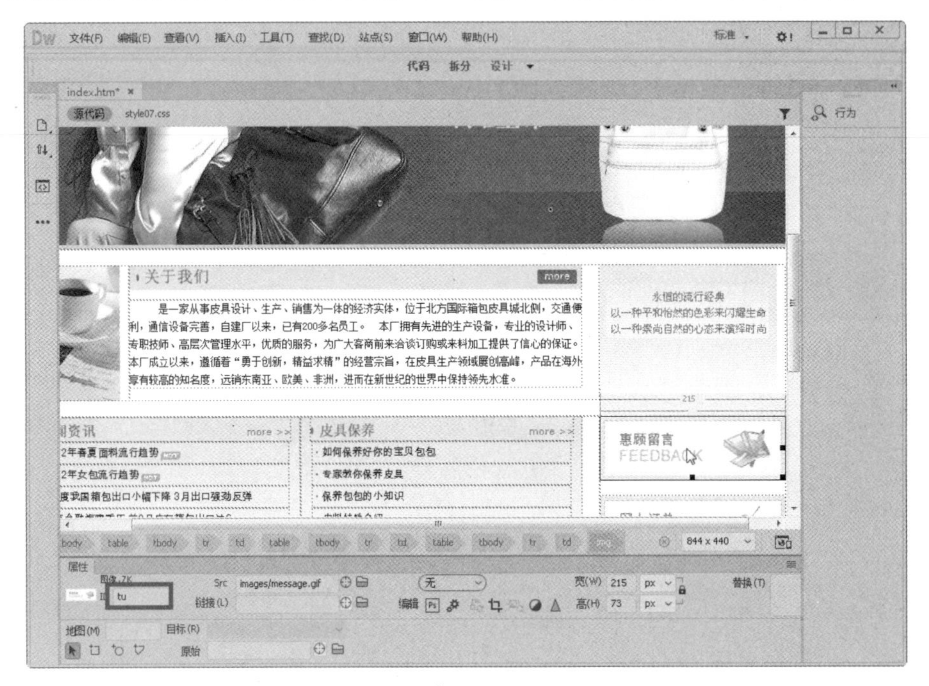

图 10-11

03 选中图像，在“行为”面板中单击+按钮，在弹出的菜单中执行“交换图像”命令，弹出“交换图像”对话框。

04 在“设置原始档为”文本框中设置替换图像的路径。单击“浏览”按钮，可以弹出“选择图像源文件”对话框，从中寻找另一张图像，作为鼠标放置于按钮上的替换图像。

05 选中“预先载入图像”复选框，设置预先载入图像，以便及时响应浏览者的鼠标动作。因为替换图像在正常状态下不显示，浏览器默认情况下不会下载该图像。

06 选中“鼠标滑开时恢复图像”复选框，设置鼠标离开时恢复为原始图像。如果不选择该项，要想恢复原始状态，还需要增加“恢复交换图像”行为以恢复图像原始状态。“交换图像”对话框的具体设置如图 10-12 所示。

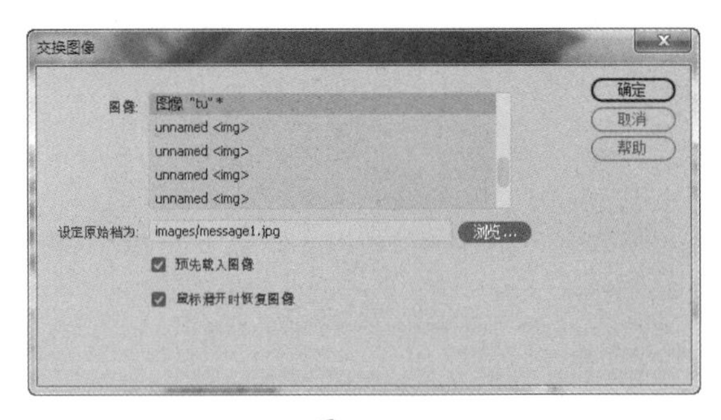

图 10-12

07 逐一选中每一幅图像，然后按照上面的步骤操作，为每一幅图像绑定“交换图像”行为。完成交换图像的制作，按 F12 键预览效果。当鼠标放置在图像上时，会出现另一张图像，鼠标移开时，恢复为原来的图像，效果如图 10-9 所示。

10.3 弹出效果

弹出是一种信息提升方式，当用户单击或者移到页面的对象上时，能够自动感知，并快速弹出对话框或窗口，并显示提示信息。

10.3.1 弹出对话框

在 Dreamweaver 网页制作中，有时会调用到 JavaScript 行为。调用 JavaScript 行为可以指定在事件发生时要执行的自定义函数或者 JavaScript 代码。下面制作一个弹出提示信息对话框，提示“是否关闭此窗口”，如图 10-13 所示，具体操作步骤如下。

图 10-13

01 打开网页文档，如图 10-14 所示。

图 10-14

02 选择文档窗口左下角的 <body> 标签，执行“窗口”|“行为”命令，打开“行为”面板，在面板中单击“添加行为”按钮，在弹出的菜单中选择“调用 JavaScript”选项，如图 10-15 所示。

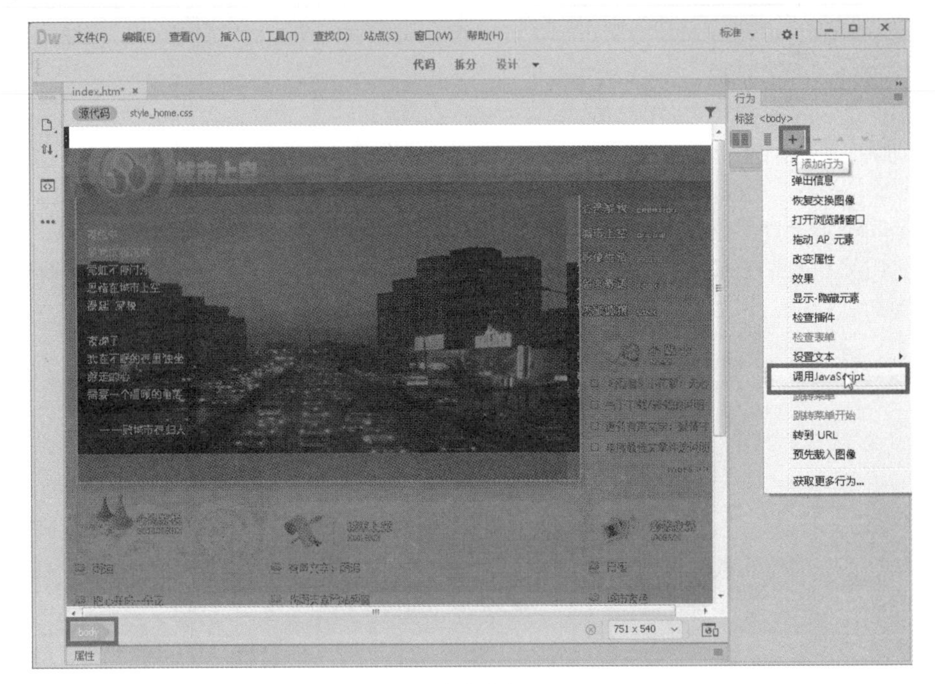

图 10-15

03 弹出“调用 JavaScript”对话框，在该对话框中的 JavaScript 文本框中输入 window.close()，如图 10-16 所示。

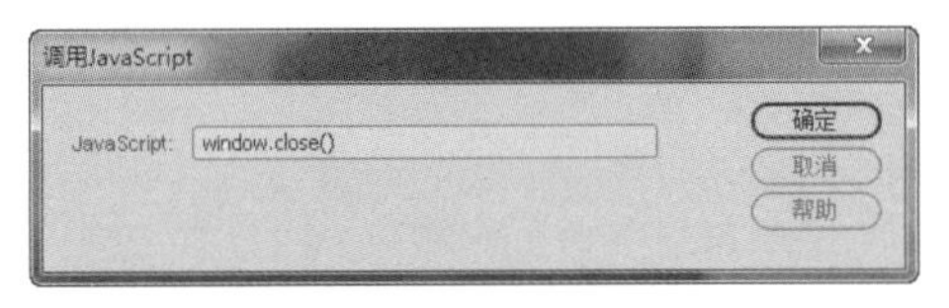

图 10-16

04 单击“确定”按钮，添加到“行为”面板中，将事件设置为 onLoad，保存文档，按 F12 键在浏览器中预览的效果。

10.3.2 弹出窗口

使用“打开浏览器窗口”动作可以在一个新的窗口中打开 URL，可以指定新窗口的属性（包括其大小）、特性（它是否可以调整大小、是否具有菜单栏等）和名称。例如，可以使用此行为在浏览者单击缩略图时在一个单独的窗口中打开一个较大的图像。使用此行为，还可以使新窗口与该图像恰好一样大。下面创建打开浏览器窗口网页，效果如图 10-17 和图 10-18 所示，具体操作步骤如下。

图 10-17

图 10-18

01 打开网页文档，如图 10-19 所示。

图 10-19

02 单击文档窗口中的<body>标签，执行“窗口”|“行为”命令，打开“行为”面板，在“行为”面板中单击“添加行为”按钮，在弹出的菜单中选择“打开浏览器窗口”选项，如图 10-20 所示。

图 10-20

03 弹出“打开浏览器窗口”对话框，在该对话框中单击“要显示的 URL”文本框右侧的“浏览”按钮，如图 10-21 所示。

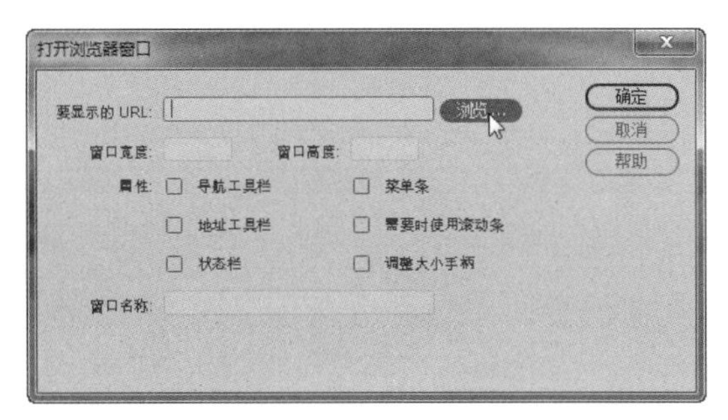

图 10-21

★ 知识要点 ★

“打开浏览器窗口”对话框中可以进行如下设置。

- 要显示的URL：输入浏览器窗口中要打开链接的路径。
- 窗口宽度：设置窗口的宽度。
- 窗口高度：设置窗口的高度。
- 属性：设置打开浏览器窗口的一些参数。选中“导航工具栏”为包含导航条；选中“菜单条”为包含菜单条；选中“地址工具栏”后在打开浏览器窗口中显示地址栏；选中“需要时使用滚动条”，如果窗口中内容超出窗口大小，则显示滚动条；选中“状态栏”后可以在弹出窗口中显示滚动条；选中“调整大小手柄”，浏览者可以调整窗口大小。
- 窗口名称：为当前窗口命名。

04 弹出“选择文件”对话框，在该对话框中选择 ditan.jpg，单击“确定”按钮，如图 10-22 所示。

05 将“窗口宽度”设置为 325，“窗口高度”设置为 457，在“窗口名称”文本框中输入名称，“属性”选中“调整大小手柄”复选框，如图 10-23 所示。

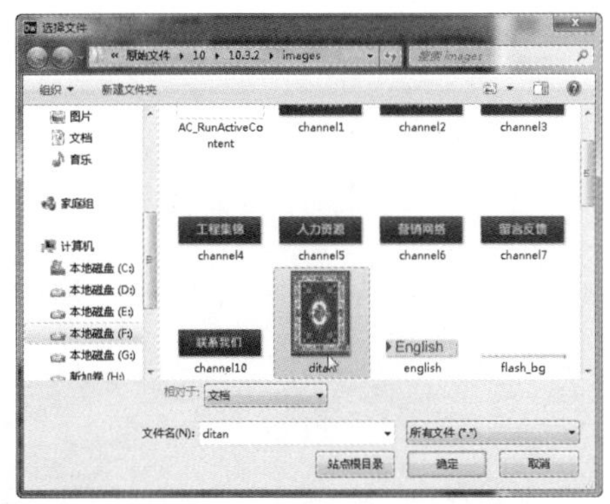

图 10-22

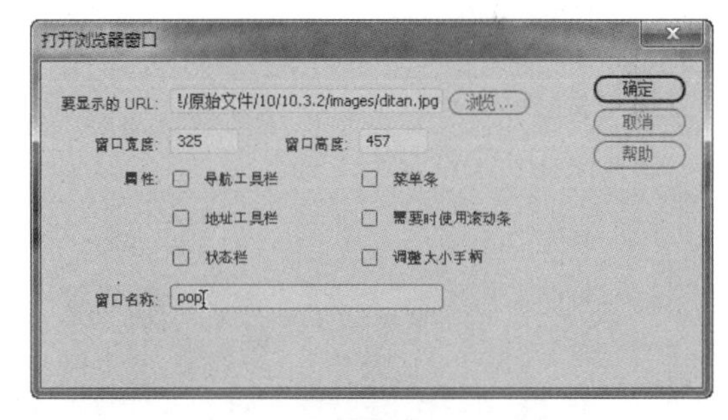

图 10-23

06 单击“确定”按钮，将行为添加到“行为”面板中，如图 10-24 所示。

07 保存文档，按 F12 键在浏览器中预览，效果如图 10-18 所示。

图 10-24

10.4 动态样式

使用 JavaScript 可以动态控制 CSS 样式，Dreamweaver 行为允许用户通过可视化操作设计动态样式。

10.4.1 改变属性

使用“改变属性”行为可以动态改变对象的属性值，例如，当某个鼠标事件被触发之后，可以改变表格的背景颜色或改变图像的大小等。本实例设计当光标经过时，让对话框显示红色边框，如图 10-25 所示。

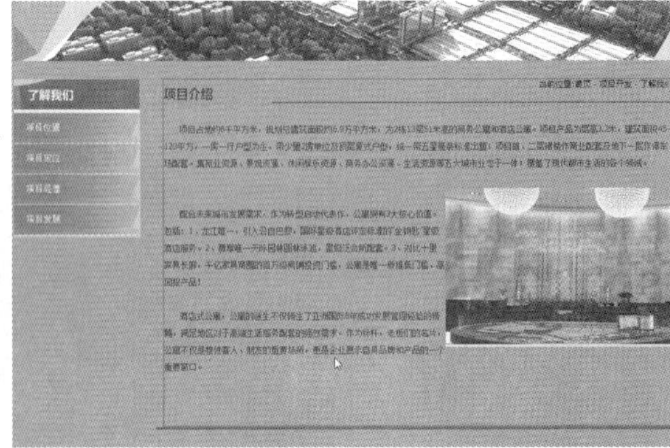

图 10-25

01 打开网页文档，如图 10-26 所示。

图 10-26

02 选中 #div1.contentright 标签，单击“行为”面板中的 + 按钮，从弹出的菜单中选择“改变属性”选项，如图 10-27 所示。

图 10-27

03 弹出“改变属性”对话框，如图 10-28 所示。

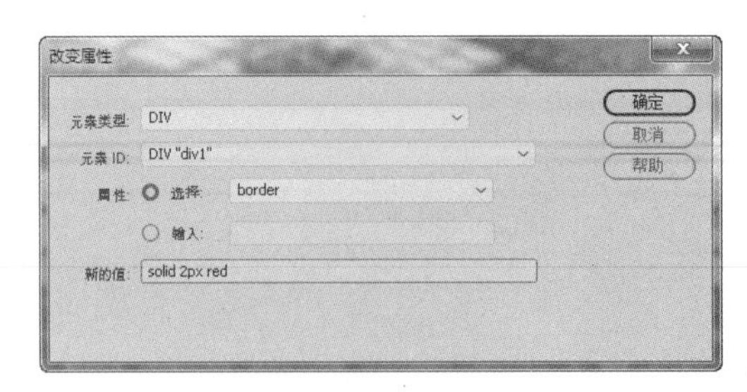

图 10-28

04 在“元素类型”下拉列表中设置要更改其属性的对象的类型。这里要改变 AP 元素的属性，因此选择 DIV。

05 在“元素 ID”下拉列表中显示网页中所有该类对象的名称，会列出网页中所有的 AP 元素的名称，在其中选择要更改属性的 AP 元素的名称，如 div"apdiv1"。

06 在“属性”选项区域选择要更改的属性，因为要设置背景，所以选择 border。如果要更改的属性没有出现在下拉列表中，可以在“输入”文本框中手动输入属性。

07 在“新的值”文本框中设置属性新值。这里要定义 AP 元素的边框线，这里输入 solid 2px red。

08 设置完成后单击“确定”按钮，在“行为”面板中确认触发动作的事件是否正确，这里设置为 onMouseOver。如果不正确，需要在事件菜单中选择正确的事件，如图 10-29 所示。

图 10-29

09 选中 "ap div1" 元素，继续添加一个“改变属性”行为，设计光标移出该元素后恢复默认的无边框效果，“改变属性”对话框中的参数如图 10-30 所示。

图 10-30

10 设置完成后，单击“确定”按钮。在“行为”面板中确认触发动作的事件是否正确，这里设置为 onMouseOut，即设计当鼠标指针离开对话框时，恢复默认的无边框状态。

10.4.2　显示和隐藏

使用“显示 - 隐藏元素”行为可以显示、隐藏或恢复一个或多个元素的可见性。本实例设计一个切换按钮，单击该按钮能够切换页面内容，如图 10-31 所示。

图 10-31

01 打开网页文档，如图 10-32 所示。

02 切换至“代码视图”，在 <body> 标签中输入如下代码。

```
<div id="apdiv1"><img scr"images/e1.jpg" width="56" height="31" /></div>
<div id="apdiv2"><img scr"images/e2.jpg" width="56" height="31" /></div>
```

```
<div id="apdiv3"><img scr"images/e3.jpg" width="1000" height="580" /></div>
<div id="apdiv4"><img scr"images/e4.jpg" width="1000" height="580" /></div>
```

图 10-32

03 选中 <div id="apdiv3">，新建 CSS 规则，在“CSS 设计器”面板中设置定位样式，Position:absoute、Width:717px、Hight:412px、Z-Index:4、Left:0px、Top:89px，如图 10-33 所示。

图 10-33

04 选中 <div id="apdiv4">，新建 CSS 规则，设置定位样式，设置参数与 apdiv3 相同，不同点是 Z-Index:3，即让 apdiv3 显示在上面。

05 选中 <div id="apdiv1">，新建 CSS 规则，在“CSS 设计器”面板中设置定位样式，Position:absoute、Width:56px、Hight:31px、Z-Index:2、Left:500px、Top:37px，如图 10-34 所示。

图 10-34

06 选中 <div id="apdiv1">，然后在“行为”面板中单击 + 按钮，在菜单中选择“显示 - 隐藏元素”选项，如图 10-35 所示。

图 10-35

07 弹出“显示 - 隐藏元素”对话框，如图 10-36 所示。

08 在“元素”列表中选中相应的 AP 元素，并设置元素的显示或隐藏属性，例如，选中 div"apdiv1" 元素，然后单击“隐藏”按钮，表示隐藏该 AP 元素；选中 div"apdiv2" 元素，单击“显示”按钮，表示显示该 AP 元素。而“默认”按钮表示使用“属性”面板上设置的 AP 元素的显示或隐藏属性。最后，设置 div id="apdiv3" 隐藏，而 div id="apdiv4" 显示，详细设置如图 10-37 所示。

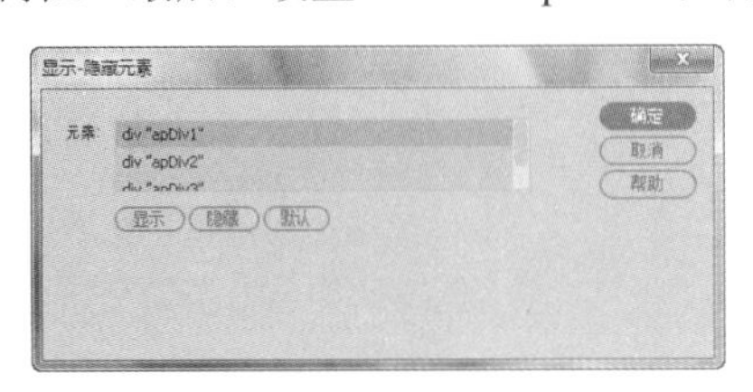

图 10-36

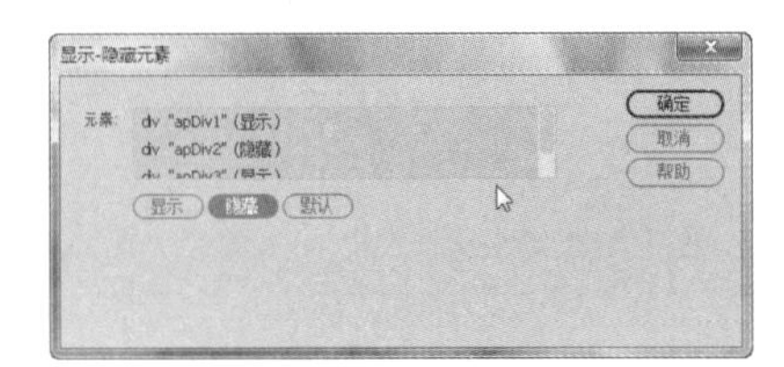

图 10-37

09 设置完毕，单击“确定”按钮，在“行为”面板上查看行为的事件是否正确，如果不正确，单击事件旁边的向下按钮，在弹出的菜单中选择相应的事件，在本实例中设置鼠标事件为 onClick，如图 10-38 所示。

图 10-38

10 选中 <div id="apdiv2">，由于 <div id="apdiv2"> 被 <div id="apdiv1"> 标签覆盖，在“设计视图”中看不到该标签，因此打开“代码视图”，拖选 <div id="apdiv2"> 标签的完整结构，如图 10-39 所示。

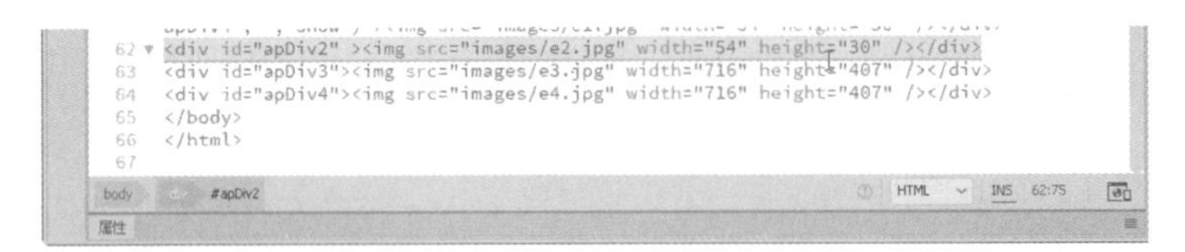

图 10-39

11 单击“行为”面板中的+按钮，在菜单中选择“显示 - 隐藏元素”选项。在打开的“显示 - 隐藏元素”对话框中选中相应的 AP 元素，并设置元素的显示或隐藏属性，如图 10-40 所示。

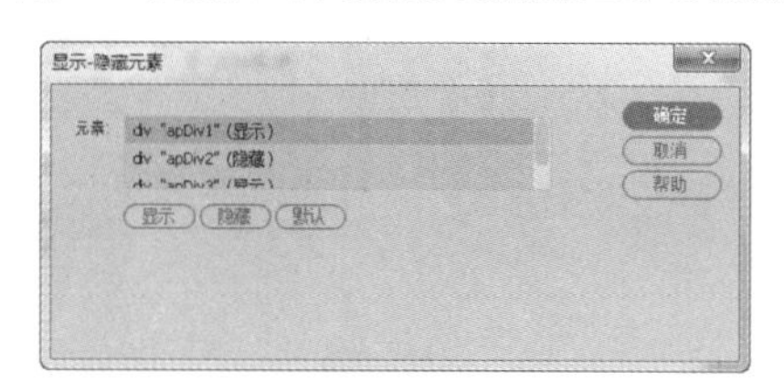

图 10-40

12 单击“确定”按钮，在“行为”面板中将鼠标事件更改为 onClick，如图 10-41 所示。

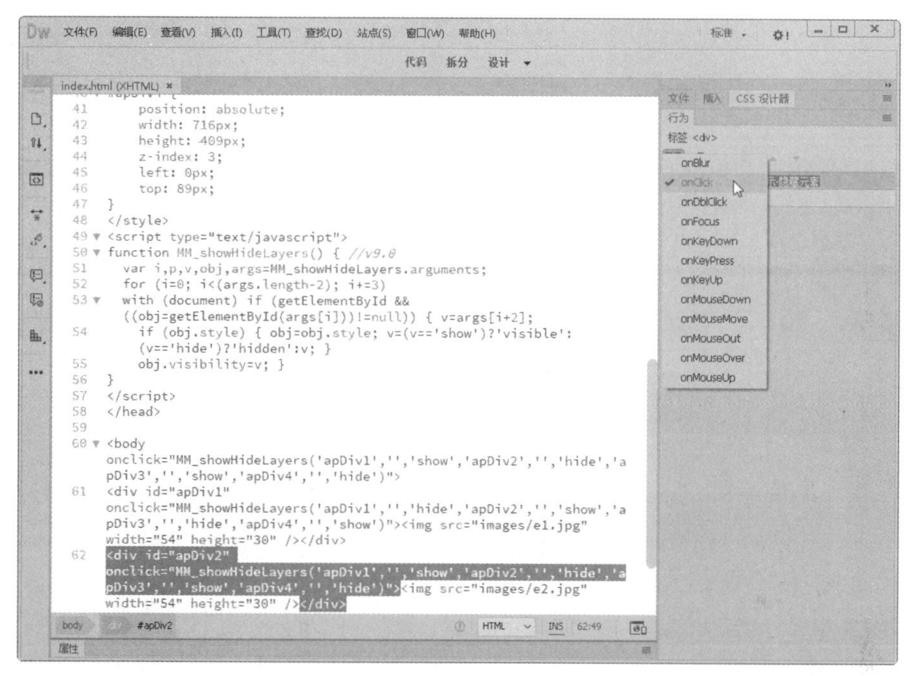

图 10-41

13 设置完成后保存文档，在浏览器中预览的效果。当单击“花”按钮，则会切换至花页面，此时按钮显示为“鸟”，如果单击“鸟”按钮，则返回前面页面。

10.5 动态内容

使用 JavaScript 也可以动态控制 HTML 结构。在“设置文本”行为组建中包含 4 项针对不同类型文本的动作，包括设置容器的文本、设置文本域文字、设置框架文本、设置状态栏文本。

10.5.1 设置容器文本

使用“设置容器的文本”行为可以将指定包含框内的 HTML 代码替换为其他内容，该内容可以包括任何有效的 HTML 源代码。本实例借助该行为动态控制广告的显示，如图 10-42 所示。

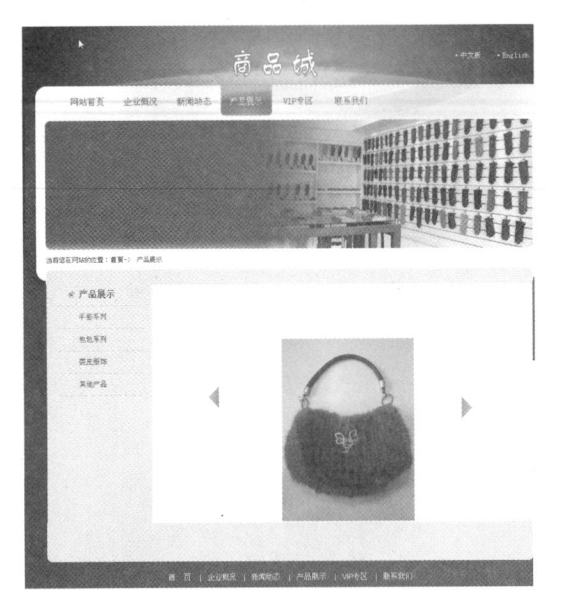

图 10-42

01 打开网页文档，如图 10-43 所示。

图 10-43

02 在编辑窗口中选择左侧的按钮。打开“行为”面板，单击 + 按钮，在弹出的菜单中选择“设置文本”|“设置容器的文本”选项，如图 10-44 所示。

图 10-44

03 弹出“设置容器的文本”对话框，如图 10-45 所示。

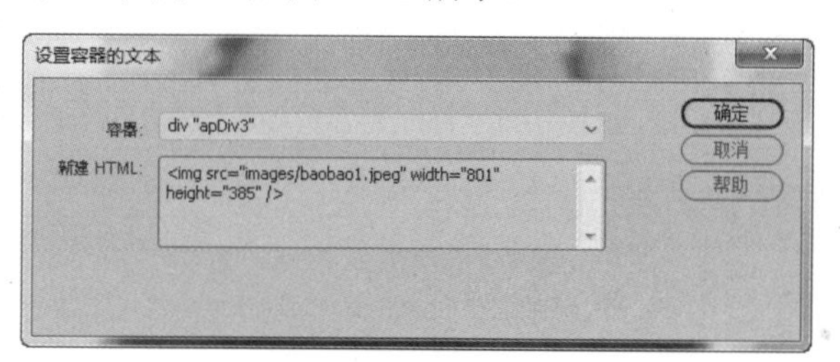

图 10-45

04 在“容器”下拉列表中列出了页面中所有具备容器的对象，在其中选择要进行操作的层。在这里选中 div"apdiv3"。

05 在“新建 HTML”文本框中输入要替换内容的 HTML 代码，如 <img src="images/baobao1.jpeg" width="801" height="385" />。

06 单击“确定”按钮，在“行为”面板中将事件设置为 onClick，如图 10-46 所示。

07 选中右侧的导航按钮，单击 + 按钮，在弹出的菜单中选择“设置文本”|“设置容器的文本”选项，弹出“设置容器的文本”对话框，在“容器”下拉列表中列出了页面中所有具备容器的对象，在其中选择要进行操作的层，在这里选中 div"apdiv3"。

08 在“新建 HTML”文本框中输入要替换内容的 HTML 代码，如 <img src="images/fbaobao2.jpg" width="801"height="385" />，如图 10-47 所示。

图 10-46

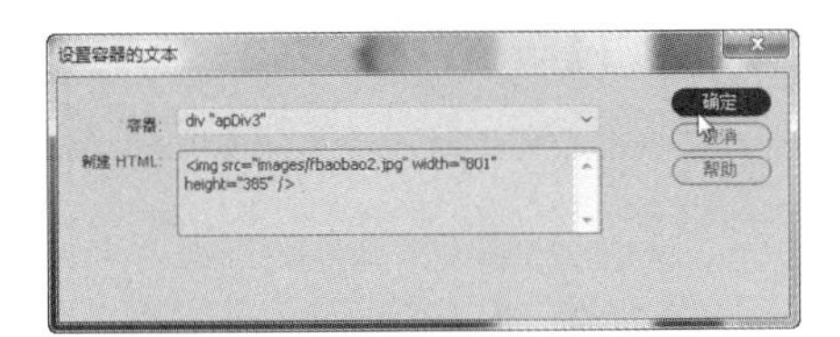

图 10-47

09 单击“确定”按钮，在“行为”面板中将事件设置为onClick，如图10-48所示。

图 10-48

10 保存文档，在浏览器中预览效果。

10.5.2 设置文本框的默认值

使用“设置文本域文字”行为可以动态设置文本域内的输入文本信息。本实例设计文本框默认显示提示文本，当获取焦点后，清除提示文本，效果如图 10-49 所示。

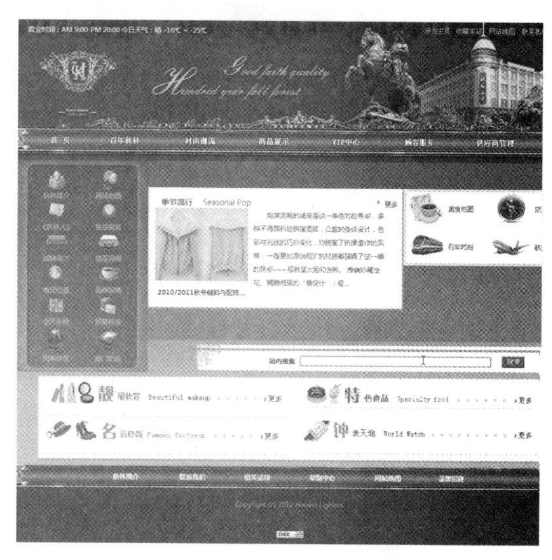

图 10-49

01 打开网页文档，如图 10-50 所示。在本实例中设计当用户单击搜索文本框，则默认的提示性文本自动消失。

图 10-50

02 选择文本域，在“属性”面板中设置默认值为“输入您想搜索的关键词‘外套’”，以提示用户在此输入关键词，如图 10-51 所示。

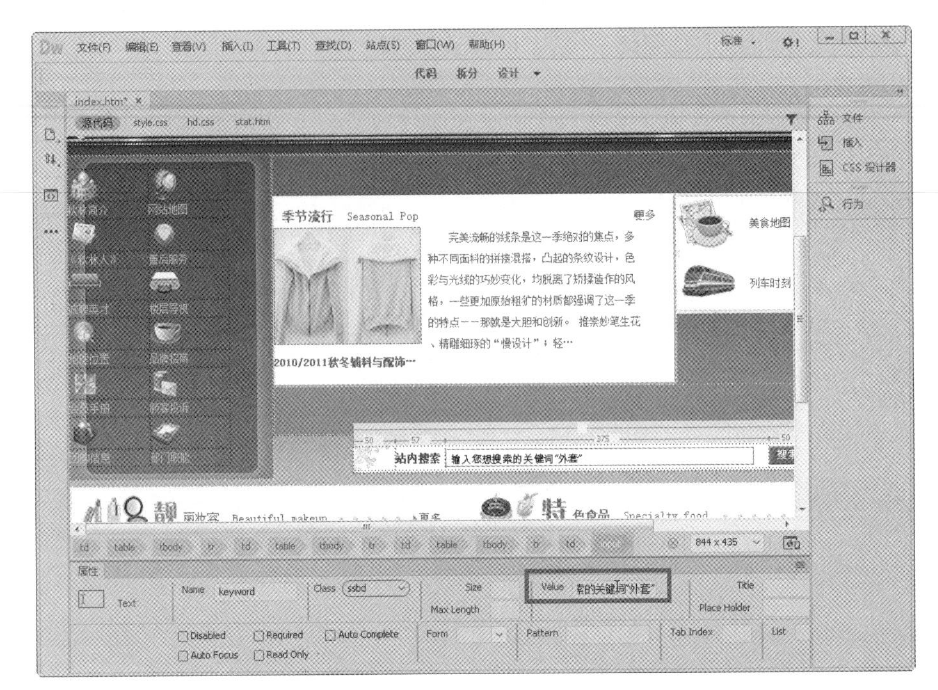

图 10-51

03 选中文本域，单击“行为”面板中的+按钮，在弹出的菜单中执行“设置文本”|“设置文本域文字”命令，如图10-52所示。

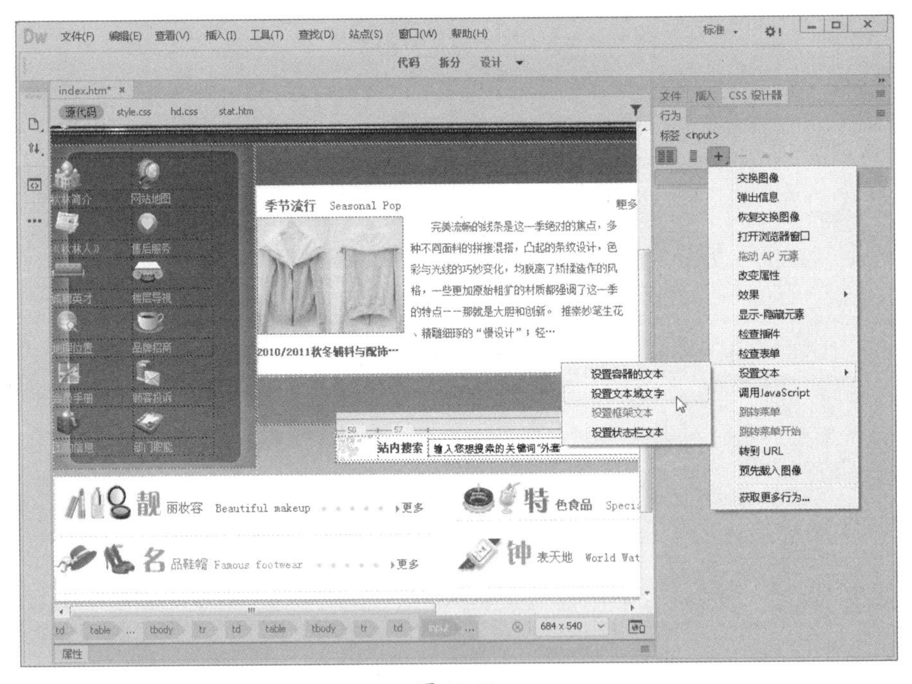

图 10-52

04 打开“设置文本域文字”对话框，在“文本域”中选择input"keyword"，在“新建文本”中输入信息，表示消除文本域内的默认值，如图10-53所示。

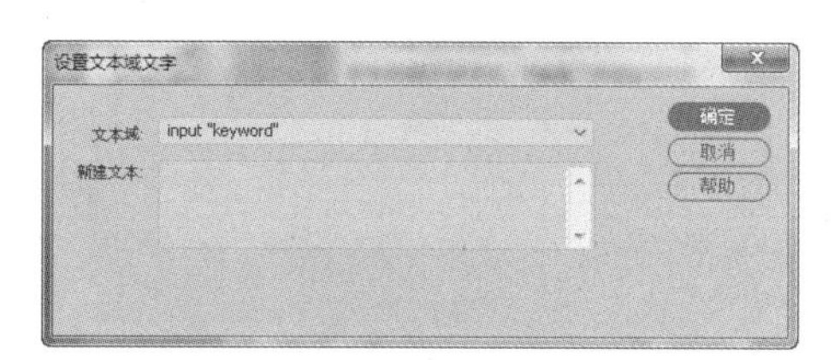

图 10-53

05 单击“确定”按钮，在“行为”面板中将触发动作的事件修改为onFocus，表示当该文本域获得焦点时，清除默认的提示文本，避免浏览者手动删除这些文本，然后再输入关键词，这样会影响用户的操作体验，如图 10-54 所示。

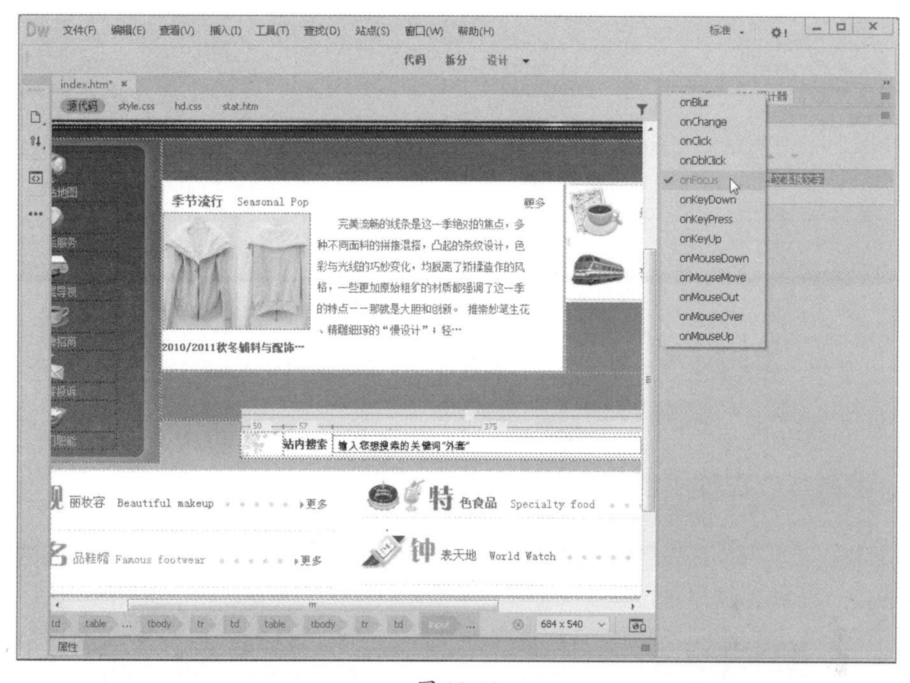

图 10-54

06 继续选择文本域，单击“行为”面板中的 + 按钮，在弹出的菜单中选择“设置文本”|“设置文本域文字”选项，弹出“设置文本域文字”对话框。在“文本域”中选择 input"keyword"，在“新建文本”中输入“输入您想要搜索的关键词，如 “ 外套 &ldquo”信息，表示为文本域设置显示的默认值，如图 10-55 所示。

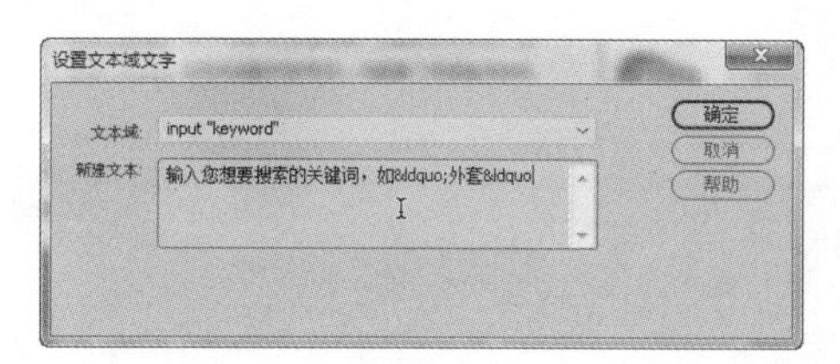

图 10-55

07 单击“确定”按钮，在“行为”面板中将触发动作的事件改为onBlur，表示当该文本域失去焦点时，恢复默认的提示文本，如图 10-56 所示。

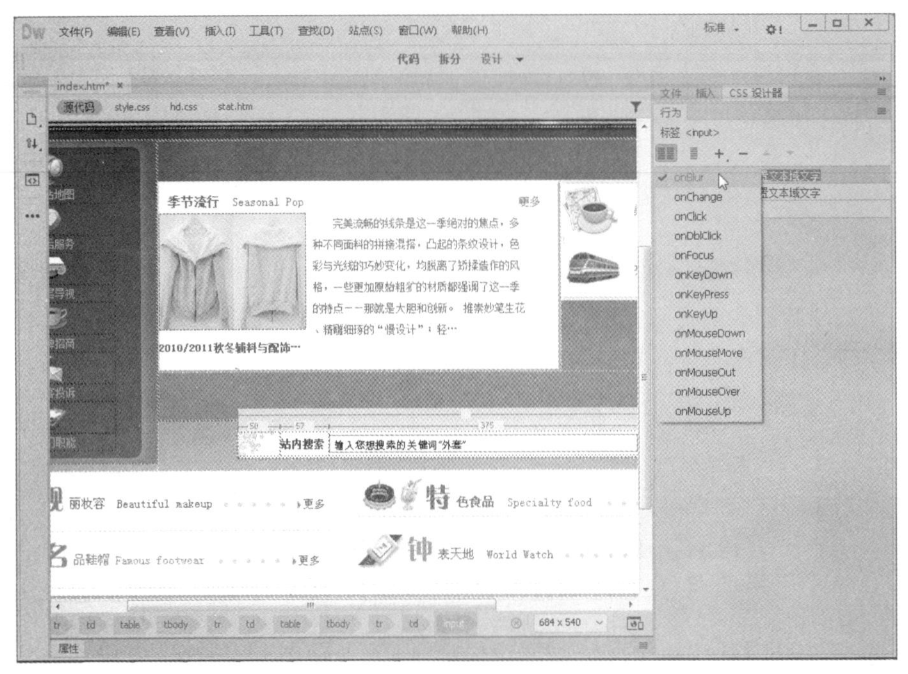

图 10-56

08 保存网页文档，在浏览器中预览的效果，如果单击文本域，则文本域中显示的文本会立即消失，当文本框失去焦点后，将恢复默认的文本。

10.5.3 设置状态栏提示信息

“设置状态栏文本”行为允许定义浏览器状态栏的显示文本。该行为在现代网页应用中，已不推荐使用，下面的实例简单演示如何定义状态栏中的文本，效果如图 10-57 所示。

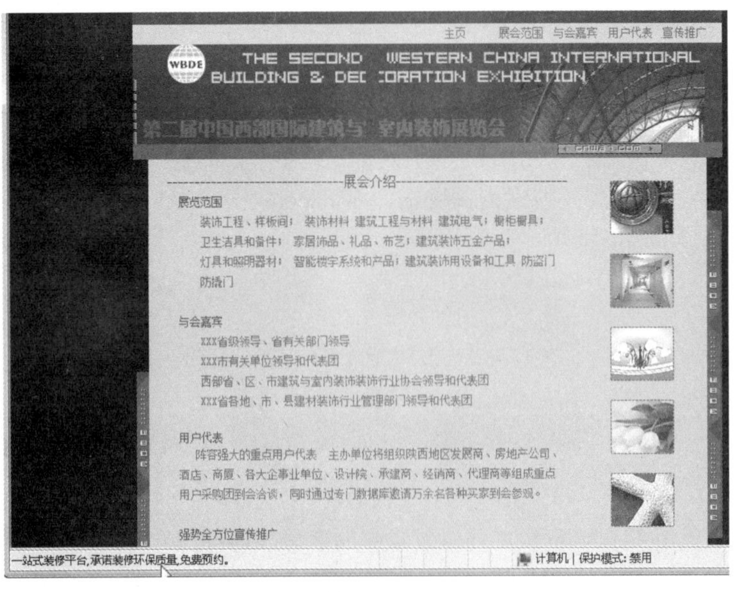

图 10-57

01 打开网页文档，如图 10-58 所示。在本实例中将使用“添加状态栏文本”行为为页面添加一行状态栏提示信息。

02 打开“行为”面板，单击 + 按钮，在弹出的菜单中选择“设置文本”|“设置状态栏文本”选项，弹出“设置状态栏文本”对话框，在文本框中输入“一站式装修平台，承诺装修环保质量，免费预约。”文本，如图 10-59 所示。

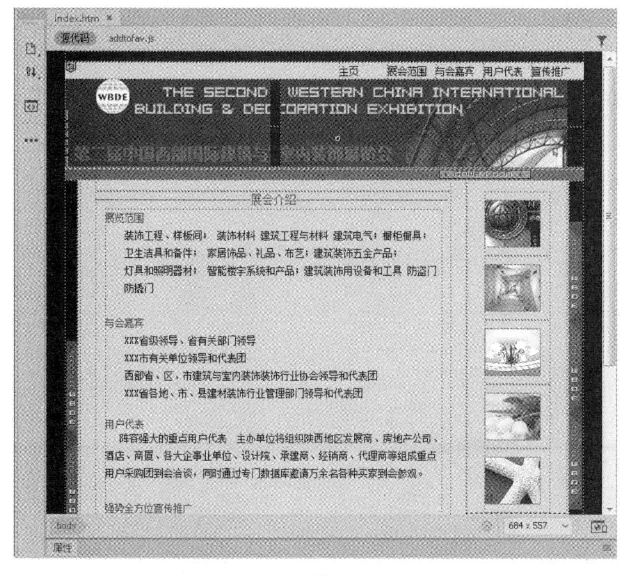

图 10-58

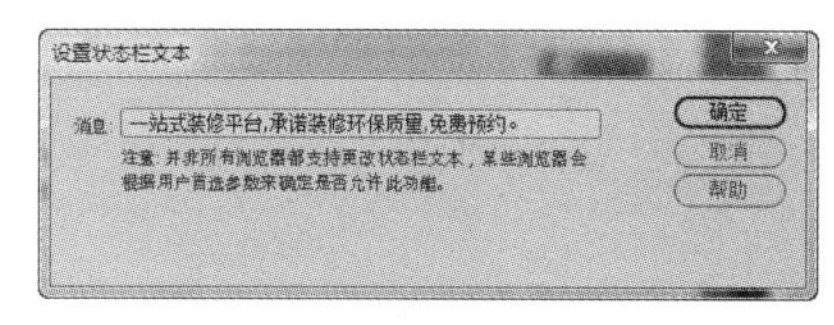

图 10-59

03 单击“确定”按钮，在“行为”面板中将触发动作的事件改为 onLoad，表示当页面加载完毕后，即显示状态栏信息，如图 10-60 所示。

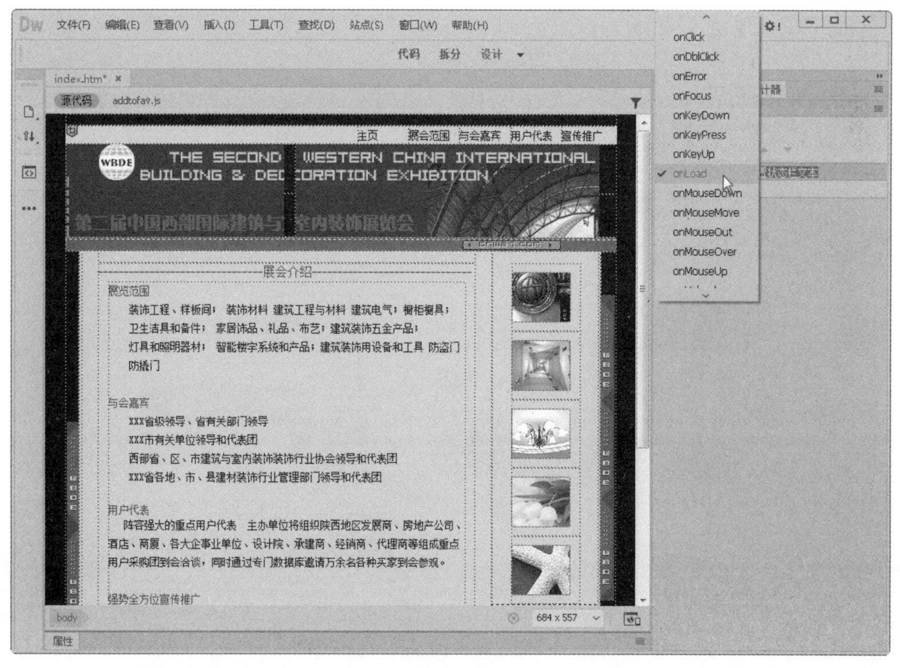

图 10-60

10.6 跳转

跳转是一种特殊的页面访问方式，包括跳转菜单、转到 URL 等。

10.6.1 跳转菜单

跳转菜单是超链接的一种形式，使用跳转菜单要比其他形式的链接节省更多页面的空间，跳转菜单从菜单发展而来，浏览者单击并选择下拉列表中的选项时会跳转到目标网页。当从跳转菜单中选择一个名称时，就会链接到相应的网站，效果如图 10-61 所示，具体操作步骤如下。

图 10-61

01 打开网页文档，选中插入的跳转菜单，如图 10-62 所示。

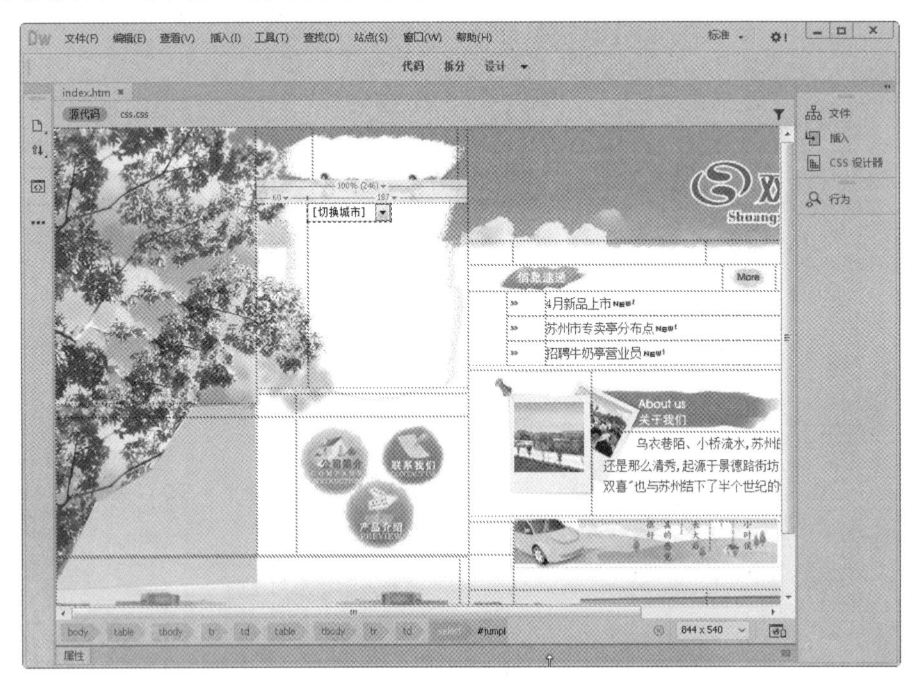

图 10-62

02 执行“窗口”|“行为”命令，打开“行为”面板，在“行为”面板中单击 + 按钮，在弹出的菜单中选择“跳转菜单”选项，如图 10-63 所示。

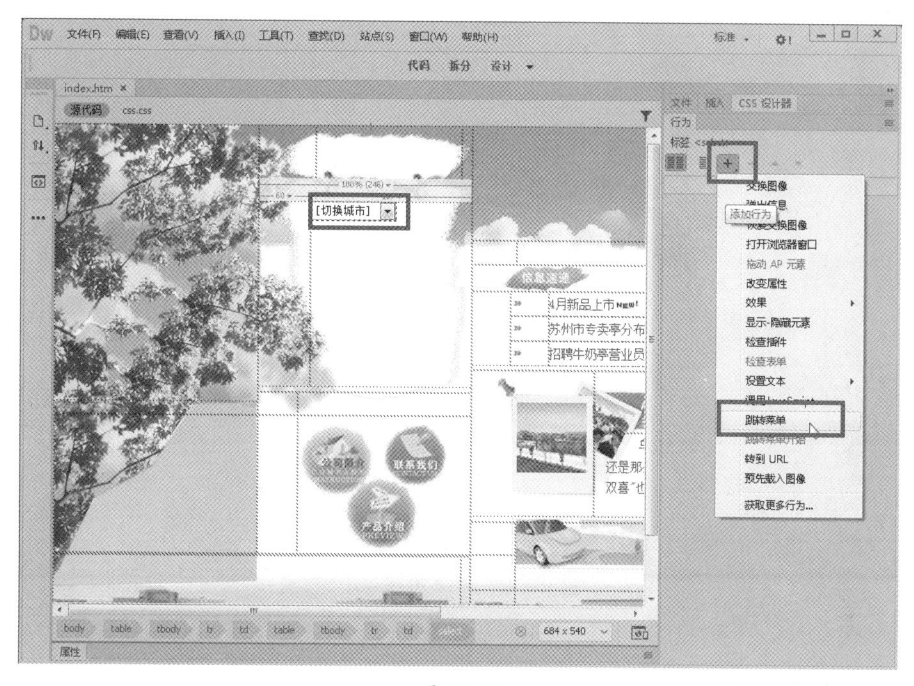

图 10-63

03 弹出“跳转菜单”对话框，在该对话框中添加相应的内容，单击“菜单项”中的 + 按钮，在“文本框”中输入该项的内容，在“选择时，转到 URL”文本框中输入所指向的链接目标，如图 10-64 所示。

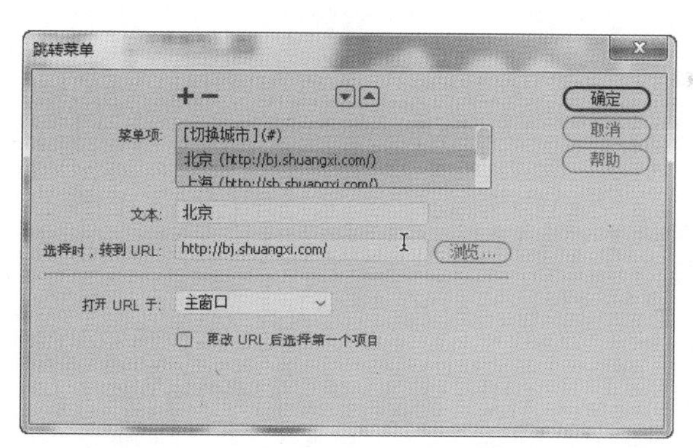

图 10-64

04 单击“确定”按钮，在“行为”面板中自动定义了“跳转菜单”行为，根据需要设置事件类型，这里设置为 onChange，即当跳转菜单的值发生变化时，将触发跳转行为，如图 10-65 所示。

05 保存文档，按 F12 键在浏览器中预览，效果如图 10-61 所示，当从跳转菜单中选择一个选项时，就会链接到相应的网站。

图 10-65

10.6.2 跳转菜单开始

“跳转菜单开始”行为和“跳转菜单”行为关系密切，“跳转菜单开始”用一个按钮与一个跳转菜单关联在一起，当单击这个按钮时则打开在跳转菜单中选择的链接，效果如图 10-66 所示。

图 10-66

01 打开网页文档，在本实例中将以上一节案例为基础，介绍如何添加“跳转菜单开始”行为，因为在应用该行为时，应该先插入“跳转菜单”行为，否则该行为无效，如图 10-67 所示。

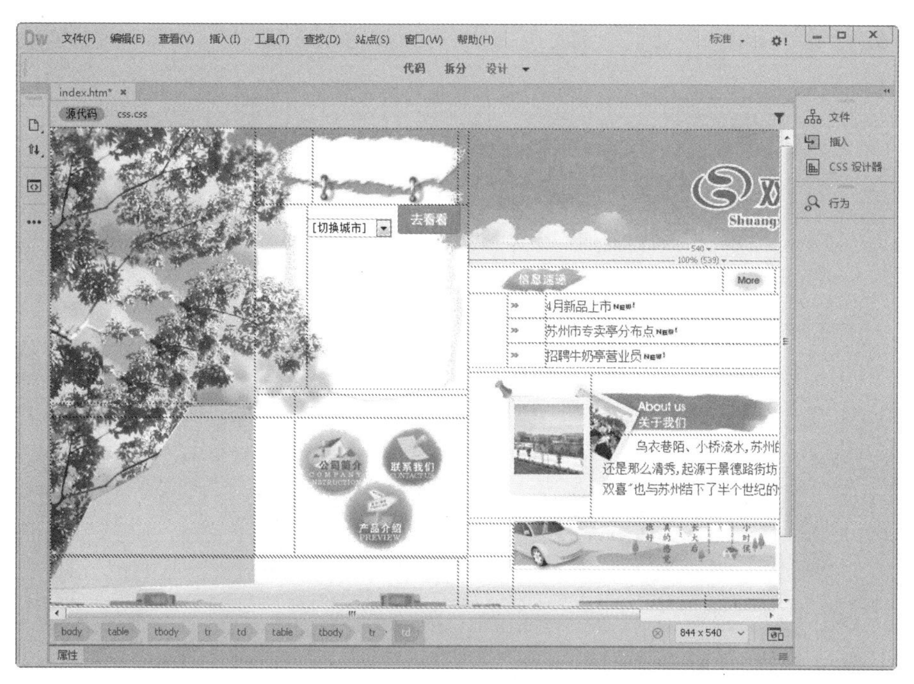

图 10-67

02 选择插入的控制按钮，单击“行为”面板中的+按钮，在弹出的菜单中选择“跳转菜单开始”选项，如图 10-68 所示。

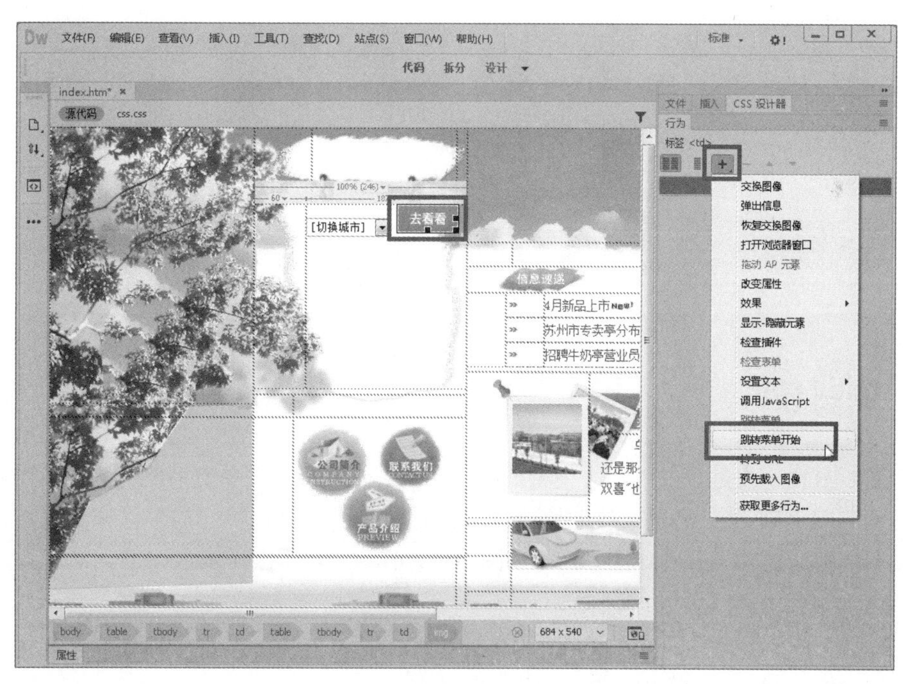

图 10-68

03 弹出“跳转菜单开始”对话框，选定页面中存在的将被跳转按钮激活的下拉列表，具体设置如图 10-69 所示。

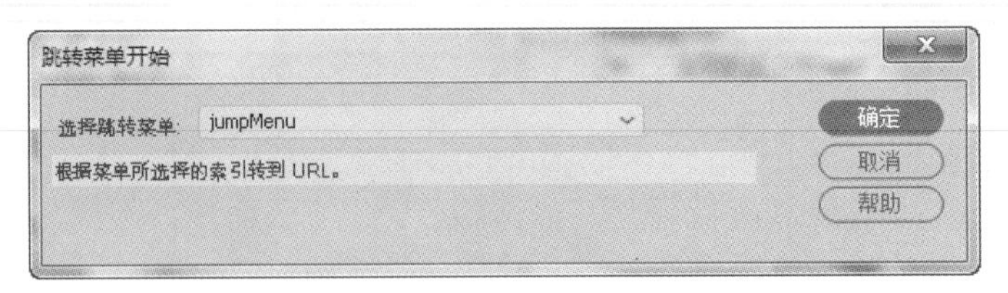

图 10-69

04 单击“确定”按钮完成设置。在“行为”面板中修改事件类型，在此设置为 onClick，如图 10-70 所示。

图 10-70

10.6.3 转到 URL

“转到 URL”动作是设置链接时使用的动作。通常的链接是在单击后跳转到相应的网页中，但是“转到 URL”动作在把光标放上后或者双击时，都可以设置不同的事件来加以链接。跳转前的效果和跳转后的效果分别如图 10-71 和图 10-72 所示，具体操作步骤如下。

01 打开网页文档，如图 10-73 所示。

02 执行“窗口”|“行为”命令，打开“行为”面板，在该面板中单击 + 按钮，在弹出的菜单中选择“转到 URL”选项，如图 10-74 所示。

图 10-71

图 10-72

图 10-73

03 选择该选项后，弹出“转到 URL”对话框，在该对话框中单击 URL 文本框右侧的“浏览”按钮，如图 10-75 所示。

04 弹出“选择文件”对话框，在该对话框中选择 index.htm 文件，如图 10-76 所示。

★ 知识要点 ★

“转到URL”对话框中可以进行如下设置。

- 打开在：选择打开链接的窗口。如果是框架网页，选择打开链接的框架。
- URL：输入链接的地址，也可以单击“浏览”按钮在本地硬盘中查找链接的文件。

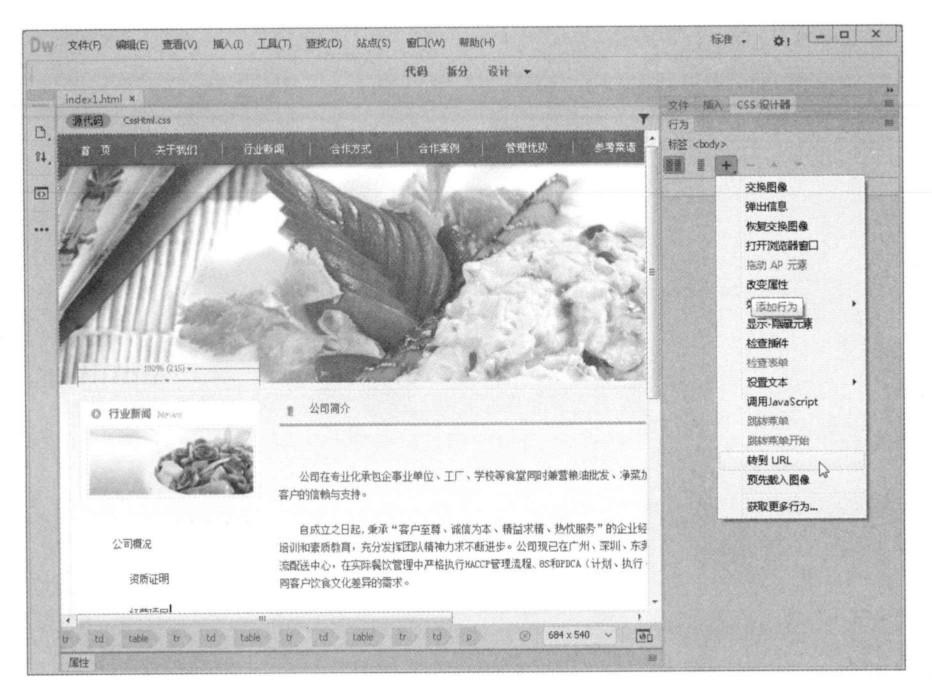

图 10-74

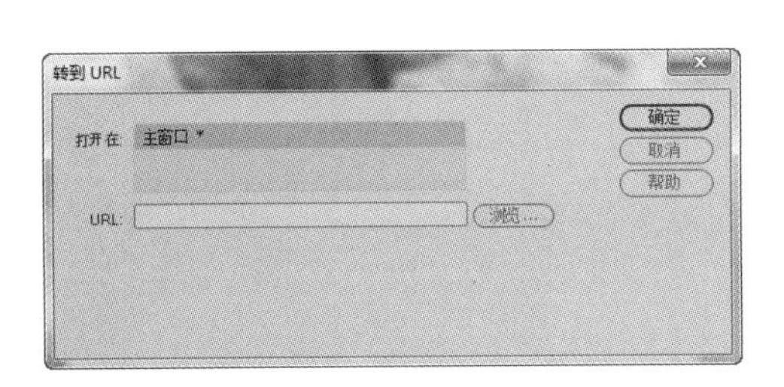

图 10-75

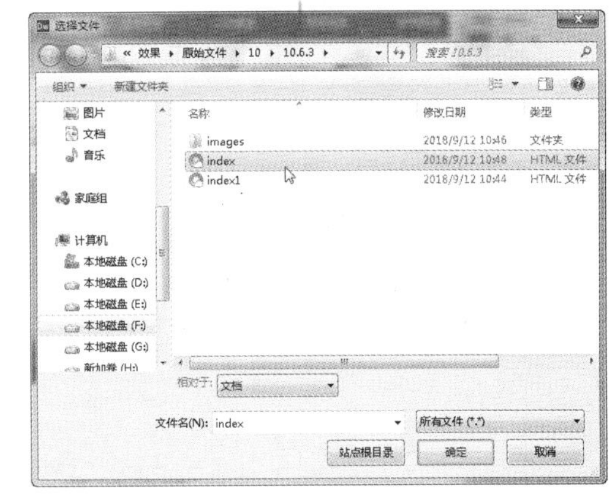

图 10-76

05 单击“确定”按钮，添加到 URL 文本框中，如图 10-77 所示。

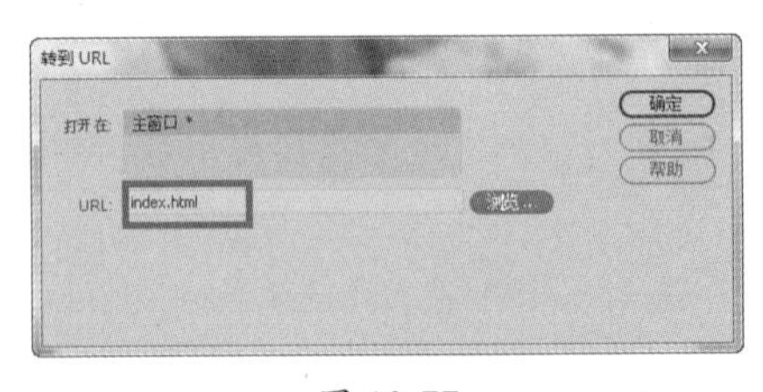

图 10-77

06 单击“确定”按钮，将行为添加到“行为”面板中，在“行为”面板中修改事件类型为 onDblClick，即当双击页面时将激活该行为，如图 10-78 所示。

图 10-78

07 保存文档，按 F12 键在浏览器中预览，跳转前的效果和跳转后的效果分别如图 10-71 和图 10-72 所示。

第 11 章　使用 jQuery UI 和 jQuery 特效设计页视图

有时你仅是为了实现一个渐变的动画效果而不得不把 JavaScript 重新学习一遍，然后编写大量代码。直到 jQuery 的出现，让开发人员从一大堆烦琐的 JavaScript 代码中解脱，取而代之的是几行 jQuery 代码。而 jQuery UI 则是在 jQuery 基础上开发的一套网页工具，几乎包括了网页上用户所能想到和用到的插件及动画特效，让一个毫无艺术感的编程人员不费吹灰之力就可以做出令人炫目的网页效果。

知识要点

- Tabs设计选项卡
- Accordion设计折叠面板
- Dialog设计对话框
- shake设计振动特效
- Highlight设计高亮特效
- 设计页视图

实例展示

Tabs 选项卡

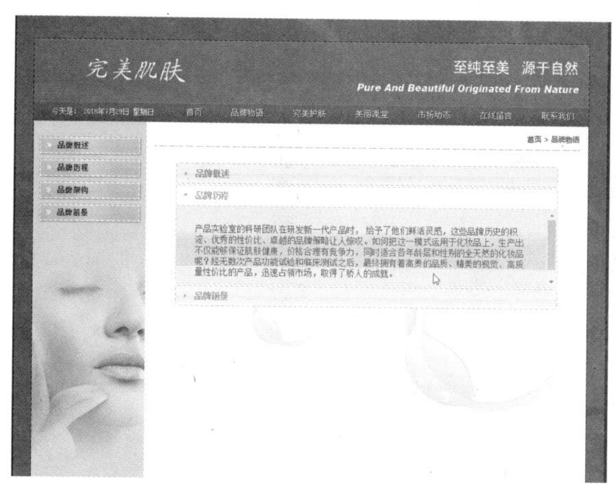

折叠面板

Dialog 对话框

高亮特效

11.1　Tabs 设计选项卡

在制作网页的时候经常会遇到制作选项卡，如果 JavaScript 技术不好就很难做出来，其实 Dreamweaver 提供了一个不错的选项卡制作功能——spry。本节将在页面中插入一个 Tabs 选项卡，设计一个登录表单的切换版面。当光标经过时，会自动切换表单面板，具体操作步骤如下。

01 启动 Dreamweaver，打开网页文件，执行“插入”|jQuery UI|Tabs 命令，如图 11-1 所示。在

页面中插入 Tabs 面板，如图 11-2 所示。

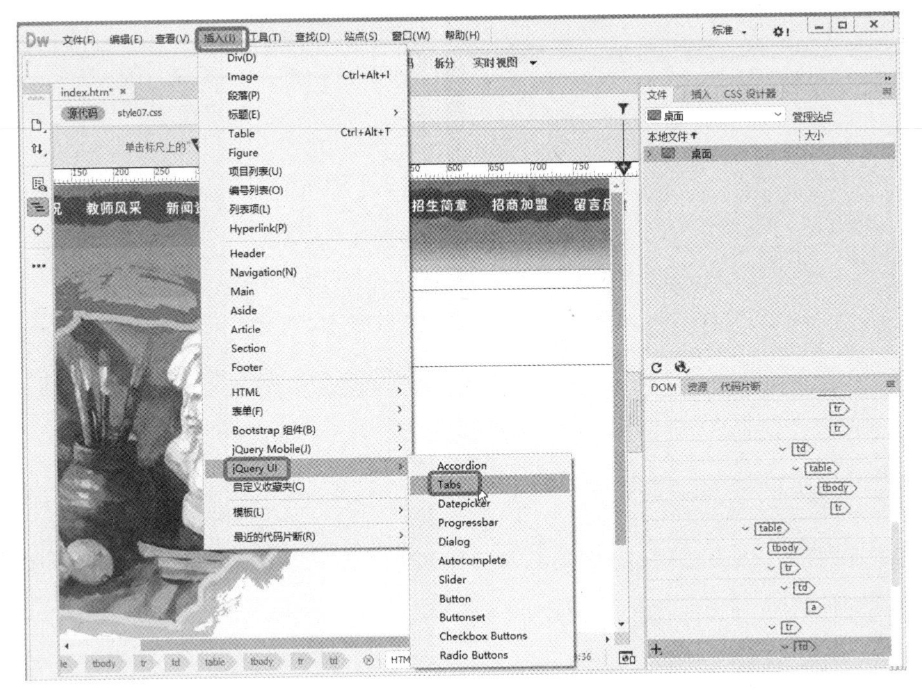

图 11-1

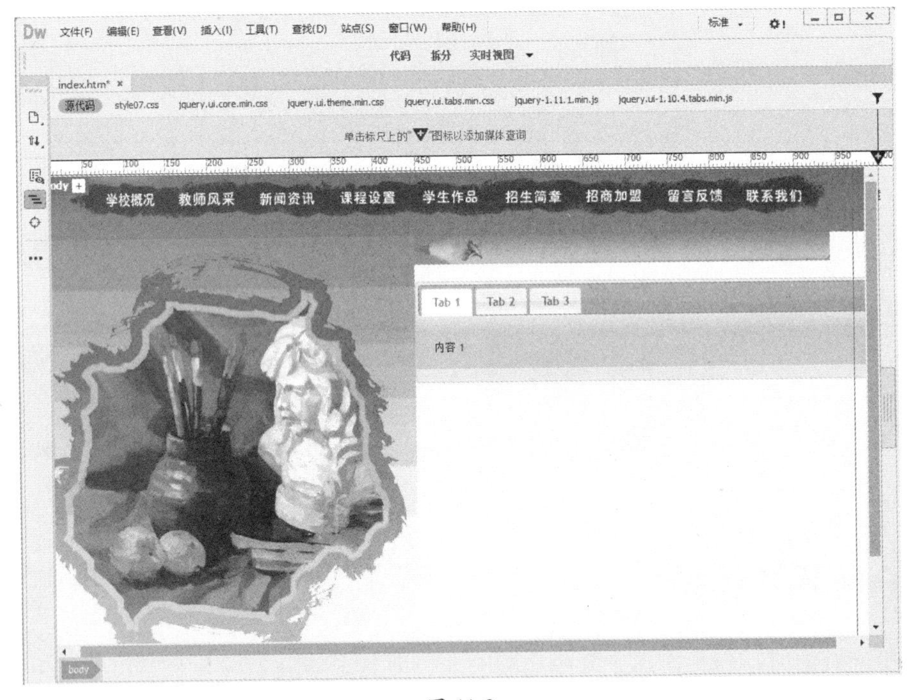

图 11-2

02 单击选中 Tabs 面板，可以在“属性”面板中设置选项卡的相关属性，同时可以在编辑窗口中修改标题名称，并填写面板内容，如图 11-3 所示。

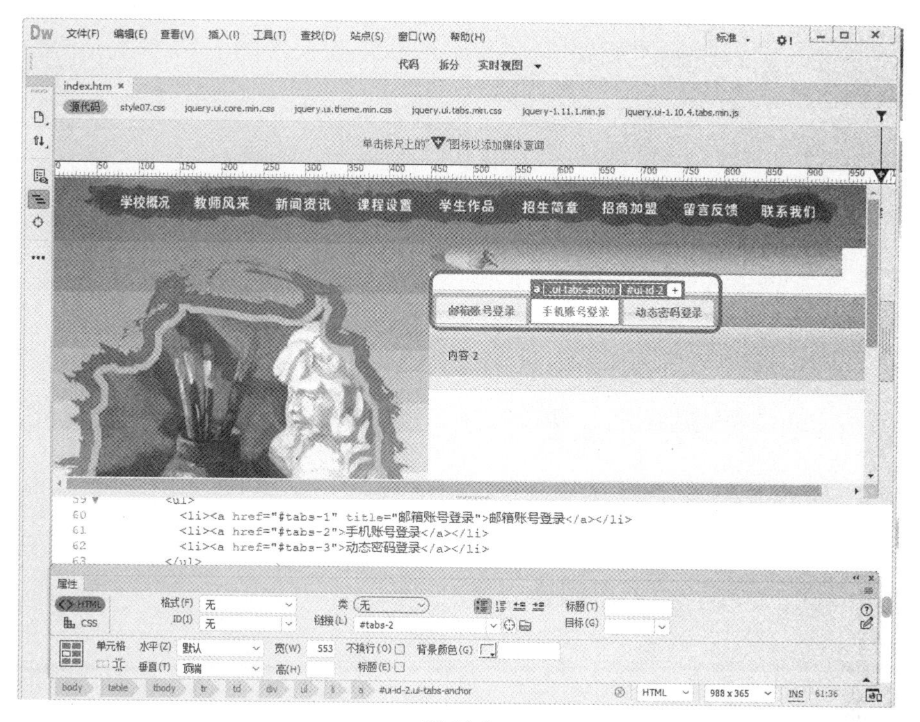

图 11-3

03 设置完成后，保存文档，此时 Dreamweaver 会弹出对话框，要求保存相关的技术支持文件，如图 11-4 所示，单击“确定”按钮关闭该对话框即可。

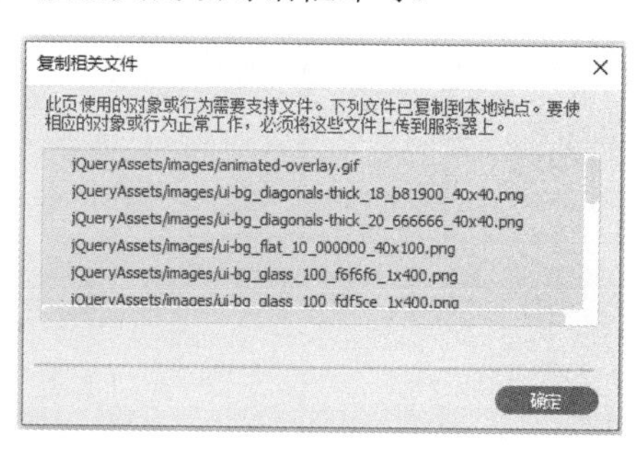

图 11-4

04 在内容框中分别输入内容，这里插入表单，如图 11-5 所示。

05 执行“窗口”|“CSS 设计器”命令，打开“CSS 设计器”面板，在该面板中清除 padding 默认值，如图 11-6 所示。

06 最终的效果如图 11-7 和图 11-8 所示。

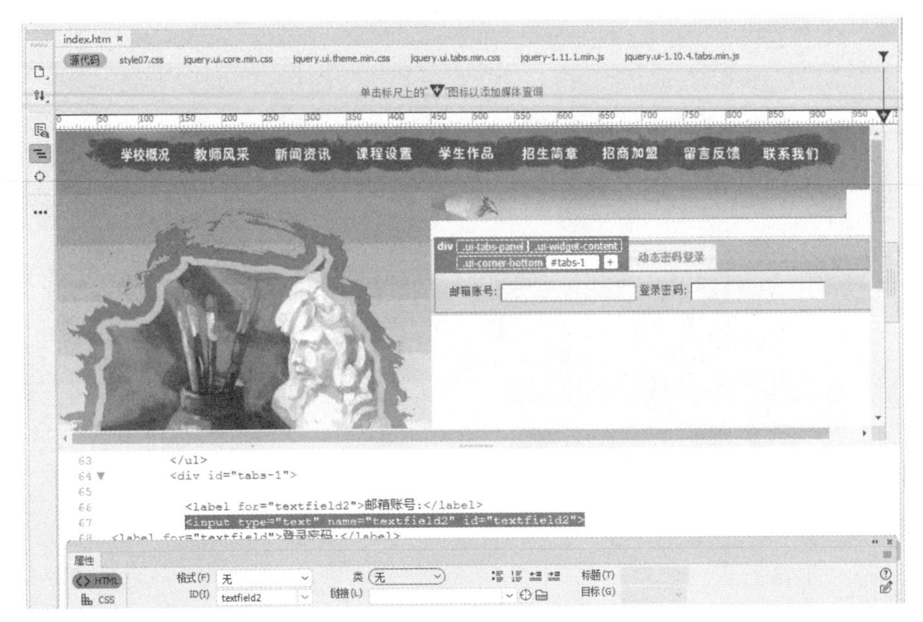

图 11-5

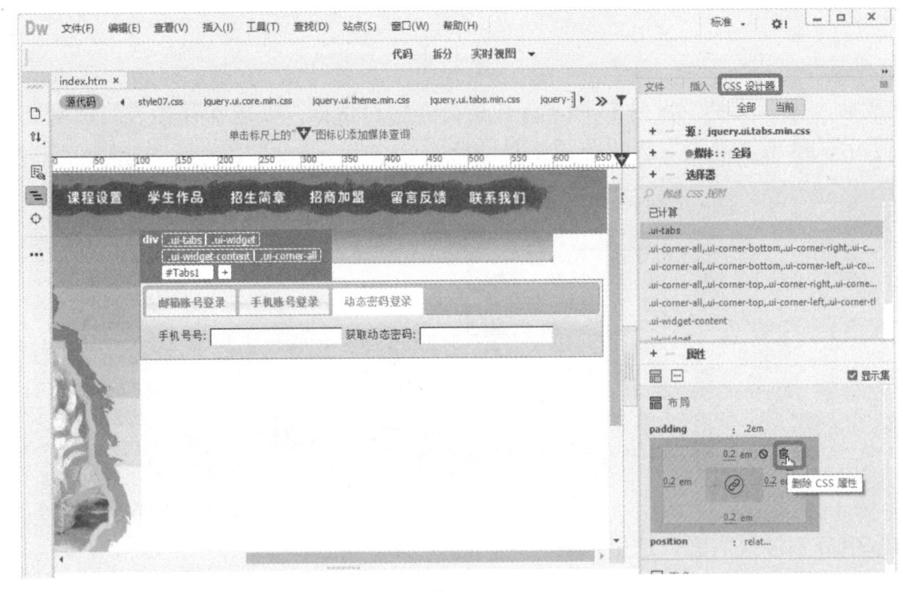

图 11-6

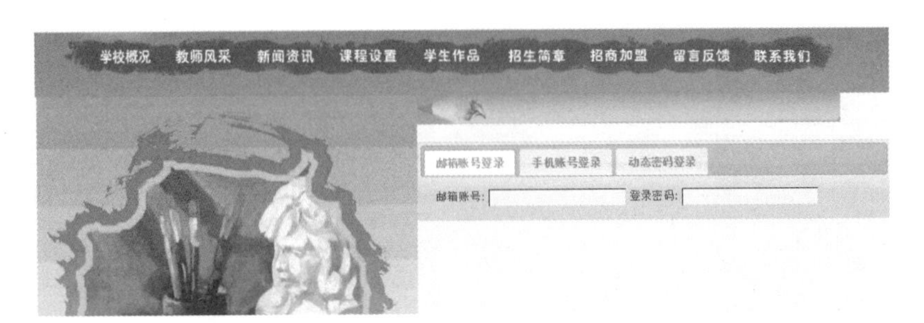

图 11-7

图 11-8

11.2 Accordion 折叠菜单

jQuery Accordion 用于创建折叠菜单，在同一时刻只能有一个内容框被打开，每个内容框有一个与之关联的标题，用来打开该内容框，同时会隐藏其他内容框。默认情况下，折叠菜单总是保持有一部分是打开的。

本例将在页面中插入一个可折叠菜单，当鼠标经过时，会自动切换折叠菜单，在 Dreamweaver 中插入 Accordion 的具体操作步骤如下。

01 打开网页文件，将光标置于页面中要插入 Accordion 的位置，执行“插入”|jQuery UI|Accordion 命令，如图 11-9 所示。在页面中插入折叠菜单，如图 11-10 所示。

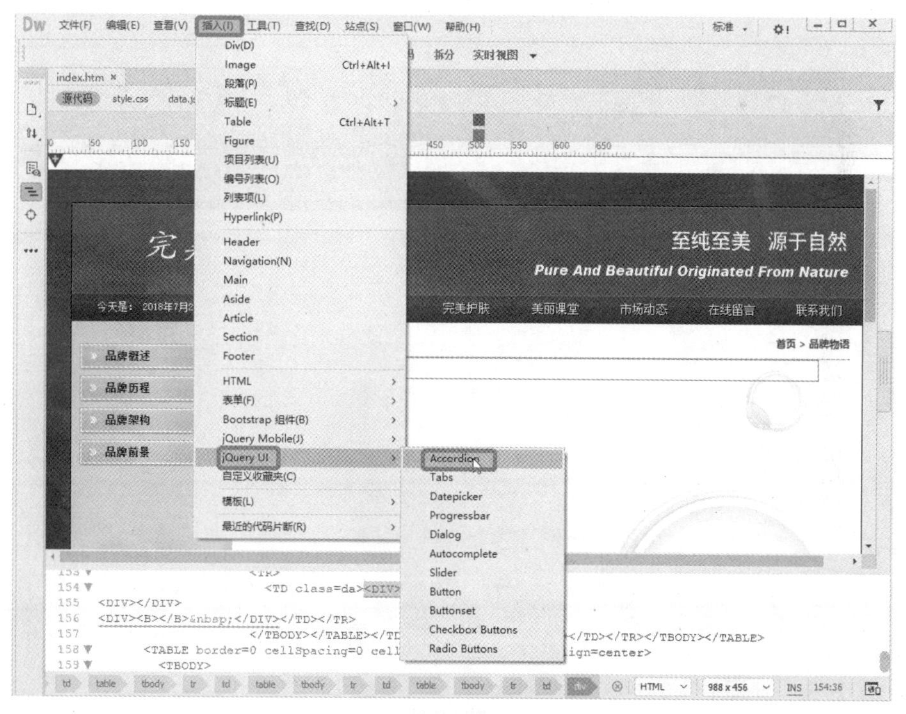

图 11-9

图 11-10

02 单击选中 Accordion 菜单，可以在“属性”面板中设置 Accordion 菜单的相关属性，同时可以在编辑窗口中修改标题名称并填写面板内容，如图 11-11 所示。

图 11-11

03 设置完毕后，保存文档，此时 Dreamweaver 会弹出对话框，要求保存相关的技术支持文件，如图 11-12 所示。

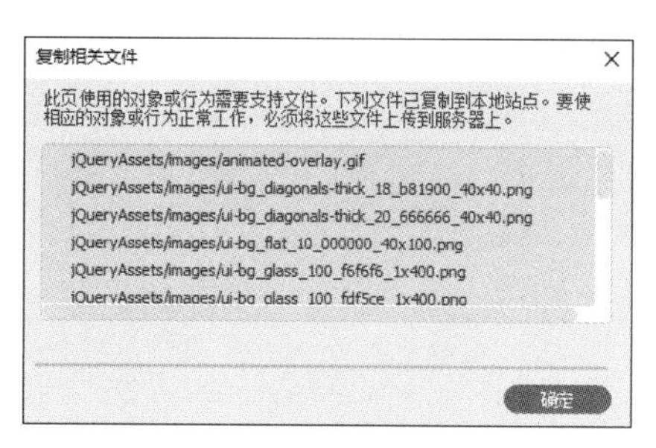

图 11-12

04 在内容框中分别输入内容，然后修改标题文字，在“属性”面板中设置折叠菜单的属性，如图 11-13 所示。

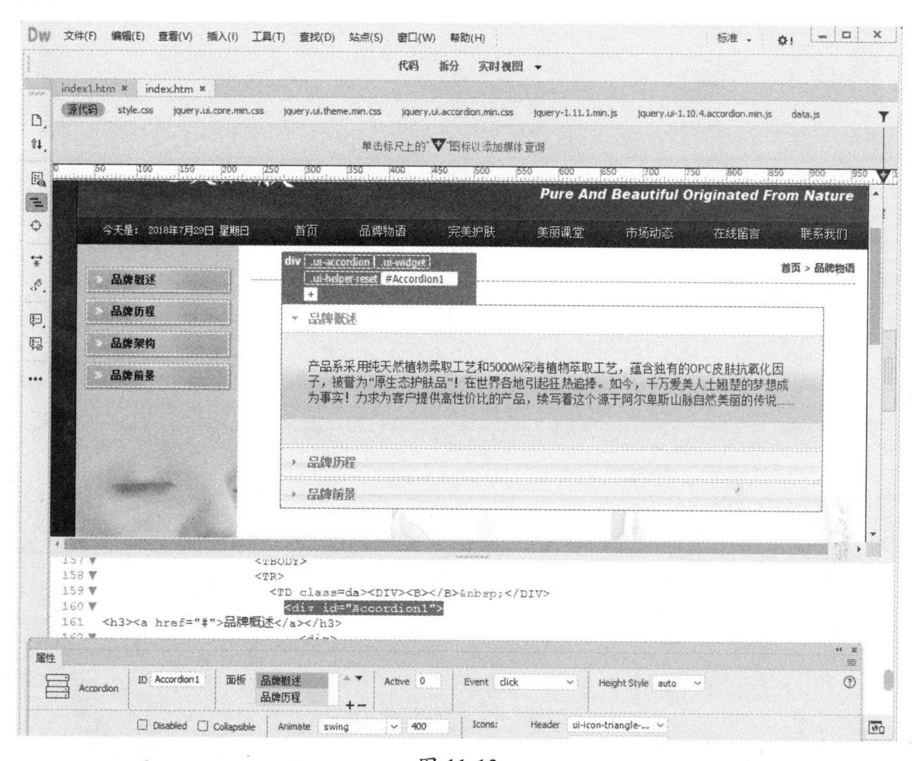

图 11-13

05 最终的实例效果，如图 11-14 所示。

11.3 Dialog 设计对话框

Dialog 提供了一个功能强大的对话框组件，而且应用比较广泛，该对话框组件可以显示消息、附加内容，例如：可以使用弹出层做登录、注册和消息提示等功能。运用 Dialog 的好处就是不用刷新网页，直接弹出一个 div 层，让用户输入信息，使用起来也比较方便。

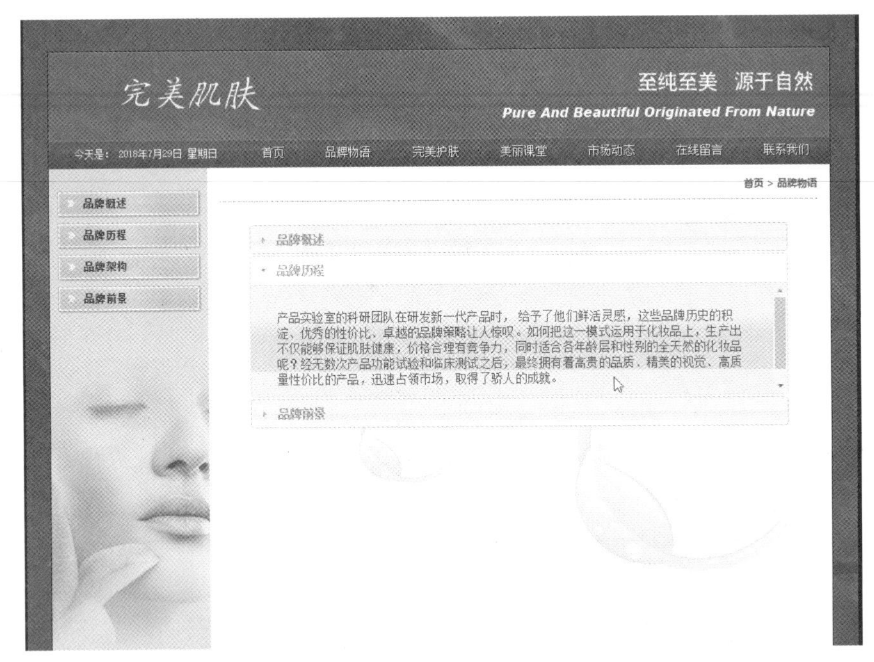

图 11-14

01 启动 Dreamweaver，打开网页文档，如图 11-15 所示。

图 11-15

02 将光标置于页面所在的位置，然后插入图像 images/on.png，将 ID 命名为 help，如图 11-16 所示。

图 11-16

03 选中插入的图像，打开“行为”面板，为当前图像绑定交换图像行为，详细设置如图 11-17 所示。绑定行为后，在“行为”面板中设置触发事件，交换图像为 onMouseOver，恢复交换图像为 onMouseOut，如图 11-18 所示。

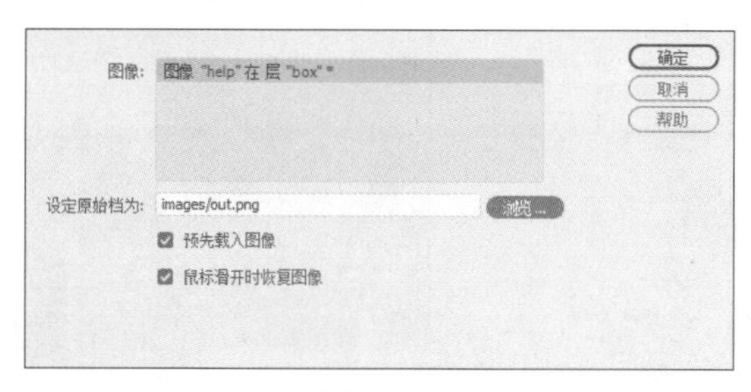

图 11-17

04 在页面内单击，把光标置于页面内，不要选中任何对象，然后执行“插入”|jQuery UI|Dialog 命令，在当前位置插入一个对话框，如图 11-19 所示。

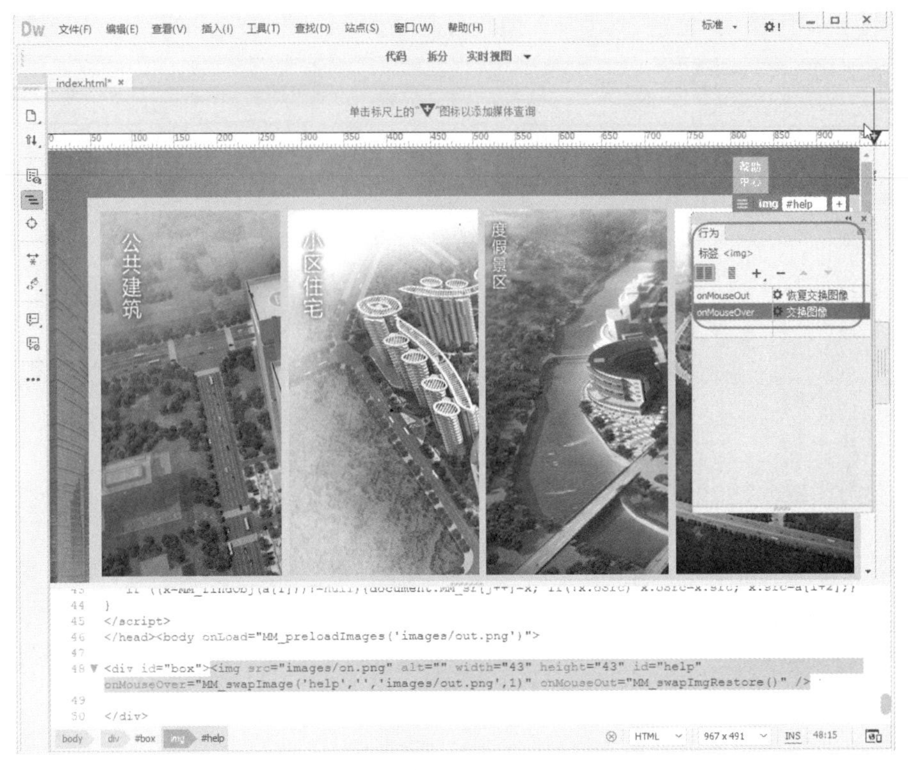

文件(F) 编辑(E) 查看(V) 插入(I) 工具(T) 查找(D) 站点(S) 窗口(W) 帮助(H)
代码 拆分 实时视图
index.html*
单击标尺上的"图标以添加媒体查询
帮助中心
公共建筑
小区住宅
度假景区
行为
标签 <img>
onMouseOut 恢复交换图像
onMouseOver 交换图像
44 }
45 </script>
46 </head><body onLoad="MM_preloadImages('images/out.png')">
48 <div id="box"><img src="images/on.png" alt="" width="43" height="43" id="help"
onMouseOver="MM_swapImage('help','','images/out.png',1)" onMouseOut="MM_swapImgRestore()" />
50 </div>
body div #box img #help
HTML 967 x 491 INS 48:15

图 11-18

文件(F) 编辑(E) 查看(V) 插入(I) 工具(T) 查找(D) 站点(S) 窗口(W) 帮助(H)
Div(D)
Image Ctrl+Alt+I
段落(P)
标题(E)
Table Ctrl+Alt+T
Figure
项目列表(U)
编号列表(O)
列表项(L)
Hyperlink(P)
Header
Navigation(N)
Main
Aside
Article
Section
Footer
HTML
表单(F)
Bootstrap 组件(B)
jQuery Mobile(J)
jQuery UI
自定义收藏夹(C)
模板(L)
最近的代码片断(R)
Accordion
Tabs
Datepicker
Progressbar
Dialog
Autocomplete
Slider
Button
Buttonset
Checkbox Buttons
Radio Buttons
拆分 实时视图
帮助中心
公共建筑
度假景区
城市规划
属性
格式(F) 无 类 无 ID(I) 无 链接(L) 标题(T) 目标(G)
文档标题 页面属性... 列表项目...

图 11-19

05 选中 Dialog 面板，可以在“属性”面板中设置对话框的相关属性，同时可以在编辑窗口中修改对话框面板的内容，如图 11-20 所示。

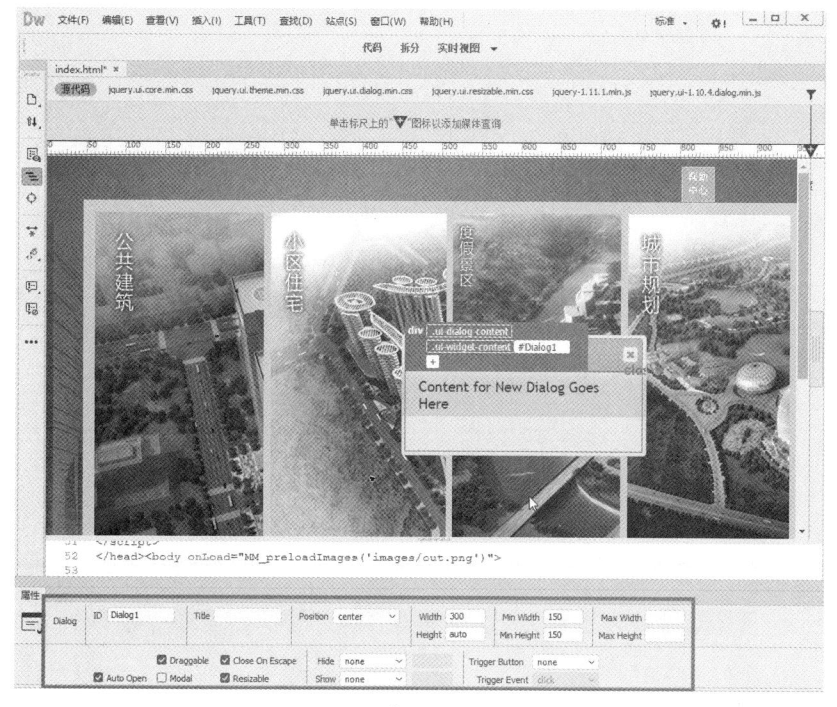

图 11-20

06 设置完成后，保存文档，此时 Dreamweaver 会弹出对话框，要求保存相关的技术支持文件，如图 11-21 所示。

图 11-21

07 切换到“代码视图”，可以看到 Dreamweaver 自动生成的脚本。

```
<script type="text/javascript">
$(function() {
  $( "#Dialog1" ).dialog({
        width:450,
        height:400,
        title:" 帮助中心 ",
       autopen: false,
        maxWidth:500,
        maxHeight:500
  });
});
</script>
```

08 在 $(function(){} 函数体内增加如下代码，为交换图像绑定激活对话框的行为。

```
$( "#Dialog1" ).dialog({
  });
    $( "#help" ).click(function() {
        $( "#Dialog1" ).dialog( "open" );
    });
```

09 在浏览器中预览，效果如图 11-22 所示。

图 11-22

11.4 shake 设计振动特效

振动特效可以让对象振动显示，本例使用 jQuery 振动特效设计窗口动态效果，当打开首页后，页面将会显示下一个摆动的广告窗口，以提醒用户点击收看该广告。本例中将在页面中插入一个广告图片，并设计在页面初始化后广告图片不停地振动，以提示用户点击。

01 打开网页文档，将光标置于页面所在的位置，然后执行“插入”|“图像”|“图像”命令，弹出“选择图像源文件”对话框，在 images 文件夹中找到 about2.jpg 文件，并插入页面中，如图 11-23 所示。

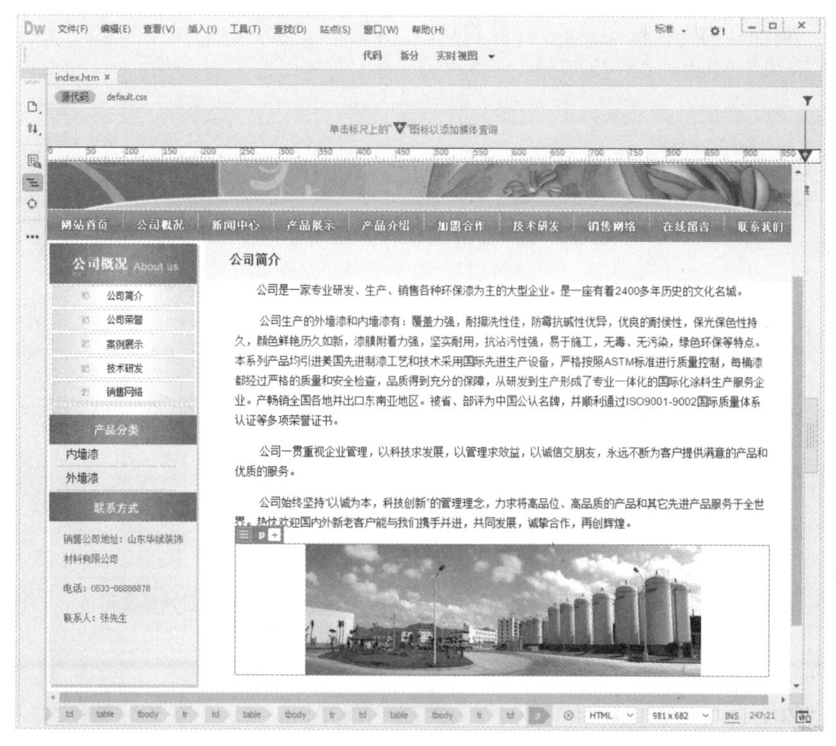

图 11-23

02 选中插入的图像，在"属性"面板中为图像定义 ID 为 hao，设置如图 11-24 所示。

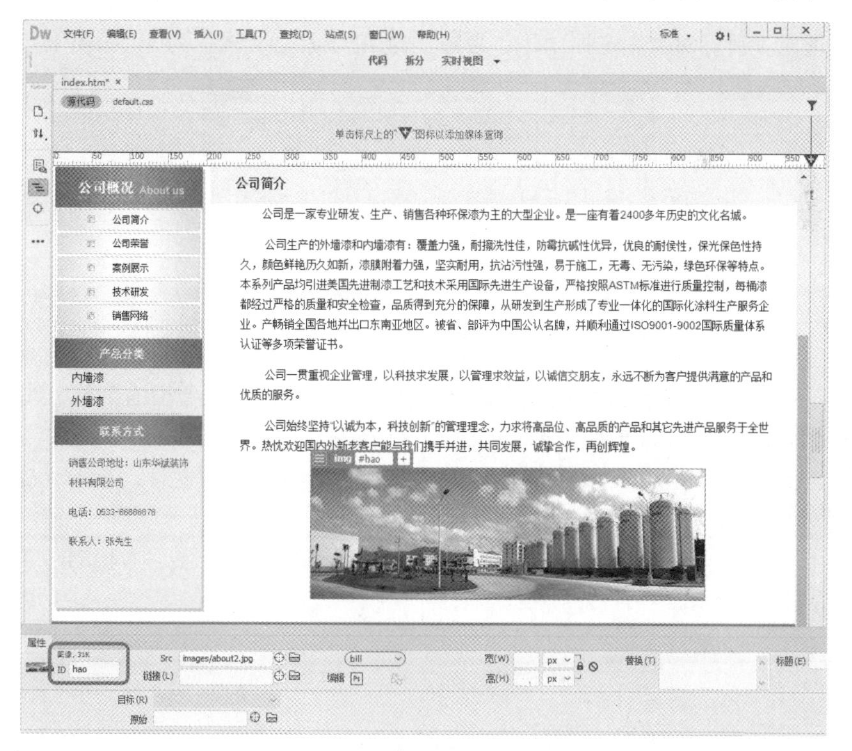

图 11-24

03 选中 ID 为 hao 的图像，执行“图像”|“行为”命令，打开“行为”面板，单击 + 按钮，从菜单中执行“效果”|shake 命令，如图 11-25 所示。

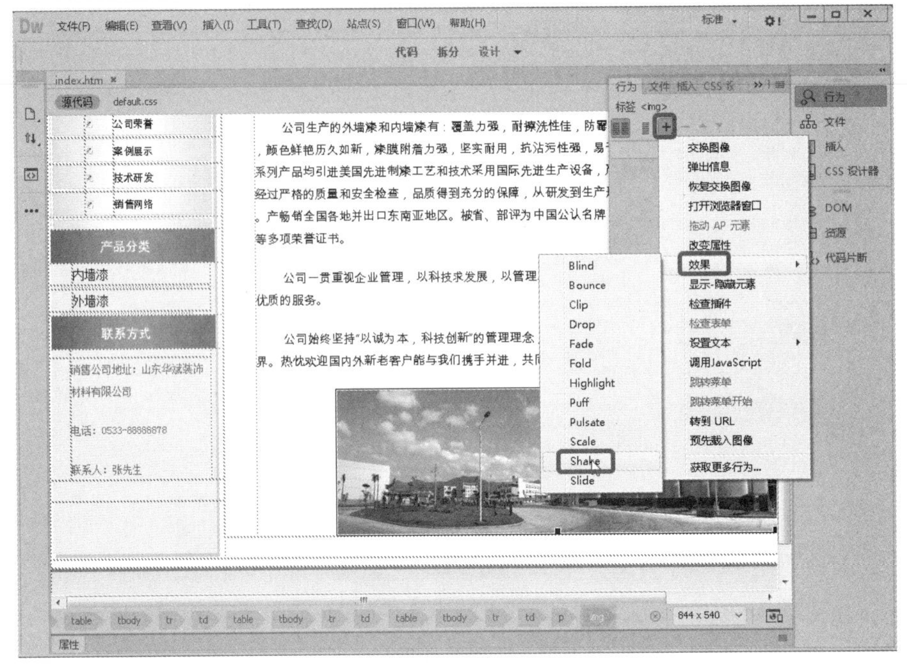

图 11-25

04 打开 Shake 对话框，设置“目标元素”为“<当前选定内容>”，效果持续时间为 2000ms，“方向”为 left，即定义目标对象为左振动，“距离”为 20 像素，“次”为 5，如图 11-26 所示。

图 11-26

05 在“行为”面板中可以看到新增的行为，单击左侧的 onClick，从弹出的菜单中选择 onLoad，即页面初始化后就自动让图片振动显示，如图 11-27 所示。

06 保存页面，此时 Dreamweaver 会弹出对话框，提示保存两个插件文件，单击“确定”按钮，如图 11-28 所示。

07 在浏览器中预览，当页面初始化完成后，在页面中显示的广告会左、右振动一下，以提示用户查看，如图 11-29 所示。

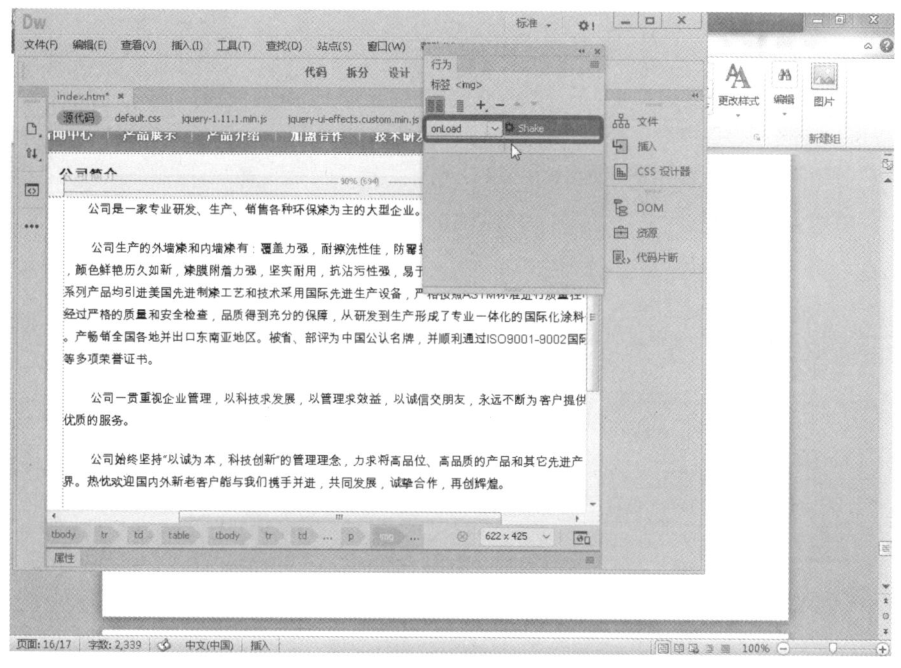

图 11-27

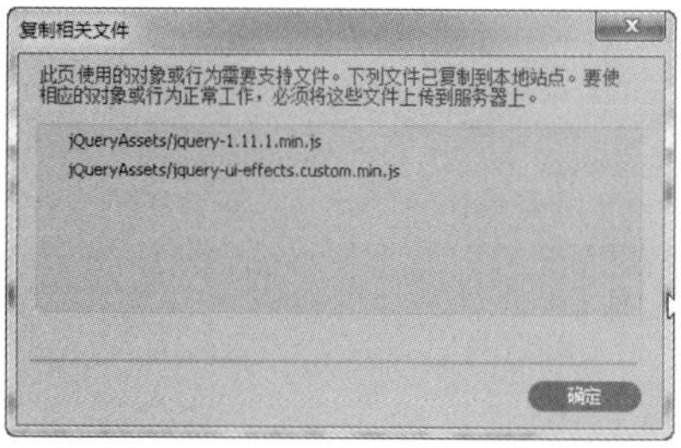

复制相关文件

此页使用的对象或行为需要支持文件。下列文件已复制到本地站点。要使相应的对象或行为正常工作，必须将这些文件上传到服务器上。

jQueryAssets/jquery-1.11.1.min.js
jQueryAssets/jquery-ui-effects.custom.min.js

确定

图 11-28

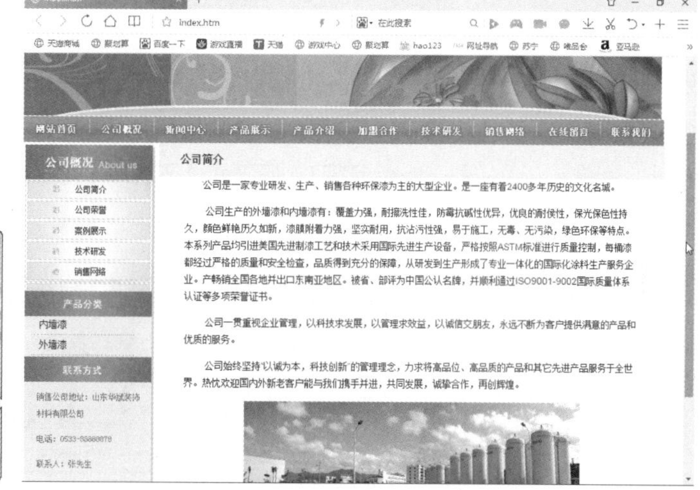

图 11-29

11.5 Highlight 设计高亮特效

高亮特效可以为指定对象设置高亮显示效果，常用来制作交互提示，如光标经过时，呈现高亮显示效果，或单击目标对象时，让目标对象高亮显示。

本例制作一个高亮特效实例，光标经过文本时，呈现高亮效果，以增强文本的交互特性。

01 启动 Dreamweaver，打开网页文件，将光标置于页面所在的位置，如图 11-30 所示。

图 11-30

02 输入文本段落，然后在“CSS 设计器”中设置文本的样式，如图 11-31 所示。

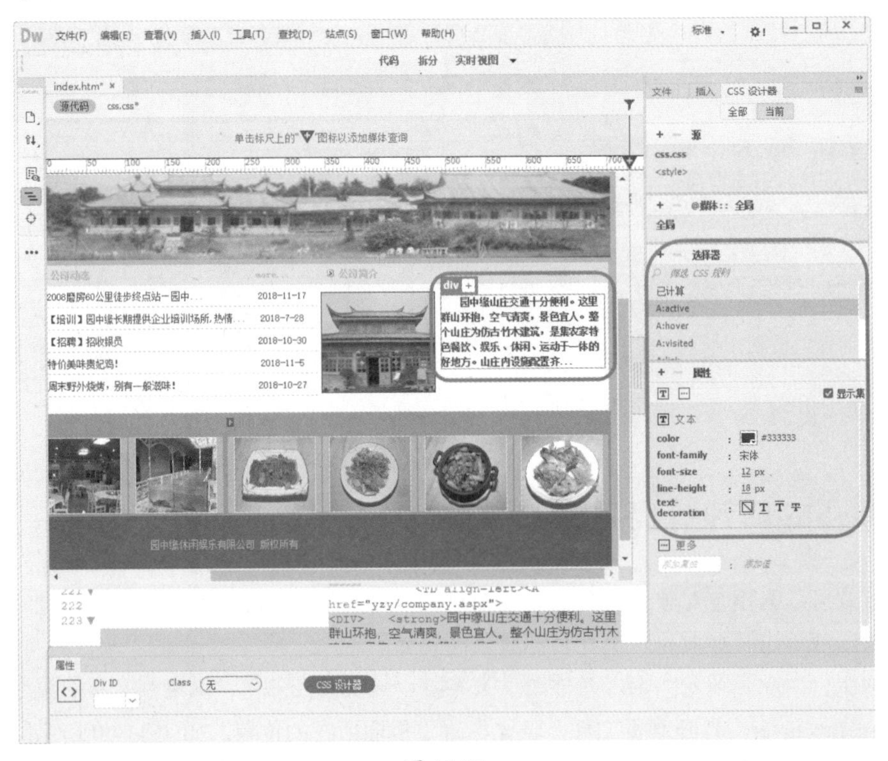

图 11-31

03 选中正文内容及其标签，执行“窗口”|“行为”命令，打开“行为”面板，单击+按钮，从弹出的菜单中执行“效果”|Highlight 命令，如图 11-32 所示。

图 11-32

04 打开 Highlight 对话框，设置“目标元素”为“<当前选定内容>”，“效果持续时间”为 1000ms，即 1 秒，设置“可见性”为 show，“颜色”为 #FDFD37，即定义高亮颜色为亮黄色，设置如图 11-33 所示。

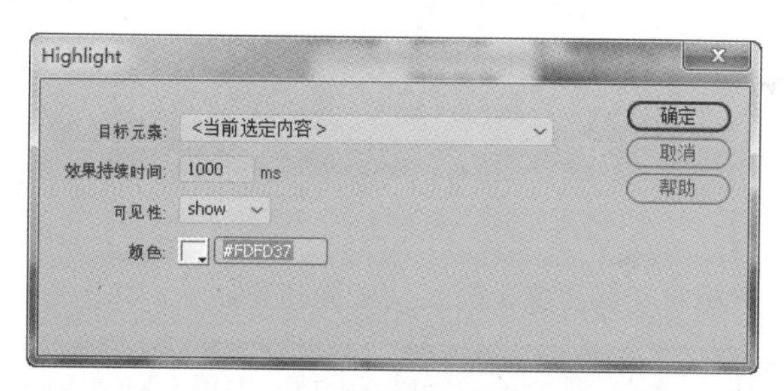

图 11-33

05 在“行为”面板中可以看到新增的行为，单击左侧的 onClick，从弹出的菜单中选择 onMouseOver，即设计当光标经过正文区域时，将显示高亮特效，如图 11-34 所示。

图 11-34

06 保存网页，此时 Dreamweaver 会弹出对话框，提示保存两个插件文件，如图 11-35 所示。

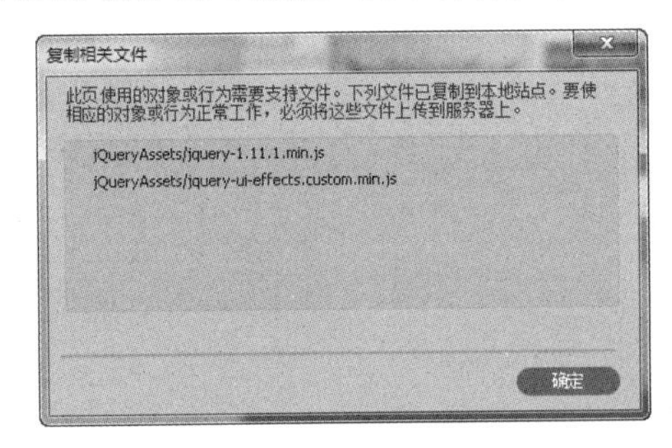

图 11-35

07 在浏览器中预览，当光标移动到正文上时，文字会高亮显示，如图 11-36 所示。

图 11-36

11.6 设计页视图

视图是 jQuery Mobile 提供的标准页面结构模型，在 <body> 标签中插入一个 <div> 标签，为该标签定义 data-role 属性，设置值为 page，即可设计一个视图。视图一般包含 3 个基本结构，分别是 data-role 属性为 header、content、footer 的 3 个子容器，它们用来定义标题、内容、脚注 3 个页面组成部分，用以包裹移动页面包含的不同内容。

下面将创建一个基本 jQuery Mobile 的页面，具体操作步骤如下。

01 启动 Dreamweaver CC 2018，执行“文件”|“新建”命令，弹出“新建文档”对话框，如图 11-37 所示，在该对话框中选择“新建文档”选项，设置“文档类型”为 HTML5，然后单击“确定”按钮，完成文档的创建操作。

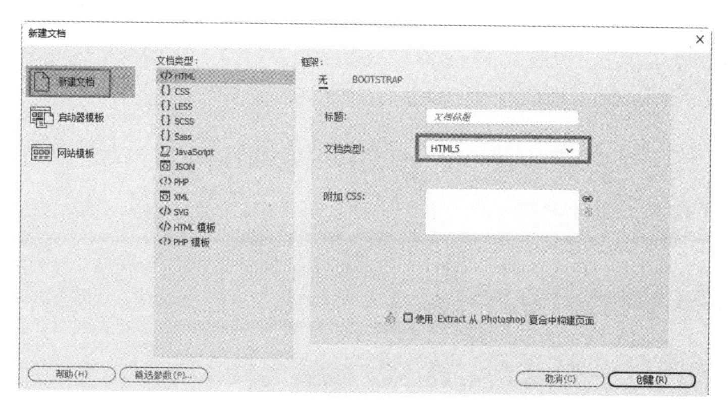

图 11-37

02 保存文档为 index.html，执行“插入”|jQuery Mobile|“页面”命令，如图 11-38 所示。

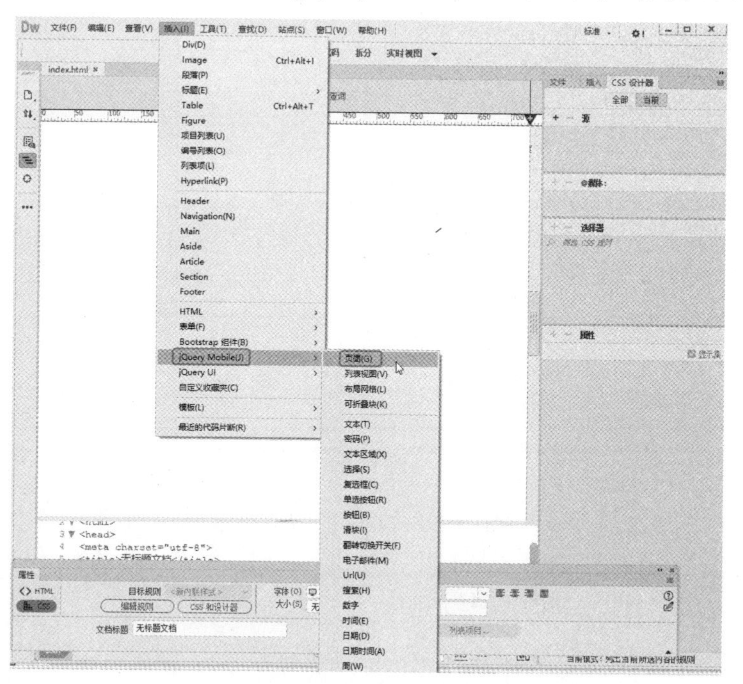

图 11-38

03 打开“jQuery Mobile 文件”对话框，保持默认设置，如图 11-39 所示。

04 单击“确定”按钮，弹出“页面”对话框，设置页面的 ID 值，以及页面是否包含标题栏和脚注栏，如图 11-40 所示。

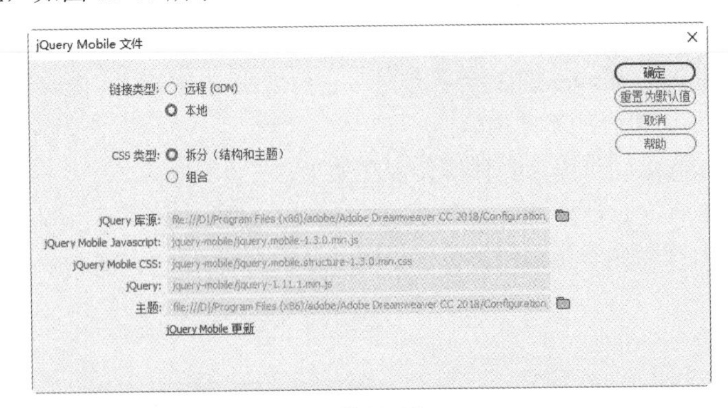

图 11-39

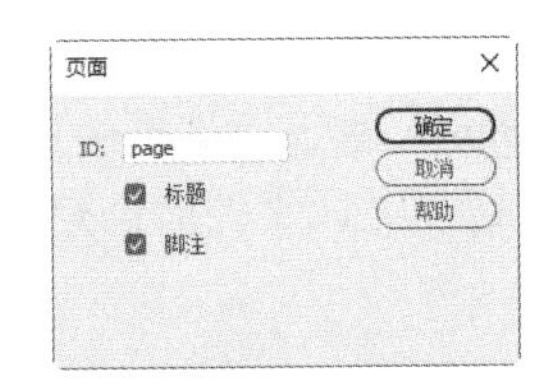

图 11-40

05 单击“确定”按钮，可以快速创建一个移动页面，如图 11-41 所示。

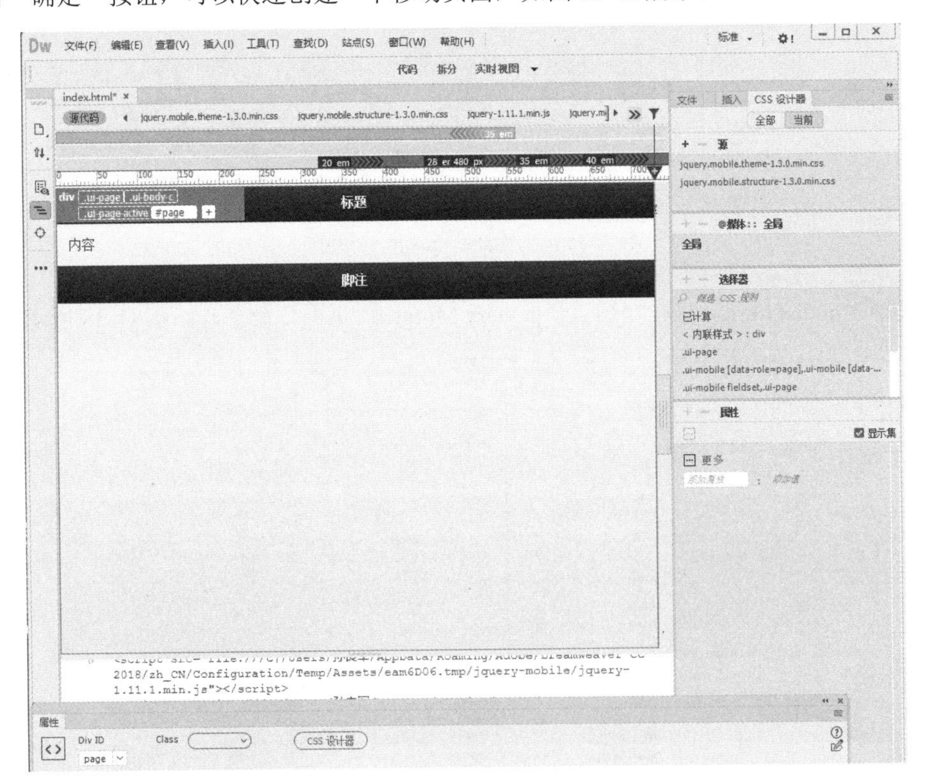

图 11-41

06 一般情况下，移动设备的浏览器默认都以 900px 的宽度显示页面，这种宽度会导致屏幕缩小，页面放大，不适合网页浏览。如果在网页中添加如下代码，可使页面的宽度与移动设备的屏幕宽度相同，更适合用户浏览，如图 11-42 所示。

```
<meta name="viewport" content="width=device-width,initial-scale=1" />
```

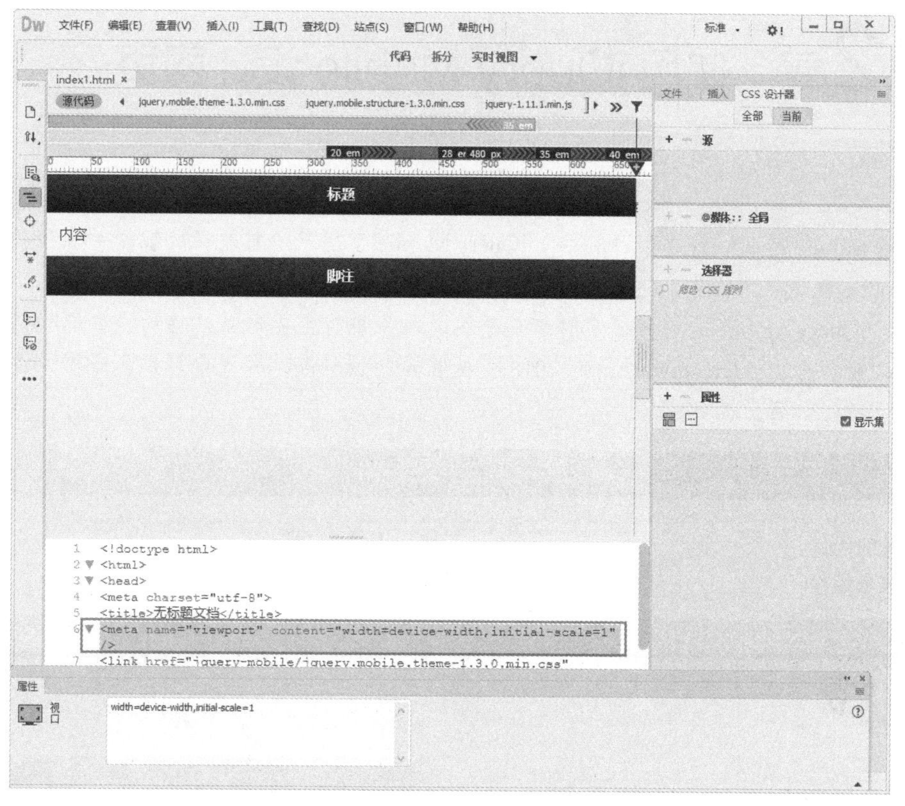

图 11-42

07 保存文档，此时 Dreamweaver 会弹出对话框，要求保存相关的技术支持文件，如图 11-43 所示，单击“确定”按钮关闭该对话框即可。

08 在浏览器中预览，效果如图 11-44 所示。

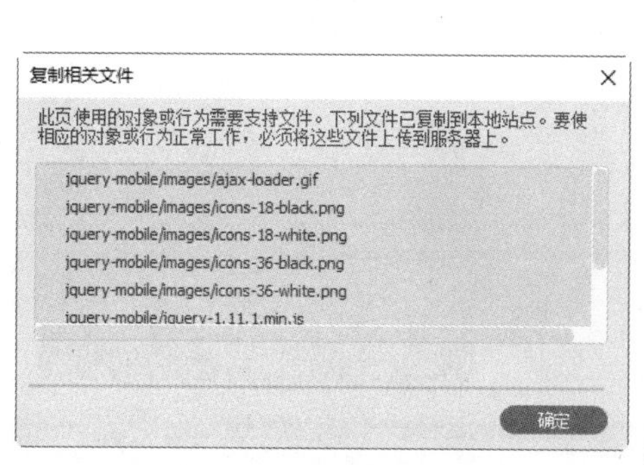

图 11-43

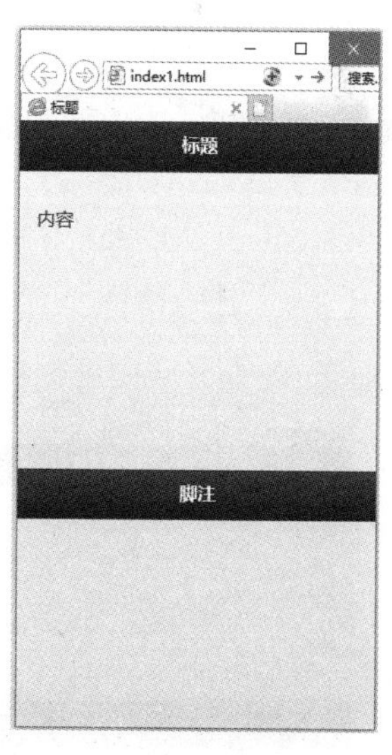

图 11-44

第12章 使用jQuery Mobile设计网页

jQuery Mobile是jQuery的一个组件，jQuery Mobile适用于所有流行的智能手机和平板电脑。jQuery Mobile就是一个插件，它的目标是为用户提供一套通用、友好、兼容性好的移动设备专用网页组件。jQuery Mobile全面兼容各种智能手机。以手机为主要产品的移动设备屏幕都比较小，操作方式以触摸为主。Dreamwaver CC 2018支持jQuery Mobile，并提供可视化操作方式，减少用户手写代码的工作量。

知识要点

- 使用按钮组件
- 使用表单组件
- 插入简单列表
- 插入有序列表

实例展示

插入按钮

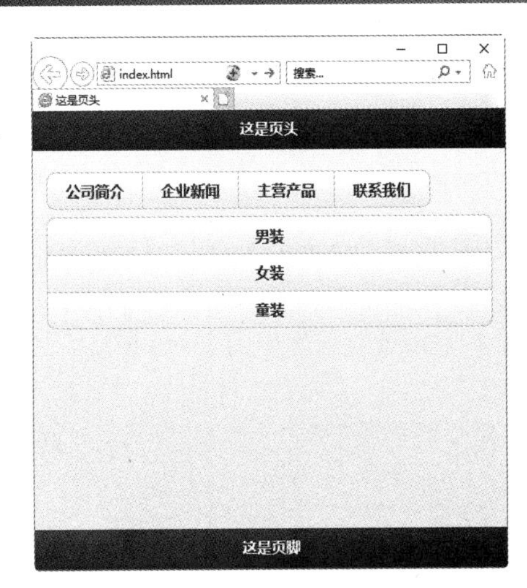

按钮组的排列

插入文本框

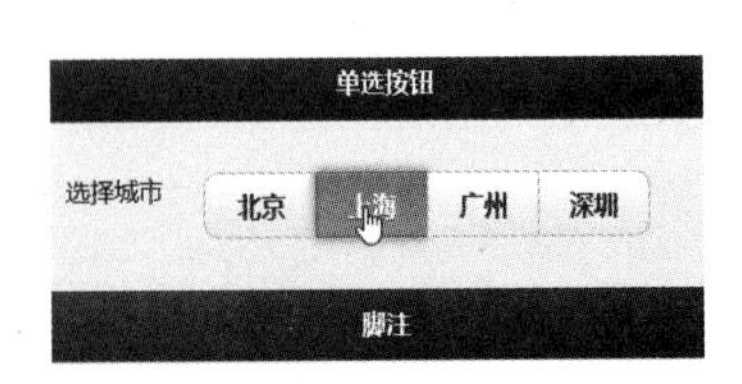

插入单选按钮

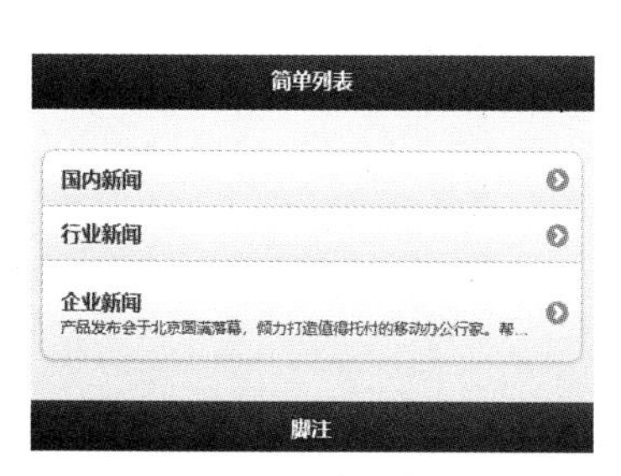

插入简单列表

插入有序列表

12.1 使用按钮组件

相比其他组件，按钮是最基本的也是最常见的，在 jQuery Mobile 框架中，默认按钮是横向独占屏幕宽度的。jQuery Mobile 按钮组件，有两种形式：

一种是通过 <a> 标签定义的，在该标签中添加 data-role，设置属性值为 button 即可，jQuery Mobile 便会自动为该标签添加样式类属性，设计成可单击的按钮形式。

```
<a data-role="button" data-inline="true">内联链接按钮 1</a>
<a data-role="button" data-inline="true">内联链接按钮 2</a>
```

另一种是表单按钮对象，在表单内无须添加 data-role 属性，jQuery Mobile 会自动把 <input> 标签中 type 属性值为 submit、reset、button 等的对象设计成按钮形式。

```
<button>button</button>
<input type="button" value="input button"/>
<input type="submit" value="input submit"/>
<input type="reset" value="input reset"/>
<input type="image" value="input image"/>
```

12.1.1 插入按钮

在 jQuery Mobile 中，按钮组件默认显示为块状，自动填满页面宽度。

一般常见的 3 种按钮样式分别是：给 a 标签添加样式、给 input 设置为 button 值、直接用 button 标签，一般按钮都是行内框，jQuery-Mobile 中的按钮都是块级元素，如图 12-1 所示。

```
<div data-role="page" id="page">
  <div data-role="header">
        <h1>三种按钮<h1>
  </div>
  <div data-role="content">
        <a href="#" data-role="button">超链接按钮</a>
        <button>button 按钮</button>
        <input type="button"  value="表单按钮" />
  </div>
```

```
    <div data-role="footer">
            <h4> 页面脚注 </h4>
    </div>
</div>
```

在利用 a 标签的时候，只需要给 a 标签加上 data-role="button" 就可以直接把 a 标签变成按钮。a 标签中有 href 的按钮一般称为“导航按钮”。因为 a 标签做的按钮会直接跳转到另外一个页面。

默认一个按钮占据一行，如果有多个按钮要显示在同一行，要为每个按钮设置 data-inline="true" 属性，如图 12-2 所示。

```
<div data-role="page" id="page">
  <div data-role="header">
        <h1> 三种按钮 <h1>
  </div>
  <div data-role="content">
        <a href="#" data-role="button" data-inline="true"> 超链接按钮 </a>
       <button data-inline="true">button 按钮 </button>
        <input type="button" data-inline="true" value=" 表单按钮 " />
  </div>
  <div data-role="footer">
        <h4> 页面脚注 </h4>
  </div>
</div>
```

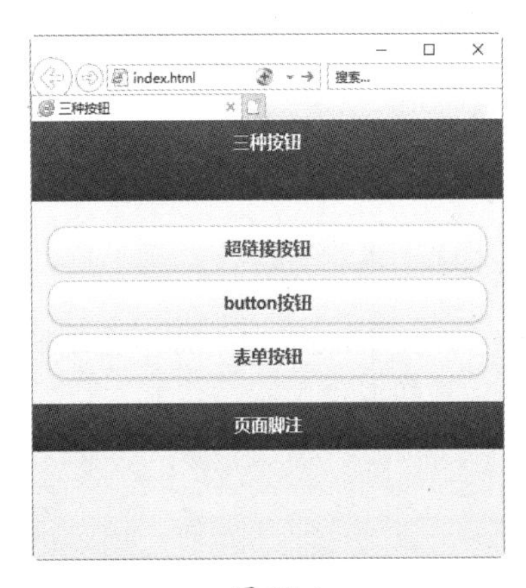

图 12-1

图 12-2

12.1.2　按钮组的排列

在制作网页时，经常会看到几排按钮，有的要求水平放置，有的要求垂直放置。默认情况下，组按钮表现为垂直列表，如果给容器添加 data-type="horizontal" 属性，则可以转换为水平按钮的列表，按钮会横向一个挨着一个地水平排列，并设置适应内容的宽度。data-type="horizontal/vertical" 中 horizontal 指的是水平放置，vertical 指的是垂直放置。

```
<div data-role="page" id="page">
      <div data-role="header">
        <h1> 这是页头 </h1>
    </div>
    <div data-role="main" class="ui-content">
      <div data-role="controlgroup" data-type="horizontal">
```

```
            <a data-role="button" >公司简介</a>
            <a data-role="button" >企业新闻</a>
            <a data-role="button" >主营产品</a>
                <a data-role="button" >联系我们</a>
        </div>
        <div data-role="controlgroup" data-type="vertical">
            <a data-role="button" >男装</a>
            <a data-role="button" >女装</a>
            <a data-role="button" >童装</a>
        </div>
    </div>
    <div data-role="footer" data-position="fixed">
          <h1>这是页脚</h1>
     </div>
  </div>
```

data-role="controlgroup" 是用来创建一个组合的，水平和垂直按钮都会紧紧地贴在一起，如图 12-3 所示。

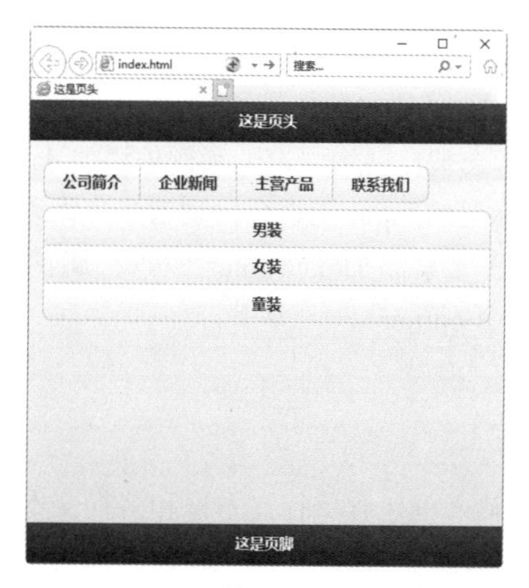

图 12-3

12.2 使用表单组件

jQuery Mobile 提供了一套基于 HTML 的表单对象，所有的表单对象由原始代码升级为 jQuery Mobile 组件，然后调用组件内置的方法与属性，实现在 jQuery Mobile 下表单的各项操作。

12.2.1 认识表单组件

jQuery Mobile 中的表单组件是基于标准 HTML 的，然后在此基础上增强样式，因此，即使浏览器不支持 jQuery Mobile 表单仍可正常使用。需要注意的是，jQuery Mobile 会把表单元素增强为触摸设备很容易使用的形式，因此，对于 iPhone、iPad 与 Android 使用 Web 表单将会变得非常方便。

在某些情况下，需要使用 HTML 原生的 <form> 标签，为了阻止 jQuery Mobile 框架对该标签的自动渲染，在框架中可以在 data-role 属性中引入一个控制参数 "none"。使用该属性参数就

会让 <form> 标签以 HTML 原生的状态显示，代码如下。

```
<select name="fo" id="fo" data-role="none">
<option value="a" >A</option>
<option value="b" >B</option>
<option value="c" >C</option>
</select>
```

jQuery Mobile 的表单组件有以下几种。

（1）文本输入框：type="text" 标记的 input 元素会自动增强为 jQuery Mobile 样式，无须额外添加 data-role 属性。

（2）文本输入域：textarea 元素会被自动增强，无须额外添加 data-role 属性，用于多行输入文本，jQuery Mobile 会自动增大文本域的高度，避免在移动设备中很难找到滚动条的情况。

（3）搜索输入框：type="search" 标记的 input 元素会自动增强，无须额外添加 data-role 属性，这是一个新的 HTML 元素，增强后的输入框左侧有一个放大镜图标，点击触发搜索，在输入内容后，输入框的右侧还会出现一个 × 的图标，点击清除已输入的内容，非常方便。

（4）单选按钮：type="radio" 标记的 input 元素会自动增强，无须额外添加 data-role 属性。

（5）复选按钮：type="checkbox" 标记的 input 元素会自动增强，无须额外添加 data-role 属性。

（6）选择列表：select 元素会被自动增强，无须额外添加 data-role 属性。

（7）滑块：type="range" 标记的 input 元素会自动增强，无须额外添加 data-role 属性。

（8）翻转切换开关：select 元素添加 data-role="slider" 属性后，会被增强为 jQuery Mobile 的开关组件，select 中只能有两个 option。

12.2.2 插入文本框

在 jQuery Mobile 中，文本输入框包含单行文本框和多行文本区域，同时 jQuery Mobile 还支持 HTML5 新增的输入类型，如时间输入框、日期输入框、数字输入框、电子邮件输入框等。

在 Dreamweaver 中插入文本框的具体操作步骤如下。

01 启动 Dreamweaver，执行“文件”|“新建”命令，弹出“新建文档”对话框，如图 12-4 所示，设置文档类型后，单击“创建”按钮。

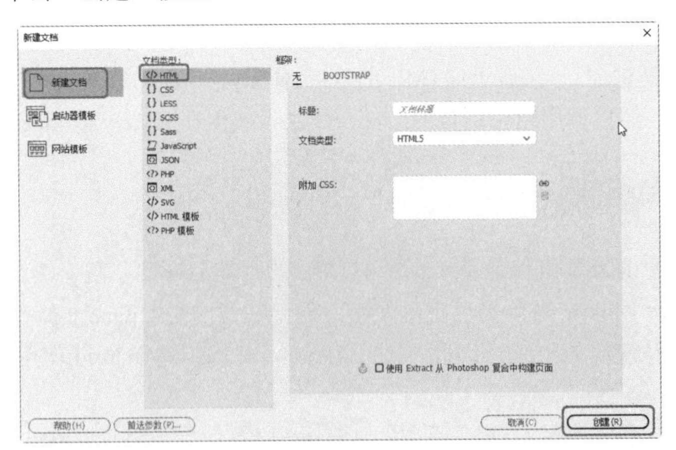

图 12-4

02 保存网页文档，执行“插入”|jQuery Mobile|“页面”命令，弹出“jQuery Mobile 文件”对话框，保留默认设置，单击“确定”按钮，如图 12-5 所示。

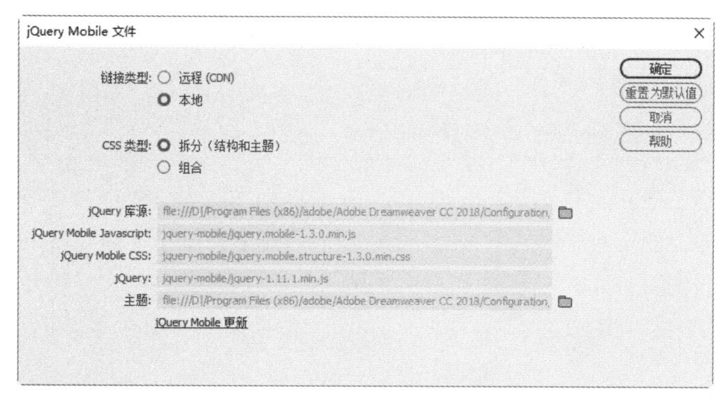

图 12-5

03 打开“页面”对话框，在该对话框中设置页面的 ID，同时设置页面视图是否包含标题栏和页脚栏，保持默认设置，单击“确定”按钮，完成在当前 HTML5 文档中插入页面视图结构的操作，如图 12-6 所示。

04 保存文档，此时 Dreamweaver 会弹出提示框，提示保存相关的框架文件，如图 12-7 所示。

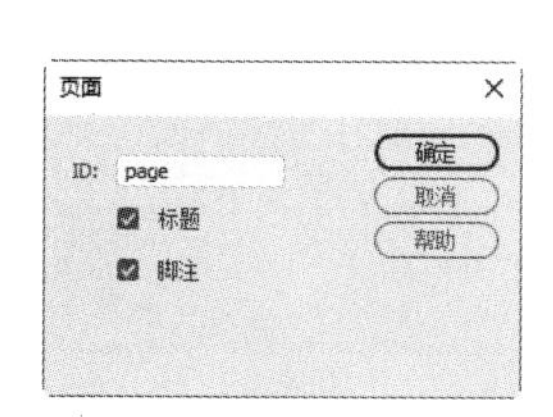

图 12-6

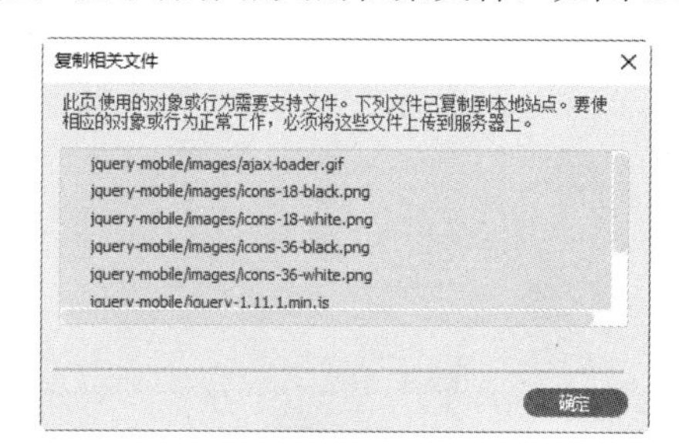

图 12-7

05 在编辑窗口，可以看到 Dreamweaver 创建了一个页面，页面视图包含标题栏、内容栏和页脚栏，同时在“文件夹”面板的列表中可以看到保存的相关文件，如图 12-8 所示。

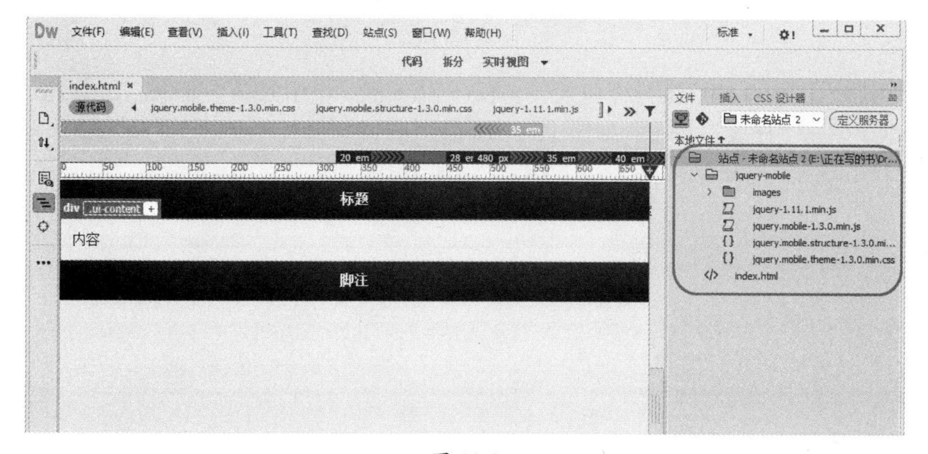

图 12-8

06 切换到拆分视图，可以看到页面视图的 HTML 结构代码，如下所示。此时用户可以根据需要删除部分页结构，或者添加更多的页结构。这里修改标题为“文本输入框”，如图 12-9 所示。

```
<div data-role="page" id="page">
  <div data-role="header">
    <h1> 文本输入框 </h1>
  </div>
  <div data-role="content"> 内容 </div>
  <div data-role="footer">
    <h4> 脚注 </h4>
  </div>
</div>
```

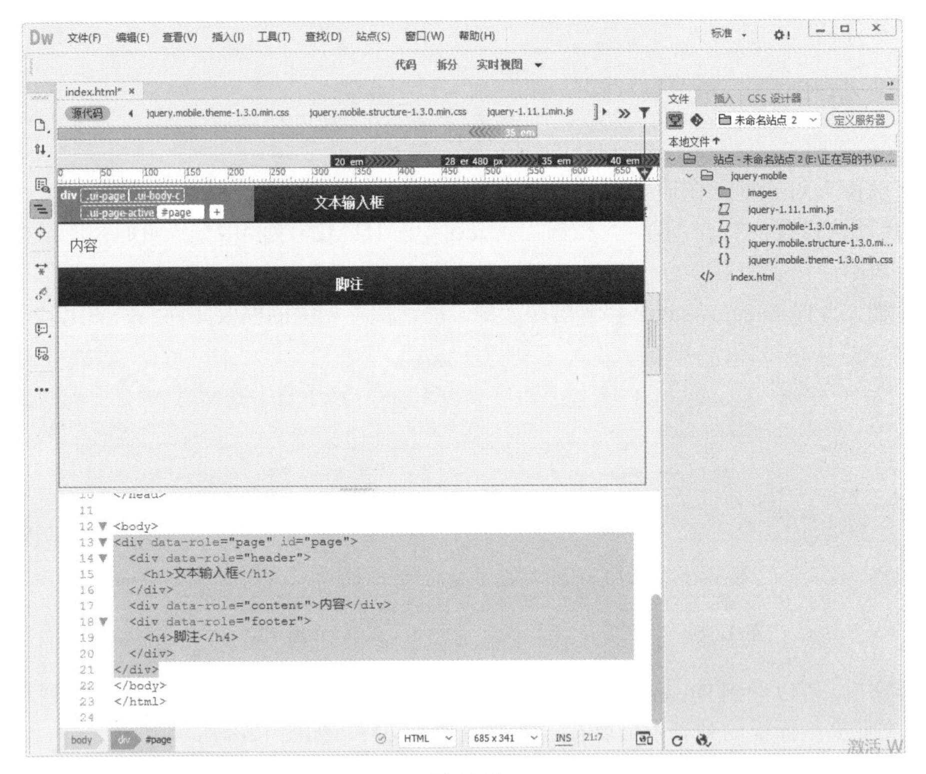

图 12-9

07 删除“内容”文本，然后执行“插入”|jQuery Mobile|“电子邮件”命令，如图 12-10 所示，弹出对话框，单击“嵌套”按钮，如图 12-11 所示。

08 在内容栏中插入一个电子邮件文本输入框，如图 12-12 所示。

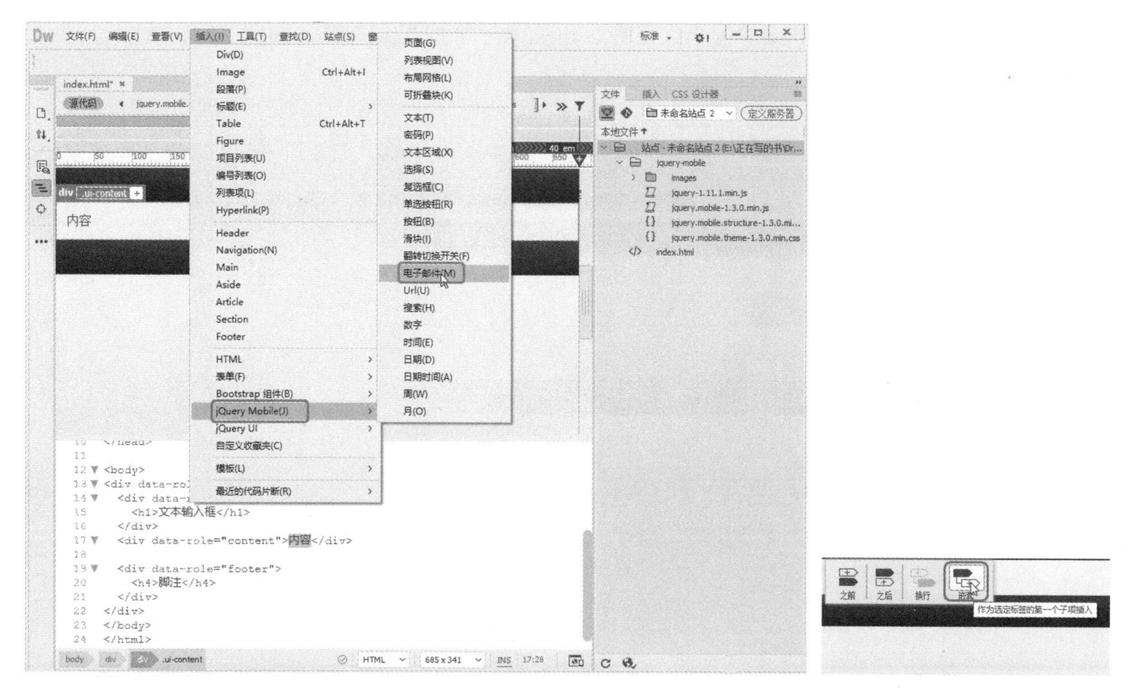

图 12-10　　　　图 12-11

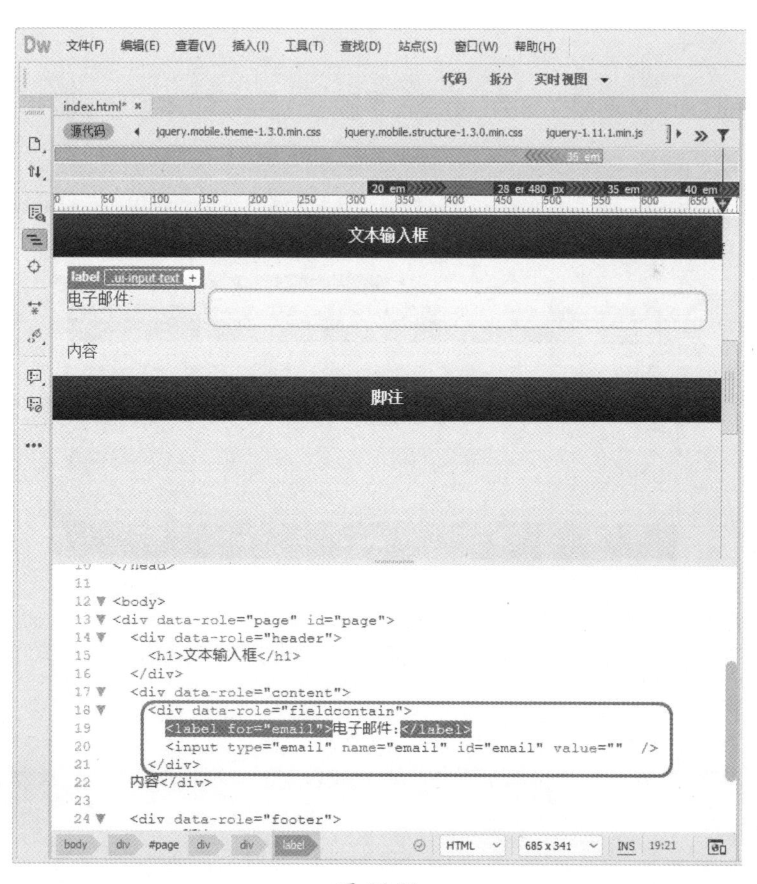

图 12-12

09 执行“插入”|jQuery Mobile|“搜索”命令，再插入一个搜索文本框，如图 12-13 所示。

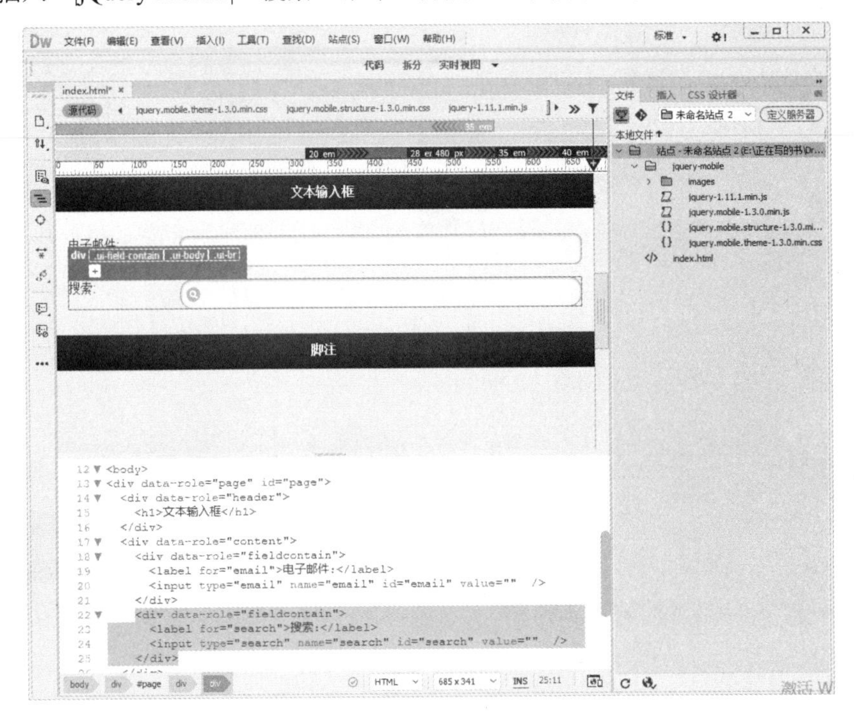

图 12-13

10 执行“插入”|jQuery Mobile|“数字”命令，再插入一个数字文本框，如图 12-14 所示。

图 12-14

11 此时可以看到代码如下。

```
<div data-role="content">
    <div data-role="fieldcontain">
      <label for="E-mail">电子邮件 :</label>
      <input type="E-mail" name="E-mail" id="E-mail" value=""  />
    </div>
    <div data-role="fieldcontain">
      <label for="search">搜索 :</label>
      <input type="search" name="search" id="search" value=""  />
    </div>
    <div data-role="fieldcontain">
      <label for="number">数字 :</label>
      <input type="number" name="number" id="number" value=""  />
    </div>
  </div>
```

12 在头部位置添加如下元信息，定义视图宽度与设备宽度保持一致，在浏览器中预览，如图12-15所示。

```
<meta name="viewport" content="width=device-width,initial-scale=1" />
```

图 12-15

12.2.3　插入滑块

range是HTML5中input标签的新属性，使用<input type="range">标签可以定义滑块组件。在jQuery Mobile中滑块组件由两部分组成：一部分是可调整大小的数字输入框；另一部分是可拖动修改输入框数字的滑动条。滑块元素可以通过min和max属性来设置滑动条的取值范围，jQuery Mobile中使用的文本输入域的高度会自动增加，无须因高度问题拖动滑动条。

在Dreamweaver中插入滑块的具体操作步骤如下。

01 启动Dreamweaver，执行“文件”|“新建”命令，弹出“新建文档”对话框，设置文档类型后，单击“创建”按钮。

02 保存网页文档，执行“插入”|jQuery Mobile|“页面”命令，弹出“jQuery Mobile文件”对话框，保留默认设置，单击“确定”按钮。

03 弹出“页面”对话框，在该对话框中设置页面的ID，同时设置页面视图是否包含标题栏和页脚栏。保持默认设置，单击“确定”按钮，完成在当前HTML5文档中插入页面视图结构的操作。

04 保存文档，此时 Dreamweaver 会弹出提示框，提示保存相关的框架文件。

05 在编辑窗口，可以看到 Dreamweaver 创建了一个页面，页面视图包含标题栏、内容栏和页脚栏，同时在“文件夹”面板的列表中可以看到保存的相关文件。

06 切换到拆分视图，可以看到页面视图的 HTML 结构代码，此时用户可以根据需要删除部分页结构，或者添加更多的页结构。这里修改标题为“滑块”，如图 12-16 所示。

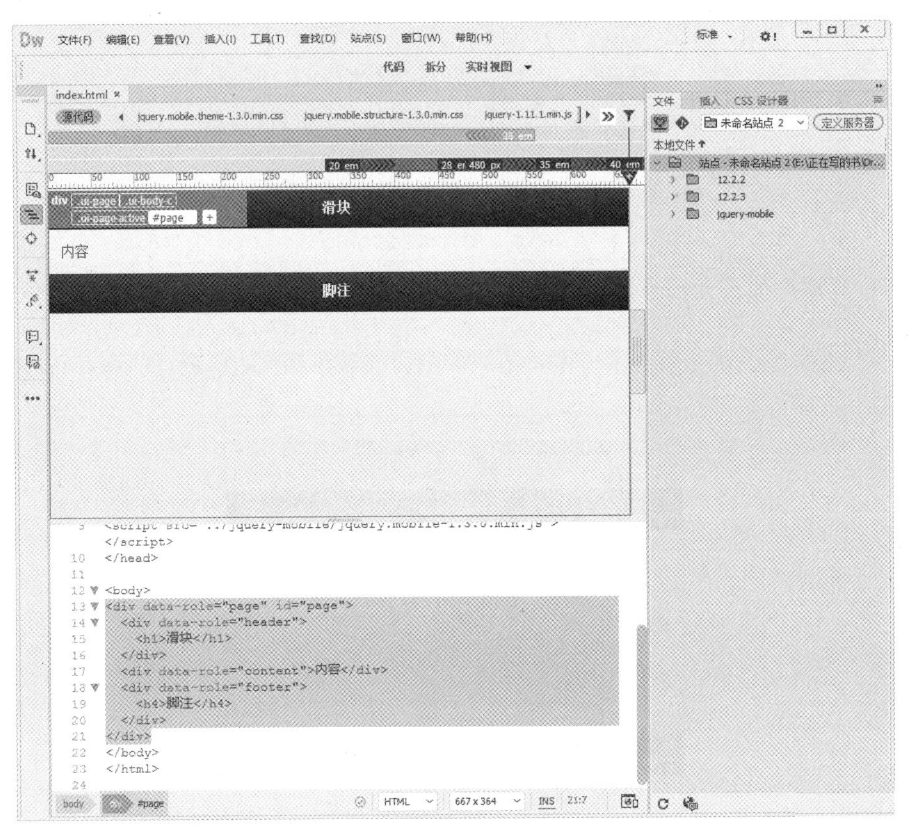

图 12-16

07 删除内容栏中的“内容”文本，然后执行“插入”|jQuery Mobile|“滑块”命令，在内容栏中插入一个滑块组件，如图 12-17 所示。在代码视图中可以看到新添加的滑块表单对象代码。

```
    <div data-role="fieldcontain">
          <label for="slider">值:</label>
            <input type="range" name="slider" id="slider" value="0" min="0"
max="100" />
    </div>
```

08 在头部位置添加如下元信息，定义视图宽度与设备宽度保持一致。在浏览器中预览，效果如图 12-18 所示。

```
    <meta name="viewport" content="width=device-width,initial-scale=1" />
```

12.2.4 插入翻转切换开关

在 jQuery Mobile 中，将 <select> 元素的 data-role 属性值设置为 slider，可以将该下拉列表元

素下的两个 <option> 选项样式变成一个翻转切换开关。第一个 <option> 选项为开状态，返回值为 true 或 1 等；第二个 <option> 选项为关状态，返回值为 false 或 0 等。

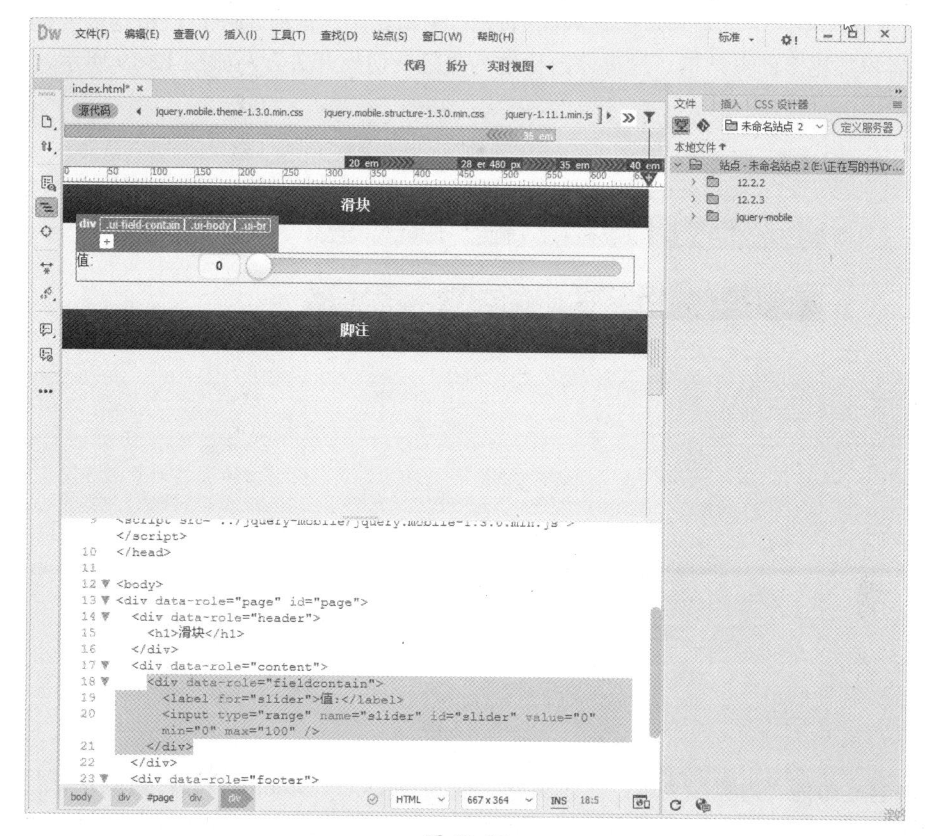

图 12-17

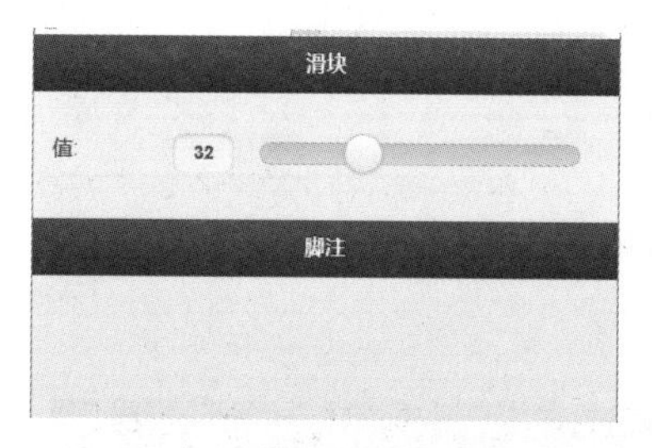

图 12-18

在 Dreamweaver 中插入翻转切换开关的具体操作步骤如下。

01 启动 Dreamweaver，执行“文件”|“新建”命令，弹出“新建文档”对话框，设置文档类型后，单击“创建”按钮。

02 保存网页文档，执行“插入”|jQuery Mobile|“页面”命令，弹出“jQuery Mobile 文件”对话框，保留默认设置，单击“确定”按钮。

03 弹出“页面”对话框，在该对话框中设置页面的ID，同时设置页面视图是否包含标题栏和页脚栏，保持默认设置，单击“确定”按钮，完成在当前 HTML5 文档中插入页面视图结构的操作。

04 保存文档，此时 Dreamweaver 会弹出提示框，提示保存相关的框架文件。

05 在编辑窗口中可以看到 Dreamweaver 创建了一个页面，页面视图包含标题栏、内容栏和页脚栏，同时在“文件夹”面板的列表中可以看到保存的相关文件。

06 切换到拆分视图，可以看到页面视图的 HTML 结构代码，此时用户可以根据需要删除部分页结构，或者添加更多的页结构。这里修改标题为“翻转切换开关”，如图 12-19 所示。

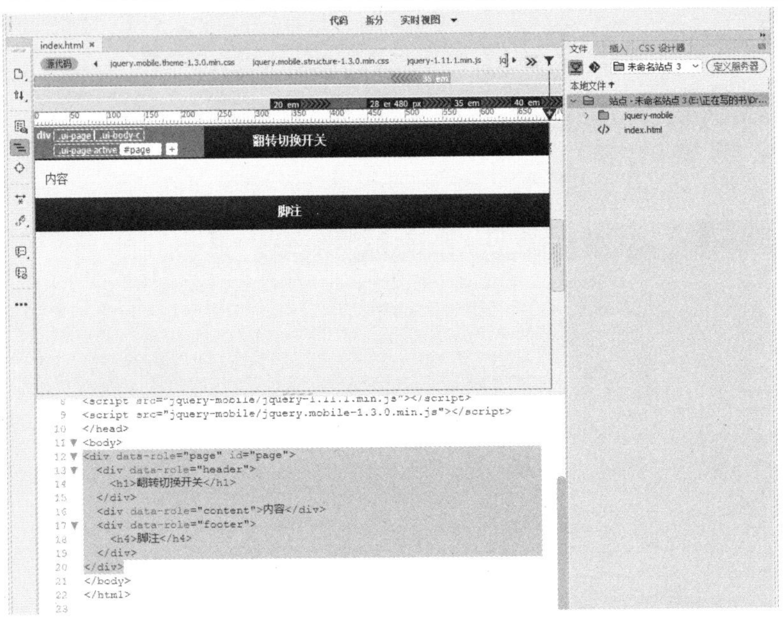

图 12-19

07 删除内容栏中的“内容”文本，然后执行“插入”|jQuery Mobile|“翻转切换开关”命令，在内容栏中插入一个翻转切换开关组件，如图 12-20 所示。在代码视图中可以看到新添加的翻转切换开关表单对象代码。

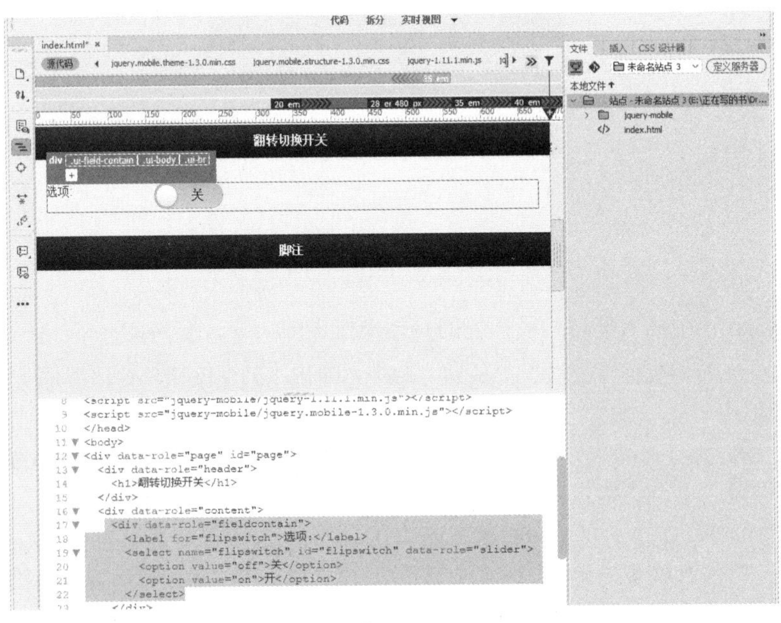

图 12-20

08 在头部位置添加如下元信息，定义视图宽度与设备宽度，两者并保持一致。在浏览器中预览，如图 12-21 所示。可以看到切换开关效果，当拖动滑块时，会实时打开或关闭开关，然后利用该值作为条件进行逻辑判断。

```
<meta name="viewport" content="width=device-width,initial-scale=1" />
```

图 12-21

12.2.5　插入单选按钮

单选按钮组件用于在页面中提供一组选项，并且只能选择其中一个选项。在jQueryMobile中，单选按钮组件不但在外观上得到了美化，还增加了一些图标用于增强视觉反馈。type="radio" 标记的 input 元素会自动增强为单选按钮组件，但 jQuery Mobile 建议开发者使用一个带 data-role="controlgroup" 属性的 fieldset 标签包括选项，并且在 fieldset 内增加一个 legend 元素，用于表示该单选按钮的标题。

如需组合多个单选按钮，使用带有 data-role="controlgroup" 属性和 data-type="horizontal|vertical" 的容器来规定是否水平或垂直组合单选按钮。

在 Dreamweaver 中插入单选按钮的具体操作步骤如下。

01 启动 Dreamweaver，执行“文件”|“新建”命令，弹出“新建文档”对话框，设置文档类型后，单击“创建”按钮。

02 保存网页文档，执行“插入”|jQuery Mobile|“页面”命令，弹出“jQuery Mobile 文件”对话框，保留默认设置，单击“确定”按钮。弹出“页面”对话框，在该对话框中设置页面的 ID，同时设置页面视图是否包含标题栏和页脚栏。保持默认设置，单击“确定”按钮，完成在当前 HTML5 文档中插入页面视图结构的操作。

03 保存文档，此时 Dreamweaver 会弹出提示框，提示保存相关的框架文件。在编辑窗口中可以看到 Dreamweaver 创建了一个页面，页面视图包含标题栏、内容栏和页脚栏，同时在“文件夹”面板的列表中可以看到保存的相关文件。

04 切换到拆分视图，可以看到页面视图的 HTML 结构代码，如下所示。此时用户可以根据需要删除部分页结构，或者添加更多的页结构。这里修改标题为“单选按钮”，如图 12-22 所示。

```
<div data-role="page" id="page">
  <div data-role="header">
    <h1> 单选按钮 </h1>
  </div>
  <div data-role="content"> 内容 </div>
  <div data-role="footer">
    <h4> 脚注 </h4>
```

```
    </div>
  </div>
```

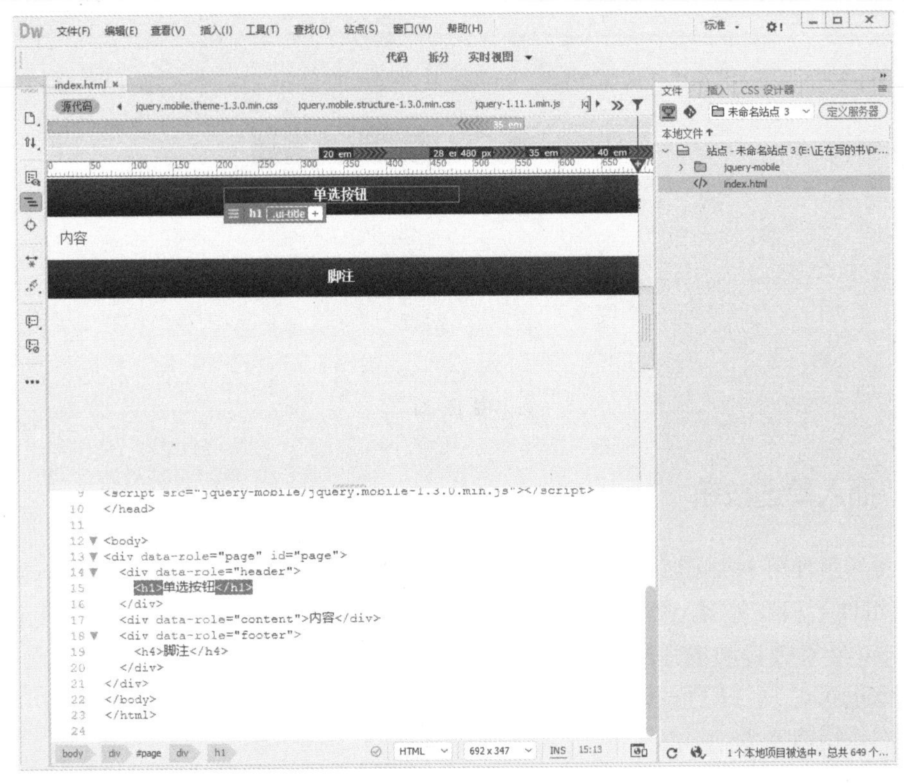

图 12-22

05 删除文本“内容”，执行“插入”|jQuery Mobile|“单选按钮”命令，弹出“单选按钮”对话框，设置名称为radio1，设置单选按钮个数为4，即定义包含4个按钮的组，设置“布局”为水平，如图12-23所示。

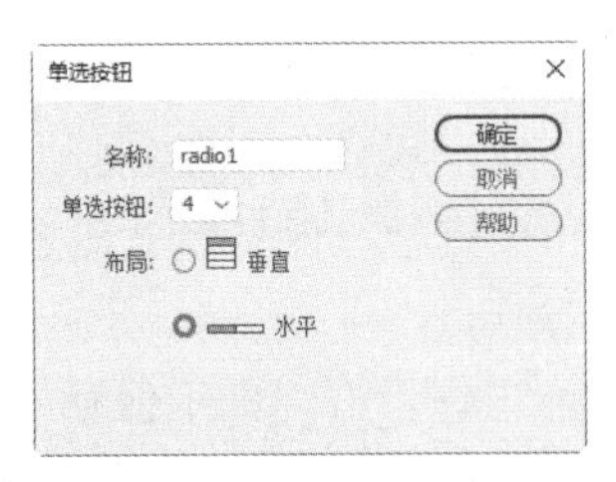

图 12-23

06 单击“确定”按钮，关闭“单选按钮”对话框，此时插入4个按钮，如图12-24所示。

```
<div data-role="fieldcontain">
      <fieldset data-role="controlgroup" data-type="horizontal">
        <legend>选项</legend>
        <input type="radio" name="radio1" id="radio1_0" value="" />
        <label for="radio1_0">选项</label>
        <input type="radio" name="radio1" id="radio1_1" value="" />
        <label for="radio1_1">选项</label>
        <input type="radio" name="radio1" id="radio1_2" value="" />
```

```
            <label for="radio1_2">选项</label>
            <input type="radio" name="radio1" id="radio1_3" value="" />
            <label for="radio1_3">选项</label>
        </fieldset>
    </div>
```

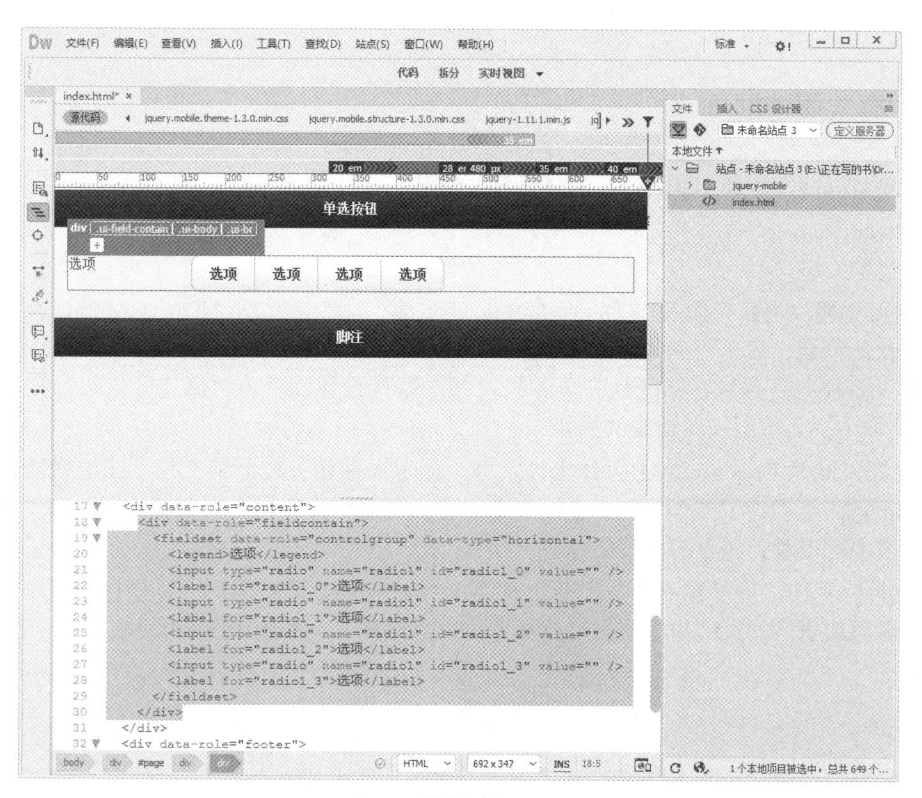

图 12-24

07 切换到代码视图，可以看到新添加的单选按钮组代码，修改其中的标签，以及每个单选按钮标签 <input type="radio"> 的 value 值，代码如下所示。

```
    <div data-role="fieldcontain">
          <fieldset data-role="controlgroup" data-type="horizontal">
            <legend>选择城市</legend>
            <input type="radio" name="radio1" id="radio1_0" value="1" />
            <label for="radio1_0">北京</label>
            <input type="radio" name="radio1" id="radio1_1" value="2" />
            <label for="radio1_1">上海</label>
            <input type="radio" name="radio1" id="radio1_2" value="3" />
            <label for="radio1_2">广州</label>
            <input type="radio" name="radio1" id="radio1_3" value="4" />
            <label for="radio1_3">深圳</label>
          </fieldset>
    </div>
```

08 在头部位置添加如下元信息，定义视图宽度与设备宽度保持一致。在浏览器中预览，如图 12-25 所示，可以看到单选按钮的效果。

```
    <meta name="viewport" content="width=device-width,initial-scale=1" />
```

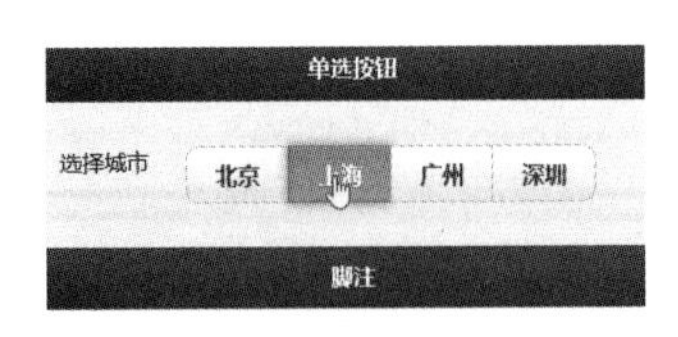

图 12-25

12.2.6 插入复选框

在 Dreamweaver 中插入复选框的具体操作步骤如下。

01 启动 Dreamweaver，执行“文件”|“新建”命令，弹出“新建文档”对话框，设置文档类型后，单击“创建”按钮。

02 保存网页文档，执行“插入”|jQuery Mobile|“页面”命令，弹出“jQuery Mobile 文件”对话框，保留默认设置，单击“确定”按钮。弹出“页面”对话框，在该对话框中设置页面的 ID，同时设置页面视图是否包含标题栏和页脚栏，保持默认设置，单击“确定”按钮，完成在当前 HTML5 文档中插入页面视图结构的操作。

03 保存文档，此时 Dreamweaver 会弹出提示框，提示保存相关的框架文件。在编辑窗口中可以看到 Dreamweaver 创建了一个页面，页面视图包含标题栏、内容栏和页脚栏，同时在“文件夹”面板的列表中可以看到保存的相关文件。

04 切换到拆分视图，可以看到页面视图的 HTML 结构代码，此时用户可以根据需要删除部分页结构，或者添加更多的页结构。这里修改标题为“复选框”，如图 12-26 所示。

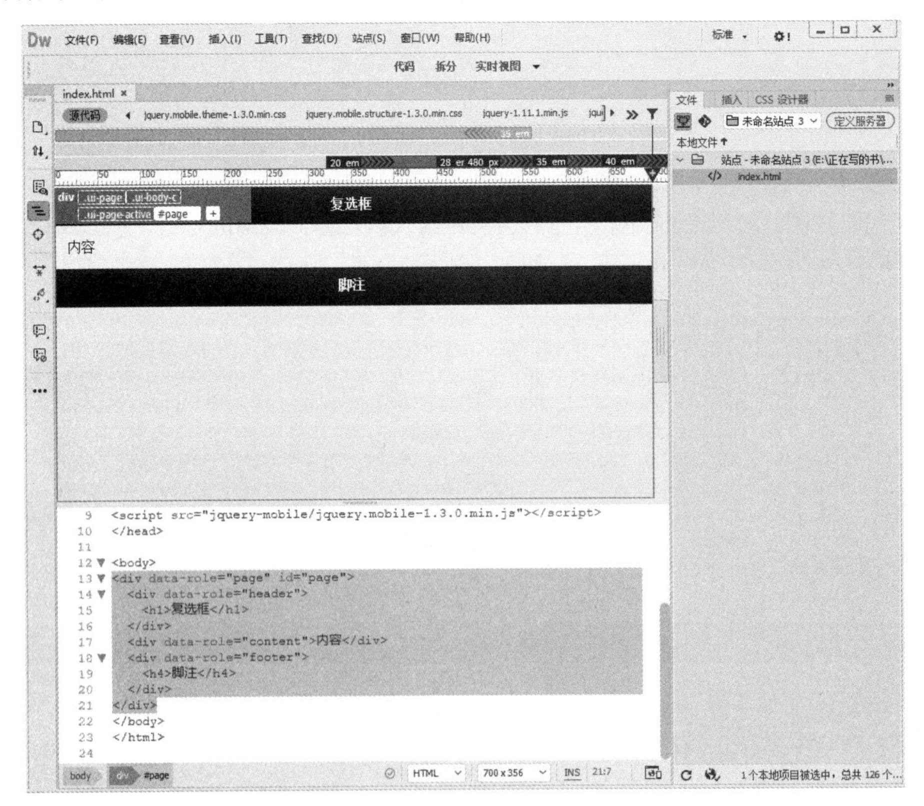

图 12-26

05 删除文本“内容”，执行“插入”|jQuery Mobile|“复选框”命令，弹出“复选框”对话框，设置名称为 checkbox1，设置复选框个数为 4，即定义包含 4 个复选框的组，设置“布局”为水平，如图 12-27 所示。

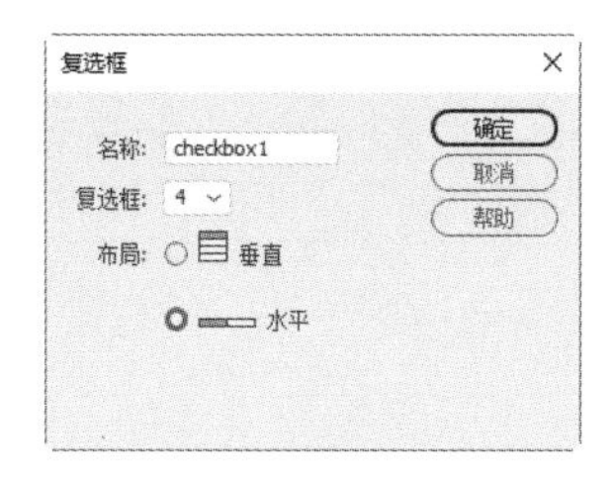

图 12-27

06 单击“确定”按钮，此时在网页中插入了 4 个复选框，如图 12-28 所示。

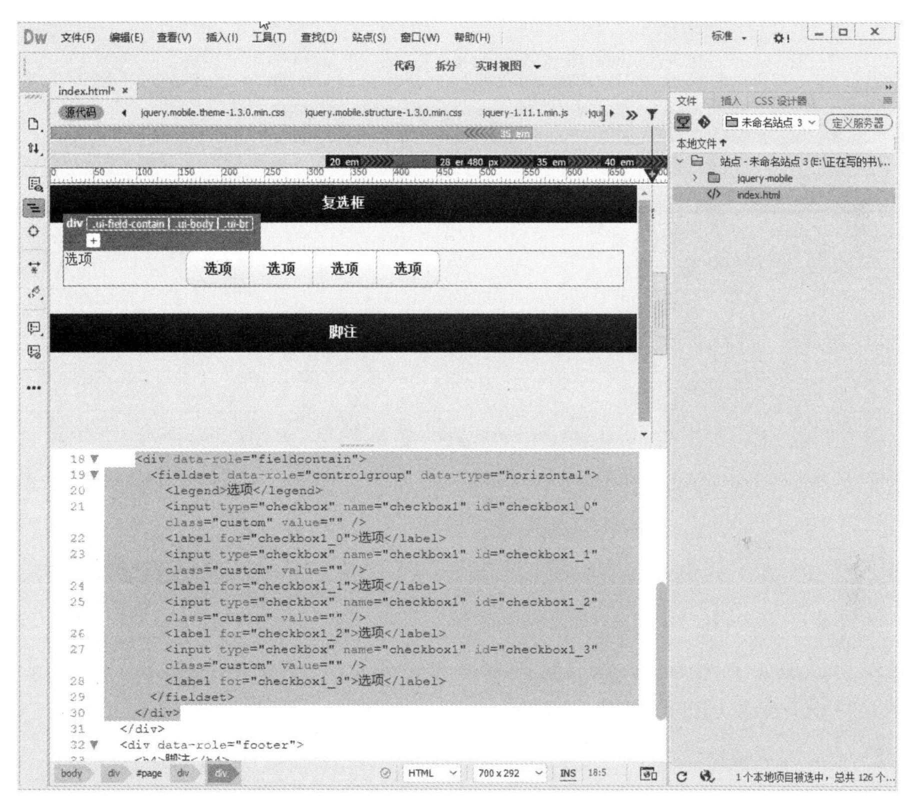

图 12-28

07 切换到代码视图，可以看到新添加的复选框组代码，修改其中的标签，代码如下所示，效果如图 12-29 所示。

```
    <div data-role="fieldcontain">
    <fieldset data-role="controlgroup" data-type="horizontal">
    <legend> 您的特长 </legend>
    <input type="checkbox" name="checkbox1" id="checkbox1_0" class="custom"
value=""/>
    <label for="checkbox1_0">HTML5</label>
    <input type="checkbox" name="checkbox1" id="checkbox1_1" class="custom"
value=""/>
```

```
    <label for="checkbox1_1">JavaScript</label>
    <input type="checkbox" name="checkbox1" id="checkbox1_2" class="custom"
value=""/>
    <label for="checkbox1_2">Dreamweaver</label>
    <input type="checkbox" name="checkbox1" id="checkbox1_3" class="custom"
value=""/>
    <label for="checkbox1_3">Java</label>
    </fieldset>
```

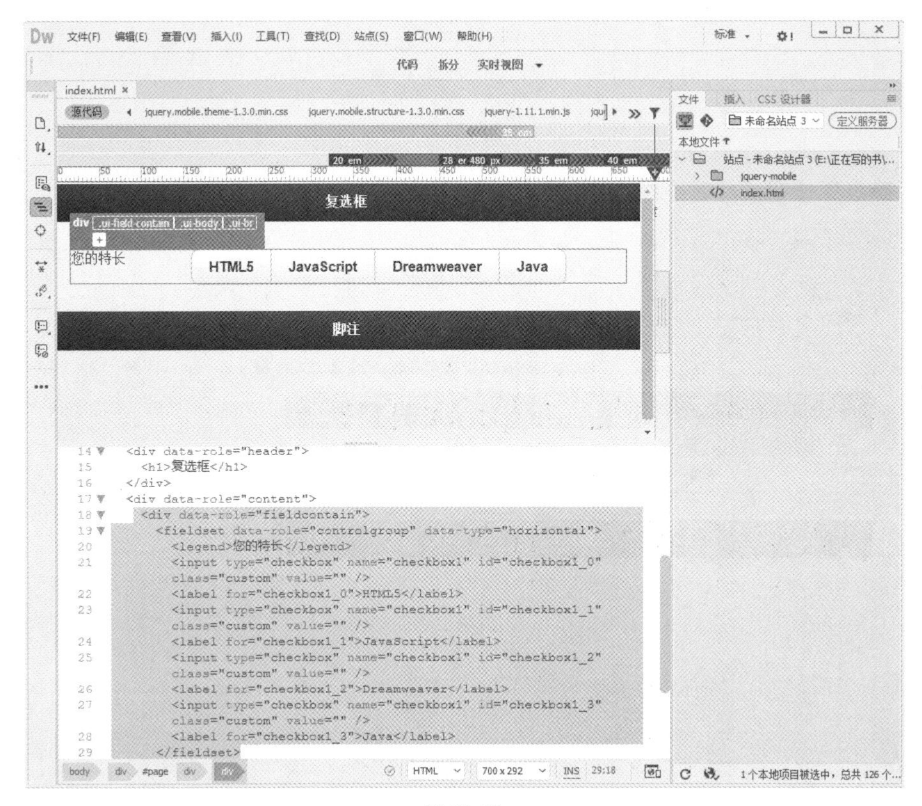

图 12-29

08 在头部位置添加如下元信息，定义视图宽度与设备宽度保持一致。在浏览器中预览，如图 12-30 所示，可以看到复选框的效果。

```
    <meta name="viewport" content="width=device-width,initial-scale=1" />
```

图 12-30

12.3 使用列表视图

列表视图是 jQuery Mobile 中功能强大的一个特性，它会使标准的无序或有序列表应用更广泛。应用方法就是在 ul 或 ol 标签中添加 data-role="listview" 属性：<ol data-role="listview">。在 jQuery Mobile 中，列表结构可以包含的类型有简单列表、嵌套列表、编号列表等，同时还可以对列表中选项的内容进行分割和格式化。

12.3.1　插入简单列表

jQuery Mobile 框架对 <ul> 标签进行包装，经过样式渲染后，列表项目更适合触摸操作，当单击某项目列表时，jQuery Mobile 通过 Ajax 方式异步请求一个对应的 URL 地址，并在 DOM 中创建一个新的页面。

使用 Dreamweaver 在页面中插入 jQuery Mobile 列表的具体操作步骤如下。

01 启动 Dreamweaver，执行“文件”|“新建”命令，弹出“新建文档”对话框，设置文档类型后，单击“创建”按钮。

02 保存网页文档，执行“插入”|jQuery Mobile|“页面”命令，弹出“jQuery Mobile 文件”对话框，保留默认设置，单击“确定”按钮。弹出“页面”对话框，在该对话框中设置页面的 ID，同时设置页面视图是否包含标题栏和页脚栏。保持默认设置，单击“确定”按钮，完成在当前 HTML5 文档中插入页面视图结构的操作。

03 保存文档，此时 Dreamweaver 会弹出提示框提示保存相关的框架文件。在编辑窗口，可以看到 Dreamweaver 创建了一个页面，页面视图包含标题栏、内容栏和页脚栏，同时在“文件夹”面板的列表中可以看到保存的相关文件。

04 切换到拆分视图，可以看到页面视图的 HTML 结构代码，此时用户可以根据需要删除部分页结构，或者添加更多的页结构。这里修改标题为“简单列表”，如图 12-31 所示。

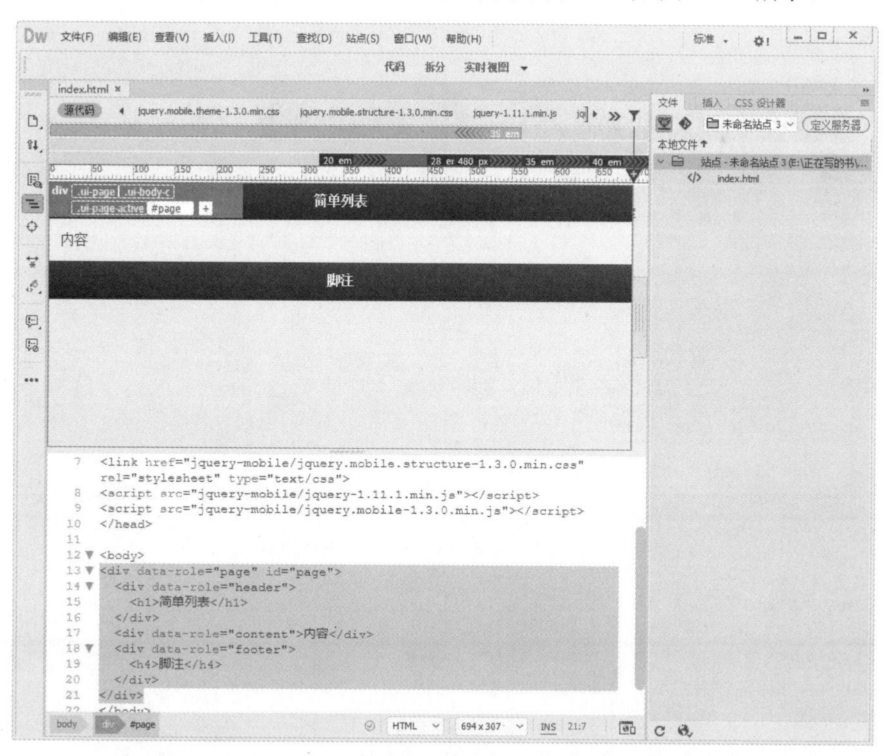

图 12-31

05 删除文本“内容”，执行“插入”|jQuery Mobile|“列表视图”命令，弹出“列表视图”对话框，“列表类型”定义列表结构的标签，“项目”设置列表包含的项目数量，即定义有多少个 <li> 标签，如图 12-32 所示。

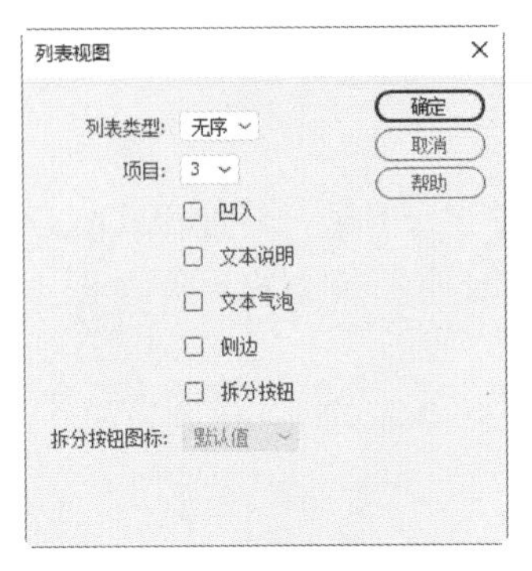

图 12-32

06 单击“确定”按钮插入列表视图，将 3 个列表内容分别改为“国内新闻”“行业新闻”和“企业新闻”，如图 12-33 所示。

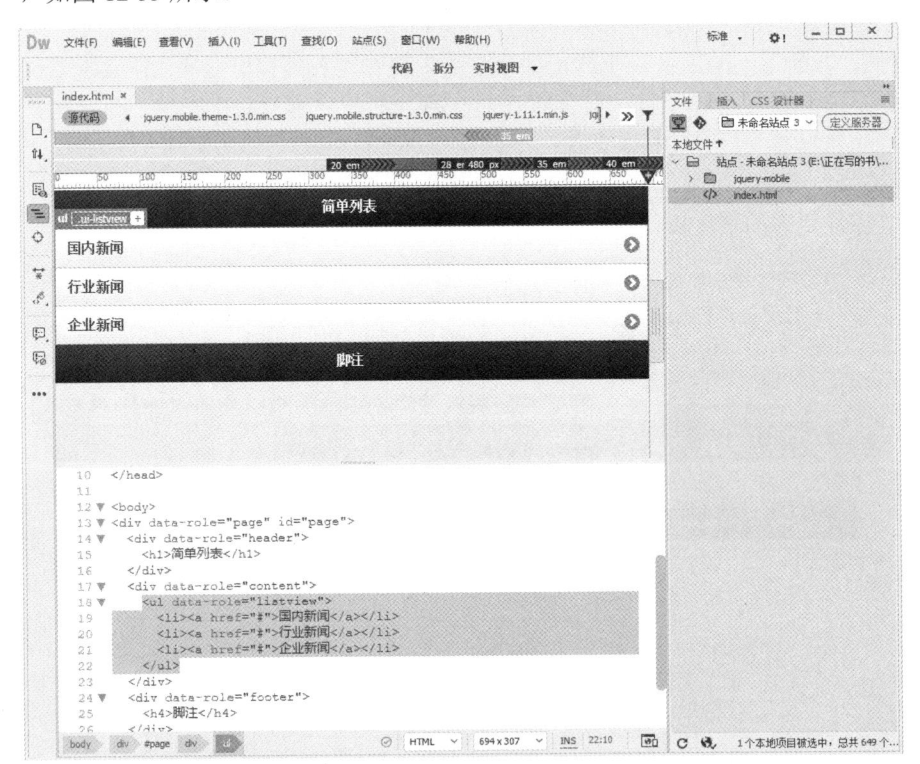

图 12-33

```
<ul data-role="listview">
        <li><a href="#"> 国内新闻 </a></li>
        <li><a href="#"> 行业新闻 </a></li>
        <li><a href="#"> 企业新闻 </a></li>
</ul>
```

07“列表效果”对话框中“凹入”选项设置列表视图是否凹入显示，通过 data-inset 属性定义，默认值为 false，不凹入效果和凹入效果分别如图 12-34 和图 12-35 所示。

图 12-34

图 12-35

08 选中“文本说明”复选框，将在每个项目列表中添加标题文本和段落文本。下面的代码分别演示是否带文本说明，如图 12-36 所示。

不带文本说明：

```
<li><a href="#"> 国内新闻 </a></li>
<li><a href="#"> 行业新闻 </a></li>
```

带文本说明：

```
<li><a href="#">
    <h3> 企业新闻 </h3>
     <p> 产品发布会于北京圆满落幕，倾力打造值得托付的移动办公行家。帮助企业为基层员工赋能，
让每个人都成为超级个体。</p>
</a></li>
```

09 选中“文本气泡”复选框，将在每个列表项目右侧添加一个文本气泡，使用代码定义，只需要在列表项目尾部添加“<span class="ui-li-count"> 这里是国内新闻 </span>”标签文本即可，如图 12-37 所示。

```
<li><a  href="#"> 国内新闻 <span  class="ui-li-count"> 这里是国内新闻 </span></a></
li>
```

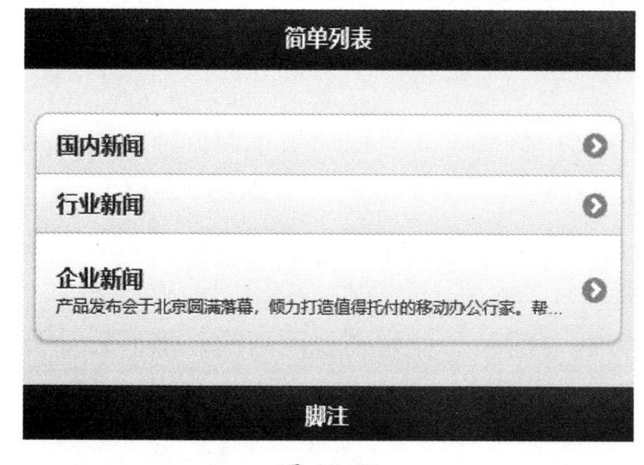

图 12-36

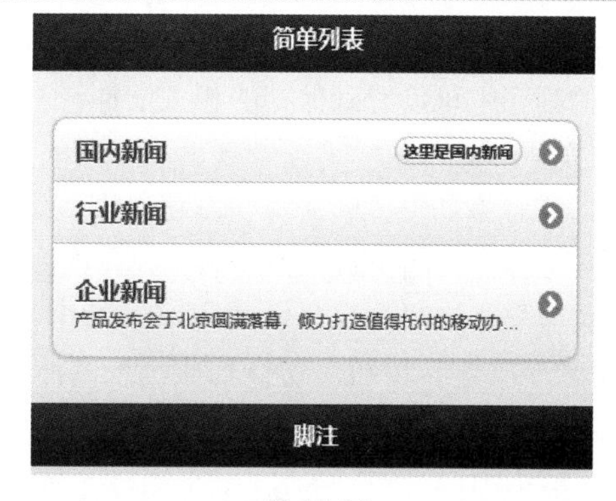

图 12-37

10 最终的列表视图代码如下所示。

```
<div data-role="page" id="page">
  <div data-role="header">
    <h1> 简单列表 </h1>
```

```
    </div>
    <div data-role="content">
      <ul data-role="listview" data-inset="true" >
          <li><a href="#"> 国内新闻 <span class="ui-li-count"> 这里是国内新闻 </
span></a></li>
        <li><a href="#"> 行业新闻 </a></li>
        <li><a href="#">
          <h3> 企业新闻 </h3>
            <p> 产品发布会于北京圆满落幕，倾力打造值得托付的移动办公行家。帮助企业为基层员工
赋能，让每个人都成为超级个体。</p>
        </a></li>
      </ul>
    </div>
```

11 在头部位置添加如下元信息，定义视图宽度与设备宽度保持一致。

```
<meta name="viewport" content="width=device-width,initial-scale=1" />
```

12.3.2 插入有序列表

有序列表通常用来表示内容之间的顺序或者重要性关系，每个列表都分为多个子项，每个子项都有相应的编号。使用 <ol> 标签可以定义有序列表。为了显示有序的列表效果，jQuery Mobile 使用 CSS 样式给有序列表添加了自定义编号。如果浏览器不支持这种样式，jQuery Mobile 将会调用 JavaScript 为列表写入编号，以确保有序列表的效果能够安全显示。

使用 Dreamweaver 在页面中插入有序列表的具体操作步骤如下。

01 启动 Dreamweaver，执行“文件”|“新建”命令，弹出“新建文档”对话框，设置文档类型后，单击“创建”按钮。

02 保存网页文档，执行“插入”|jQuery Mobile|“页面”命令，弹出“jQuery Mobile 文件”对话框，保留默认设置，单击“确定”按钮。弹出“页面”对话框，在该对话框中设置页面的 ID，同时设置页面视图是否包含标题栏和页脚栏，保持默认设置，单击“确定”按钮，完成在当前 HTML5 文档中插入页面视图结构的操作。

03 保存文档，此时 Dreamweaver 会弹出提示框提示保存相关的框架文件。在编辑窗口，可以看到 Dreamweaver 创建了一个页面，页面视图包含标题栏、内容栏和页脚栏，同时在“文件夹”面板的列表中可以看到保存的相关文件。

04 切换到拆分视图，可以看到页面视图的 HTML 结构代码，此时用户可以根据需要删除部分页结构，或者添加更多的页结构。这里修改标题为“新歌排行榜 TOP10”，如图 12-38 所示。

05 执行“插入”|jQuery Mobile|“列表视图”命令，弹出“列表视图”对话框，“列表类型”设置为“有序”，“项目”设置为 10，选中“凹入”和“侧边”复选框，如图 12-39 所示。

06 单击“确定”按钮，切换到代码视图，在内容框中插入一个列表视图结构，然后设计列表项目文本，修改后的列表视图代码如下所示。

```
<ol data-role="listview" data-inset="true">
      <li><a href="#"> 父亲
        <p class="ui-li-aside"> 筷子兄弟 </p>
      </a></li>
      <li><a href="#"> 三生三世
        <p class="ui-li-aside"> 孟庭苇 </p>
      </a></li>
```

```
        <li><a href="#">不仅仅是喜欢
          <p class="ui-li-aside">孙语赛</p>
        </a></li>
        <li><a href="#">我已经爱上你
          <p class="ui-li-aside">念阳凡懿</p>
        </a></li>
        <li><a href="#">万水千山总是情
          <p class="ui-li-aside">汪明荃</p>
        </a></li>
        <li><a href="#">最熟悉的陌生人
          <p class="ui-li-aside">彭清</p>
        </a></li>
        <li><a href="#">阳光总在风雨后
          <p class="ui-li-aside">佳佳</p>
        </a></li>
        <li><a href="#">从你的全世界路过
          <p class="ui-li-aside">牛奶咖啡</p>
        </a></li>
        <li><a href="#">等你等了那么久
          <p class="ui-li-aside">祁隆</p>
        </a></li>
        <li><a href="#">你的柔情我永远不懂
          <p class="ui-li-aside">林雪</p>
        </a></li>
  </ol>
```

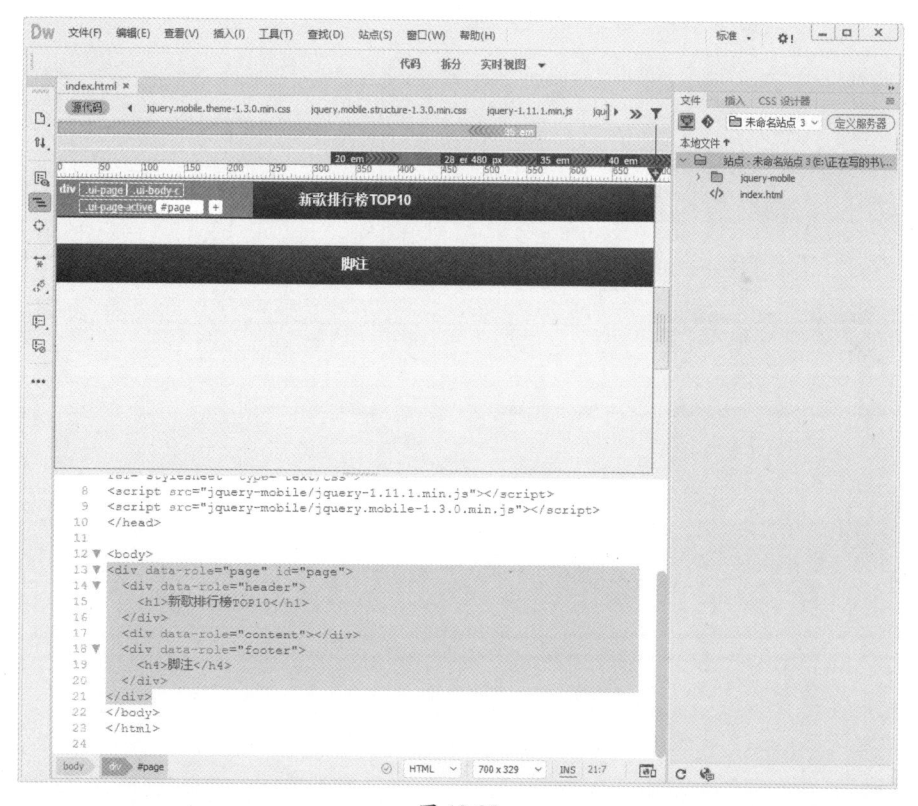

图 12-38

07 在头部位置添加如下元信息，定义视图宽度与设备宽度保持一致。

```
<meta name="viewport" content="width=device-width,initial-scale=1" />
```

08 设计完成后，预览网页，可以看到有序列表的效果，如图 12-40 所示。

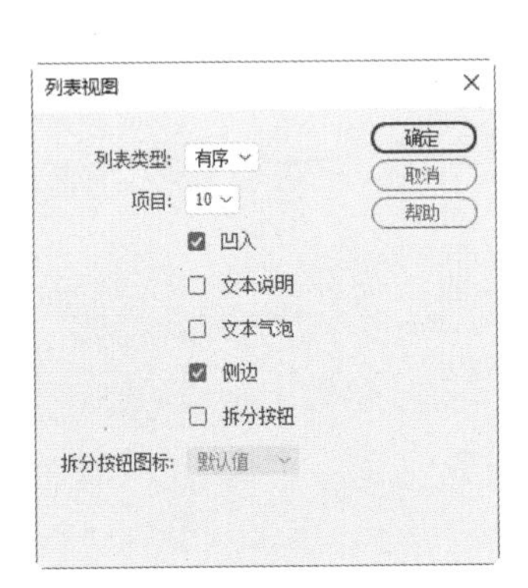

图 12-39

图 12-40

第 13 章　设计制作企业网站

随着互联网的飞速发展，越来越多的企业有了自己的网站。企业网站起着宣传企业和提高企业知名度、展示和提升企业形象、查询产品信息、提供售后服务等重要作用，因而越来越受到企业的重视。

知识要点

- 企业网站设计概述
- 模板页面的制作
- 发布网站
- 网站维护
- 网站推广

13.1　企业网站设计概述

企业网站是以企业宣传为主题而构建的网站，域名后缀一般为.com。与一般门户型网站不同，企业网站相对来说信息量比较少。

13.1.1　明确企业网站建站目的

如今的互联网时代，大大小小的网站层出不穷。很多企业和商家觉得网站能够给自己带来效益，但是总是不明确为什么要建设网站。因此，进行网站建设一定要对自己有一个明确的认识，这样才能开始更好的网站建设工作。

进行网站建设的第一步并不是如何开始自己的网站建设，而是要知道自己为什么要建站？建站想实现怎样的预期目标？当然，了解企业自身的发展状况、管理团队、营销渠道、产品优势、竞争对手都是必不可少的工作。

在网站建设中应该避免的是不要人云亦云，看到人家网站有个什么功能就要在自己的网站上添加。这样一来，就会完全忽略了自身产品、销售渠道、服务等各方面的综合情况。企业网站建设初期是一个庞大的工程，需要综合自己的企业资料进行各方面的综合分析，才能真正体现企业受众的需求。

网站的功能不是越多越好，这样极容易让网站浪费很多资源。因此，网站建设时不要贪图网站页面的华美，在网站上加入很多图片或者 Flash 视频，在一定程度上也影响访问速度，从而流失掉一部分访问客户。在注重网站外观的同时，更要注重网站的内在功能，让客户有好的体验性的网站才是成功的。

13.1.2　网站总体策划

明确建站目的后，接下来就要策划网站。对建立一个成功的网站而言，最重要的是前期策划，而不是技术。一个成功的策划者应该考虑多方面的因素。

（1）网站建设要明确自己网站的侧重点在哪里，自身的优势和劣势也必须提前做一个评估。

而如何通过网站建设放大优势、补充劣势也是企业网站区别于其他网站的重要考察点。一个别具风格而又充分考虑到用户体验和客户需求的网站才是受众所需求的网站。

（2）网站建设少不了实地的市场调查。市场调查包括向客户和合作伙伴汲取更加有意义的资料，明白客户最需要的是什么？什么才是合作伙伴最需要的。这样网站最终呈现的才有可能是被喜欢并且接受的网站，也才能充分实现网站所追求的效益转化。

（3）收集整理质量相对比较高的内容，高质量的网站内容是吸引受众注意并且引起关注的重要因素。所以，一定要尽可能多地收集和整理网站需要的内容和素材，而不是等网站上线了才去慢慢整理。内容为王是推广中的一个重要法宝，对于网站初期的基础框架的搭建，原创的文章也是非常必要的。

（4）明确自己的竞争优势。网上和网下的竞争对手是谁（网上竞争对手可以通过搜索引擎查找）？与他们相比，公司在商品、价格、服务、品牌、配送渠道等方面有什么优势？竞争对手的优势能否学习？如何根据自己的竞争优势来确定公司的营销战略？

（5）如何为客户提供信息？网站信息来源在哪里？信息是集中到网站编辑处更新、发布还是由各部门自行更新、发布？集中发布可能安全性好，便于管理，但信息更新速度可能较慢，有时还可能出现协调不力的问题。

13.1.3 网站的版面布局及色彩

网站作为一种媒体，首先要吸引人驻足观看。设计良好、美观、清晰、到位的网站整体结构和定位，是令浏览者初次浏览即对网站“一见钟情”，进而留下阅读细节内容的保证。

企业网站给人的第一印象是网站的色彩，因此确定网站的色彩搭配是非常重要的一步。一般来说，一个网站的标准色彩不应超过3种，太多则让人眼花缭乱。标准色彩用于网站的标志、标题、导航栏和主色块，给人以整体统一的感觉。

1. 绿色企业网站

绿色在企业网站中也是使用较多的一种色彩。在使用绿色作为企业网站的主色调时，通常会使用渐变色过渡，使页面具有立体的空间感。绿色在一些食品企业网站中使用得非常多，一方面是因为绿色能够表现出食品的自然、无公害，另一方面也能够很好地提高消费者对企业的可信度。如图13-1所示为绿色的企业网站。

图13-1

2. 蓝色企业网站

使用蓝色作为网站主色调的企业非常多，因为蓝色的沉稳、高科技和严肃的色彩内涵，使得蓝色页面能体现出企业的稳重大气与科技的主题。深蓝色与浅蓝色搭配，整体页面和谐美观，很适合高科技企业。在企业网站中，使用蓝色与白色或灰色等中性色彩搭配使用，能突出蓝色的内涵，不至于过于沉闷。商务企业网站，采用蓝天白云背景作为页面的视觉中心，整体页面主次分明，重点突出，具有很强的商务性。如图 13-2 所示为蓝色的企业网站。

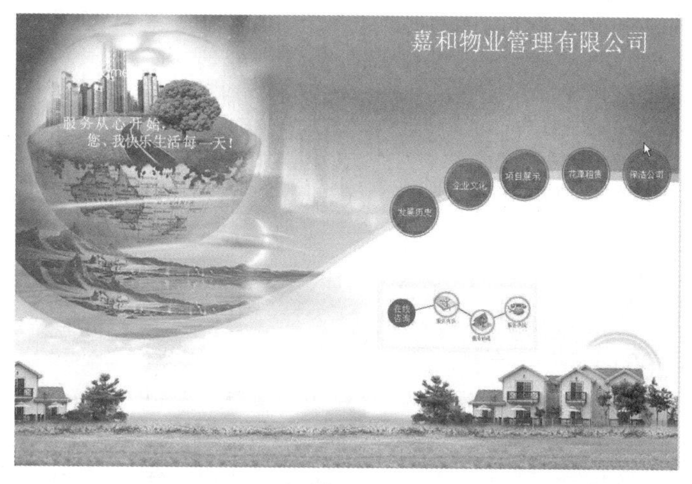

图 13-2

3. 红色企业网站

使用红色作为页面色彩的主色调与其他色彩搭配，能有效地衬托企业网站的庄严性，红色的活力使该企业网站具有蓬勃向上的朝气。企业网站的色彩可以选择蓝色、绿色、红色等，在此基础上再搭配其他色彩。另外可以使用灰色和白色，这是企业网站中最常见的颜色。因为这两种颜色比较中性，能和任何色彩搭配，使对比更强烈，突出网站品质和形象。如图 13-3 所示为红色的企业网站。

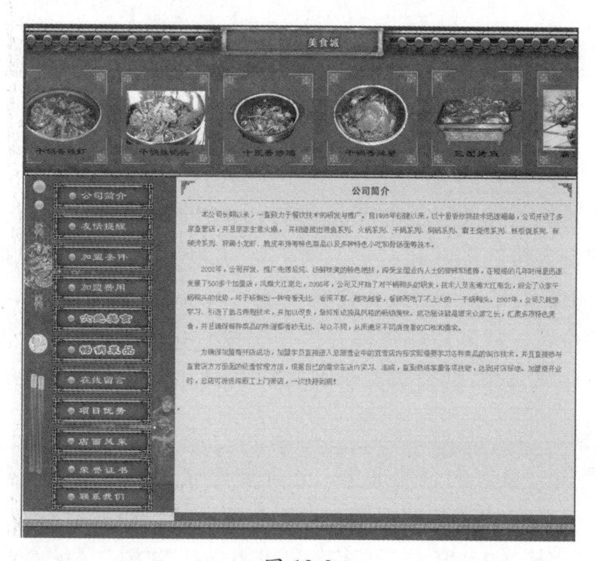

图 13-3

13.1.4 企业网站分类

企业网站可以分为以下几类。

1．以形象为主的企业网站

以形象为主的企业网站的目的重在宣传企业文化、塑造企业形象、消除企业与消费者之间的距离感，主要围绕企业及产品、服务信息进行宣传，通过网站树立企业的形象。互联网作为一种新型传播媒体，在企业宣传中发挥着越来越重要的作用，成为公司宣传企业形象、开辟营销渠道、加强与客户沟通的一项必不可少的重要工具。

这类网站设计时要参考一些大型同行业网站，多吸收他们的优点，以公司自己的特色进行设计，整个网站要以国际化为主。以企业形象及行业特色加上动感音乐作片头动画，每个页面配以栏目相关的动画衬托，通过良好的网站视觉创造一种独特的企业文化，如图13-4所示为以形象为主的企业网站。

图 13-4

2．以产品为主的企业网站

企业上网绝大多数是为了介绍自己的产品，中小型企业尤为如此，在公司介绍栏目中只有一页文字，而产品栏目则是大量的图片和文字，以产品为主的企业网站可以把主推产品放置在网站首页。产品资料分类整理，附带详细说明，使客户能够看明白。为了醒目，可以分出两个导航条，把产品导航放在明显的位置，或者用特殊样式的导航按钮标注产品分类。网页的插图应以体现产品为主，营造企业形象为辅，尽量做到两方面协调到位。如图13-5所示为以产品为主的企业网站。

3．商务型企业网站

很多企业不仅需要树立良好的企业形象，还需要建立自己的信息平台。有实力的企业逐渐把网站做成一种以其产品为主的商务型网站。对于企业而言，通过商务网站可以实现以下功能：通过网络扩大宣传、提高企业知名度；让更多客户以更便捷的方式了解企业产品，实现网上订购、网上信息实时反馈等电子商务功能。

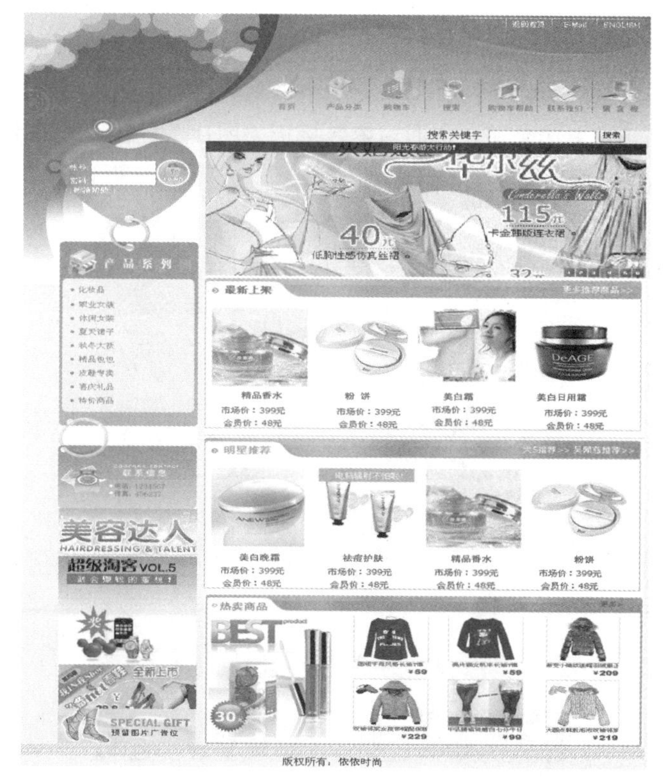

图 13-5

一方面，网站的信息量大，结构设计要大气简洁，保证速度和节奏感；另一方面，它不同于单纯的信息型网站，从内容到形象都应该围绕着公司，既要大气又要有特色。如图 13-6 所示为商务型企业网站。

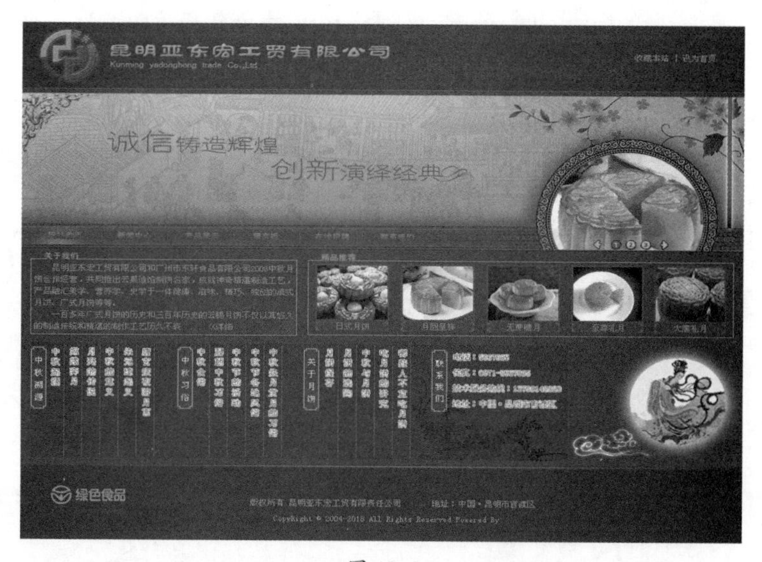

图 13-6

13.1.5 本例主要功能页面

在设计企业网站时，要采用统一的风格和结构把各页面组织在一起。所选择的颜色、字体、图形即页面布局，应能传达给用户一个形象化的主题，并引导他们去关注站点的内容。时尚商业广场作为一家高新地产集团公司，页面内容包括形象图片、栏目导航文字与实例展示等，三者有机地结合在一起，安排在页面上，形成视觉上的焦点。本例主页如图 13-7 所示。

图 13-7

13.2 创建本地站点

站点是管理网页文档的场所，Dreamweaver 是一个站点创建和管理工具，使用它不仅可以创建单独的文档，还可以创建完整的站点。可以使用站点定义向导，按照提示快速创建本地站点，具体操作步骤如下。

01 启动 Dreamweaver，执行“站点”|“管理站点”命令，弹出“管理站点”对话框，如图 13-8 所示。

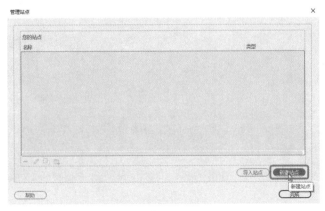

图 13-8

02 在对话框中单击“新建站点”按钮，弹出“站点设置对象”对话框，在该对话框中选择“站点”选项，在“站点名称”文本框中输入名称，如图 13-9 所示。

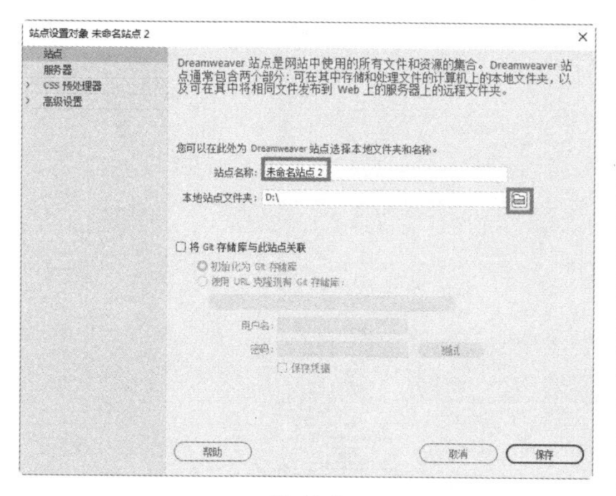

图 13-9

03 单击“本地站点文件夹”文本框右侧的浏览按钮，弹出“选择根文件夹”对话框，选择站点根文件夹，如图 13-10 所示。

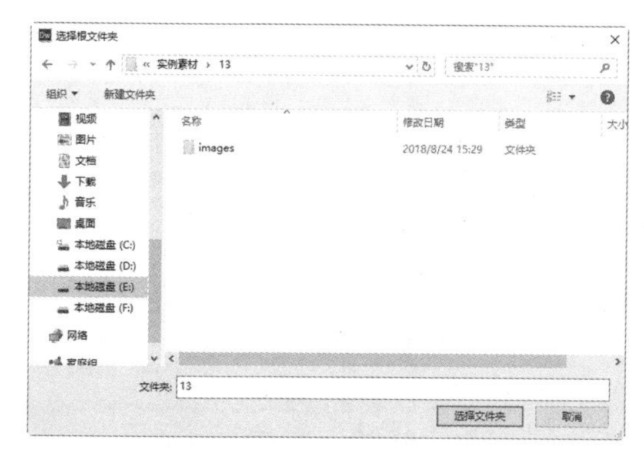

图 13-10

04 选择站点根文件夹后，单击“选择文件夹”按钮，如图 13-11 所示。

05 单击“保存”按钮，更新站点缓存，弹出“管理站点”对话框，其中显示了新建的站点，如图 13-12 所示。

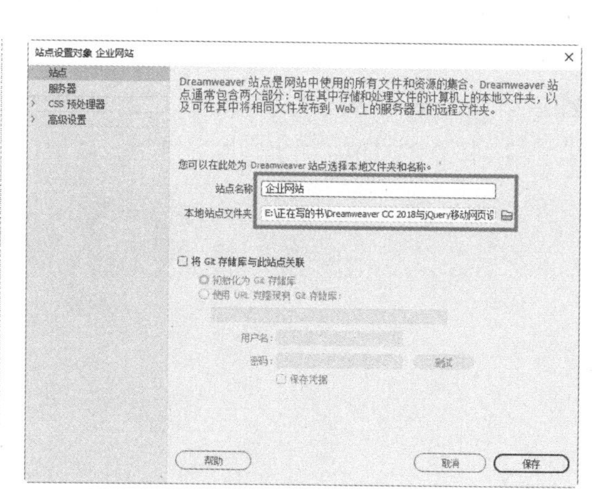

图 13-11

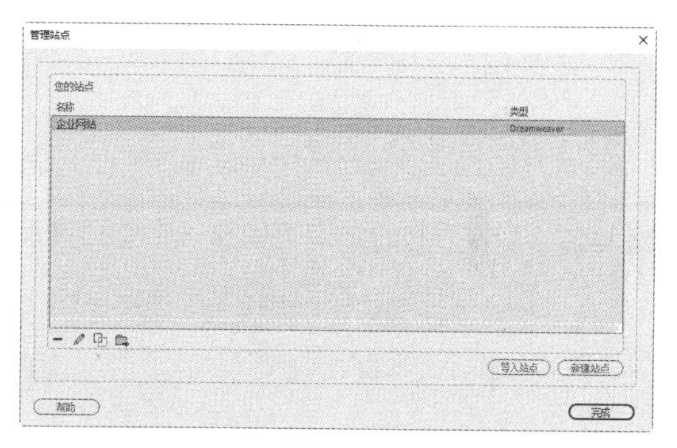

图 13-12

06 单击“完成”按钮，此时在“文件”面板中可以看到创建的站点文件，如图 13-13 所示。

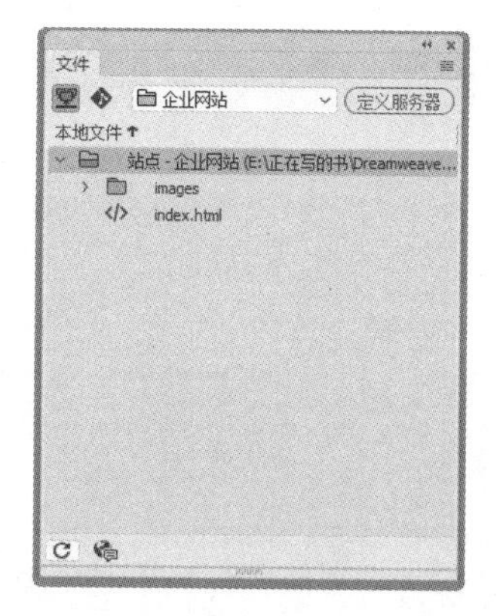

图 13-13

13.3 模板页面的制作

在 Dreamweaver 中，可以创建一个空白模板，在其中输入需要的文档内容。模板实际上也是文档，它的扩展名为 .dwt，并存放在根目录的模板文件夹中。下面讲述模板的制作方法，具体操作步骤如下。

01 启动 Dreamweaver，执行“文件”|“新建”命令，弹出“新建文档”对话框，在该对话框中选择“新建文档”|“</>HTML 模板”|“< 无 >”选项，如图 13-14 所示。

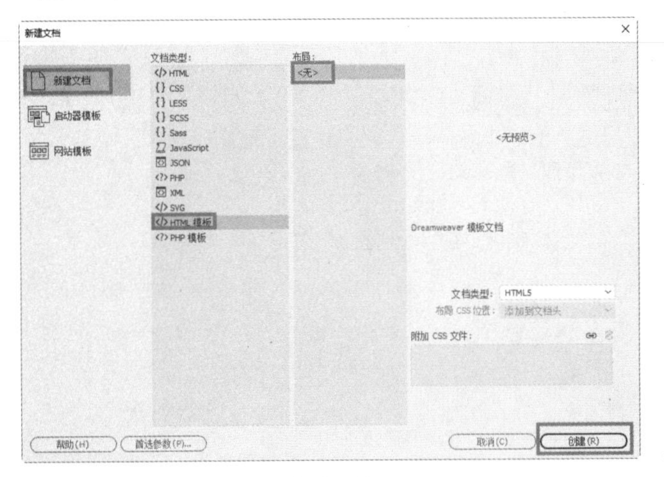

图 13-14

02 单击“创建”按钮，即可创建一个空白模板页，如图 13-15 所示。

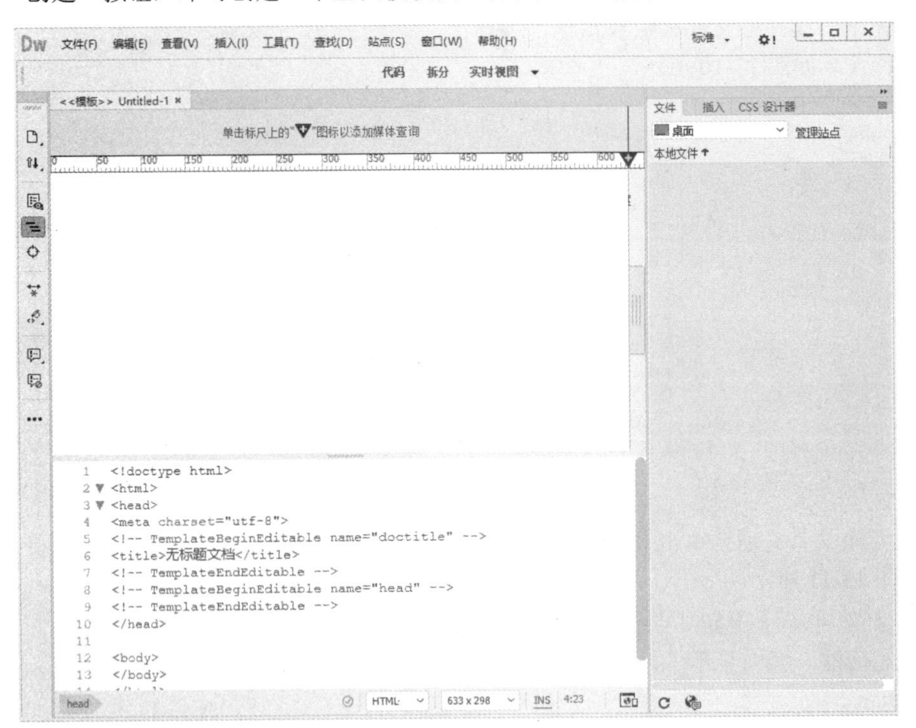

图 13-15

03 执行“文件”|“另存为模板”命令，弹出一个提示框，如图 13-16 所示。

04 单击“确定”按钮，弹出“另存模板”对话框，在该对话框中将“另存为”名称设置为 moban，如图 13-17 所示。

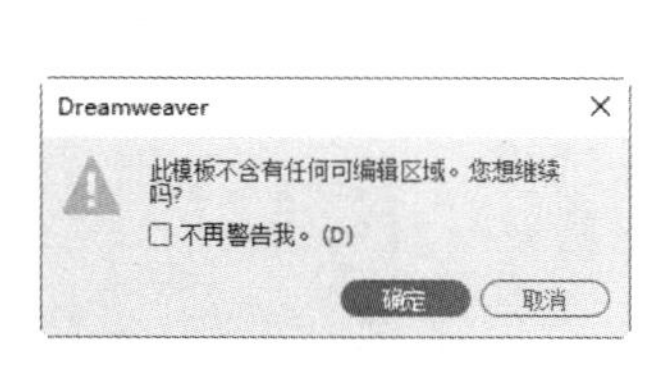

图 13-16

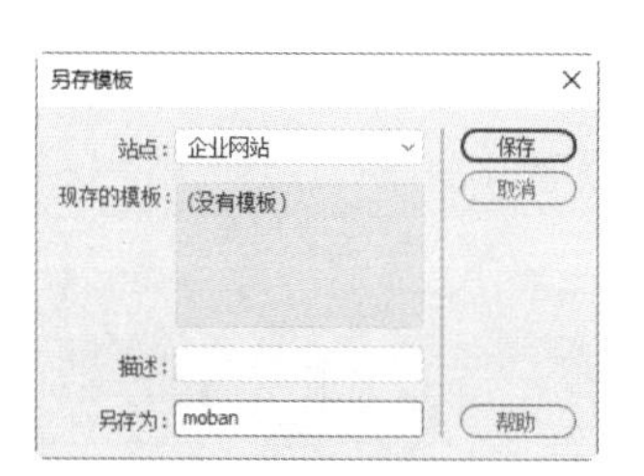

图 13-17

05 单击“保存”按钮，即可保存文档，如图 13-18 所示。

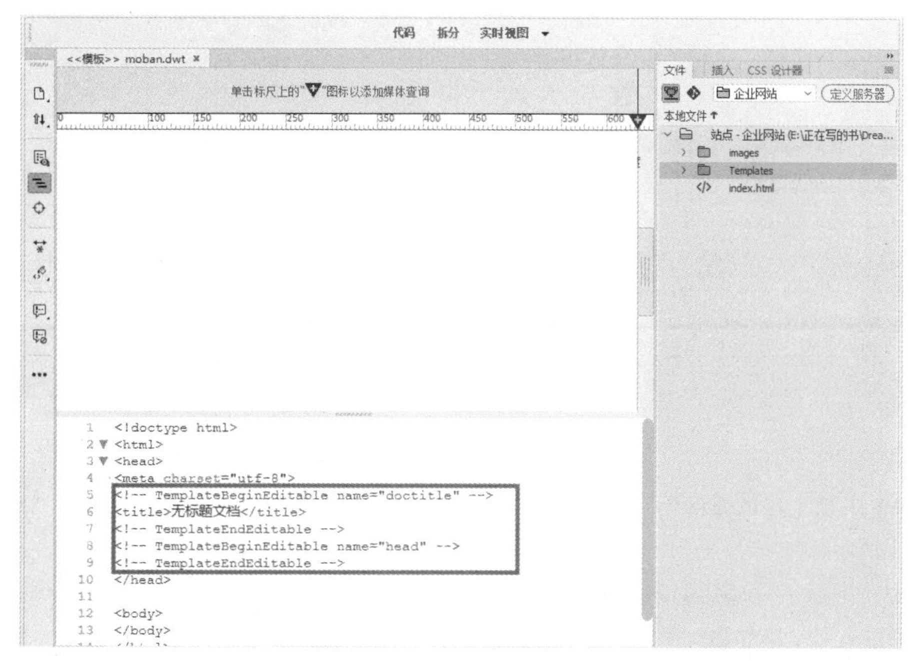

图 13-18

06 执行“插入”|Table 命令，弹出 Table 对话框，在该对话框中将“行数”设置为3，“列”设置为1，“表格宽度”设置为 1000，如图 13-19 所示。

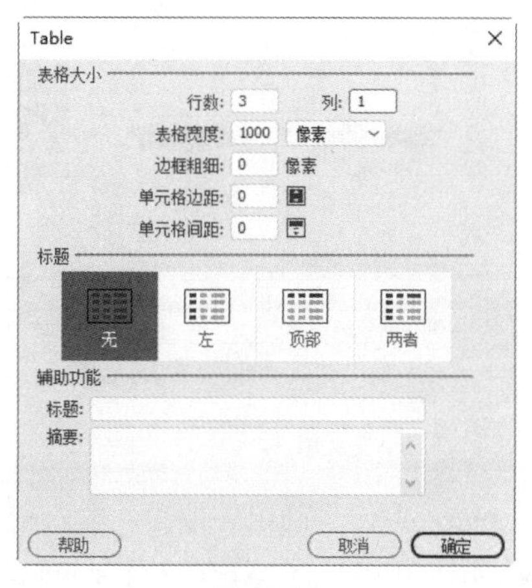

图 13-19

07 单击“确定”按钮，插入表格，如图 13-20 所示。

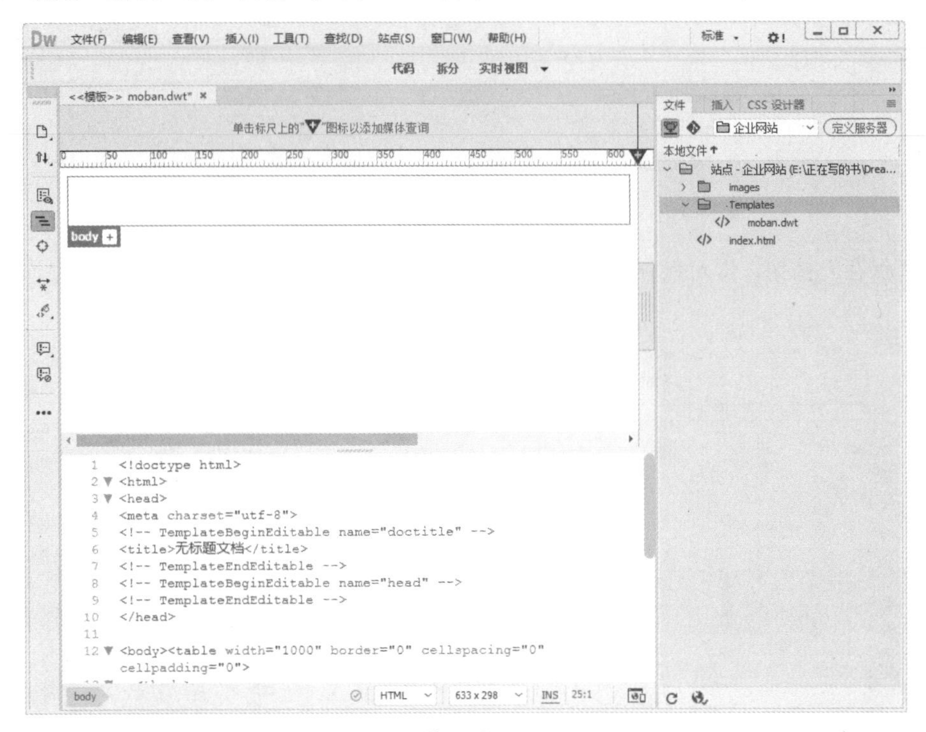

图 13-20

08 将光标置于第 1 行单元格中，执行“插入”|Image 命令，弹出“选择图像源文件”对话框，如图 13-21 所示。

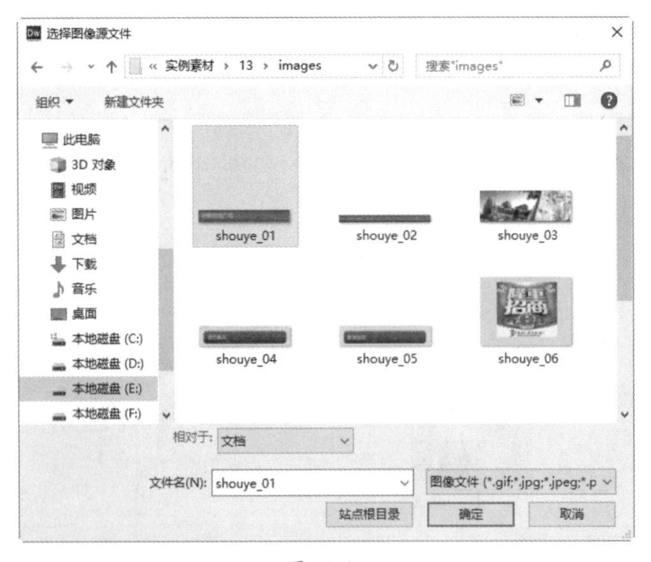

图 13-21

09 在该对话框中选择 shouye_01.png，单击“确定”按钮，插入图像文件，如图 13-22 所示。

10 同步骤 8 ～ 9，在第 2 和 3 单元格中分别插入图像文件 shouye_02.png、shouye_03.png，如图 13-23 所示。

图 13-22

图 13-23

11 将光标置于“表格 1”的右侧，执行“插入”|Table 命令，插入一个 1 行 2 列的表格，此表格记为“表格 2”，如图 13-24 所示。

图 13-24

12 将光标置于“表格 2”的第 1 列单元格中，执行“插入”|Table 命令，插入一个 3 行 1 列的表格，此表格记为“表格 3”，如图 13-25 所示。

图 13-25

13 将光标置于“表格 3”的第 1 行单元格中，执行“插入”|Image 命令，插入图像 about.gif，如图 13-26 所示。

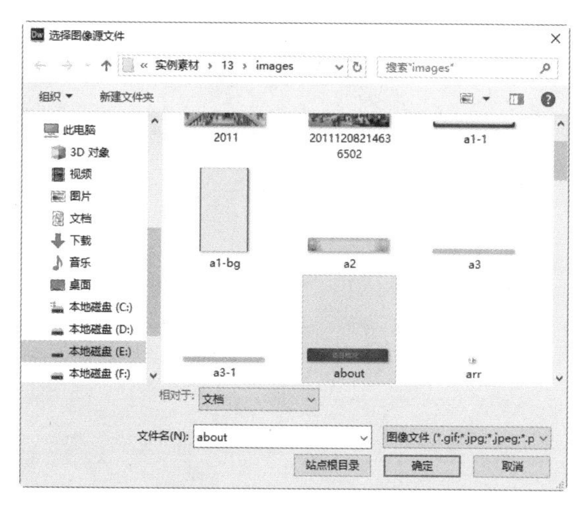

图 13-26

14 将光标置于“表格 3”的第 2 行中，切换至“拆分视图”，输入代码 height="180" background="../images/a1-bg.gif"，设置行高和背景颜色，如图 13-27 所示。

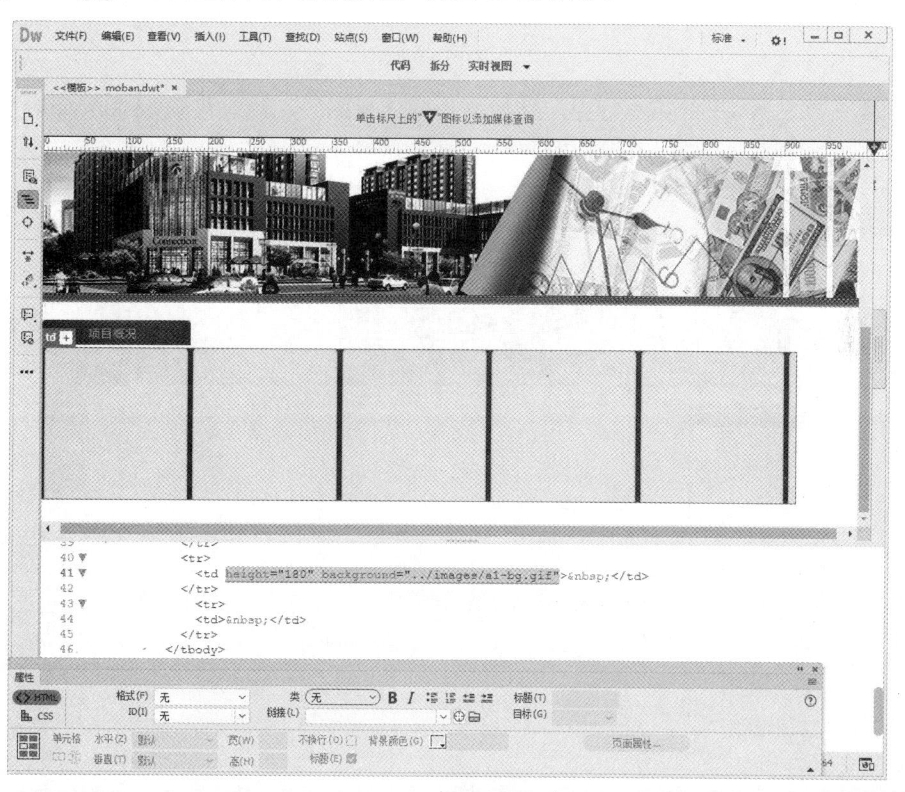

图 13-27

15 将光标置于“表格 3”的第 2 行单元格中，执行“插入”|Table 命令，插入一个 5 行 1 列的表格，此表格记为“表格 4”，在“属性”面板中将 Align 设置为“居中对齐”，如图 13-28 所示。

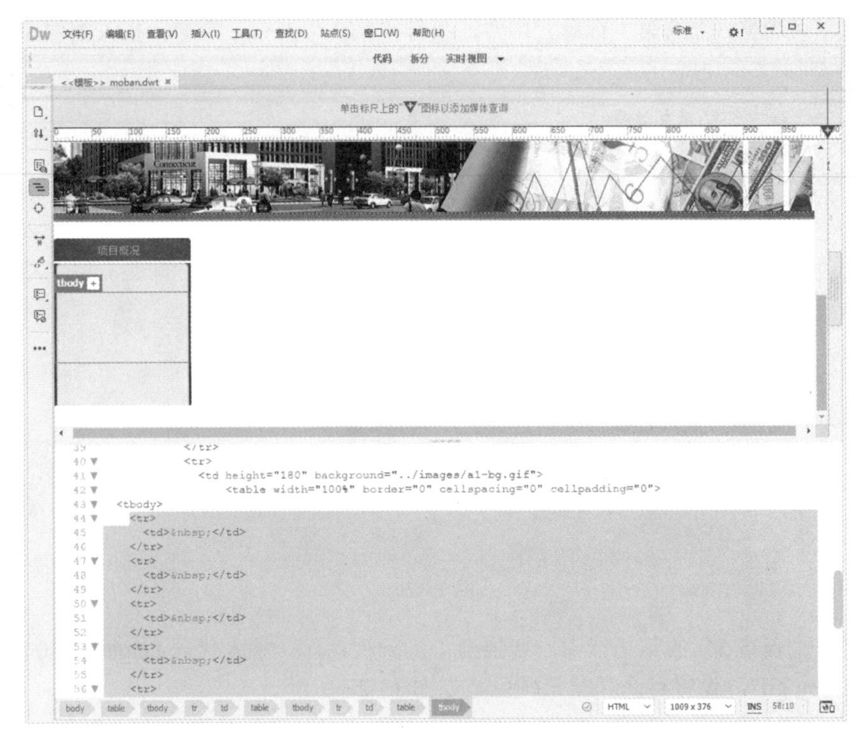

图 13-28

16 将光标置于“表格 4”的第 1 行中，切换至“拆分视图”，输入代码 background="../images/a2.gif"，设置背景图像，如图 13-29 所示。

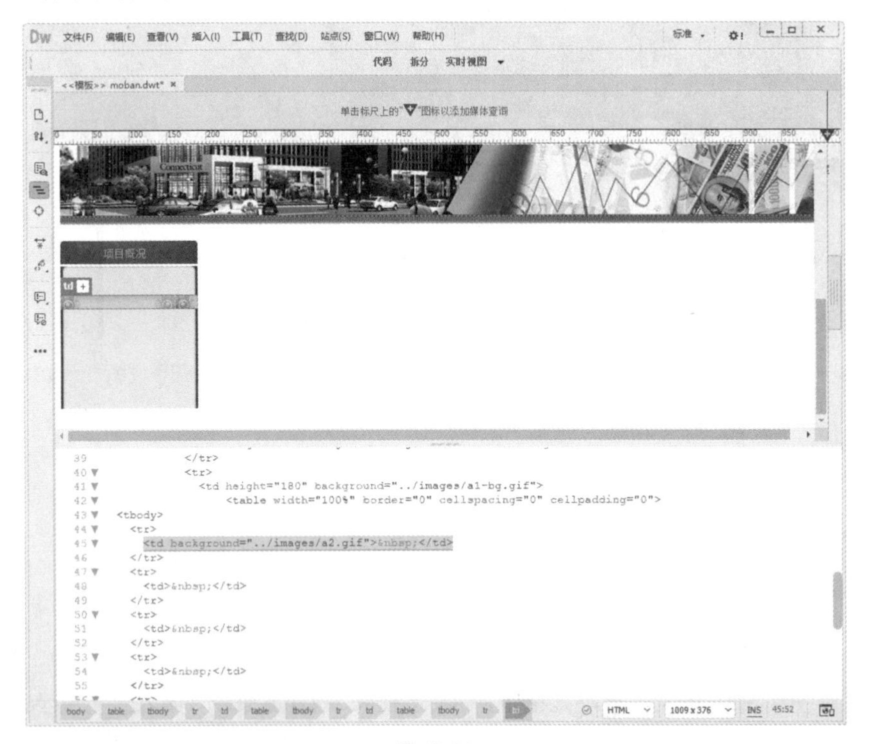

图 13-29

17 在背景图像上输入文本“项目介绍”，如图 13-30 所示。

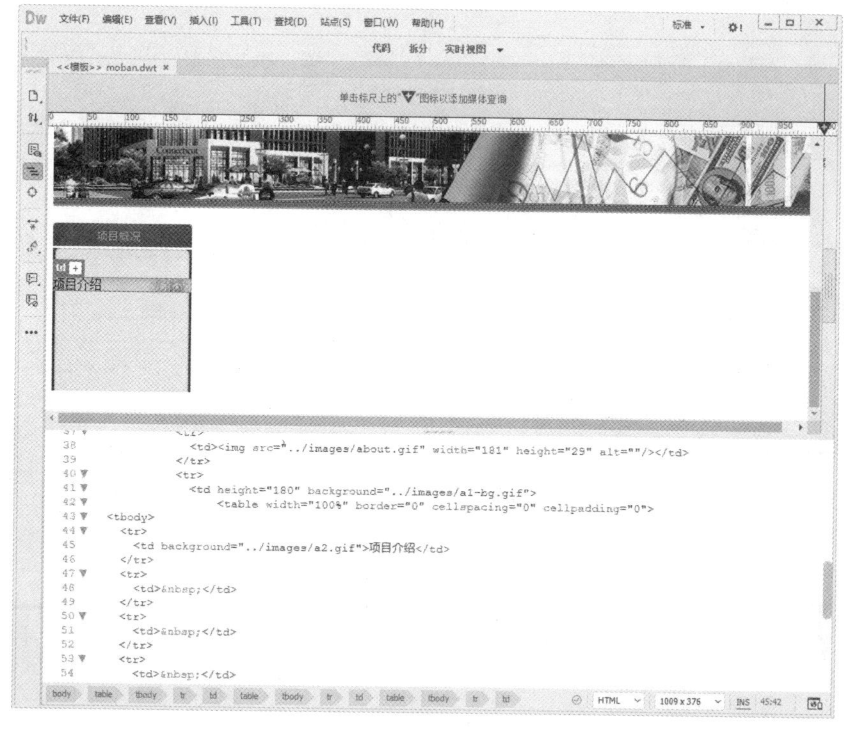

图 13-30

18 同步骤 16～17，在其余的 4 行单元格中分别设置背景颜色，并输入相应的文本，如图 13-31 所示。

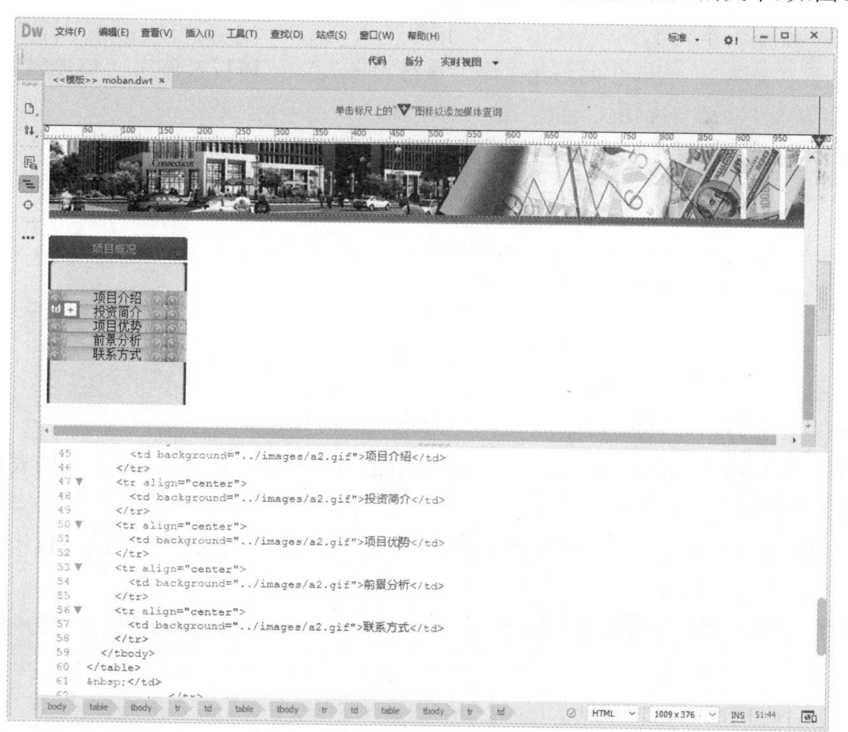

图 13-31

19 将光标置于“表格 3”的第 3 行单元格中，执行“插入”|Image 命令，插入图像 a1-1.gif，如图 13-32 所示。

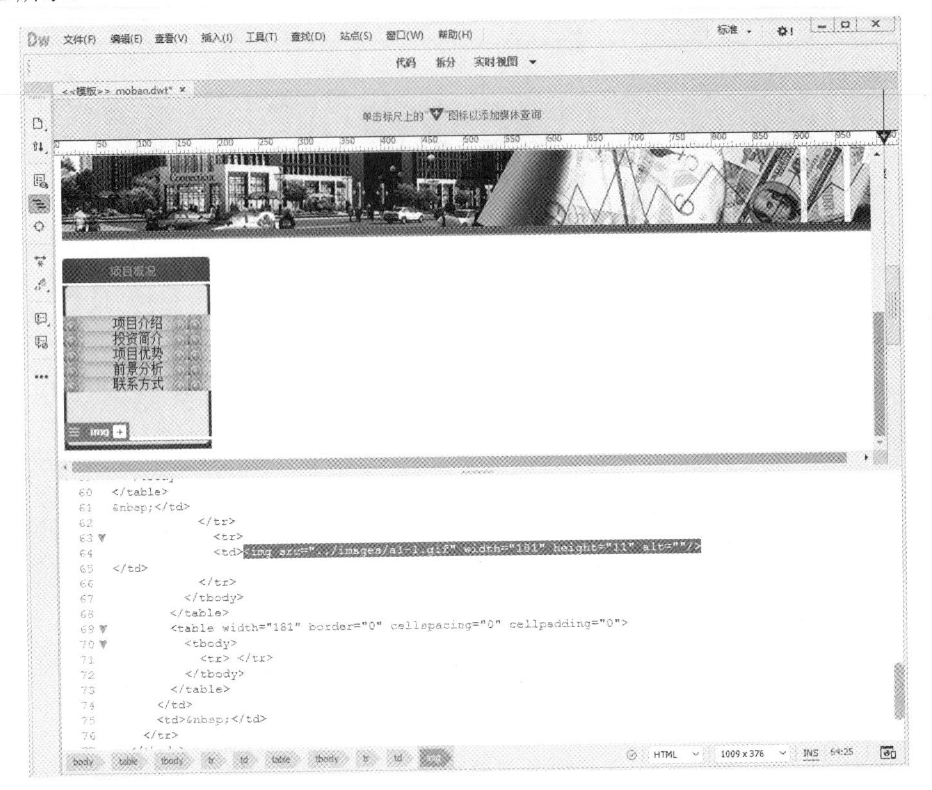

图 13-32

20 将光标置于“表格 2”的第 2 列单元格中，执行“插入”|“模板对象”|“可编辑区域”命令，弹出“新建可编辑区域”对话框，如图 13-33 所示。

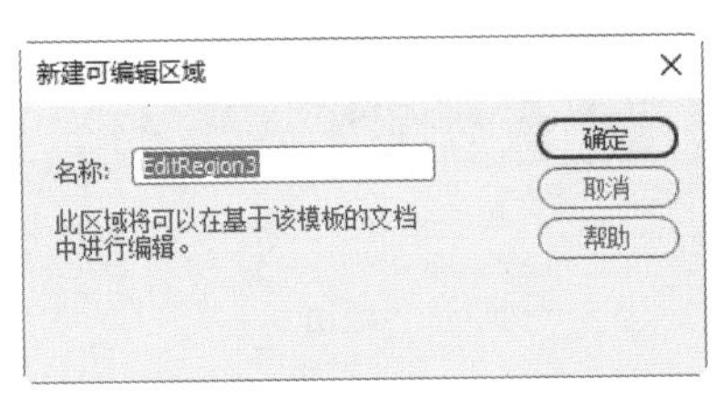

图 13-33

21 单击“确定”按钮，即可插入可编辑区域，如图 13-34 所示。

22 将光标置于“表格 2”的右侧，执行“插入”|Table 命令，插入一个 1 行 1 列的表格，此表格记为“表格 5”，如图 13-35 所示。

23 将光标置于“表格 5”中，在单元格中插入图像 shouye_11.png，如图 13-36 所示。执行“文件”|“保存”命令，即可保存文档。

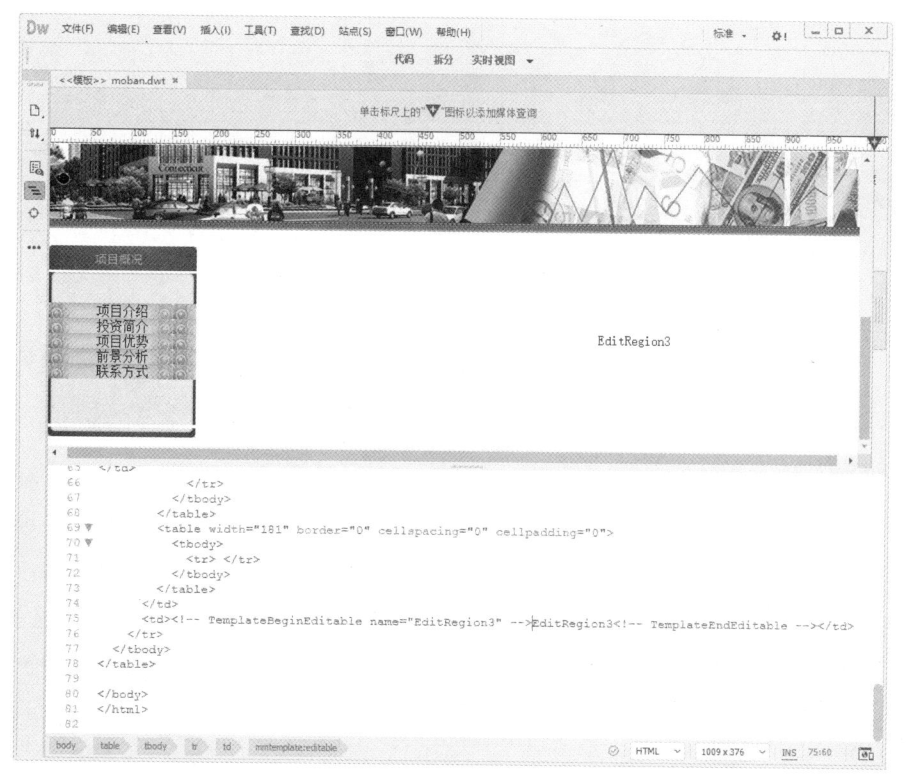
文件(F) 编辑(E) 查看(V) 插入(I) 工具(T) 查找(D) 站点(S) 窗口(W) 帮助(H)
代码 拆分 实时视图
<<模板>> moban.dwt
单击标尺上的"▼"图标以添加媒体查询
项目概况
项目介绍
投资简介
项目优势
前景分析
联系方式
EditRegion3
</tr>
</tbody>
</table>
<table width="181" border="0" cellspacing="0" cellpadding="0">
<tbody>
<tr> </tr>
</tbody>
</table>
</td>
<td><!-- TemplateBeginEditable name="EditRegion3" -->EditRegion3<!-- TemplateEndEditable --></td>
</tr>
</tbody>
</table>
</body>
</html>
body table tbody tr td mmtemplate:editable
HTML 1009 x 376 INS 75:60

图 13-34

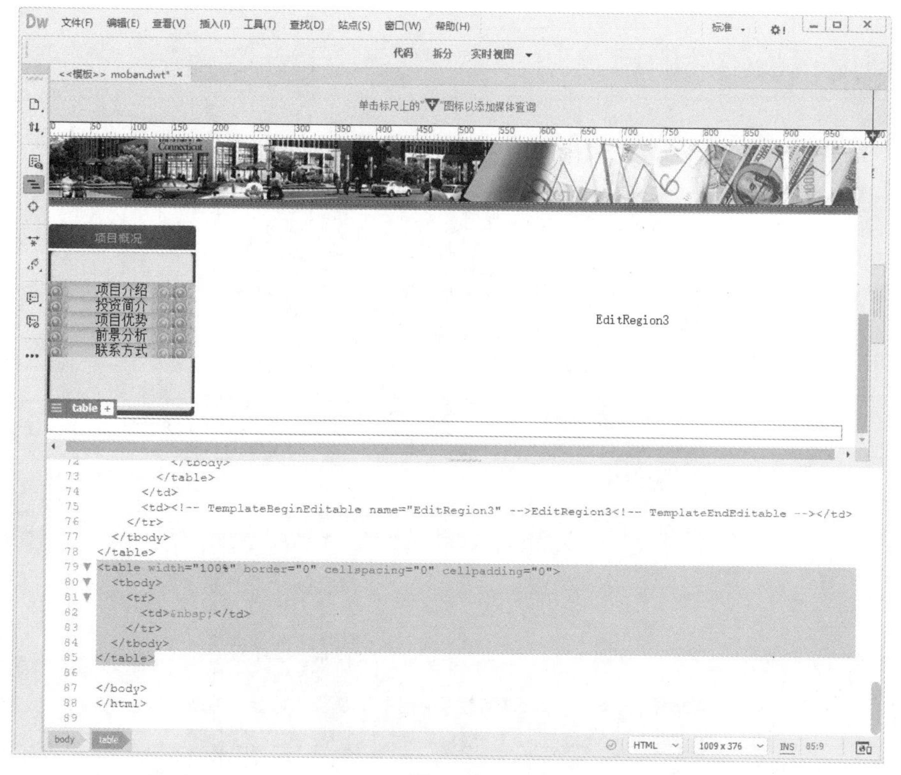
文件(F) 编辑(E) 查看(V) 插入(I) 工具(T) 查找(D) 站点(S) 窗口(W) 帮助(H)
代码 拆分 实时视图
<<模板>> moban.dwt*
单击标尺上的"▼"图标以添加媒体查询
项目概况
项目介绍
投资简介
项目优势
前景分析
联系方式
EditRegion3
table
</table>
</td>
<td><!-- TemplateBeginEditable name="EditRegion3" -->EditRegion3<!-- TemplateEndEditable --></td>
</tr>
</tbody>
</table>
<table width="100%" border="0" cellspacing="0" cellpadding="0">
<tbody>
<tr>
<td> </td>
</tr>
</tbody>
</table>
</body>
</html>
body table
HTML 1009 x 376 INS 85:9

图 13-35

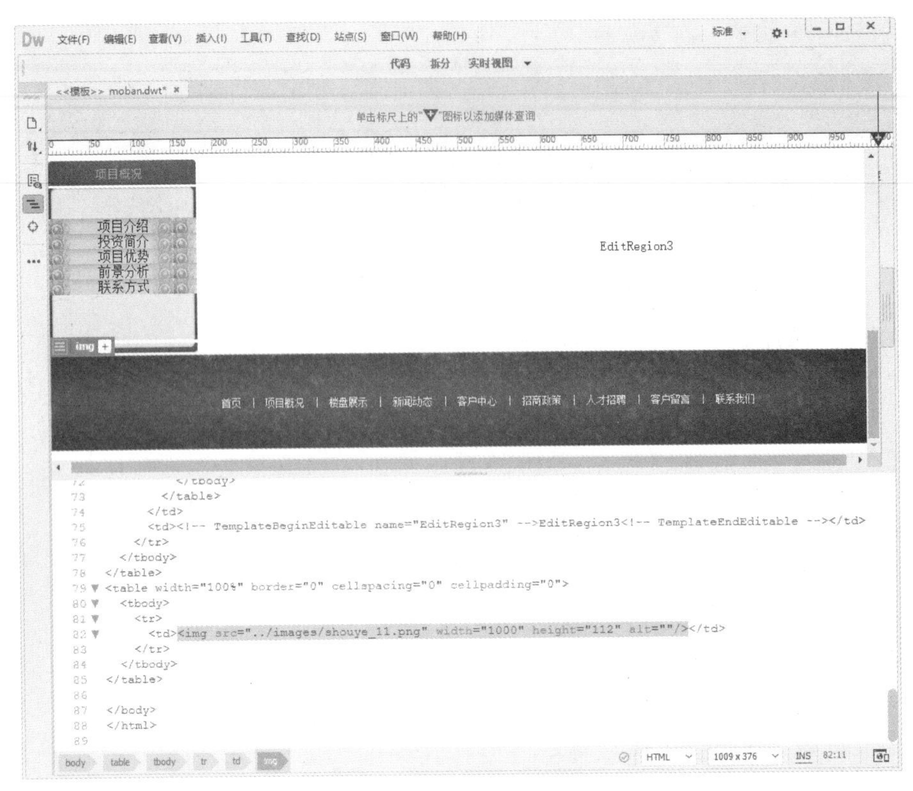

图 13-36

13.4 利用模板创建网页

下面利用模板创建其他网页，效果如图 13-37 所示，具体操作步骤如下。

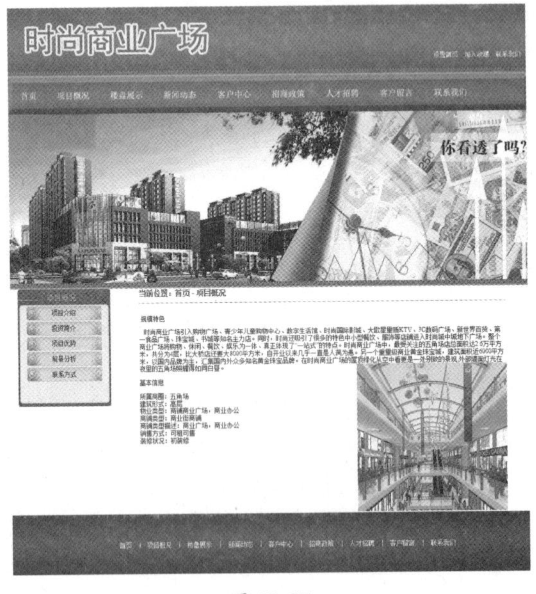

图 13-37

01 执行“文件”|“新建”命令，弹出“新建文档”对话框，选择“网站模板”|“企业网站”|moban选项，如图 13-38 所示。

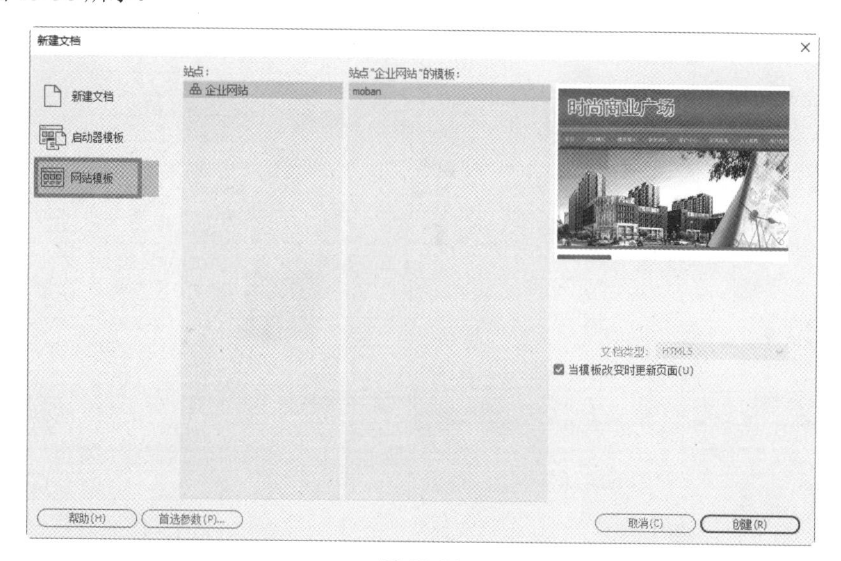

图 13-38

02 单击“创建”按钮，即可利用模板创建网页，如图 13-39 所示。

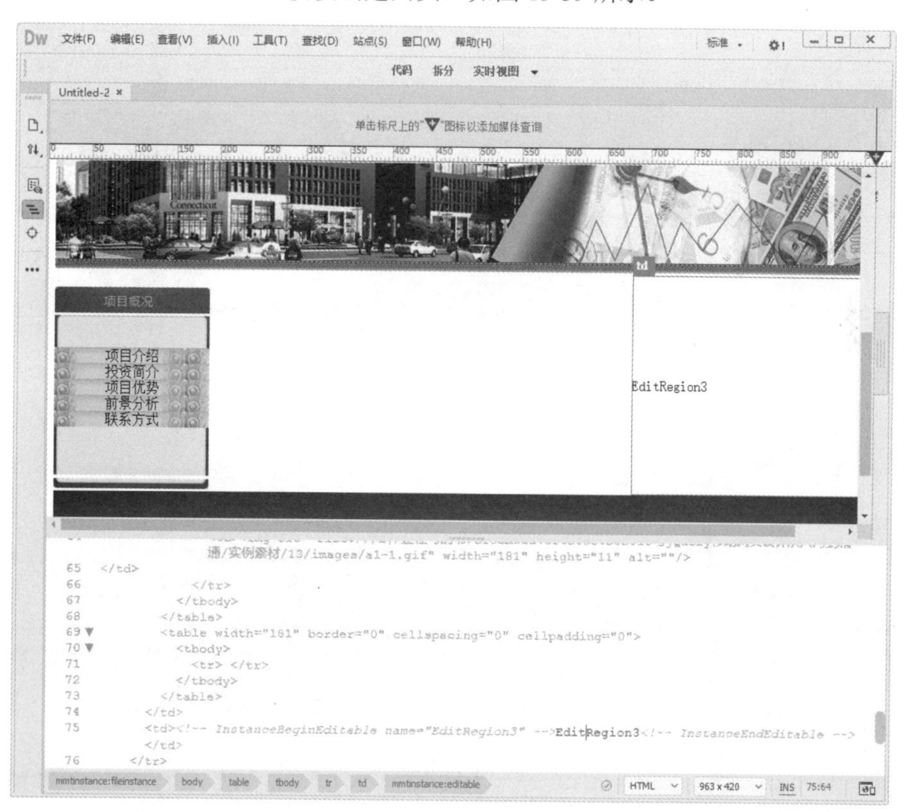

图 13-39

03 执行“文件”|“保存”命令，弹出“另存为”对话框，在该对话框中将“文件名”设置为

index1，如图 13-40 所示。

04 单击“保存”按钮，即可保存文档。执行“插入”|Table 命令，弹出 Table 对话框，在该对话框中将“行数”设置为 3，“列”设置为 1，“表格宽度”设置为 90%，如图 13-41 所示。

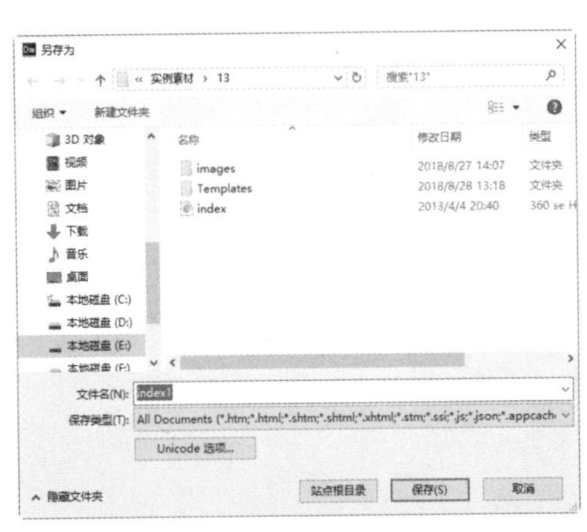

图 13-40

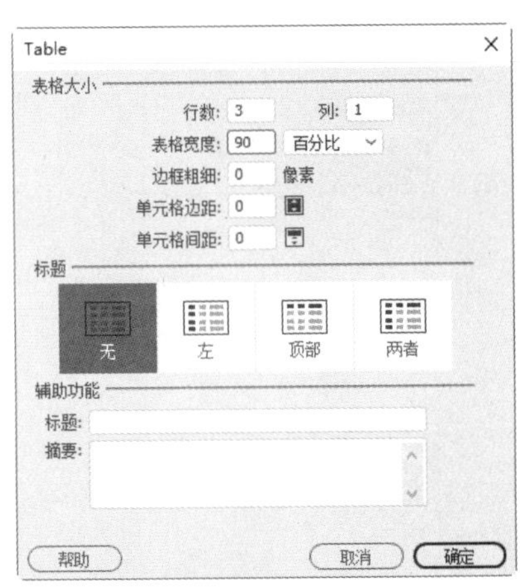

图 13-41

05 单击“确定”按钮，插入表格，在“属性”面板中将 Align 设置为“居中对齐”，如图 13-42 所示。

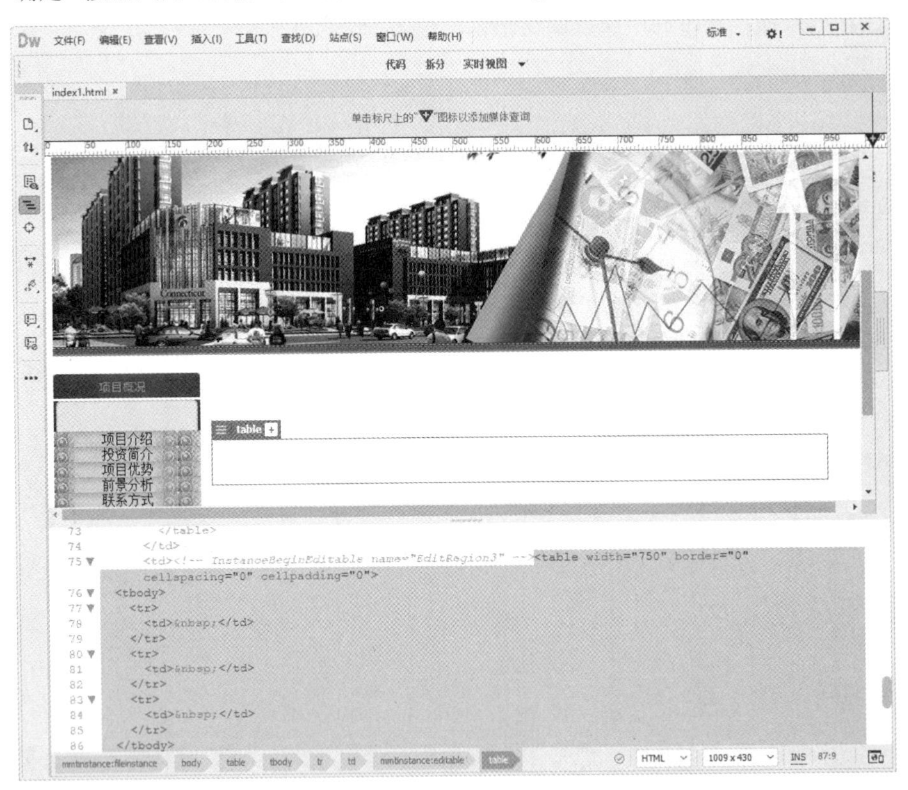

图 13-42

06 在第 1 行单元格中输入相应文本，在“属性”面板中将字体颜色设置为 #F82226，大小设置为 14，如图 13-43 所示。

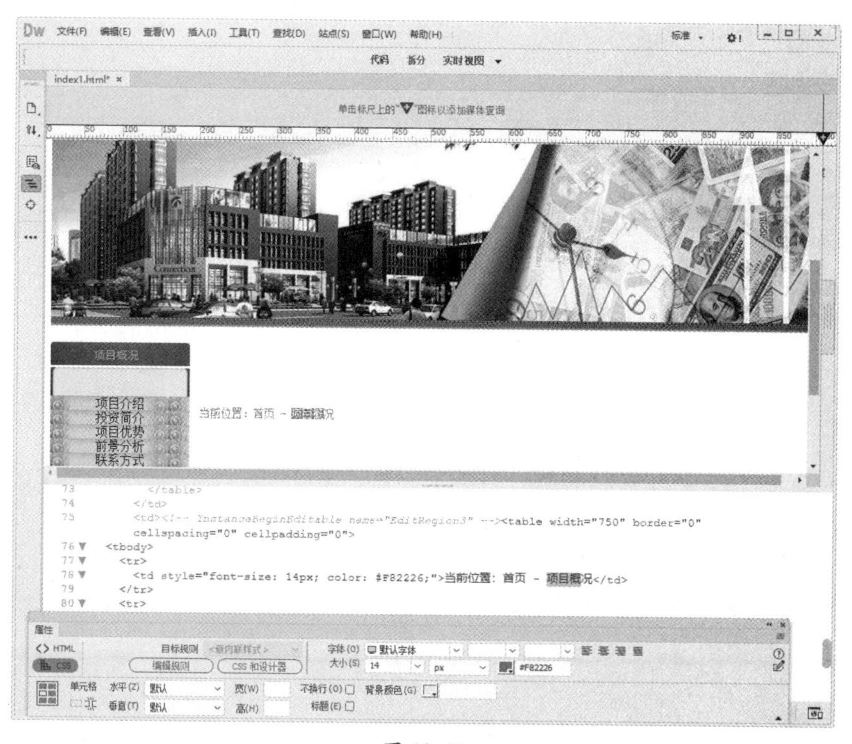

图 13-43

07 将光标置于第2行单元格中，执行“插入”|HTML|“水平线”命令，插入水平线，如图13-44所示。

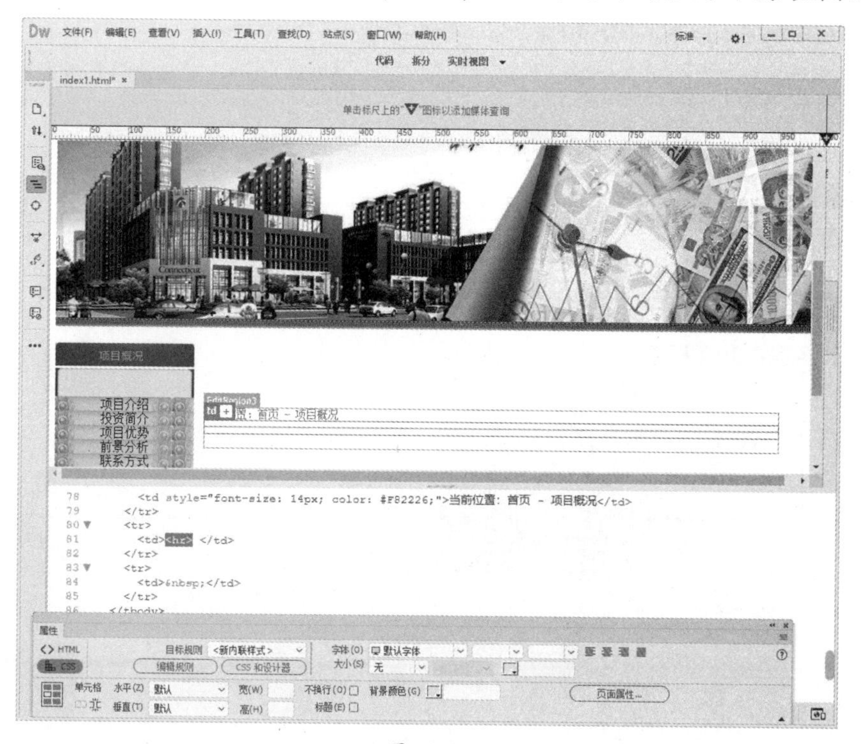

图 13-44

08 在第 3 行单元格中输入相应的文本，如图 13-45 所示。

图 13-45

09 执行“插入”|Image 命令，插入图像 2011.jpg，如图 13-46 所示。

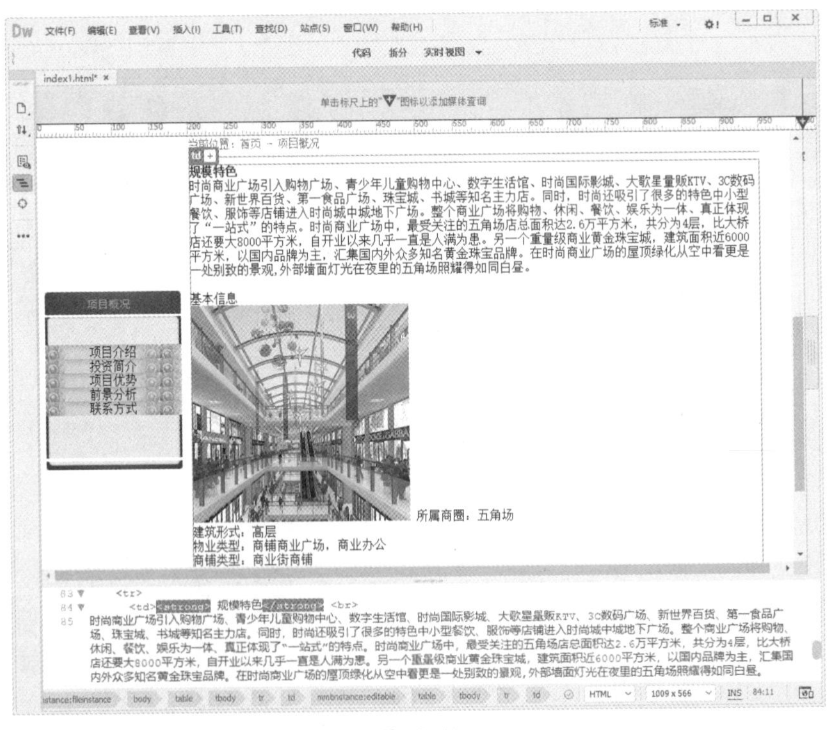

图 13-46

10 选中图像并右击，在弹出的快捷菜单中执行“对齐”|“右对齐”命令，对齐图像，如图13-47所示。保存文档并预览网页效果，如图13-37所示。

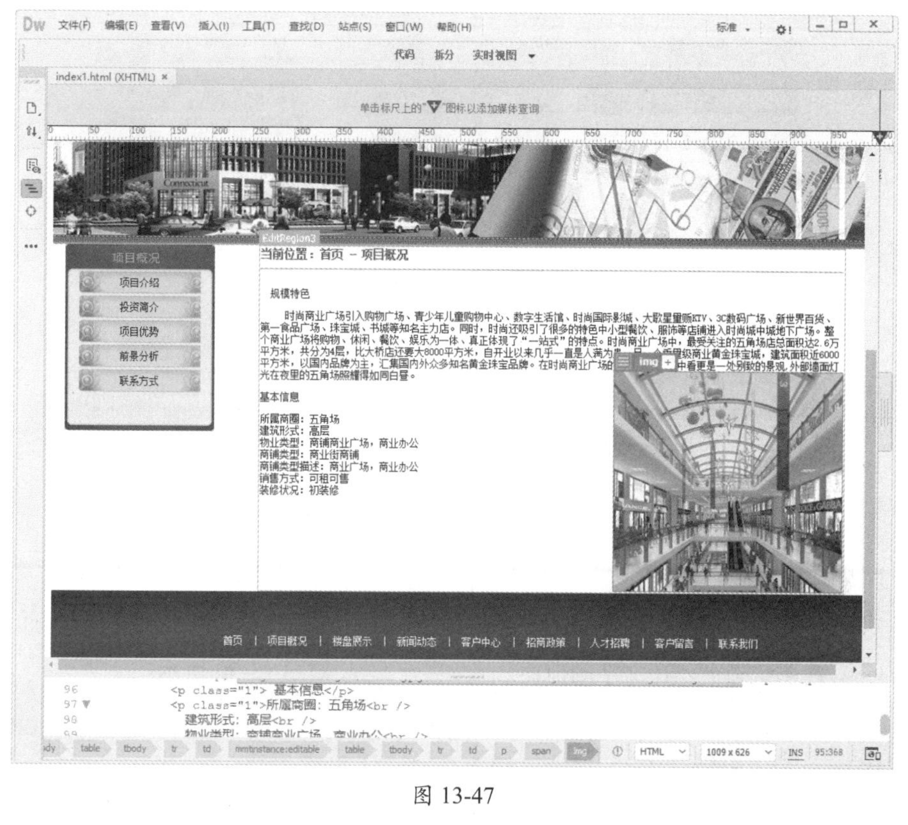

图 13-47

13.5 给网页添加特效

利用脚本可以为网站制作很多特效，甚至可以利用脚本做出任何想要的东西。特效网页主要是利用JavaScript编写的一些静态的客户端脚本。

13.5.1 滚动公告

滚动公告栏也称“滚动字幕”。滚动公告栏的应用将使整个网页更有动感，显得很有生气，如图13-48所示。制作滚动公告栏的具体操作步骤如下。

01 打开网页文档，首先选中文字，如图13-49所示。

图 13-48

图 13-49

02 在“拆分”视图状态下，在文字的前面加入如下代码，如图 13-50 所示。

```
<marquee onmouseover=this.stop()
style=height:160px" onmouseout=this.start() scrollAmount=1
scrollDelay=1 direction=up width=230  height=150>
```

图 13-50

03 在文字的后边加上代码 </marquee> 如图 13-51 所示。

图 13-51

04 保存文档，按 F12 键在浏览器中预览，效果如图 13-48 所示。

13.5.2 制作弹出窗口页面

使用“打开浏览器窗口”动作可以在一个新的窗口中打开网页，并且可以指定新窗口的属性、特征和名称。弹出页面效果如图 13-52 所示，制作弹出窗口页面的具体操作步骤如下。

图 13-52

01 打开网页文档，如图 13-53 所示。

图 13-53

02 执行“窗口”|“行为”命令，打开“行为”面板，在该面板中单击 + 按钮，在弹出的菜单中执行“打开浏览器窗口”命令，如图 13-54 所示。

图 13-54

03 弹出“打开浏览器窗口”对话框，在该对话框中输入文件的路径 images/2011.jpg，如图 13-55 所示。

04 设置完毕，单击“确定”按钮，添加到“行为”面板，如图 13-56 所示。

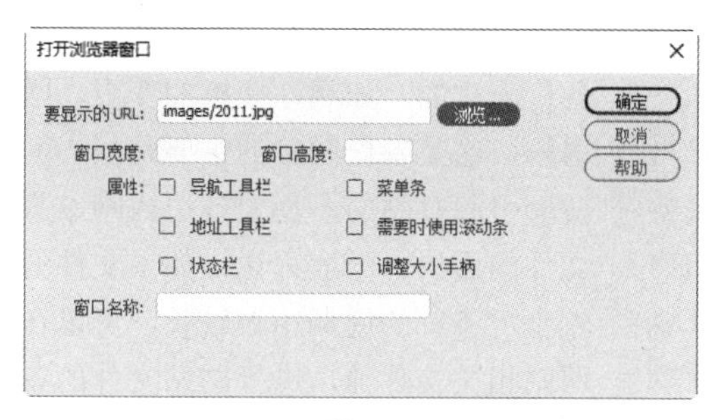

图 13-55

图 13-56

05 保存文档，在浏览器中预览，效果如图 13-52 所示。

13.6　网站维护

一个好的网站，一次是不可能制作完成的。由于市场在不断变化，网站的内容也需要随之调整，给人常新的感觉，网站才会更加吸引浏览者，给浏览者留下很好的印象。这就要求对站点进行长期不间断的维护和更新。对于网站来说，只有不断地更新内容，才能保证网站的生命力，否则，网站不仅不能起到应有的作用，反而会对企业自身形象造成不良影响。

13.6.1　网站的软硬件维护

计算机硬件在使用中常会出现一些问题，网络设备也同样影响企业网站的工作效率，网络设备管理属于技术操作，非专业人员的误操作有可能导致整个企业网站瘫痪。

没有任何操作系统是绝对安全的，维护操作系统的安全必须不断留意相关网站，及时为系统安装升级包并打上补丁。其他的如 SQL Server 等服务器软件也要及时更新。

服务器配置本身就是安全防护的重要环节，有不少黑客就是利用 IIS 服务器的漏洞来攻击网站的。一般的服务器系统本身已经提供了复杂的安全策略措施。充分利用这些安全策略，可以大幅降低系统被攻击的可能性和伤害程度。

13.6.2　网站内容维护

对于网站来说，只有不断地更新内容，才能保证网站的生命力，否则网站不仅不能起到应有的作用，反而会对企业自身形象造成不良影响。如何快捷、方便地更新网页，提高更新效率，是很多网站面临的难题。现在网页制作工具不少，但为了更新信息而日复一日地编辑网页，对网站维护人员来说，疲于应付是普遍存在的问题。

内容更新是网站维护过程中的重要一环，可以考虑从以下 5 个方面入手，使网站能长期、顺利地运转。

第一，在网站建设初期，就要对后续维护给予足够的重视，要保证网站后续维护所需的资金和人力。很多网站建设时很舍得投入资金，可是网站发布后，维护力度不够，信息更新工作迟迟跟不上。网站建成之时，便是网站死亡之日。

第二，要从管理制度上保证信息渠道的通畅和信息发布流程的合理性。网站上各栏目的信息往往来源于多个业务部门，要进行统筹考虑，确立一套从信息收集、信息审查到信息发布良性运转的管理制度。既要考虑信息的准确性和安全性，又要保证信息更新的及时性。要解决好这个问题，领导的重视是前提。

第三，在建站过程中要对网站的各个栏目和子栏目进行细致的规划，在此基础上确定哪些是经常要更新的内容，哪些是相对固定的内容。根据相对固定的内容设计网页模板，在以后的维护工作中，这些模板不用改动，这样既省费用，又利于后续维护。

第四，对经常变更的信息，尽量建立数据库管理，以避免出现数据杂乱无章的现象。如果采用基于数据库的动态网页方案，则在网站开发过程中，不但要保证信息浏览的方便性，还要保证信息维护的方便性。

第五，要选择合适的网页更新工具。信息收集后，如何制作网页，采用不同的方法，效率也会大不相同。例如，使用 Notepad 直接编辑 HTML 文档与用 Dreamweaver 等可视化工具相比，后者的效率自然高得多。若既想把信息放到网页上，又想把信息保存起来以备后用，那么采用能够把网页更新和数据库管理结合起来的工具效率会更高。

13.6.3 网站备份

作为一个网站的拥有者和管理者，网站是我们最大的财富。在面对错综复杂的网络环境时，必须保证网站的正常运作，但很多的情况是我们无法掌控和预测的，如黑客的入侵、硬件的损坏、人为的误操作等，都可能对网站产生毁灭性的打击。所以，我们应该定期备份网站数据，在遇到上述意外时能将损失降到最低。网站备份并不复杂，可以通过网站系统自带的备份功能轻松实现，最重要的就是建立起网站备份的观念和习惯。

1. 整站的备份

对于网站文件的备份，或者整站目录的备份。一般网站文件有变动的情况下，肯定是要备份一次的，如网站模板的变更、网站功能的增删，这类备份的目的主要是担心网站文件的变动引起整站的不稳定或造成网站其他功能和文件的丢失。一般来说，如果文件的变动频率较小，备份的周期相对较长，可以在每次变动网站相关文件前，进行网站文件的备份。对于网站文件或者说整站目录的备份，一般可以通过远程目录打包的方式，将整站目录打包并且下载到本地，这种方式是最简便的。而对于一些大型网站，网站目录包含大量的静态页面、图片和其他的应用程序，可以通过 FTP 数据备份工具，将网站目录下的相关文件直接下载到本地，根据备份时间在本地实现定期打包和替换。这样可以最大限度地保证网站的安全性和完整性。

2. 数据库的备份

数据库对于一个网站来说，其重要性不言而喻。网站文件损坏，可以通过一些技术还原手段实现，如模板文件丢失，我们换一套模板；网站文件丢失，可以再重新安装一次网站程序，但如果数据库丢失，相信技术再强的站长也无力回天。相对于网站数据库而言，变动的频率就很大了，相对来说备份的频率会更频繁。一般一些服务较好的 IDC，通常是每周帮忙备份一次数据库。对于一些运用建站 CMS 制作网站的站长来说，在后台都有非常方便的数据库一键备份功能，通过自动备份到指定的网站文件夹。如果你还不放心，可以使用 FTP 工具，将远程的备份数据库下载到本地，真正实现数据库的本地、异地双备份。

13.7 网站的推广

网站推广就是以互联网为基础，利用数字化的信息和网络媒体的交互性来辅助营销目标实现的一种新型的市场营销方式。简单地说，网站推广就是以互联网为主要手段进行的，为达到一定营销目的的推广活动。

13.7.1 登录搜索引擎

据统计，信息搜索已成为互联网最重要的应用方向，并且随着技术进步，搜索效率不断提高，用户在查询资料时不仅越来越依赖于搜索引擎，而且对搜索引擎的信任度也日渐提高。有了如此雄厚的用户基础，利用搜索引擎宣传企业形象和产品服务，当然能获得极好的效果。

在搜索引擎中检索信息都是通过输入关键词来实现的。因此，在登录搜索引擎时一定要填写好关键词。那么，如何才能找到最适合读者的关键词呢？

首先，要仔细揣摩潜在客户的心理，绞尽脑汁设想他们在查询与网站有关的信息时最可能使用的关键词，并一一将这些词记下来。不必担心列出的关键词会太多，相反读者找到的关键词越多，覆盖面就越大，也就越有可能从中选出最佳的关键词。

搜索引擎上的信息针对性都很强，用搜索引擎查找资料的人都是对某一特定领域感兴趣的群体，所以，愿意花费精力找到网站的人，往往很有可能就是渴望已久的客户。而且不用强迫别人接受提出要求的信息，相反，如果客户确实有某方面的需求，他就会主动找上门来。

如图 13-57 所示为在百度搜索引擎登录网站。注册时尽量详尽地填写企业网站中的信息，特别是关键词，尽量写得普遍化、大众化一些，如“公司资料”最好写成“公司简介”。

13.7.2 利用友情链接

如果网站提供的是某种服务，而其他网站的内容刚好和读者网站的内容形成互补，这时不妨考虑与其建立链接或交换广告，一来增加了双方的访问量，二来可以给客户提供更加全面的服务，同时也避免了直接的竞争。网站之间互相交换链接和旗帜广告有助于增加双方的访问量，如图 13-58 所示为交换友情链接。

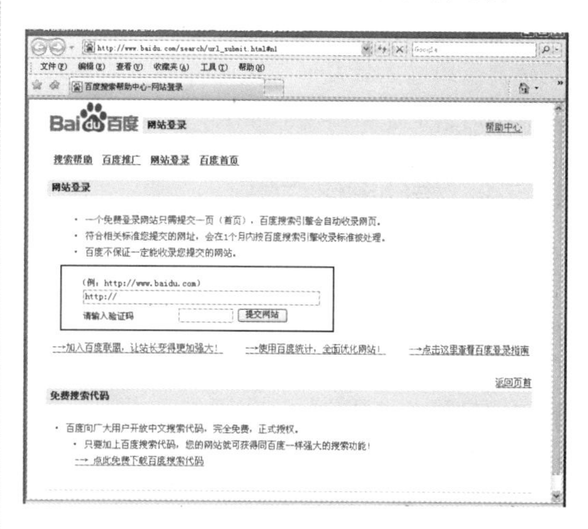

图 13-57

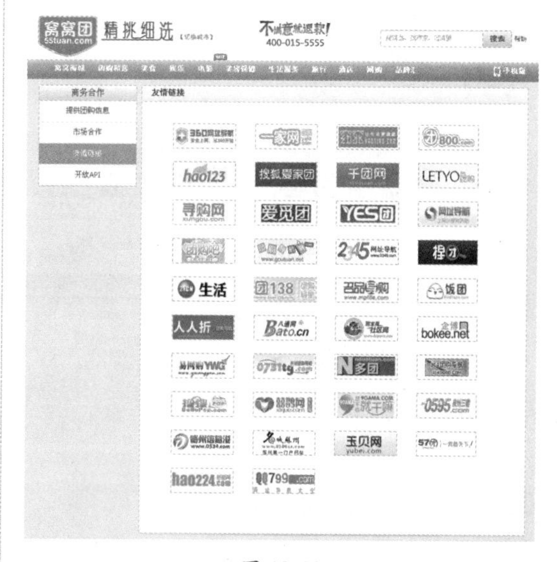

图 13-58

最理想的链接对象是那些和你的网站流量相当的网站。流量太大的网站管理员由于要应付太多要求互换链接的请求，容易将你忽略。小一些的网站也可考虑，互换链接页面要放在网站比较偏僻的地方，以免将读者的网站浏览者很快引向他人的站点。

找到可以互换链接的网站之后，发一封个性化的 E-mail 给对方网站的管理员，如果对方没有回复，再打电话试试。

在进行交换链接的过程中，往往存在一些错误的做法，如不管对方网站的质量和相关性，片面追求链接数量，这样只能适得其反。有些网站甚至通过大量发送垃圾邮件的方式请求友情链接，这是非常错误的做法。

13.7.3 借助网络广告

网络广告就是在网络上做的广告。利用网站上的广告横幅、文本链接、多媒体的方法，在互联网刊登或发布广告，通过网络传递到互联网用户的一种高科技广告运作方式。一般形式是各种图形广告，称为旗帜广告。网络广告本质上还是属于传统宣传模式，只不过载体不同而已。如图 13-59 所示为在新浪网上投放网络广告推广网站。

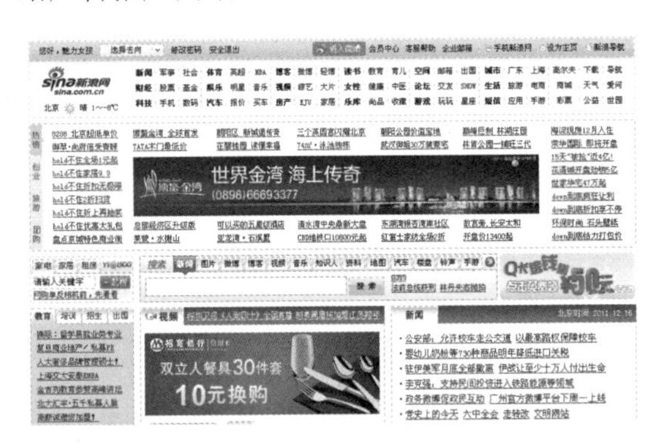

图 13-59

13.7.4 登录网址导航站点

现在国内有大量的网址导航类站点，如 http://www.hao123.com/、http://www.265.com/ 等。在这些网址导航类做上链接，也能带来大量的流量，不过现在想登录上像 hao123 这种流量特别大的站点并不是一件容易事，如图 13-60 所示为导航网站。

13.7.5 博客推广

利用博客可以宣传推广你的网站、产品、服务，宣传得当，可以有效地提升企业的知名度，无形之中提高企业的收益。但是做得不到位，人们就会对企业的产品和服务产生抵触情绪，认为读者的产品和服务也很差，对企业产生不好的影响。所以，做博客营销，一定要强调要把产品宣传做到“无形”，对博客内容做到精准，具有引导性，做到宁缺勿滥，才能有效引导读者的潜在客户购买自己的产品和服务，方法如下。

图 13-60

（1）发布一些有趣、时效性强的博文，吸引浏览者。

（2）在博客中有自定义模板，自定义一个友情链接，将要推广的网址加入其中。

（3）维护好博客，加一些圈子和社区，让更多的人知道你的博客，从而了解到你要推广的目标。

（4）一个长时间不更新的博客，没有人会喜欢，所以要随时发表新内容，哪怕只是变化一个图片。简单来说就是：更新，更新，不停地更新。搜索引擎喜欢新的内容，网站越常更新，搜索引擎越常造访，如此可以让读者的博客经常列入搜索的结果中。一旦让搜索引擎信赖不断更新的内容，便能提高博客在搜索结果中的排名。

（5）网络上，获取信息变得十分容易，所以如果读者的博客能经常提供有价值的信息，将更能吸引访客。

（6）如果可以，用其他的账户回复，以提高博文的互动性，或发布一些互动性比较强的博文，调动浏览者的积极性。

（7）在一些热门的博客中，用留言的方

式宣传自己的网站。例如，许多名人博客的访问量都超过千万次，如果每次自己的留言都能够抢到“沙发”，带来的流量也相当大。

建立多个博客的方法如果运用得当，文章优秀而被推荐到博客首页，每天为网站带来的流量是相当可观的，但这很难做到，需要花费大量的精力；而采用在他人博客中留言的方式，虽然也有效果，但很容易被作为无用评论或广告而被删除。

如图 13-61 所示为博客推广网站。

图 13-61

13.7.6 电子邮件推广

电子邮件是目前使用最广泛的互联网应用。它方便快捷、成本低廉，不失为一种有效的联络工具。如图 13-62 所示为使用电子邮件推广网站。

图 13-62

相比其他网络营销手法，电子邮件营销速度非常快。搜索引擎优化需要几个月，甚至几年的努力，才能充分发挥效果。博客营销更是需要时间和大量的文章。而电子邮件营销只要有邮件数据库在手，发送邮件后几小时之内就会看到效果，产生订单。互联网使商家可以立即与成千上万潜在的和现有的顾客取得联系。

由于发送 E-mail 的成本极低且具有即时性，因此，相对于电话或邮寄，顾客更愿意响应营销活动。相关调查报告显示，E-mail 的点击率比网络横幅广告和旗帜广告的点击率平均高 5% ～ 15%，E-mail 的转换率比网络横幅广告和旗帜广告的转换率平均高 10% ～ 30%。

13.7.7 网下推广

在网站的宣传推广中，不要太狭隘，不要只着眼于各种网络推广方式，对于传统的网下推广宣传方式也要很好地加以利用。

1. 印名片推广

有很多新手也许会认为，网上交易都是在网上完成的，做名片岂不是浪费成本吗？殊不知，虽然是在网上建站的，但大家还是可以通过传统方式进行联系，因此，在销售商品的时候，就可以把自己设计精美、个性十足的名片夹在商品中，说不定就能起到很大的宣传作用。

而且在印刷了名片之后，企业主还可以在日常生活中，在与人交往时递送出去，随时随地来宣传自己的网站。甚至可以在同学通讯录中发出宣传和邀请，在同学聚会时发出自己的宣传名片，既可以让同学、朋友分享自己的建站乐趣，又可以为网站增添人气，说不定还可以做成几单生意，何乐而不为呢？如图 13-63 所示为名片推广。

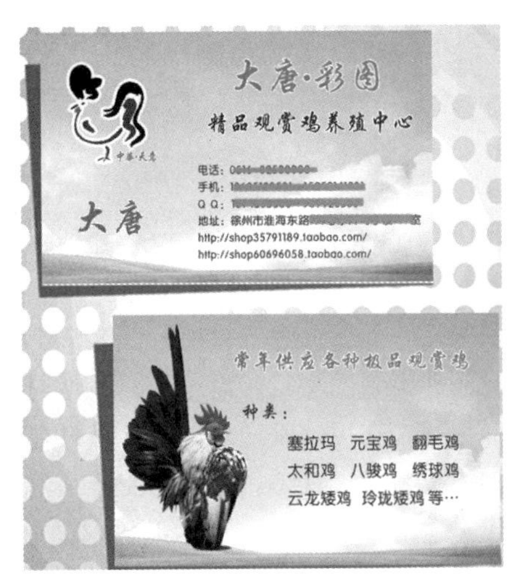

图 13-63

2. 媒体宣传

当然这点需要很大的投资，但其效果也是可想而知的。有官方背景的推广更能使你的网站有高的可信度。与当地电视台、电台、报社等媒体合作，如果你有这个能力，并且要有足够的资金作为后盾。

传统媒体广告方式不应废止，但无论是报纸还是杂志广告，一定确保在其中展示你的网址。要将查看网站作为广告的辅助内容，提醒用户浏览网站将获取更多相关信息。别忽视在一些定位相对较窄的杂志或贸易期刊上登广告，有时这些广告定位会更加准确、有效，而且比网络广告更便宜。还有其他传统方式可增加网站访问量，如直邮、分类广告、明信片等。电视广告恐怕更适合于那些销售大众化商品的网站。

3. 搞怪宣传

例如，买几件文化衫，在上面印上网站的LOGO，送给身边的朋友和亲人，要搞得漂亮些，这样他们才爱穿出去为你做宣传。

4. 印制传统广告

印制并发放广告也是网站可以采用的一种推广方式。这也是一种很典型的传统广告方式，可以大量印刷自己网站的宣传单，然后亲自或者雇人到各处去分发。但看起来这种方式似乎并不太适合网站的宣传，因为它的涉及范围有限，针对性太差。

其实，可以走出这些思维定式，在传统广告宣传上走出一条非传统的道路来。可以把自己网站的相关广告信息印刷在精美的日历、地图、红包，或者精美的纪念品上。当然更可以印在商品包装上，以吸引回头客。

5. 印塑料袋

将印有网站信息的塑料袋免费送给快餐店、饭店、农贸市场，不过这个投资还是大了点。塑料袋上印上网站介绍，可以这样写：网站名称：就爱打折。网址：www.xxxx.com，欢迎大家观看。关键字一定要出现，即使他们忘记了网址也会用百度去搜的。

6. 和当地网吧合作

把浏览器默认首页设为你的网站，然后在自己的网站上给网吧做广告。但能不能说服网吧老板，还得看自己的个人能力。

7. 赞助活动

当然，别以为赞助就一定要给钱的，你可以先了解一下本地最近搞什么活动吗？免费、大力度地为他们宣传，其实是借机炒作，人们会因为此事而关注你的网站。